- Aufgaben in drei Anforderungsbereichen: üben, anwenden und vernetzen lassen
- Kennzeichnung hilfsmittelfreier Aufgaben durch oHiMi

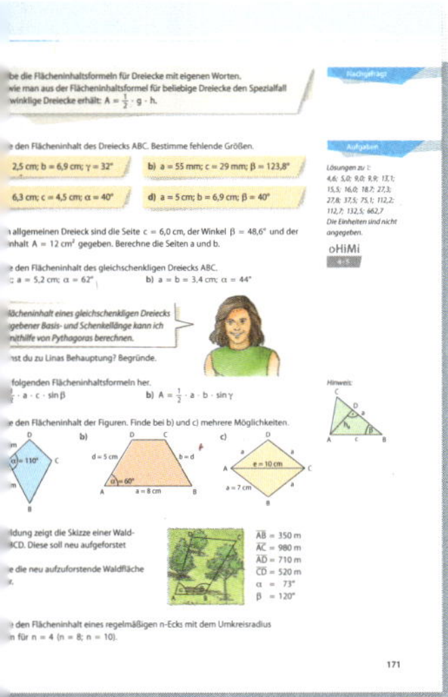

Entdecken

- Erkunden und entdecken lassen
- alternative Einstiege gestalten

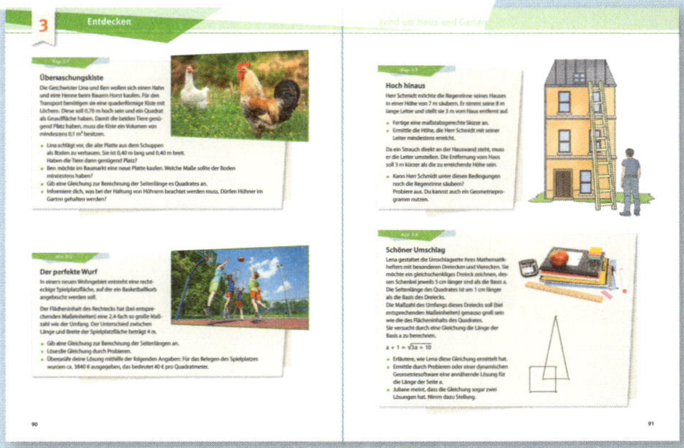

Das kann ich!

- Kompetenzzuwachs erlebbar machen und sichern
- Lösungen im Anhang

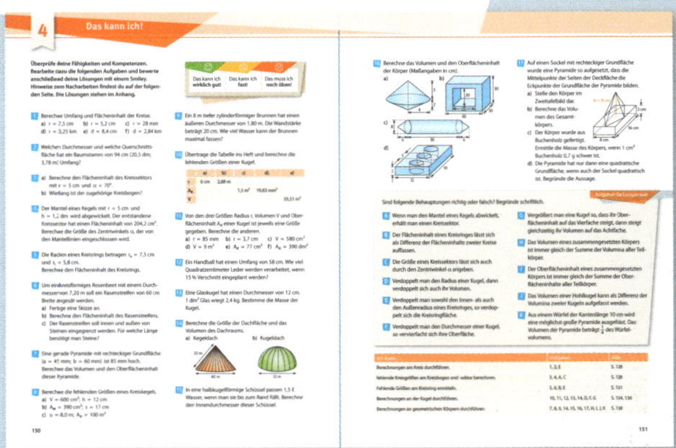

Werkzeug und Themenseite

- Prozessbezogene Kompetenzen schulen
- Sprach- und Medienbildung fördern
- Bei „Themenseite" drei Anforderungsbereiche

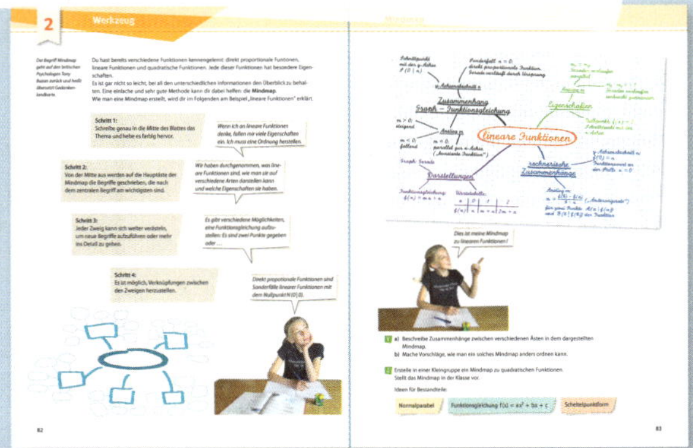

mathe.delta 9

Mathematik für das Gymnasium

Berlin / Brandenburg

C.C.Buchner

mathe.delta
Berlin/Brandenburg
Herausgegeben von Viola Adam und Michael Kleine

mathe.delta 9 – Berlin/Brandenburg
Bearbeitet von Viola Adam, Karin Lemme, Jacqueline Pachal, Thomas Prill, Gabriela Reimann und Carsten Stoeter

Zu diesem Lehrwerk sind erhältlich:
- Digitales Lehrermaterial **click & teach** Einzellizenz, Bestell-Nr. 611291
- Digitales Lehrermaterial **click & teach** Box (Karte mit Freischaltcode), ISBN 978-3-661-61133-4
- **Lösungsband**, ISBN 978-3-661-61129-7
- **Arbeitsheft**, ISBN 978-3-661-61119-8

Weitere Materialien finden Sie unter www.ccbuchner.de.

Dieser Titel ist auch als digitale Ausgabe unter www.ccbuchner.de erhältlich.

1. Auflage, 3. Druck 2020
Alle Drucke dieser Auflage sind, weil untereinander unverändert, nebeneinander benutzbar.

Dieses Werk folgt der reformierten Rechtschreibung und Zeichensetzung. Ausnahmen bilden Texte, bei denen künstlerische, philologische oder lizenzrechtliche Gründe einer Änderung entgegenstehen.

An keiner Stelle im Schülerbuch dürfen Eintragungen vorgenommen werden.

Redaktion: Frederik Töpfer
Layout und Satz: tiff.any GmbH, Berlin
Illustrationen: Jacqueline Urban, Berlin
Druck, Umschlag und Bindung: mgo360 GmbH & Co. KG, Bamberg

www.ccbuchner.de

ISBN 978-3-661-**61109**-9

1 Reelle Zahlen

2 Quadratische Funktionen

3 Quadratische Gleichungen

4 Körperbetrachtungen

5 Trigonometrie

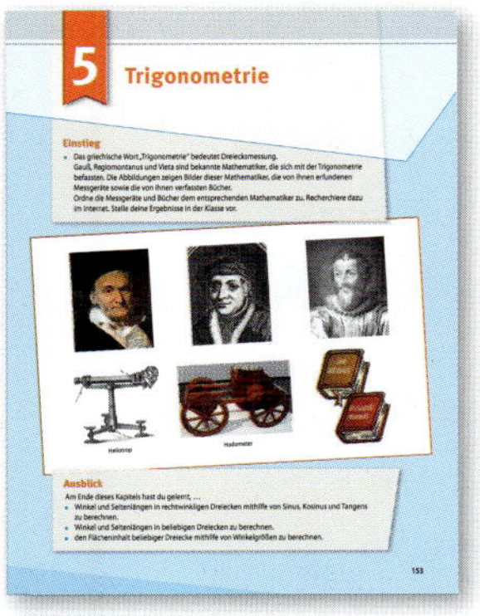

6 Potenzfunktionen und Potenzgleichungen

$\mathbb{N}$	Menge der natürlichen Zahlen
$\mathbb{Z}$	Menge der ganzen Zahlen
$\mathbb{B}$, $\mathbb{Q}^+$	Menge der gebrochenen Zahlen
$\mathbb{Q}$	Menge der rationalen Zahlen
$\mathbb{R}$	Menge der reellen Zahlen
$\mathbb{R}^+$	Menge der positiven reellen Zahlen
$\mathbb{D}$	Definitionsbereich
$\mathbb{W}$	Wertebereich
$\mathbb{L}$	Lösungsmenge
{ }	Leere Menge
{a; b; c}	Menge mit den Elementen a, b und c
$\mathbb{Q} \setminus \{a; b\}$	Menge $\mathbb{Q}$ ohne die Elemente a und b
$a \in \mathbb{Q}$	a ist Element von $\mathbb{Q}$
[a; b]	geschlossenes Intervall
]a; b[	offenes Intervall
]a; b] bzw. [a; b[	halboffene Intervalle
∞	unendlich
$\approx$	ungefähr gleich
$>$	größer als
$<$	kleiner als
$\geq$	größer oder gleich
$\leq$	kleiner oder gleich
$\widehat{=}$	entspricht
a^n	Potenz: „a hoch n“
$\sqrt{a}$	(Quadrat-)Wurzel aus a
$\sqrt[3]{a}$	Kubikwurzel aus a
$\sqrt[n]{a}$	n-te Wurzel aus a
D	Diskriminante
$\frac{a}{b}$	Bruch mit Zähler a und Nenner b
%	Prozent
H (Z)	absolute Häufigkeit, mit der das Ergebnis Z (z. B. Zahl) vorkommt
h (Z)	relative Häufigkeit, mit der das Ergebnis Z (z. B. Zahl) vorkommt
$\bar{x}$	arithmetisches Mittel
$\lvert n \rvert$	Betrag der Zahl n
y, f (x)	Funktionsterm
x_0	Nullstelle einer Funktion
m	Steigung einer Funktion; Anstieg
n	y-Achsenabschnitt einer Funktion; absolutes Glied
$\sin \alpha$	Sinuswert des Winkels α
$\cos \alpha$	Kosinuswert des Winkels α
$\tan \alpha$	Tangenswert des Winkels α
P, A, …	Punkte
$P(x \mid y)$	Punkt P mit den Koordinaten x und y
S	Scheitelpunkt
AB, g, h, …	Geraden, Halbgeraden (Strahlen)
$\overline{PQ}$	Strecke mit den Endpunkten P und Q, auch Länge der Strecke
$\overset{\frown}{AB}$	Kreisbogen von Punkt A zu Punkt B
LE	Längeneinheit
$\cap$	geschnitten mit
$\sphericalangle$ BAC	Winkel mit dem Scheitel A, dem 1. Schenkel AB und dem 2. Schenkel AC
$\alpha, \beta, \gamma, \ldots$	Winkelbezeichnungen
°	Grad, Maßeinheit für Winkel (z. B. 30°)
A	Flächeninhalt
A_O	Oberflächeninhalt
V	Volumen, Rauminhalt
d	Durchmesser des Kreises
u	Umfangslänge
r	Radius des Kreises
π	Kreiszahl, $\pi \approx 3{,}14$
$\perp$	senkrecht auf
$\parallel$	parallel zu
$\mapsto$	ist zugeordnet
$\Rightarrow$	daraus folgt

Die Lösungen zu den Aufgaben findest du unter www.ccbuchner.de (Eingabe im Suchfeld: 61109-01).

Rechnen mit rationalen Zahlen

Bei der **Addition** rationaler Zahlen können zwei Fälle auftreten:

1 Bei gleichen Vorzeichen der Summanden werden die Beträge addiert; das gemeinsame Vorzeichen bleibt. Beispiel: $(-4{,}2) + (-1{,}4) = -5{,}6$

2 Bei verschiedenen Vorzeichen der Summanden wird der kleinere Betrag vom größeren Betrag subtrahiert; das Ergebnis hat das Vorzeichen des Summanden mit dem größeren Betrag. Beispiel: $(-6{,}3) + (+1{,}7) = -4{,}6$

Die **Subtraktion** einer rationalen Zahl lässt sich stets durch die **Addition ihrer Gegenzahl** ersetzen.

Zwei rationale Zahlen werden **multipliziert (dividiert)**, indem man zunächst deren **Beträge** multipliziert (dividiert). Haben beide Zahlen dasselbe Vorzeichen, so ist das **Ergebnis** positiv, andernfalls negativ.

Die bekannten Rechengesetze gelten auch in $\mathbb{Q}$ (für alle $a, b, c \in \mathbb{Q}$).

Kommutativgesetz

$a + b = b + a$ $\qquad a \cdot b = b \cdot a$

Assoziativgesetz

$a + (b + c) = (a + b) + c$ $\qquad a \cdot (b \cdot c) = (a \cdot b) \cdot c$

Distributivgesetz

$a \cdot (b + c) = ab + ac$ $\qquad a \cdot (b - c) = ab - ac$

1 Berechne.

a) $(-75{,}6) + (-63{,}4)$ b) $105{,}8 + (-116{,}2)$

c) $(-40{,}56) - (-32{,}44)$ d) $(-100{,}78) - 78{,}22$

e) $231\frac{5}{6} - \left(-456\frac{5}{12}\right)$ f) $\left(-31\frac{7}{8}\right) - \left(-29\frac{3}{56}\right)$

g) $234\frac{18}{19} + \left(-166\frac{3}{57}\right) - 56{,}25 + \left(-156\frac{1}{4}\right) - (-7)$

2 Übertrage die Multiplikationstabelle (Additionstabelle) ins Heft und fülle aus.

	$7\frac{3}{8}$	$-3\frac{5}{16}$	$-4{,}625$	$4{,}75$
$24\frac{1}{4}$				
$-78{,}125$				
$0{,}25$				
$-2\frac{3}{16}$				

3 Berechne und benutze die Rechengesetze, wenn es sinnvoll ist. Gib in dem Fall das Gesetz an.

a) $\frac{7}{11} \cdot \frac{2}{13} - \frac{4}{13} \cdot \frac{4}{11}$ b) $(0{,}25 + 3{,}57) + 2{,}43$

c) $-\frac{3}{5} : (-0{,}2) + \frac{9}{20}$ d) $\frac{3}{4} + \frac{1}{5} + 0{,}25 + 0{,}8 + \frac{1}{2}$

e) $(-0{,}25 + 2{,}45) + \left(-0{,}75 + 1\frac{55}{100}\right)$

Terme vereinfachen

1 **Gleichartige Summanden** lassen sich zusammenfassen: $3xy + 7xz - 7xy - 2xz = -4xy + 5xz$

2 Wird eine **Summe (Differenz) addiert**, dann bleiben nach Auflösen der Klammer die Vorzeichen in der Klammer gleich: $x + (y - z) = x + y - z$

3 Wird eine **Summe (Differenz) subtrahiert**, dann kehren sich nach Auflösen der Klammer die Vorzeichen in der Klammer um: $x - (y - z) = x - y + z$

4 Wird eine **Summe mit einem Faktor multipliziert**, wird **jeder Summand** mit dem Faktor **(aus-)multipliziert**. Die entstandenen Produkte werden mit ihren Vorzeichen addiert: $x \cdot (y + 12) = x \cdot y + 12x$

5 Kommt in einer **Summe von Produkten** in jedem Summanden **derselbe Faktor** vor, dann kann dieser **ausgeklammert werden**: $x^2y + 12xy = xy \cdot (x + 12)$

4 Finde die zu $8x - 10$ äquivalenten Terme.

1 $4x \cdot (-2) - (-3)^2 - 1$

2 $-5^2 + 8x$

3 $10 - 2^3x$

4 $-2^0 + 2^3 - (-2)^3x - 2^4 - 2^0$

5 $-(-5) + 5x - (-5) + 4x - 2^2 \cdot 5 - 2^0x$

5 Vervollständige die Additionsmauer.

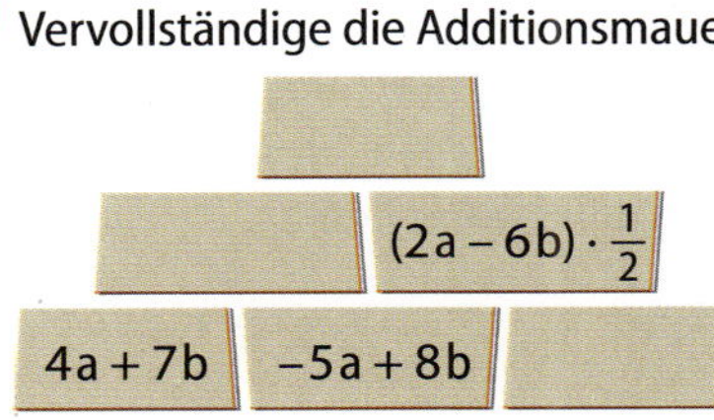

Terme umformen

Beim **Multiplizieren von Summentermen** muss **jeder Summand** der ersten Klammer **mit jedem Summanden** der zweiten Klammer **multipliziert** werden.
Beispiel:
$(a - b) \cdot (c - d) = ac - ad - bc + bd$

Mithilfe der **binomischen Formeln** lassen sich bestimmte Terme umformen.

1 $(a \oplus b)^2 = a^2 \oplus 2ab + b^2$
2 $(a \ominus b)^2 = a^2 \ominus 2ab + b^2$
3 $(a + b) \cdot (a - b) = a^2 - b^2$

6 Multipliziere aus und vereinfache.
a) $(z + 6) \cdot (z + 3)$ b) $(-v + 7) \cdot (8 + w)$
c) $(2x - 3) \cdot (x - y)$ d) $\left(\frac{2}{3}y - 1\right) \cdot \left(\frac{2}{3}x + 2\right)$
e) $\left(\frac{3}{4}x - 0{,}75y\right) \cdot \left(-\frac{1}{2}y - 0{,}25x\right)$

7 Löse die Klammern auf und vereinfache.
a) $(x - 5)^2$ b) $(x + 7b)^2$
c) $-(2a - b)^2$ d) $\left(\frac{3}{4}x + y\right)^2$
e) $(-0{,}25a^2 - y^0)^2$ f) $(-xa^2 + y^3)^2$
g) $(a^2 + c^3) \cdot (-c^3 + a^2)$ h) $(3v - z^2) \cdot (z^2 + 3v)$

Gleichungen lösen

Gleichungen, die die Variable in der ersten Potenz enthalten, heißen **lineare Gleichungen**.
Der Definitionsbereich $\mathbb{D}$ gibt an, welche Zahlen für die Variable eingesetzt werden dürfen.
Die **Lösungsmenge** $\mathbb{L}$ gibt die Zahlen aus $\mathbb{D}$ an, die man für die Variable einsetzen kann, damit eine wahre Aussage entsteht.

Die Lösungsmenge einer linearen Gleichung kann man durch **Äquivalenzumformungen** erhalten.

1 Zusammenfassen und ordnen von Summanden mit Variablen auf der einen Seite und Summanden ohne Variablen auf der anderen Seite der Gleichung
2 Durch den Koeffizienten der Variablen dividieren liefert die Lösung
3 Lösungsmenge angeben

Einfache Gleichungen der Form $\frac{T_1}{T_2} = \frac{T_3}{T_4}$ mit $T_2, T_4 \neq 0$, bei denen eine Variable im Nenner steht, nennt man **Verhältnisgleichungen**. Man kann sie auflösen, indem man die Nenner „über Kreuz" multipliziert.

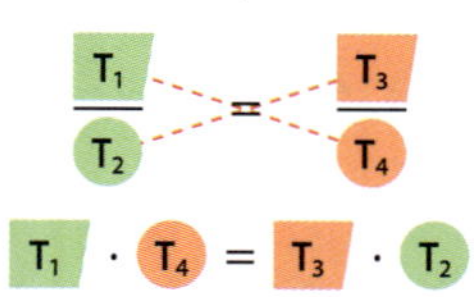

Bei dem Definitionsbereich der Gleichung muss man darauf achten, dass keine Zahlen in den Term eingesetzt werden dürfen, bei denen der **Nenner null** ist.

8 Bestimme die Lösungsmenge der Gleichung für $\mathbb{D} = \mathbb{Q}$ ($\mathbb{D} = \mathbb{N}$; $\mathbb{D} = \mathbb{Z}$).
a) $(4x - 8) : 4 = 22 - (x + 2)$
b) $4x = 10 - (23 - 3x)$
c) $-(0{,}5x - 3) + 3 = 4x - 3 + x - (2 - 6x)$
d) $-(x - 2)^2 + 2^3 - 4x = 4 - (x + 2) \cdot (x - 2) + 0{,}75x$
e) $-\frac{2}{3}x - 6 + 8 - 1\frac{1}{3}x = 4 - \left(\frac{4}{6}x + 5 - \frac{1}{3}x\right) - 2^0$

9 In einer Gleichung fehlt der Koeffizient ($\mathbb{D} = \mathbb{Q}$).
$7x - 12 + \square\, x = 8 - x$
Bestimme den Koeffizienten so, dass sich die angegebene Lösungsmenge ergibt:
a) $\mathbb{L} = \{2\}$ b) $\mathbb{L} = \{5\}$
c) $\mathbb{L} = \{\,\}$ d) $\mathbb{L} = \{-2\}$

10 Löse die nachfolgenden Gleichungen. Ordne jedem Ergebnis den entsprechenden Buchstaben des Alphabets zu (1 ≙ A, 2 ≙ B, …). Die Buchstaben ergeben der Reihe nach den Namen eines Mathematikers.
a) $5x - 7 = -2$ b) $3x = 2 \cdot \left(29 - \frac{x}{4}\right) - 11x$
c) $\frac{1}{3} - \frac{1}{2}x = -\frac{1}{6}x$ d) $\frac{1}{8}x \cdot 16 - 4 = 22$
e) $27 - x : (-3) = 33$ f) $2 - \frac{3}{2}x = -11{,}5$
g) $-\frac{1}{20}x + 0{,}25 = 0$ h) $(x - 7) : 2 = x - 13$

11 Löse die Gleichungen in $\mathbb{Q}$. Bestimme zunächst den Definitionsbereich $\mathbb{D}$. Kürze rechtzeitig.
a) $\frac{4}{x + 5} = \frac{15}{24}$ b) $\frac{x + 1}{x} = \frac{x}{x - 4}$
c) $\frac{x^2 - 16}{x^2 - 8x + 16} = \frac{3}{4}$ d) $\frac{x - 4}{x^2 - 16} = \frac{2x - 8}{x^2 + 8x + 16}$

Lineare Gleichungssysteme lösen

Sollen Zahlenpaare (x | y) **zwei lineare Gleichungen gleichzeitig erfüllen**, so spricht man von einem **linearen Gleichungssystem**. Es gibt drei Fälle:

1 genau eine Lösung

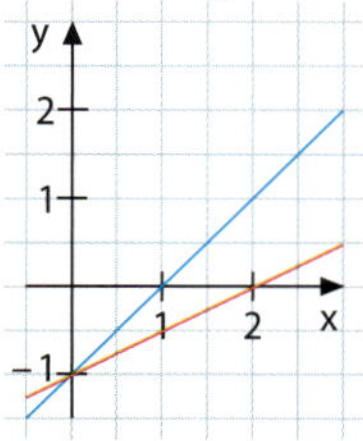

2 keine Lösung

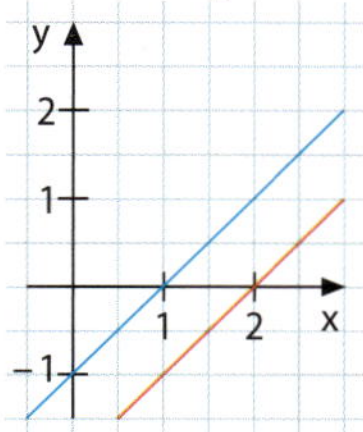

3 unendlich viele Lösungen

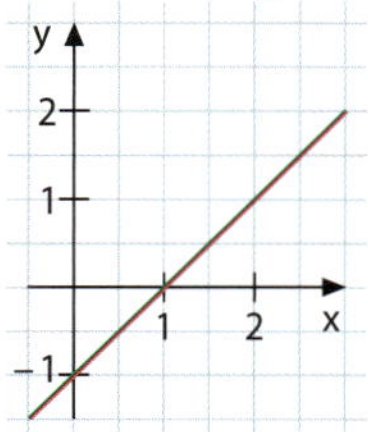

Rechnerische Verfahren:

Einsetzungsverfahren
Löst man eine der Gleichungen nach einer Variablen (z. B. y) auf, dann kann man diesen Term in die andere Gleichung einsetzen.

Gleichsetzungsverfahren
Löst man beide Gleichungen nach einer Variablen (z. B. y) auf, dann kann man die Terme gleichsetzen.

Additionsverfahren
Man addiert beide Gleichungen, wenn vor einer Variablen betragsgleiche Koeffizienten stehen, die ein unterschiedliches Vorzeichen haben.

12 Löse zeichnerisch.

a) I $2x - y = 3$
II $3x - 5y = 1$

b) I $x = y + 3$
II $y = \frac{1}{2} \cdot (2x - 6)$

c) I $x - 2y = 3$
II $3{,}8y - 1{,}9x = -2$

d) I $y - 0{,}7x = 1$
II $x + 2{,}5y = 16{,}25$

13 Bestimme die Lösungsmenge mit einem Verfahren deiner Wahl.

a) I $3y + 9x + 15 = 0$
II $2x = 45 - 4y$

b) I $x = 5y - 27$
II $3y = \frac{1}{2} \cdot (3x - 9)$

c) I $x + 1{,}5y = -19$
II $8x - 1{,}5y = 10$

d) I $\frac{4}{7}x - 1 = -y$
II $2x = \frac{7}{2} \cdot (1 - y)$

14 In einem rechtwinkligen Dreieck stehen die Längen der Katheten im Verhältnis 3 : 1. Verlängert man beide Katheten um jeweils 2 cm, nimmt der Flächeninhalt um 10 cm² zu. Wie lang sind die Katheten?

15 Die Notenverteilung einer Klassenarbeit der 9. Klasse mit 28 Schülern ist unvollständig.

Note	1	2	3	4	5	6
Anzahl	1	6		7		0

Bestimme die fehlenden Anzahlen, wenn der Notendurchschnitt 3,25 beträgt.

Lineare Funktionen

Lineare Funktionen lassen sich durch eine Gleichung folgender Form beschreiben:

$y = mx + n$ $(m, n \in \mathbb{Q})$

Steigung (m) – y-Achsenabschnitt (n)

Ihre Graphen sind Geraden. Die Steigung m einer Geraden lässt sich als Quotient der Koordinatendifferenzen zweier Geradenpunkte $P_1(x_1 | y_1)$ und $P_2(x_2 | y_2)$ mit $x_1 \neq x_2$ („**Änderungsrate**") berechnen: $m = \frac{y_2 - y_1}{x_2 - x_1} = \frac{\Delta y}{\Delta x}$

Bei zueinander **senkrechten** Geraden g_1 und g_2 gilt für das Produkt der Steigungen m_1 und m_2:

$\mathbf{m_1 \cdot m_2 = -1}$ (bzw. $m_1 = -\frac{1}{m_2}$ mit $m_1, m_2 \neq 0$)

Geraden mit gleichen Steigungen, aber unterschiedlichen y-Achsenabschnitte, sind **parallel**.

16 Gib die Funktionsgleichungen der abgebildeten Geraden an.

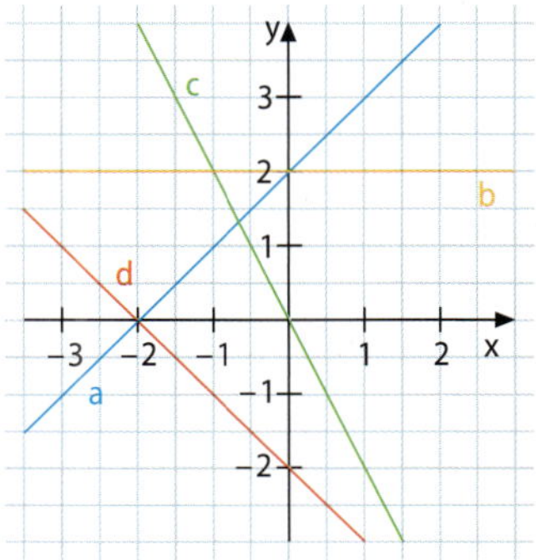

17 Zeige rechnerisch, dass das Viereck ABCD mit A(−3 | 0), B(0 | 1), C(−1 | 4) und D(−4 | 3) überall rechte Winkel besitzt.

18 Die Gerade g = AB hat die Steigung m und den y-Achsenabschnitt n. Bestimme die Gleichung der Geraden. Überprüfe zeichnerisch.

a) A(−2 | −4); B(0,5 | 2,5) **b)** n = 2; A(1 | −3)

Prozent- und Zinsrechnung

Bei der Prozentrechnung gibt der **Grundwert G** das Ganze an, der **Prozentwert P** den Teil vom Ganzen sowie der **Prozentsatz p %** die Anzahl der Hundertstel, die dem Prozentwert entsprechen. Es gilt: $G = \frac{P}{p\,\%}$.

Entspricht ein Grundwert einem Prozentsatz von mehr als 100 Teilen (weniger als 100 Teilen), so spricht man vom vermehrten (verminderten) Grundwert.

Die **Zinsrechnung** ist angewandte Prozentrechnung.

Zinsrechnung	Prozentrechnung
Kapital (K)	Grundwert (G)
Zinsen (Z)	Prozentwert (P)
Zinssatz (p %)	Prozentsatz (p %)

19 Übertrage und vervollständige die Tabelle.

	a)	b)	c)
alter Preis	340 €		288 €
Erhöhung	12 %	4,4 %	
neuer Preis		28,71 €	306,72 €

20 **a)** Herr Schlau hat eine Gehaltserhöhung von 5 % bekommen. Jetzt verdient er 2688 €. Wie viel hatte er vorher verdient?
b) Ein PC-Händler gewährt bei Barzahlung 3 % Rabatt. Der Computer kostet nun 921,50 €. Welcher Preis war zuerst angesetzt?
c) Zu welchem Zinssatz muss ein Kapital von 15 000 € angelegt werden, wenn es im ersten Jahr 525 € Zinsen erbringen soll?

Zusammenhänge im Dreieck

1 In jedem Dreieck beträgt die Summe der Innenwinkel stets 180° (**Innenwinkelsumme**).

2 In jedem Dreieck liegt der größeren Seite auch der größere Winkel gegenüber und umgekehrt (**Seite-Winkel-Beziehung**).

3 In einem Dreieck sind zwei Seiten zusammen stets länger als die dritte Seite (**Dreiecksungleichung**).

4 **Kongruenzsätze für Dreiecke:**
Dreiecke sind genau dann kongruent, wenn sie …
- in der Länge aller Seiten übereinstimmen (**sss**).
- in der Länge zweier Seiten und dem Maß des eingeschlossenen Winkels übereinstimmen (**sws**).
- in der Länge einer Seite und dem Maß beider anliegenden Winkel übereinstimmen (**wsw**).
- in der Länge zweier Seiten und dem Maß des der längeren Seite gegenüberliegenden Winkels übereinstimmen (**SsW**).

21 Berechne jeweils die fehlenden Winkelmaße.

a)
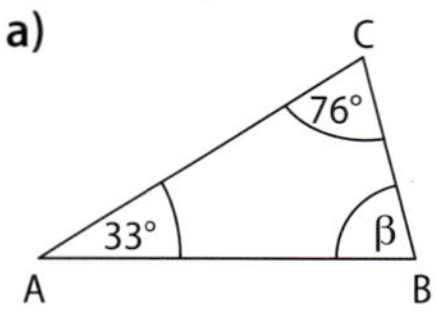

b)
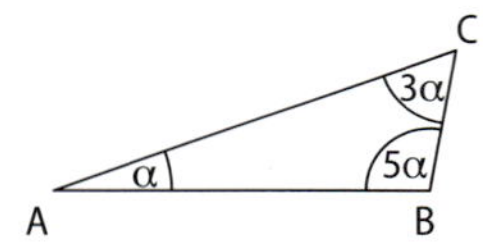

22 Entscheide, ob ein Dreieck möglich ist. Begründe.
a) $a = 2{,}5\text{ cm};\ b = 4\text{ cm};\ c = 7\text{ cm}$
b) $a = 6{,}2\text{ cm};\ b = 7{,}1\text{ cm};\ c = 2\text{ cm}$
c) $a = 5\text{ cm};\ b = 4\text{ cm};\ \beta = 100°$

23 Konstruiere das Dreieck ABC. Begründe, wenn das Dreieck nicht konstruierbar ist.
a) $a = 4\text{ cm};\ b = 5\text{ cm};\ c = 6\text{ cm}$
b) $b = 3{,}9\text{ cm};\ a = 2b;\ c = 3b$
c) $a = 4{,}7\text{ cm};\ \beta = 40°;\ \gamma = 75°$
d) $b = 4{,}3\text{ cm};\ \alpha = 57°;\ \beta = 125°$
e) $b = 6\text{ cm};\ c = 3{,}5\text{ cm};\ \beta = 90°$

Satz des Thales

Liegt der Punkt C eines Dreiecks ABC auf einem Halbkreis („**Thaleskreis**") über der Strecke $\overline{AB}$ ($C \notin \overline{AB}$), dann hat das Dreieck bei C einen rechten Winkel.

24 Berechne jeweils die fehlenden Winkelmaße.

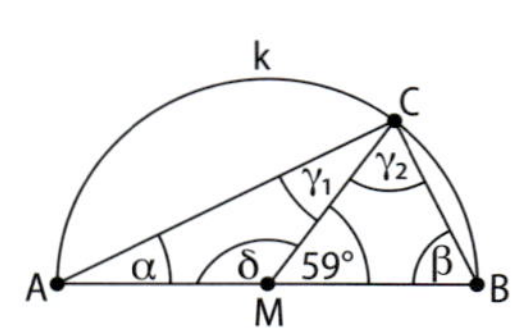

25 Konstruiere ein rechtwinkliges Dreieck ABC mit Hypotenuse $c = 7\text{ cm}$ und $a = 4\text{ cm}$.

Ähnlichkeitssätze für Dreiecke

Zwei Dreiecke sind zueinander ähnlich, wenn sie übereinstimmen in den …

1 Maßen zweier Winkel.
2 Verhältnissen zweier Seitenlängen und dem Maß des von ihnen eingeschlossenen Winkels.
3 Verhältnissen dreier Seitenlängen.
4 Verhältnissen zweier Seitenlängen und dem Maß des Gegenwinkels der größeren Seite.

26 Was lässt sich über die Dreiecke BCD und ABT_3 aussagen, wenn $\overline{BD}$ durch T_1, T_2 und T_3 in vier gleich lange Teilstrecken zerlegt wird?

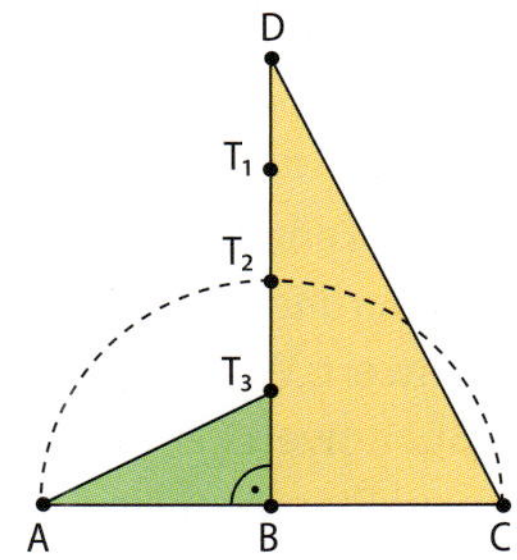

Strahlensätze

1. Strahlensatz:
Werden zwei sich in Z schneidende Geraden von zwei Parallelen, die nicht durch Z gehen, geschnitten, dann stehen einander entsprechende Streckenabschnitte auf den Geraden durch Z im gleichen Verhältnis.

2. Strahlensatz:
Werden zwei sich in Z schneidende Geraden von zwei Parallelen, die nicht durch Z gehen, geschnitten, dann ist das Verhältnis der Streckenabschnitte auf den Parallelen gleich dem Verhältnis der Streckenabschnitte auf den Geraden durch Z.

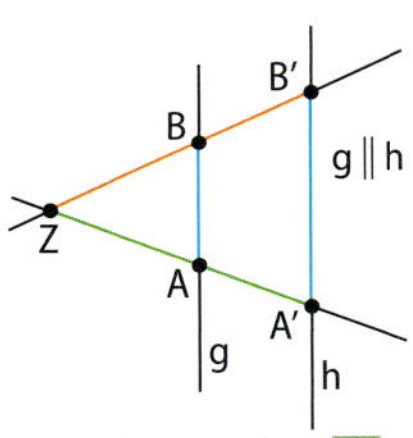

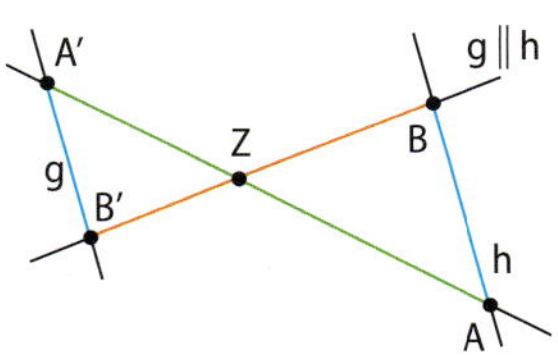

Möglichkeiten: $\frac{\overline{ZA}}{\overline{ZA'}} = \frac{\overline{ZB}}{\overline{ZB'}}$ $\qquad \frac{\overline{ZA}}{\overline{ZA'}} = \frac{\overline{AB}}{\overline{A'B'}}$

27 Bestimme jeweils alle Streckenlängen der Figur, die man mit den Angaben berechnen kann.

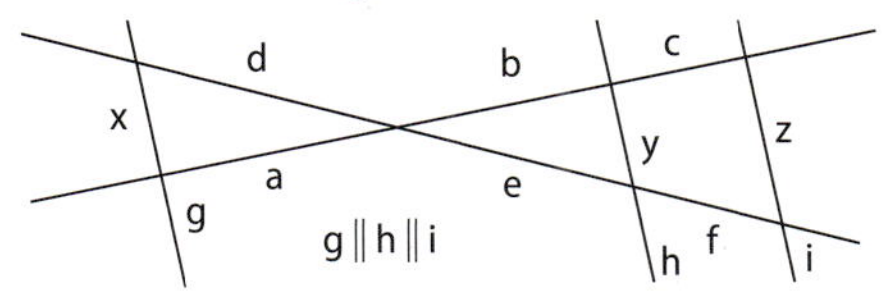

a) $b = 3$ cm; $b + c = 4$ cm; $e + f = 6$ cm
b) $a = 2$ cm; $b = 5$ cm; $c = 3$ cm; $f = 4{,}5$ cm
c) $b = 2{,}5$ cm; $c = 2$ cm; $e + f = 7{,}2$ cm

28 Wie hoch ist der Fernsehturm in Berlin, wenn er einen Schatten von 515 m wirft und gleichzeitig ein senkrecht aufgestellter Stab von 2 m Länge einen 2,8 m langen Schatten erzeugt?

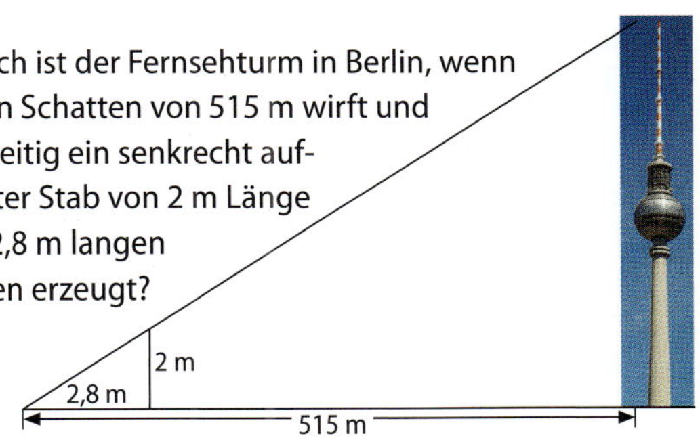

Satz des Pythagoras

In einem rechtwinkligen Dreieck hat das **Quadrat über der Hypotenuse** den gleichen Flächeninhalt wie die **beiden Quadrate über den Katheten** zusammen.

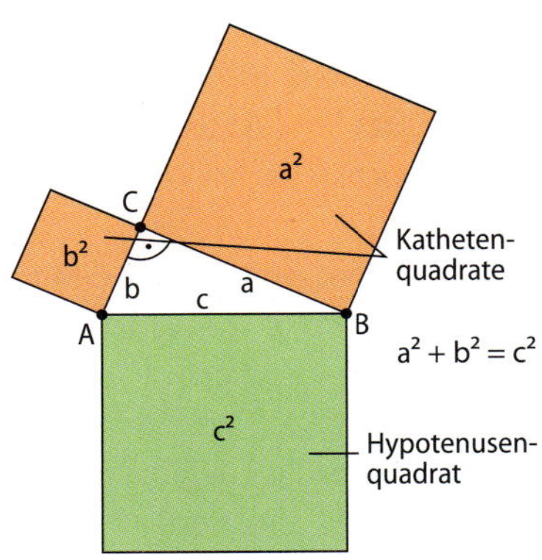

29 Berechne die Längen der grünen Strecken.

a)

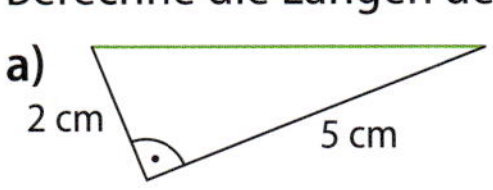

b)

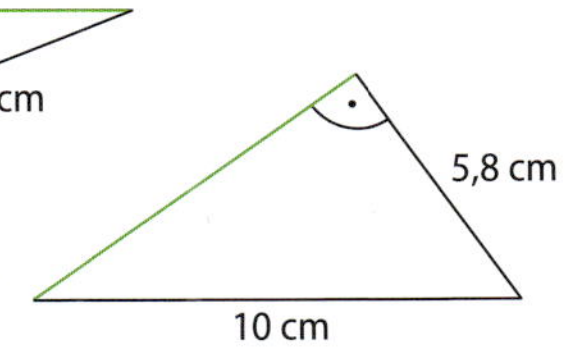

30 Bestimme rechnerisch die Breite des Sees an der angegebenen Stelle.

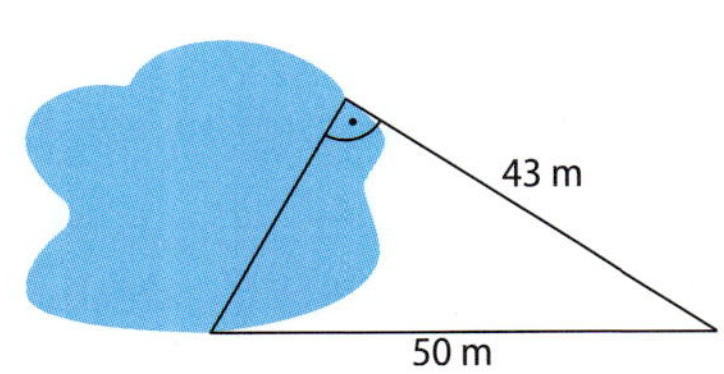

Statistische Kennwerte: Lage- und Streumaße

- **arithmetisches Mittel $\overline{x}$:**

$$\overline{x} = \frac{\text{Summe aller Einzelwerte}}{\text{Anzahl der Einzelwerte}}$$

- **Median** (Zentralwert): mittlerer Wert in einer der Größe nach geordneten Liste von Daten
- **Modalwert**: Wert mit der größten absoluten Häufigkeit
- Die **Spannweite** errechnet sich als Differenz zwischen dem größten Wert einer Datenmenge (**Maximum**) und dem kleinsten Wert (**Minimum**).

31 Eine Messung ergab folgende Datenreihe:
1,55 m; 1,58 m; 1,81 m; 1,64 m; 1,53 m; 1,46 m; 1,81 m; 1,54 m; 1,87 m; 1,47 m
a) Bestimme das arithmetische Mittel.
b) Ermittle die Spannweite.

32 Bei einer Datenreihe bestehend aus fünf Werten ergibt sich für den Median 7, der Modalwert ist 8. Wie könnte die Datenreihe lauten?

Laplace-Wahrscheinlichkeit

Bei einem Zufallsexperiment kann jedem **Ereignis** eine **Wahrscheinlichkeit** zugeordnet werden. Man schreibt:

P (E) „Wahrscheinlichkeit des Ereignisses E"

Liegt ein **Laplace-Experiment** vor, dann gilt:

$$P(E) = \frac{\text{Anzahl der für E günstigen Ergebnisse}}{\text{Anzahl aller möglichen Ergebnisse}}$$

Im **Gegenereignis $\overline{E}$** sind alle Ergebnisse enthalten, die nicht zu E gehören. Die Wahrscheinlichkeit von $\overline{E}$ lässt sich daher wie folgt ermitteln:
$P(\overline{E}) = 1 - P(E)$

33 Gegeben ist ein Glücksrad.

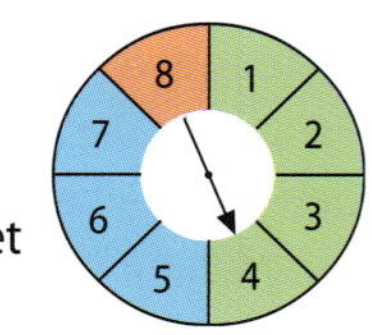

a) Gib die Wahrscheinlichkeit für E = {2; 3; 5; 7} an. Formuliere das Ereignis in Worten. Wie lautet das Gegenereignis?
b) Gib die Wahrscheinlichkeiten an:
1 G = {2; 4; 6; 8}
2 T: „Die Zahl ist durch 2 teilbar und grün."

34 In einer Tüte befinden sich 5 blaue, 4 rote und ein gelbes Gummibärchen. Man zieht zwei Bärchen. Bestimme die Wahrscheinlichkeit.
a) A: „Beide Bärchen haben die gleiche Farbe."
b) B: „Ein Bärchen ist gelb."

Zweistufige Zufallsexperimente

Zufallsexperimente, die aus mehreren Teilexperimenten bestehen, werden als **zusammengesetzte Zufallsexperimente** bezeichnet.
Beispiel: 2-maliger Münzwurf

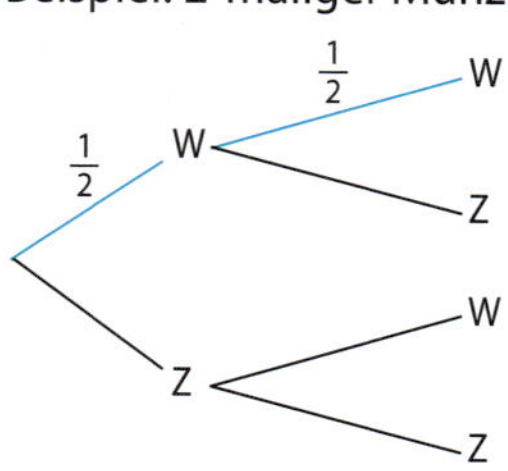

$P(WW) = \frac{1}{2} \cdot \frac{1}{2} = \frac{1}{4}$
Jeder Pfad entspricht einem Ergebnis.

Bei Baumdiagrammen erhält man die Wahrscheinlichkeit für ein Ergebnis durch Multiplikation der Wahrscheinlichkeiten entlang des zugehörigen Pfades. **(1. Pfadregel)**

Die Wahrscheinlichkeit für ein Ereignis ergibt sich aus der Summe der Wahrscheinlichkeiten aller Pfade, die zu diesem Ereignis gehören. **(2. Pfadregel)**

35 Ludger wirft einen Laplace-Würfel zweimal. Zeichne ein Baumdiagramm und ermittle die Wahrscheinlichkeit des gesuchten Ereignisses.
A: „Er wirft zuerst die Augenzahl 4, dann die 5."
B: „Die Summe der geworfenen Augenzahlen hat den Wert 10."
C: „Das Produkt der geworfenen Augenzahlen hat höchstens den Wert 30."

36 Saskia hat eine ideale 2 €-Münze (Laplace-Münze), Gaby hat eine „gezinkte" Münze, bei der „Wappen" mit 60 %-iger Wahrscheinlichkeit fällt. Betrachte das Ereignis {WW; ZZ}. Vergleiche P (E) mit $P(\overline{E})$. Was fällt dir auf?

1 Reelle Zahlen

Einstieg

- Der Pariser Platz in Berlin ist ein rund 1,5 ha großer quadratischer Platz, an dem das Brandenburger Tor steht. Du läufst einmal um den Pariser Platz herum. Ermittle die Länge des Weges, den du dabei zurücklegst. Beschreibe deinen Lösungsweg.
- Wie lang ist die Strecke, wenn man einmal quer über den Pariser Platz läuft? Bestimme zeichnerisch die Länge der zurückgelegten Strecke.
- Auf dem Pariser Platz sind rechteckige Gartenanlagen. Welche Seitenlänge hat ein Quadrat mit gleichem Flächeninhalt? Beschreibe dein Vorgehen.

Ausblick

Am Ende dieses Kapitels hast du gelernt, …
- was Kubikwurzeln sind.
- mit Potenzen zu rechnen.
- die rationalen Zahlen auf die reellen Zahlen zu erweitern.
- die Rechenoperationen und Rechengesetze auf reelle Zahlen zu übertragen.

1 Das kann ich schon ...

Rationale Zahlen erkennen

Nimmt man alle positiven und negativen Zahlen (also ganze Zahlen, Brüche oder Dezimalzahlen) sowie die Null zusammen, dann erhält man die Menge der **rationalen Zahlen** $\mathbb{Q}$.

Jede Zahl außer der Null hat eine **Gegenzahl** mit anderem Vorzeichen. Die Null ist Gegenzahl zu sich selbst.

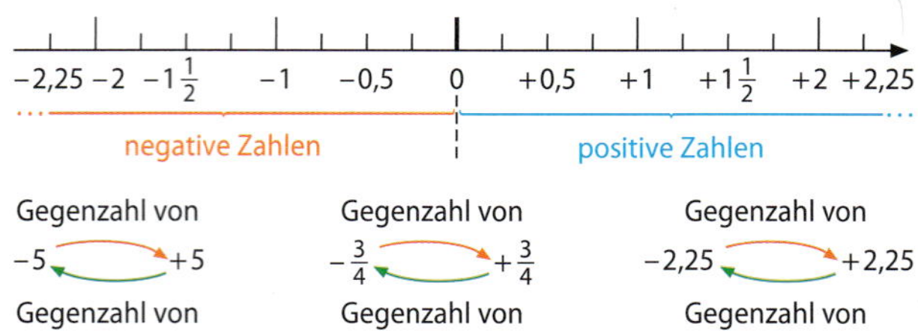

Mit rationalen Zahlen rechnen

1 Addition zweier rationaler Zahlen:
Bei gleichen Vorzeichen beider Zahlen werden die **Beträge addiert**; das **gemeinsame Vorzeichen** bleibt im Ergebnis erhalten.
Bei verschiedenen Vorzeichen beider Zahlen wird die Zahl mit dem **kleineren Betrag** von der Zahl mit dem größeren Betrag **subtrahiert**; das Ergebnis hat das **Vorzeichen** des Summanden mit dem **größeren Betrag**.

2 Subtraktion mit einer rationalen Zahl:
Die Subtraktion einer rationalen Zahl lässt sich stets durch die **Addition** ihrer **Gegenzahl** ersetzen.

3 Multiplikation und Division zweier rationaler Zahlen:
Man multipliziert bzw. dividiert die Beträge der beiden Zahlen. Bei gleichen Vorzeichen beider Zahlen hat das Ergebnis dann ein positives Vorzeichen. Bei verschiedenen Vorzeichen beider Zahlen hat das Ergebnis ein negatives Vorzeichen.

kurz:

+ mal + ⟶ +	bzw.	+ geteilt durch + ⟶ +
+ mal − ⟶ −		+ geteilt durch − ⟶ −
− mal + ⟶ −		− geteilt durch + ⟶ −
− mal − ⟶ +		− geteilt durch − ⟶ +

1
gleiche Vorzeichen: $(-3) + (-6{,}5) =$
- Beträge addieren: $3 + 6{,}5 = 9{,}5$
- gemeinsames Vorzeichen im Ergebnis: $-3 - 6{,}5 = -9{,}5$

verschiedene Vorzeichen: $\left(+4\frac{2}{3}\right) + (-10) =$
- größerer Betrag minus kleiner Betrag: $10 - 4\frac{2}{3} = 5\frac{1}{3}$
- Vorzeichen zum größeren Betrag im Ergebnis: $+4\frac{2}{3} - 10 = -5\frac{1}{3}$

2
$-1{,}3 - (+4{,}5) = -1{,}3 + (-4{,}5)$
- Nach Ersetzen durch Addition den passenden Fall zu **1** anwenden.

3
gleiche Vorzeichen: $(-1{,}8) \cdot (-5{,}2) =$
- Rechnen mit Beträgen: $1{,}8 \cdot 5{,}2 = 9{,}36$
- Ergebnis hat das Vorzeichen +: $-1{,}8 \cdot (-5{,}2) = +9{,}36$

verschiedene Vorzeichen: $(+7{,}5) : (-1{,}5) =$
- Rechnen mit Beträgen: $7{,}5 : 1{,}5 = 5$
- Ergebnis hat das Vorzeichen −: $7{,}5 : (-1{,}5) = -5$

Quadratzahlen und Kubikzahlen bestimmen

Das **Produkt** aus **zwei gleichen natürlichen** Zahlen nennt man **Quadratzahl**.
Schreibweise: $n \cdot n = n^2$ für $n \in \mathbb{N}$
Das **Produkt** aus **drei gleichen natürlichen** Zahlen nennt man **Kubikzahl**.
Schreibweise: $n \cdot n \cdot n = n^3$ für $n \in \mathbb{N}$

$25 \cdot 25 = 25^2 = 625$
625 ist eine Quadratzahl

$5 \cdot 5 \cdot 5 = 5^3 = 125$
125 ist eine Kubikzahl

250 ist keine Quadratzahl, denn es gibt keine natürliche Zahl n für die gilt: $n^2 = 250$
$15^2 = 225 < 250 < 256 = 16^2$

Rationale Zahlen erkennen

1 Wie lauten die markierten Zahlen?

a)

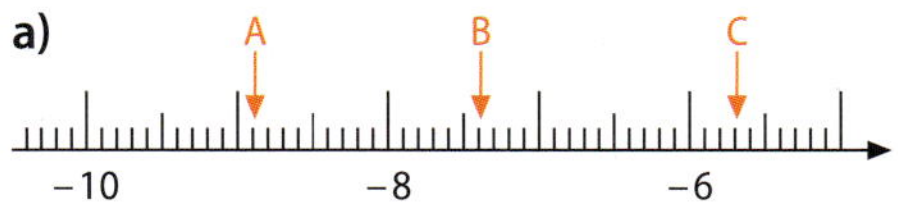

b)

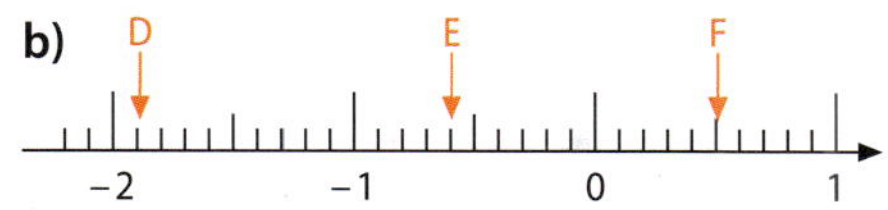

2 Ordne die Zahlen aufsteigend der Größe nach.

a) −6; 7; 4; −9; 0; 4,5; −6,5; −4

b) −0,8; $-\frac{3}{4}$; $\frac{2}{3}$; −1; $\frac{1}{4}$; 0,3; −0,3

c) −4,3; $-4\frac{1}{3}$; −4,4; $-4\frac{1}{4}$; $-4\frac{1}{9}$; −4,35; 0

d) 2,3; 2,03; 2,33; 2,033; 2,303; 2,330

Mit rationalen Zahlen rechnen

3 Stelle die folgenden Aufgaben an einer Zahlengeraden dar.

a) −4 + 8,5 **b)** 3 − 5,7 **c)** 120 − 340 **d)** $-5\frac{1}{4} - 3\frac{1}{2}$

4 Berechne.

a) 6,25 − 8,1
$-3 + 1\frac{1}{3}$
$4{,}2 - 4\frac{1}{5}$
−1800 + 557,25

b) −8 + (− 3)
3,6 − (− 0,9)
35,2 + (−4,7)
−12,4 − (−1,3)

c) −3 · 7
−5,5 · (−4)
8 : 0,5
4 : (−3)

d) 1,2 · 2,1
2,8 : (−0,7)
125,6 · (−0,25)
$16 : \left(-\frac{1}{4}\right)$

5 <, > oder =?

a) 28 − (17 + 6) ▢ 28 − 17 − 6

b) 4,2 − (1,8 + 2,9) ▢ 4,2 − 1,8 + 2,9

c) 1,9 − (0,8 + 1,2) ▢ 1,9 + 0,8 + 1,2

d) $2\frac{1}{2} + \left(\frac{3}{4} - 2\right)$ ▢ $2\frac{1}{2} + \frac{3}{4} + 2$

e) −3 − (−1,4 − 0,9) ▢ −3 + 1,4 − 0,9

f) −3,5 − (1,2 + 8,7) ▢ −3,5 − 8,7 − 1,2

g) −3 · (2,5 + 4) ▢ −7,5 + 12

h) (12,3 − 9,6) : 3 ▢ 12,3 − 9,6 : 3

Quadratzahlen und Kubikzahlen bestimmen

6 Übertrage die Tabelle in dein Heft und ergänze die Quadratzahlen und die Kubikzahlen bis 20. Lerne die Quadratzahlen auswendig. Lasse dich von einem Partner oder einer Partnerin abfragen.

Zahl	1	2	3	…	18	19	20
Quadratzahl				…			
Kubikzahl				…			

7 Übertrage in dein Heft und schreibe die ungeraden natürlichen Zahlen bis 19 als Differenz zweier Quadratzahlen. Welche Zusammenhänge erkennst du?

ungerade Zahl	3	5	7	9	11	…
Differenz Quadratzahlen	4 − 1	9 − 4				

1 Entdecken

Kap. 1.1

Selbst ist das Kind

In einem Schulprojekt soll eine Garage für die Tretfahrzeuge eines Kindergartens gebaut werden. Es stehen 100 Holzbretter (Maße: 21 mm × 50 mm × 150 mm) zur Verfügung. Die Tür soll ebenfalls aus den Brettern sein, aber der Boden frei bleiben.

- Berechne mögliche Volumen, wenn die Garage quader- oder würfelförmig ist und dabei alle Bretter benutzt werden.
- Beurteile, wie realistisch die verschiedenen Lösungen jeweils sind.

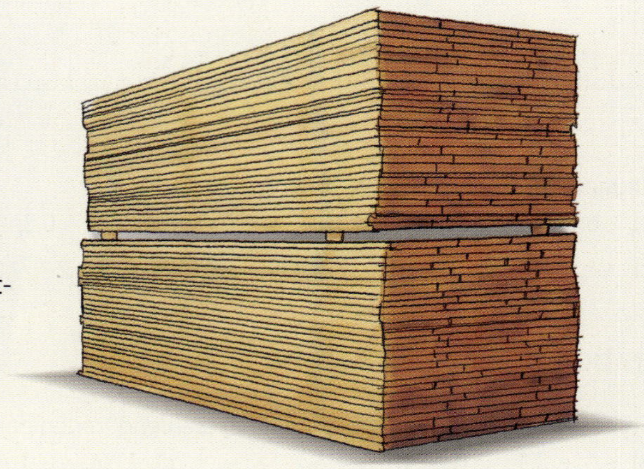

Kap. 1.3

Erste Hilfe in Mathematik

Im Internet gibt es zahlreiche Mathematikchats, die dir bei Fragen zu deinen Hausaufgaben behilflich sein können.

- Nenne einen solchen Chat. Du kannst dich auch mit deinen Mitschülerinnen und Mitschülern austauschen.
- Ein Benutzer eines solchen Chats hat die Frage nebenan gestellt. Hilf ihm, indem du eine passende Antwort formulierst.

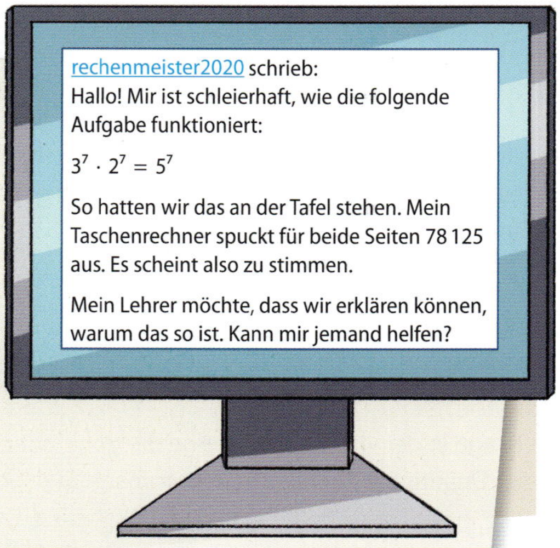

Hilfe bei den Hausaufgaben

Kap. 1.4

Vergrößern leicht gemacht, oder?

Paul zeichnet für ein Referat das Brandenburger Tor. Er hat das Bild auf einem quadratischen Rahmen (20 cm × 20 cm) festgemacht. Bei der Besprechung in seiner Referatsgruppe stellt er fest, dass das Bild zu klein ist. Er beschließt, dass es doppelt so groß werden soll.

- Welche Möglichkeiten gibt es, die „doppelte“ Größe zu bestimmen? Unterscheide dabei doppelte Fläche und doppelte Seitenlängen.
- Finde eine zeichnerische Lösung für die Verdopplung einer Quadratfläche. Erläutere dein Vorgehen.

Kap. 1.5 und 1.6

Immer Ärger mit den Hausaufgaben

Helin hat Fehler in ihren Hausaufgaben gemacht.

- Überprüfe mit dem Taschenrechner die Ergebnisse. Beschreibe vorkommende Fehler.

a) $\sqrt{16} \cdot \sqrt{5}$
$= 4 \cdot \sqrt{5}$
$= \sqrt{20}$

b) $\frac{\sqrt{9}}{\sqrt{16}} = \sqrt{\frac{3}{4}}$

c) $\sqrt{3} + \sqrt{3} = \sqrt{9} = 3$

- Erprobe mit einem Taschenrechner an verschiedenen Beispielen die Möglichkeiten zwei Wurzelterme miteinander zu
  1 addieren 2 subtrahieren 3 multiplizieren 4 dividieren.
  Finde Gesetzmäßigkeiten für die Vereinfachung, wenn es welche gibt.

Entdecken

Lena und Peter unterhalten sich über ihre neuen Taschenrechner.

- Berechne zunächst 2^3, 3^4, 10^5 und 4^2.
- Berechne anschließend $(-2)^3$, $(-3)^4$, $(-10)^5$ und $(-4)^2$. Was fällt dir auf?
- Untersuche, was passiert, wenn du in den obigen Beispielen die Exponenten mit negativen Vorzeichen eintippst. Wähle weitere Potenzen mit positiven und negativen Exponenten und vergleiche die Ergebnisse.

Verstehen

Du kennst bereits Potenzen als vereinfachte Schreibweise für die Multiplikation der jeweils gleichen Zahlen.

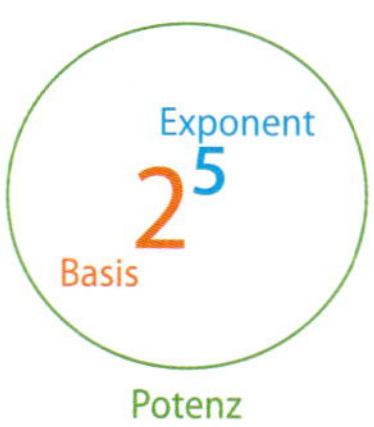

Produkte aus lauter gleichen Faktoren kann man auch als Potenz schreiben.

Diese Schreibweise gilt auch für **rationale Zahlen** a als Basis: $a^n = \underbrace{a \cdot a \cdot \ldots \cdot a}_{n \text{ Faktoren}}$

Es gilt weiterhin: $\mathbf{a^1 = a}$ für alle $a \in \mathbb{Q}$.
Teilt man a^m schrittweise durch a, so erhält man a^{m-1}, a^{m-2}, …, a^2, a^1, a^0, a^{-1}, a^{-2} usw.
Auf diese Weise erhält man Potenzen mit **negativen Exponenten.**
Ist $a \neq 0$, dann gilt: $a^{-n} = \frac{1}{a^n}$.

Aus der Division durch a ist ersichtlich, dass im Allgemeinen $\mathbf{a^0 = 1}$ gelten muss.

Beispiele

1. Schreibe die Potenzen ohne negative Exponenten.

a) 2^{-5} b) $1{,}3^{-1}$ c) $\left(\frac{1}{10}\right)^{-6}$ d) p^{-2} e) a^{-200}

Lösung:

a) $\frac{1}{2^5} = \frac{1}{32}$ b) $\frac{1}{1{,}3} = \frac{10}{13}$ c) $\frac{1}{\left(\frac{1}{10}\right)^6} = 1\,000\,000$ d) $\frac{1}{p^2}$ e) $\frac{1}{a^{200}}$

2. Wandle die Bruchterme in Potenzen mit negativem Exponenten um.

a) $\frac{1}{4}$ b) $\frac{1}{1{,}44}$ c) $\frac{1}{-27}$ d) $\frac{1}{t^7}$ e) $\frac{1}{(-s)^5}$

Lösung:

a) $4^{-1} = 2^{-2}$ b) $1{,}44^{-1} = 1{,}2^{-2}$ c) $(-27)^{-1} = (-3)^{-3}$ d) t^{-7} e) $(-s)^{-5}$

- Vergleiche 2^{-3} mit 3^{-2}, 2^{-5} mit 5^{-2} und 2^{-4} mit 4^{-2}.
- Formuliere ein Kriterium, wann 2^{-a} größer, kleiner oder gleich a^{-2} ist.

Nachgefragt

Aufgaben

oHiMi
1–5

1 Ergänze die fehlende Basis bzw. den fehlenden Exponenten.

a) $\frac{1}{32} = 2^{\square}$ b) $216 = \square^{3}$ c) $256 = (-4)^{\square}$ d) $\frac{1}{25} = \square^{-2}$

2 Ordne die Zahlen der Reihe nach, fange mit der kleinsten an.

a) $(-1)^2$; 2^{-1}; 1^{-2}; $(-2)^{(-2)}$; $\left(\frac{1}{2}\right)^{-1}$ b) $(-3)^2$; 2^{-3}; $(-2)^3$; $(-3)^{-2}$; $\left(\frac{1}{3}\right)^{-2}$

3 Was gehört zusammen? Ordne zu.

5^{-3} $-(3)^5$ 3^{-5} $-(5)^3$ $-(5)^{-3}$

-243 $-\frac{1}{125}$ -125 $\frac{1}{125}$ $\frac{1}{243}$

Weiterdenken

Du kennst bereits die Potenzgesetze für eine negative Basis.

1 Gerader Exponent:	2 Ungerader Exponent:
$(-4)^2 = (-4) \cdot (-4) = +16$	$(-4)^1 = (-4) = -4$
$(-4)^4 = (-4) \cdot (-4) \cdot (-4) \cdot (-4) = +256$	$(-4)^3 = (-4) \cdot (-4) \cdot (-4) = -64$
…	…
Ist der Exponent eine gerade Zahl, dann kommt die Basis in einer geraden Anzahl vor. Also ist der Wert der Potenz stets positiv.	Ist der Exponent eine ungerade Zahl, dann kommt die Basis in einer ungeraden Anzahl vor. Also ist der Wert der Potenz stets negativ.

4 Beschreibe die Unterschiede zwischen folgenden Potenzen: $(-4)^2$ und -4^2.

5 Vergleiche und ersetze $\square$ durch <, > oder =.

a) $(-1{,}5)^4 \;\square\; (1{,}5)^4$ b) $0{,}9^3 \;\square\; (-0{,}9)^3$ c) $(-4)^2 \;\square\; 2^4$

d) $(-0{,}4)^4 \;\square\; -0{,}44^1$ e) $-(-3{,}5)^3 \;\square\; -3{,}5^3$ f) $-3{,}1^2 \;\square\; 3{,}1^2$

6

Der Wert einer Potenz ist höchstens 16, wobei die Basis genau halb so groß ist wie der Exponent.

Bestimme die Potenz. Findest du mehrere Lösungen?

7 Erstelle den zugehörigen Term und bestimme den Wert der Potenz.

a) Eine Potenz mit dem Exponenten 18 und der Basis $\frac{1}{2}$.

b) Die Basis ist der Nenner des Bruches $\frac{7}{8}$. Der Exponent ist 3.

c) Die Potenz mit dem Exponenten −3 und seiner Gegenzahl als Basis.

Entdecken

- Beurteile die Angaben der Aliens.
- Giga und Mikro sind Vorsilben von Zehnerpotenzen. Welche weiteren Vorsilben kennst du? Gib Beispiele aus dem Alltag.

Verstehen

Unser Stellenwertsystem ist ein Zehnersystem. Deshalb sind Potenzen mit der Basis 10 in der Wissenschaft und im Alltag von Bedeutung.

Um sehr große oder sehr kleine Zahlen darstellen zu können, nutzt man **Zehnerpotenzen**. **Zehnerpotenzen** sind **Potenzen** mit der Basis 10: $10^n = \underbrace{10 \cdot 10 \cdot \ldots \cdot 10}_{n\ \text{Faktoren}}$

Es gilt weiterhin: $10^1 = 10$ und $10^0 = 1$.
Für negative Exponenten ergibt sich somit: $10^{-n} = \frac{1}{10^n}$

Beispiel:

…	$\frac{1}{1000}$	$\frac{1}{100}$	$\frac{1}{10}$					
…	10^{-3}	10^{-2}	10^{-1}	10^0	10^1	10^2	10^3	…
	0,001	0,01	0,1	1	10	100	1000	

Der **Exponent** einer Zehnerpotenz gibt an, um **wie viele Stellen** sich das **Komma** gegenüber der Zahl 1 nach **rechts oder links verschiebt**.

Beispiel:

1 $530\,000 = 5{,}3 \cdot 100\,000 = 5{,}3 \cdot 10^5$
Der Exponent ist positiv, das Komma verschiebt sich um fünf Stellen nach rechts.

2 $5{,}3 \cdot 10^{-5} = 5{,}3 \cdot 0{,}00001 = 0{,}000053$
Der Exponent ist negativ, das Komma verschiebt sich um fünf Stellen nach links.

Beispiele

1. Schreibe mithilfe einer Zehnerpotenz. **a)** 359 000 000 **b)** 0,00000079 **c)** 0,0038
Lösungsmöglichkeiten:
a) $3{,}59 \cdot 10^8$ **b)** $79 \cdot 10^{-8}$ **c)** $3{,}8 \cdot 10^{-3}$

2. Schreibe ohne Zehnerpotenz. **a)** $22{,}7 \cdot 10^6$ **b)** $1{,}3 \cdot 10^{-5}$ **c)** $56 \cdot 10^{-12}$
Lösungsmöglichkeiten:
a) 22 700 000 **b)** 0,000013 **c)** 0,000000000056

Nachgefragt

- Beurteile die Aussage: „Der Exponent einer Zehnerpotenz gibt an, um wie viele Stellen das Komma nach links oder rechts verschoben wird."
- „Bei gleichen Werten hat die größere Maßeinheit kleinere Exponenten als die kleinere Maßeinheit." Was meinst du dazu? Überprüfe an Beispielen.

Aufgaben

oHiMi
1, 3

1 Schreibe mithilfe einer Zehnerpotenz in der Form $a \cdot 10^n$ mit $1 < a < 10$.

a) 24 300 000 000 **b)** 670 000 000 000 000 **c)** 10 000 0000
d) 125 000 000 **e)** 926 000 000 000 **f)** 70 000
g) 0,000000000047 **h)** 0,0000200412 **i)** 0,000000061
j) 0,00000375 **k)** 0,00099 **l)** 0,00000000527

2 Berechne mit dem Taschenrechner. Gib das Ergebnis auch in der Zehnerpotenzschreibweise an.

a) $9\,000\,000^2$ **b)** $4\,000\,000 \cdot 12\,000\,000$ **c)** $0{,}000000008^2$
d) $0{,}000003 \cdot 0{,}000713$ **e)** $0{,}000123 : 0{,}000000045$ **f)** $0{,}00094 : 213\,000\,000$

Mögliche Anzeigen der Zehnerpotenz $2{,}4 \cdot 10^{-8}$ beim Taschenrechner:
$2{,}4^{-08}$ oder
$2{,}4 \times 10^{-8}$ oder
2,4E–08

Weiterdenken

Speziell im Sprachgebrauch ist es häufig praktikabler, Zehnerpotenzen mit einer Vorsilbe abzukürzen. Einige der gebräuchlichsten Vorsilben findest du in der Tabelle.

Faktor	Vorsilbe	Symbol
10^{12}	Tera	T
10^9	Giga	G
10^6	Mega	M
10^3	Kilo	k
10^2	Hekto	h

Faktor	Vorsilbe	Symbol
10^{-1}	Dezi	d
10^{-2}	Zenti	c
10^{-3}	Milli	m
10^{-6}	Mikro	µ
10^{-9}	Nano	n

3 Gib die Längen in Metern an. Beispiel: $3\text{ mm} = 3 \cdot 10^{-3}\text{ m} = 0{,}003\text{ m}$

a) 14 mm **b)** 1,5 dm **c)** 725 µm **d)** 26 cm **e)** 89 nm

4 Speichermedien haben verschiedene Kapazitäten.

a) Vergleiche mithilfe von Zehnerpotenzen:
1 Byte, 1 Kilobyte (kB), 1 Megabyte (MB), 1 Gigabyte (GB), 1 Terrabyte (TB)

b) Vergleiche die Speicherkapazität eines USB-Sticks (32 GB), einer DVD (8,5 GB) und einer externen Festplatte (1,5 TB) miteinander.

c) Eine vollgeschriebene DIN-A4-Seite hat etwa eine Datenmenge von 4 kB. Wie viele solcher Seiten lassen sich auf einem USB-Stick (16 GB) speichern?

d) Berechne die Zeit, die eine Schreibkraft brauchen würde, bis eine 8,5 GB-DVD voll ist, wenn sie 175 Byte pro Minute tippen kann.

Entdecken

$4x^2 + 7x^2 =$	$-3x^2$	$11x^2$
$4x^2 - 7x^2 =$	$11x^4$	$-3x^4$

$-2x^3 + 4x^2 + 5x^3 =$	$7x^2 - x^2$	$-7x^3$
$+2x^3 - 4x^3 - 5x^3 =$	$3x^3 + 4x^2$	$-3x^3 - 4x^2$

- Welche Terme haben denselben Wert? Setze Zahlen ein und überprüfe.
- Wie lassen sich Terme mit Potenzen der gleichen Basis vereinfachen? Beschreibe.

$3^6 \cdot 3^2 =$	3^{12}	3^8
$3^6 : 3^2 =$	3^4	3^3

$(-4)^8 \cdot (-4)^4 =$	$(-4)^{12}$	$(-4)^2$
$(-4)^8 : (-4)^4 =$	$(-4)^4$	$(-4)^{32}$

$(-2)^3 \cdot (-2)^2 =$	$(-2)^1$	$(-2)^6$
$(-2)^3 : (-2)^2 =$	$(-2)^2$	$(-2)^5$

- Bei welchen Kärtchen ergibt sich derselbe Wert?
- Welche Gesetzmäßigkeiten erkennst du?
  Beschreibe und überprüfe deine Vermutungen an weiteren Beispielen.

Verstehen

Mit Potenzen kann man auch rechnen. Dazu gibt es besondere Regeln.

Zwei **Potenzen mit gleicher Basis** werden multipliziert (dividiert), indem die beiden Exponenten addiert (subtrahiert) werden. Die **Basis bleibt erhalten.**

Beispiele:

$(-3)^5 \cdot (-3)^3 = (-3)^{5+3} = (-3)^8$ $(-3)^5 : (-3)^3 = (-3)^{5-3} = (-3)^2$

Begründung für alle $a \in \mathbb{Q}$ (für die Division gilt $a \neq 0$) und $m, n \in \mathbb{Z}$:

$$a^m \cdot a^n = \underbrace{(a \cdot \ldots \cdot a)}_{\text{m Faktoren}} \cdot \underbrace{(a \cdot \ldots \cdot a)}_{\text{n Faktoren}} = \underbrace{a \cdot \ldots \cdot a \cdot a \cdot \ldots \cdot a}_{(m+n)\text{ Faktoren}} = a^{m+n}$$

$$a^m : a^n = \frac{a^m}{a^n} = \frac{\overbrace{a \cdot \ldots \cdot a}^{\text{m Faktoren}}}{\underbrace{a \cdot \ldots \cdot a}_{\text{n Faktoren}}} = \underbrace{a \cdot \ldots \cdot a}_{(m-n)\text{ Faktoren}} = a^{m-n}$$

Kürzen der gemeinsamen Faktoren

Mit dem Potenzgesetz können wir auch folgende Fälle erklären:

1 Der Exponent ist negativ.	**2 Der Exponent ist 0.**
Beispiel: $5^3 : 5^5 = 5^{3-5} = 5^{-2}$ $\frac{5^3}{5^5} = \frac{5 \cdot 5 \cdot 5}{5 \cdot 5 \cdot 5 \cdot 5 \cdot 5} = \frac{1}{5 \cdot 5} = \frac{1}{5^2}$ Somit ist $5^{-2} = \frac{1}{5^2}$.	**Beispiel:** $6^4 : 6^4 = 6^{4-4} = 6^0$ $\frac{6^4}{6^4} = \frac{6 \cdot 6 \cdot 6 \cdot 6}{6 \cdot 6 \cdot 6 \cdot 6} = \frac{1}{1} = 1$ Also muss $6^0 = 1$ sein.

Beispiele

1. Vereinfache durch Anwendung der Potenzgesetze so weit wie möglich.

a) $6^3 \cdot 6^2$ **b)** $7^4 \cdot 7^{-2}$ **c)** $9^3 : 9^5$

Lösung:

a) $6^{3+2} = 6^5$ **b)** $7^{4+(-2)} = 7^{4-2} = 7^2$ **c)** $9^{3-5} = 9^{-2} = \frac{1}{9^2}$

2. Schreibe als Produkt bzw. Quotient aus Potenzen mit gleicher Basis.

a) 12^3 **b)** $81a^4$ **c)** $\frac{1}{4^5}$

Lösungsmöglichkeiten:

a) $12^3 = 12^1 \cdot 12^2$ **b)** $81a^4 = (3a)^2 \cdot (3a)^2$ **c)** $\frac{1}{4^5} = 4^{-5} = 4^8 : 4^{13}$

- Erkläre den Unterschied zwischen $3 \cdot 5$, 3^5 und 5^3.
- Welches Vorzeichen hat der Wert der Potenz $(-6)^n$, wenn n gerade (ungerade) ist? Begründe deine Antwort.

Nachgefragt

Aufgaben

oHiMi 1–5, 7

1 Vereinfache durch Anwendung der Potenzgesetze so weit wie möglich.

a) $5^3 \cdot 5^4$ $\quad 1{,}2^4 \cdot 1{,}2^6$ $\quad (-5)^5 \cdot (-5)^2$ $\quad (-0{,}9)^5 \cdot (-0{,}9)^8$

b) $12^7 : 12^5$ $\quad 0{,}75^5 : 0{,}75^2$ $\quad (-3{,}2)^2 : (-3{,}2)^3$ $\quad \left(\frac{2}{3}\right)^6 : \left(\frac{2}{3}\right)^8$

c) $(-4)^5 : (-4)^2 + (-4)^2 \cdot (-4)$ $\quad 1{,}9^2 \cdot 1{,}9^2 - 1{,}9^4 : 1{,}9^3$

d) $5^{-3} \cdot 5^2$ $\quad (-2{,}5)^{-5} \cdot (-2{,}5)^{-2}$ $\quad 0{,}5^4 \cdot 0{,}5^{-5}$ $\quad (-2)^{-5} : (-2)^{-4}$

2 Übertrage die Multiplikationsmauern und bestimme die fehlenden Potenzen.

Der Wert eines Steins ergibt sich als Produkt der Potenzen aus den darunterliegenden Steinen.

a)
5^3	5^2	5^6

b)
	$(-3)^6$	
-3	$(-3)^2$	

c)
$(-2{,}5)^7$	$(-2{,}5)^{-4}$	
	$(-2{,}5)^3$	

3 Schreibe auf verschiedene Arten als …

1 Produkt zweier Potenzen.
Beispiel: $(-3{,}2)^5 = (-3{,}2)^2 \cdot (-3{,}2)^3$

a) 4^6; $3{,}2^7$; $0{,}6^5$; $1{,}45^{13}$; $\left(\frac{2}{7}\right)^9$

2 Quotient zweier Potenzen.
Beispiel: $(-3{,}2)^5 = (-3{,}2)^7 : (-3{,}2)^2$

b) $(-4{,}5)^4$; $(-1)^7$; $\left(-\frac{4}{5}\right)^{10}$; $(-0{,}3)^3$; 7^2

4 Vereinfache so weit wie möglich.

a) $a^3 \cdot a^6$ **b)** $(-b)^4 : (-b)^2$ **c)** $c^3 \cdot c^4 \cdot c^5$ **d)** $d^7 : d^3 : d^2$

e) $e^4 \cdot e^7 \cdot e^3$ **f)** $f^2 \cdot f^4 \cdot f$ **g)** $g^7 : g^5 : g$ **h)** $(-h)^4 \cdot (-h)^2 : (-h)^3$

i) $2i^2 \cdot 3i^{-4}$ **j)** $-4{,}5j^{-5} : \frac{2}{3}j^2$ **k)** $6k \cdot 3k^3 : k^{-2}$ **l)** $4\,(-l)^{-6} \cdot \frac{1}{4}(-l)^3$

5 Übertrage in dein Heft und setze <, > oder = ein.

a) $5^3 + 5^2 \;\square\; 5^3 \cdot 5^2$ **b)** $-6 \cdot (-6)^3 \;\square\; -6^4$ **c)** $2^3 : 2^2 \;\square\; 2 \cdot 2$

d) $(-3{,}2)^6 \cdot (-3{,}2) \;\square\; 3{,}2^{-7}$ **e)** $1{,}8^6 - 1{,}8^3 \;\square\; 1{,}8^6 : 1{,}8^3$ **f)** $(-2{,}5)^4 : (-2{,}5)^3 \;\square\; (-2{,}5)^0$

6 In der folgenden Tabelle wurden die Potenzen mit der Basis 3 berechnet.

Potenz	3^1	3^2	3^3	3^4	3^5	3^6	3^7	3^8	3^9	3^{10}
Wert der Potenz	3	9	27	81	243	729	2187	6561	19683	59049

a) Betrachte die Einerstellen der Potenzwerte. Welche Muster erkennst du? Welche Einerstelle hat 3^{12} (3^{15}, 3^{22}, 3^{25})?

b) Untersuche die Potenzreihen mit der Basis 2 (4, 5) auf solche Muster.

7 Hier hat sich doch ein Fehler versteckt. Finde ihn und verbessere im Heft.

a) $a^3 + a^5 = a^{3+5} = a^8$

b) $2d^4 + 4d^2 = (2+4)d^{4+2} = 6d^6$

c) $b^4 \cdot b^2 = b^{4 \cdot 2} = b^8$

d) $-5e^4 : 2e^2 = (-5-2)\,e^{4-2} = -7e^2$

Weiterdenken

Achte bei der Anwendung der Potenzgesetze darauf, ob die Basis zweier Potenzen gleich ist oder wie hier der Exponent.

Werden zwei Potenzen mit demselben Exponenten multipliziert (dividiert), dann bleibt der **gemeinsame Exponent erhalten.** Die Basis ist dabei das Produkt (der Quotient) **der einzelnen Basen.**

Beispiele:

$(-8)^5 \cdot 2^5 = (-8 \cdot 2)^5 = (-16)^5$ $\qquad$ $(-8)^5 : 2^5 = (-8 : 2)^5 = (-4)^5$

Begründung für alle $a, b \in \mathbb{Q}$ (für die Division gilt $b \neq 0$) und $m, n \in \mathbb{Z}$:

$$a^n \cdot b^n = \underbrace{(a \cdot \ldots \cdot a)}_{\text{n Faktoren}} \cdot \underbrace{(b \cdot \ldots \cdot b)}_{\text{n Faktoren}} = \underbrace{(a \cdot b) \ldots \cdot (a \cdot b)}_{\text{n Faktoren}} = (a \cdot b)^n$$

$$a^n : b^n = \frac{a^n}{b^n} = \frac{\overbrace{a \cdot \ldots \cdot a}^{\text{n Faktoren}}}{\underbrace{b \cdot \ldots \cdot b}_{\text{n Faktoren}}} = \underbrace{\left(\frac{a}{b}\right) \cdot \ldots \cdot \left(\frac{a}{b}\right)}_{\text{n Faktoren}} = \left(\frac{a}{b}\right)^n = (a : b)^n$$

Wird eine Potenz potenziert, dann werden die Exponenten multipliziert und die **Basis bleibt erhalten.**

Beispiel:

$(7^3)^5 = 7^3 \cdot 7^3 \cdot 7^3 \cdot 7^3 \cdot 7^3 = 7^{3+3+3+3+3} = 7^{5 \cdot 3} = 7^{15}$

Begründung für alle $a \in \mathbb{Q}$ und $m, n \in \mathbb{Z}$:

$$(a^m)^n = \underbrace{a^m \cdot \ldots \cdot a^m}_{\text{n Faktoren}} = \underbrace{\underbrace{(a \cdot \ldots \cdot a)}_{\text{m Faktoren}} \cdot \ldots \cdot \underbrace{(a \cdot \ldots \cdot a)}_{\text{m Faktoren}}}_{\text{n Produkte mit jeweils m Faktoren}} = \underbrace{a \cdot \ldots \cdot a}_{(m \cdot n)\text{ Faktoren}} = a^{m \cdot n}$$

Lösungen zu 8:
−216; −64; 16; 144; 343; 512; 225; 1; 49; 216 000; 625; 243

8 Vereinfache die Potenz so weit wie möglich und berechne dann.

a) $3^2 \cdot 5^2$ **b)** $10^3 \cdot 6^3$ **c)** $4^3 \cdot 2^3$ **d)** $\left(\frac{1}{2}\right)^4 \cdot 2^4$

e) $3^4 \cdot \left(\frac{2}{3}\right)^4$ **f)** $\left(-\frac{3}{4}\right)^3 \cdot 8^3$ **g)** $(-96)^2 : (-8)^2$ **h)** $119^3 : 17^3$

i) $-27{,}2^2 : 3{,}4^2$ **j)** $\frac{49^2}{7^2}$ **k)** $\frac{20^4}{4^4}$ **l)** $\frac{4{,}5^5}{1{,}5^5}$

9 Berechne auf zwei verschiedene Arten.

Beispiel: $(3 \cdot 4)^2 = 12^2 = 144$; $(3 \cdot 4)^2 = 3^2 \cdot 4^2 = 9 \cdot 16 = 144$

a) $(2 \cdot 3)^2$; $(2 \cdot 5)^2$; $(2 \cdot 6)^3$

b) $(11 \cdot 2)^2$; $(-2 \cdot 8)^3$; $(-7 \cdot 5)^4$

c) $\left(\frac{1}{2}\right)^3$; $\left(\frac{2}{3}\right)^5$; $\left(\frac{3}{4}\right)^3$

d) $\left(-\frac{2}{3}\right)^3$; $\left(-\frac{1}{4}\right)^2$; $\left(-\frac{4}{7}\right)^4$

oHiMi 10–14

10 Vereinfache durch Anwendung der Potenzgesetze.

a) $(2{,}5^3)^2$ **b)** $(3^4)^7$ **c)** $(0{,}5^5)^8$ **d)** $(-3^2)^6$

e) $(-4{,}2^5)^2$ **f)** $(7^5)^3$ **g)** $(-2^7)^5$ **h)** $(0{,}1^8)^3$

i) $((-2{,}5)^2)^4$ **j)** $((-1)^6)^8$ **k)** $(-4^3)^{-1}$ **l)** $(0{,}5^{-2})^3$

11 Mathias meint: „Wenn Potenzen potenziert werden, ist das letztlich nichts anderes, als Potenzen mit gleicher Basis zu multiplizieren." Hat Mathias recht? Begründe.

12

Jenny: $2^3 \cdot 2^3 = 2^{3+3}$

Theresa: $2^3 \cdot 2^3 = (2 \cdot 2)^3$

Jana: $2^3 \cdot 2^3 = (2 \cdot 2)^{2 \cdot 3}$

Beurteile die Lösung der Hausaufgaben.

13 Schreibe ohne Klammern.

a) $(4a)^3$ b) $(2{,}5b^2)^2$ c) $\left(-\frac{1}{3}c^3\right)^3$ d) $\frac{3}{4}(d^5)^2$ e) $\left(\frac{5}{e}\right)^4$

f) $\left(\frac{f^3}{4}\right)^2 \cdot \left(\frac{f^3}{4}\right)^2$ g) $\left(-\frac{3}{5}g^3\right)^4$ h) $(-0{,}1h^1)^5$ i) $(1{,}4i \cdot 10^4)^3$ j) $\left(\frac{(-x)^{-4}}{-y^3}\right)^{-7}$

14 Übertrage in dein Heft und fülle die Lücken im Stern aus.

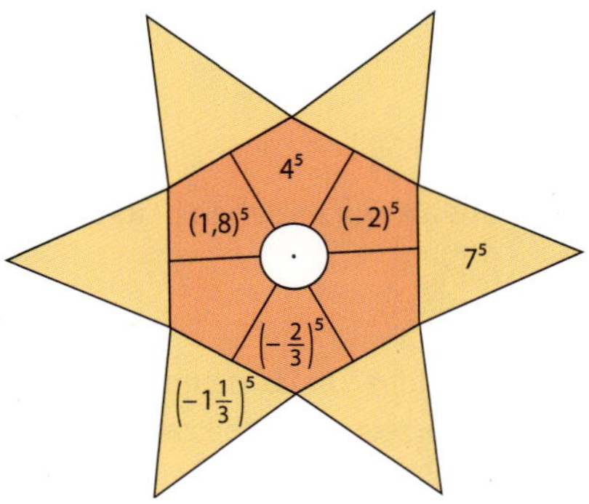

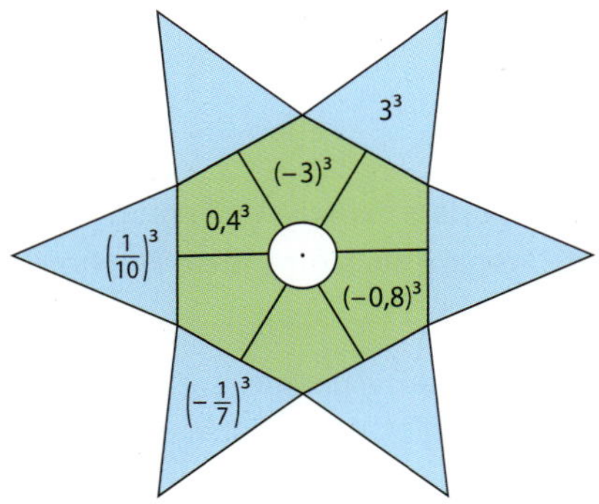

15 Vereinfache und berechne den Wert des Terms.

a) $\frac{5^4 \cdot 5^2}{5^7}$ b) $\frac{6^3 \cdot 6^{-2}}{6^4}$ c) $\frac{2^{-8} \cdot 2^3}{2^{-3} \cdot 2^{-2}}$ d) $\frac{4^{-2} \cdot 5^{-2}}{20^{-3}}$

e) $\frac{\left(\frac{1}{2}\right)^5 \cdot \left(\frac{1}{4}\right)^5}{\left(\frac{1}{8}\right)^3}$ f) $\left(\frac{2}{3}\right)^{-3}$ g) $\left(-\frac{3}{5}\right)^{-4}$ h) $\left(\frac{4}{9}\right)^{-2}$

16 Bei welchen Kärtchen ergibt sich derselbe Wert? Begründe.

$4^2 \cdot 3^2 =$? 12^2 | 7^2 | 12^4

$(-6)^3 \cdot (-2)^3 =$? 12^3 | $(-4)^3$ | 3^3

$(-5)^4 \cdot 2^4 =$? $(-10)^4$ | -3^4 | $(-2{,}5)^4$

$(5^3)^2$? 5^6 | 5^5 | 5^1

$((-3)^4)^2 =$? $(-3)^8$ | $(-3)^6$ | $(-3)^2$

$(5)^{-2} \cdot (-5)^2$? $(-5)^0$ | $(-5)^{-4}$ | $(-5)^4$

17 In wie viele kleine Würfel lässt sich der große Würfel zerlegen? Schreibe als Potenz und berechne.

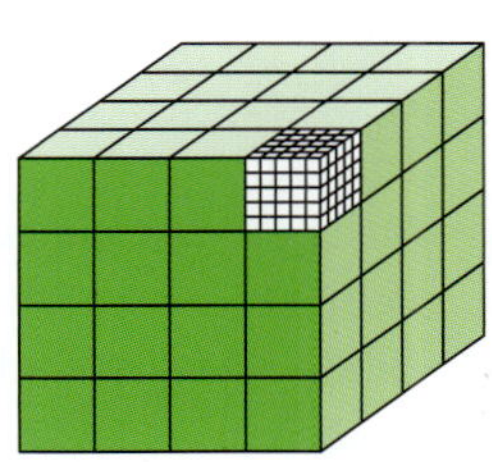

Entdecken

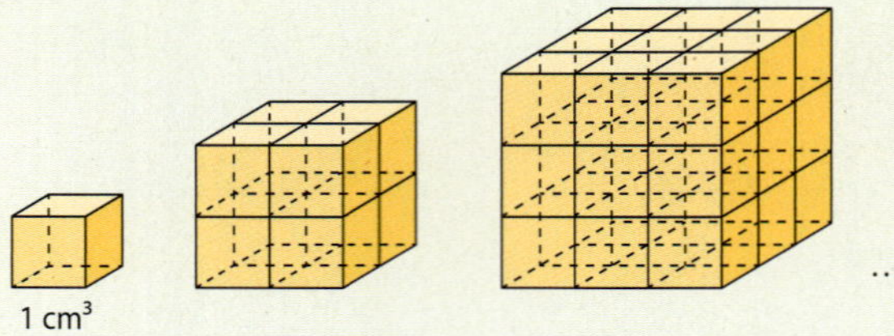

Alex baut aus Holzwürfeln mit 1 cm³ Volumen größere Würfel.

- Wie viele der kleinen Würfel braucht er jeweils für größere Würfel mit den Volumen 8 cm³, 27 cm³, 64 cm³ bzw. 81 cm³?
- Wie lang sind jeweils die Kantenlängen?
- Der große Würfel soll ein Volumen von 1 dm³ haben. Wie lang wäre eine Kantenlänge eines solchen Würfels?

Verstehen

Du weißt bereits, dass man die Umkehrung des Potenzierens als Wurzelziehen (Radizieren) bezeichnet. Das geht auch für andere Potenzen als 2.

Die **Kubikwurzel** aus einer positiven Zahl a ist diejenige positive Zahl b, deren dritte Potenz a ergibt. Wir betrachten vor allem die Kubikwurzeln von Kubikzahlen.

Es gilt: $\sqrt[3]{a} = b$, wenn $b \cdot b \cdot b = b^3 = a \quad (a, b > 0)$
Sprechweise: „Die 3. Wurzel aus a ist b." oder „Die Kubikwurzel aus a ist b."
Beispiel: $\sqrt[3]{729} = 9$. „Die Kubikwurzel aus 729 ist 9."
Bedeutung: Ein Würfel mit einem Volumen von 729 cm³ hat die Kantenlänge 9 cm.

Beachte beim Lösen von Gleichungen: Die Gleichung $x^2 = 169$ beispielsweise hat die Lösungen $x = -13$ und $x = +13$ denn $(\pm 13)^2 = 169$. Unter $\sqrt{169}$ versteht man aber **nur die positive Zahl**. Bei der Gleichung $x^3 = 8$ tritt dieses Problem nicht auf, denn hier gibt es nur die Lösung $x = +2$.

Beispiele

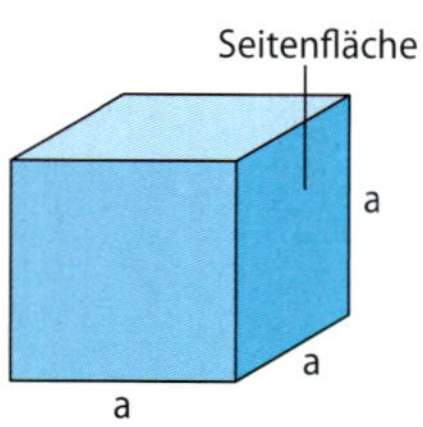

1. Das Volumen eines Würfels beträgt 3375 cm³ (8 ℓ). Bestimme seine Kantenlänge.
Lösung:
$\sqrt[3]{3375\ \text{cm}^3} = 15\ \text{cm}$, da $(15\ \text{cm})^3 = 3375\ \text{cm}^3$
$\sqrt[3]{8000\ \text{cm}^3} = 20\ \text{cm}$, da $(20\ \text{cm})^3 = 8000\ \text{cm}^3 = 8\ \text{dm}^3 = 8\ \ell$

2. Die Größe einer der sechs Seitenflächen eines Würfels ergibt sich als Quadrat der Kantenlänge, das Volumen als dritte Potenz derselben.
Bestimme jeweils die Seitenflächen der Würfel mit den folgenden Volumen.
a) 3,375 m³ **b)** 512 cm³ **c)** 91,125 cm³ **d)** 9,261 dm³
Lösung:
Man bestimmt zunächst die Kantenlänge durch ziehen der Kubikwurzel, analog zu Beispiel 1. Anschließend quadriert man die berechnete Länge und erhält damit die Größe der Seitenfläche.
a) 2,25 m² **b)** 64 cm² **c)** 20,25 cm² **d)** 4,41 dm²

- Begründe, wieso es keine Quadratwurzel aus einer negativen Zahl gibt, aber durchaus eine Kubikwurzel.
- Für welche Zahlen ist die Kubikwurzel größer als die zugehörige Zahl?
- Erläutere, wie du den Oberflächeninhalt eines Würfels berechnen kannst, wenn dessen Volumen gegeben ist.

Nachgefragt

Aufgaben

oHiMi
1–2

1 Ziehe jeweils die Kubikwurzel aus folgenden Zahlen im Kopf. Begründe.
a) 125 **b)** 1000 **c)** 343 **d)** 512 **e)** 1331 **f)** 0,729

2 Bestimme jeweils die Kantenlänge des Würfels.

a)
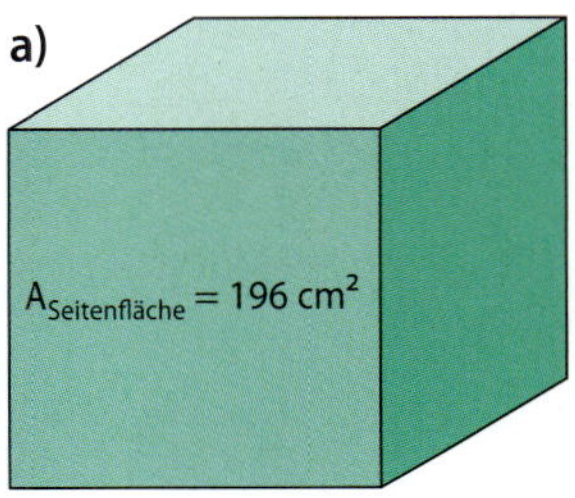

b)
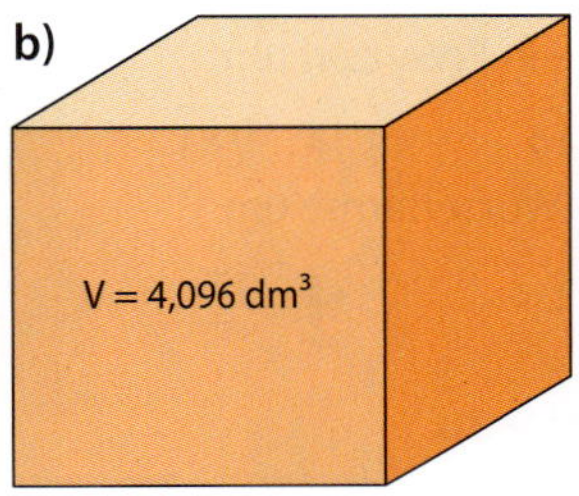

c)
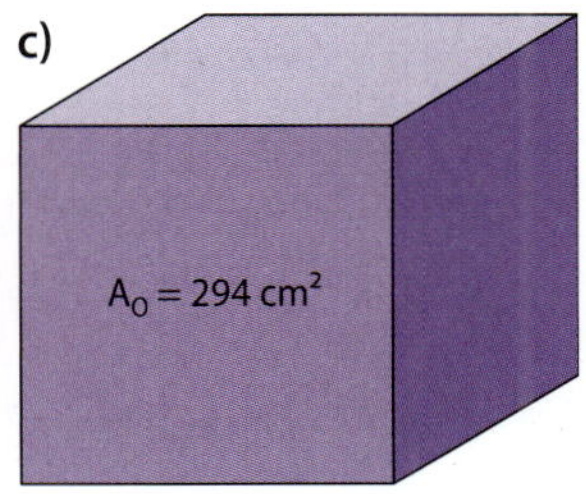

3 Grenze die Kubikwurzel zwischen zwei ganzen Zahlen ein.
Beispiel: $\sqrt[3]{40}$: $3 < \sqrt[3]{40} < 4$, denn $3^3 < 40 < 4^3$

a) $\sqrt[3]{30}$	**b)** $\sqrt[3]{-10}$	**c)** $\sqrt[3]{130}$	**d)** $\sqrt[3]{800}$	**e)** $\sqrt[3]{-10\,000}$
$\sqrt[3]{80}$	$\sqrt[3]{-22}$	$\sqrt[3]{230}$	$\sqrt[3]{-1100}$	$\sqrt[3]{20\,000}$
$\sqrt[3]{120}$	$\sqrt[3]{-43}$	$\sqrt[3]{330}$	$\sqrt[3]{1400}$	$\sqrt[3]{-30\,000}$

4 **a)** Berechne die Kubikwurzeln und setze die Reihe um mindestens 3 Schritte fort.
1 $\sqrt[3]{8}$; $\sqrt[3]{80}$; $\sqrt[3]{800}$; $\sqrt[3]{8000}$; $\sqrt[3]{80\,000}$; $\sqrt[3]{800\,000}$; $\sqrt[3]{8\,000\,000}$; …
2 $\sqrt[3]{1}$; $\sqrt[3]{10}$; $\sqrt[3]{100}$; $\sqrt[3]{1000}$; $\sqrt[3]{10\,000}$; $\sqrt[3]{100\,000}$; $\sqrt[3]{1\,000\,000}$; …
3 $\sqrt[3]{27}$; $\sqrt[3]{270}$; $\sqrt[3]{2700}$; $\sqrt[3]{27\,000}$; $\sqrt[3]{270\,000}$; $\sqrt[3]{2\,700\,000}$; …
b) Welche Gesetzmäßigkeiten erkennst du? Beschreibe und überprüfe an weiteren Reihen.

5 Lena und Peter wollen mit ihrem Taschenrechner herausfinden, was passiert, wenn sie nach dem „^"-Zeichen Bruchzahlen eingeben. Sie berechnen $4^{\frac{1}{2}}$, $8^{\frac{1}{3}}$, $9^{\frac{1}{2}}$, $32^{\frac{1}{5}}$ und $64^{\frac{1}{6}}$.

a) Führe diese Berechnungen durch. Formuliere eine Vermutung über die Bedeutung des Exponenten der Form $\frac{1}{n}$.
b) Eine weitere Taste kennen die beiden noch nicht: [√]. Sie geben $\sqrt[2]{4}$, $\sqrt[3]{8}$, $\sqrt[2]{9}$, $\sqrt[5]{32}$ und $\sqrt[6]{64}$ ein. Führe diese Berechnungen ebenfalls durch. Vergleiche deine Ergebnisse mit deinen vorherigen Lösungen.
c) Vergleiche nun $\sqrt[2]{8}$ mit $2^{\frac{3}{2}}$, $\sqrt[3]{25}$ mit $5^{\frac{2}{3}}$, $\sqrt[5]{27}$ mit $3^{\frac{3}{5}}$. Formuliere eine Vermutung über die Bedeutung von $\sqrt[n]{a^m}$.

Weiterdenken

Die nichtnegative Lösung der Gleichung $x^n = a$ mit $a \geq 0$ und $n \in \mathbb{N}$ ist $\sqrt[n]{a}$, die **n-te Wurzel** aus a.

Mit anderen Worten: $\sqrt[n]{a}$ ist diejenige nichtnegative Zahl, deren n-te Potenz gleich a ist.

Das Potenzieren (einer nichtnegativen Zahl) mit n und das Ziehen der n-ten Wurzel heben sich auf. Somit ist folgende Festlegung sinnvoll: $\sqrt[n]{\mathbf{a}} = \mathbf{a}^{\frac{1}{n}}$.

Steht die m-te Potenz ($m \in \mathbb{Z}$) von $a \geq 0$ unter der n-ten Wurzel ($n \in \mathbb{N}$), so können die beiden Rechenoperationen Potenzieren und Wurzelziehen zusammengefasst werden: $\sqrt[n]{\mathbf{a}^m} = \mathbf{a}^{\frac{m}{n}}$.

oHiMi
6–9

6 a) Wandle die Wurzelterme in Potenzen um.

1 $\sqrt{2}$ 2 $\sqrt[3]{16}$ 3 $\sqrt[5]{81}$ 4 $\sqrt[4]{a^3}$ 5 $\sqrt[7]{b^2}$

b) Wandle die Potenzen in Wurzelterme um.

1 $3^{\frac{1}{5}}$ 2 $7^{\frac{2}{3}}$ 3 $2^{\frac{17}{5}}$ 4 $a^{\frac{1}{4}}$ 5 $b^{\frac{7}{2}}$

7 Was gehört zusammen? Ordne zu.

1 $3^{-\frac{1}{3}}$ 2 $2^{-\frac{3}{2}}$ 3 $a^{-\frac{5}{4}}$ 4 $a^{-\frac{4}{5}}$ 5 $3^{-\frac{1}{7}}$ 6 $2^{-\frac{3}{5}}$

A $\frac{1}{\sqrt[7]{3}}$ B $\frac{1}{\sqrt[5]{2^3}}$ C $\frac{1}{\sqrt[3]{3}}$ D $\frac{1}{\sqrt{2^3}}$ E $\frac{1}{\sqrt[5]{a^4}}$ F $\frac{1}{\sqrt[4]{a^5}}$

6,3; 32; 534
Summenwerte der Ergebnisse der drei Teilaufgaben von Aufgabe 8.

8 Berechne jeweils ohne Verwendung des Taschenrechners den Termwert und überprüfe dann dein Ergebnis mit dem Taschenrechner.

a) $\sqrt[3]{8}$; $\sqrt[3]{216}$; $\sqrt[5]{243}$; $\sqrt[9]{512}$; $\sqrt[3]{512}$; $\sqrt[6]{1\,000\,000}$; $\sqrt[5]{0}$; $\sqrt[7]{1}$

b) $\sqrt[6]{64\,000\,000}$; $\sqrt[3]{64\,000\,000}$; $\sqrt[8]{10^8}$; $\sqrt[4]{10^8}$; $\sqrt[8]{9^4}$; $\sqrt[4]{12^0}$

c) $\sqrt[3]{0{,}027}$; $\sqrt[7]{0{,}0000128}$; $\sqrt[3]{0{,}000125}$; $\sqrt[4]{\frac{16}{81}}$; $\sqrt[5]{\frac{1024}{243}}$; $\sqrt[6]{2^4 + 3^3 + 4^2 + 5^1}$; $\sqrt[4]{512^{-1} \cdot 2}$; $\sqrt{2{,}25}$

9 Silke und Philipp wollen herausfinden, was $2^{-\frac{1}{2}}$ ist. Wer hat Recht? Begründe.

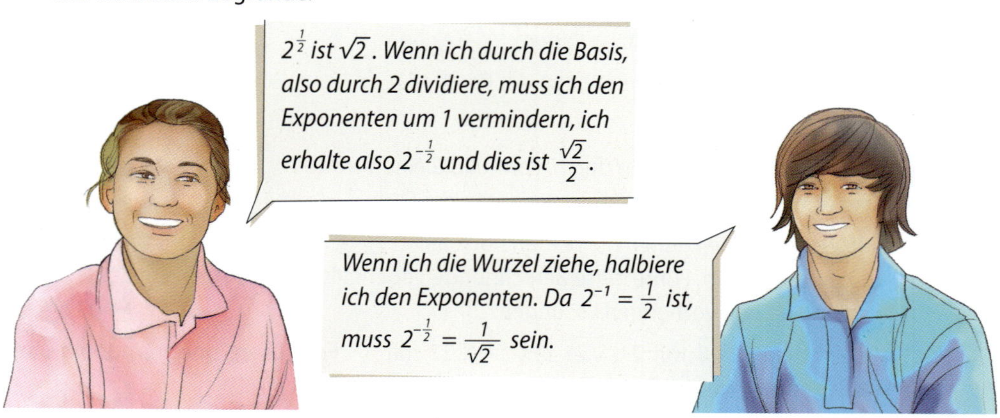

10 Gib die größere der beiden Zahlen an. Begründe deine Entscheidung. Überprüfe anschließend mit deinem Taschenrechner.

a) $3^2;\ 3^{\frac{1}{2}}$ b) $2^{\frac{1}{2}};\ 2^{-\frac{1}{2}}$ c) $7^{\frac{2}{3}};\ 7^{\frac{3}{2}}$ d) $5^{-2};\ 5^{-\frac{1}{2}}$

e) $2^{\frac{1}{3}};\ 3^{\frac{1}{3}}$ f) $2^{-\frac{1}{3}};\ 3^{-\frac{1}{3}}$ g) $(-3)^{-\frac{1}{3}};\ 3^{-\frac{1}{3}}$ h) $(-3)^{-\frac{1}{3}};\ (-2)^{-\frac{1}{3}}$

11 In welcher Beziehung stehen die Zahlen zueinander? Übertrage die Tabelle in dein Heft und ergänze sie mit den angegebenen Zahlenpaaren.

Die Zahlen sind …			
gleich.	Zahl und deren Kehrwert.	Gegenzahlen zueinander.	Zahl und deren Quadratzahl.

a) $(-2)^3;\ 64^{\frac{1}{2}}$ b) $2^{\frac{1}{2}};\ \frac{1}{\sqrt{2}}$ c) $3^{\frac{2}{3}};\ \sqrt[3]{9}$ d) $3^{-2};\ \frac{1}{81}$

e) $\frac{1}{\sqrt{125}};\ 5^{\frac{3}{2}}$ f) $2^{-\frac{1}{3}};\ 2^{-\frac{2}{3}}$ g) $\left(-\frac{1}{7}\right)^2;\ 49^{-1}$ h) $(-5)^{-3};\ \left(\frac{1}{5}\right)^3$

12 Gib jeweils an, zwischen welchen beiden natürlichen Zahlen der Term liegt. Überprüfe anschließend mit deinem Taschenrechner.

Beispiel: $4 < \sqrt{23} < 5$

a) $\sqrt{10};\ \sqrt[3]{10};\ \sqrt[4]{10};\ \sqrt[5]{10};\ \sqrt[100]{10}$

b) $\sqrt{100};\ \sqrt[3]{100};\ \sqrt[4]{100};\ \sqrt[5]{100};\ \sqrt[100]{100}$

c) $\sqrt[3]{10};\ \sqrt[3]{100};\ \sqrt[3]{1000};\ \sqrt[3]{10\,000};\ \sqrt[3]{100\,000}$

13 Schreibe jeweils als Potenz mit möglichst kleiner natürlicher Basis.

a) $\sqrt[5]{16}$ b) $\sqrt[10]{256}$ c) $\sqrt[9]{0{,}008}$ d) $\sqrt[4]{25}$

e) $\sqrt[12]{\frac{16}{640}}$ f) $\sqrt[4]{32}$ g) $\sqrt[6]{27}$ h) $\sqrt[6]{1000}$

14 Die größte bis heute bekannte Primzahl ist $2^{57\,885\,161} - 1$ (Stand: Juni 2017).

a) Schätze ab, wie viele Ziffern diese Zahl im Dezimalsystem etwa hat.

b) Wie viele DIN-A4-Blätter braucht man, wenn man die Dezimaldarstellung dieser Zahl ausdrucken möchte?

c) Primzahlen der Art $2^n - 1$ heißen **Mersenne-Primzahlen**. Recherchiere nach ihren Eigenschaften und nach dem Zusammenhang zwischen ihnen und den sogenannten vollkommenen Zahlen.

15 Aus den abgebildeten Zahlen sollen sinnvolle Potenzterme gebildet werden, wobei jede der Zahlen genau einmal verwendet werden soll. Vorzeichen und Klammern darfst du beliebig setzen.

Beispiel: $(2^3)^5$ oder $3^{-\frac{2}{5}}$

a) Bilde eine …

1 möglichst große Zahl.

2 möglichst kleine Zahl.

3 Zahl, die möglichst nah an 0 ist.

4 Zahl, die möglichst nah an 1 ist.

b) Wähle drei andere Zahlen und löse die Aufgaben **1** bis **4** aus a).

Entdecken

aus: Hans Magnus Enzensberger: Der Zahlenteufel. Carl Hanser Verlag, München 1997, S. 77 f.

Der Zahlenteufel und Robert unterhalten sich:

Zahlenteufel: „Rettich aus vier?"
Robert: „Rettich aus vier ist zwei."
Zahlenteufel: „Rettich aus 5929?"
Robert: „Du spinnst ja. Wie soll ich das denn ausrechnen?"
Zahlenteufel: „Immer mit der Ruhe. Für solche kleinen Probleme haben wir doch unsern Taschenrechner. Also probier mal."
Robert: „77"
Zahlenteufel: „Wunderbar. Aber jetzt kommt's! Drücke bitte $\sqrt{2}$, aber halte dich gut fest!"

- Informiere dich über die Bedeutung des Wortes „Rettich" im Text.
- Was liest Robert nach der Eingabe von $\sqrt{2}$ auf dem Taschenrechner? Probiere.

Verstehen

Du kennst bereits die natürlichen Zahlen, die ganzen Zahlen und die rationalen Zahlen. Darüberhinaus gibt es aber noch weitere Zahlen, die sich keiner der drei Mengen zuordnen lassen.

endliche Dezimalzahl: 0,5; 1,4; 4,25; −8

periodische Dezimalzahl: 0,333…; 1,45454545…

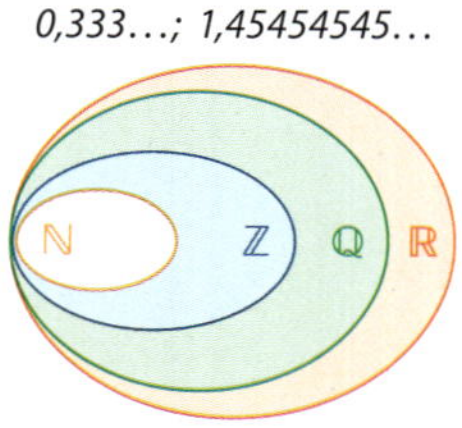

$\mathbb{N} \subset \mathbb{Z} \subset \mathbb{Q} \subset \mathbb{R}$

Eine Zahl nennt man **irrational**, wenn man sie nicht als Bruch $\frac{p}{q}$ mit $p, q \in \mathbb{Z}$ und $q \neq 0$ schreiben kann. Rationale Zahlen lassen sich als endliche oder periodische Dezimalzahlen darstellen, irrationale Zahlen nur als unendliche, nichtperiodische Dezimalzahlen.

Beispiel: $\sqrt{2}$ ist irrational, denn es gibt keine rationale Zahl, die quadriert 2 ergibt (zum Beweis siehe nächste Seite).

Die Mengen der **rationalen** und **irrationalen Zahlen** bilden zusammen die Menge der **reellen Zahlen** $\mathbb{R}$. Es gibt unendlich viele rationale Zahlen, aber auch unendlich viele irrationale Zahlen.
Jeder reellen Zahl ist genau ein Punkt auf der **Zahlengeraden** zugeordnet.

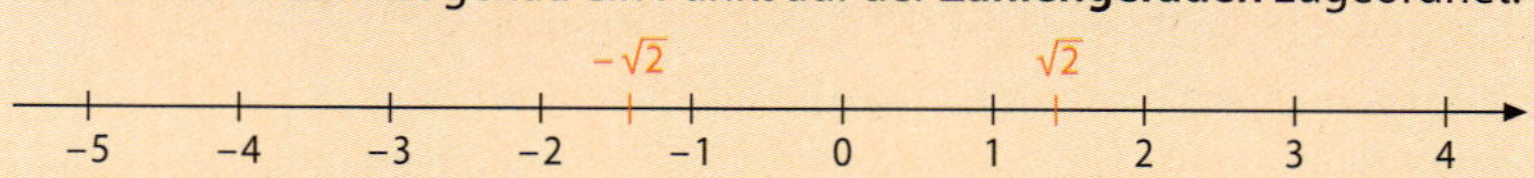

Beispiele

Achte bei Wurzeln darauf, ob du die Zahl als eine Quadratzahl oder als Quotient aus Quadratzahlen darstellen kannst.

1. Entscheide, ob die Zahl rational oder irrational ist.

a) $\frac{3}{4}$ b) $\sqrt{3}$ c) $\frac{2}{3}$ d) $\sqrt{9}$

Lösung:

a) rational b) irrational c) rational d) rational, da $\sqrt{9} = 3$

LE: Längeneinheit
FE: Flächeneinheit

2. Zeige, dass die Diagonale eines Quadrats der Seitenlänge 1 LE die Länge $\sqrt{2}$ LE hat.

Lösung:

Setzt man vier Quadrate der Seitenlänge 1 LE zu einem großen Quadrat zusammen, dann hat es den Flächeninhalt 4 FE.
Das rote Quadrat, dessen Seiten die Diagonalen der kleinen Quadrate sind, hat den halben Flächeninhalt, also 2 FE. Also müssen die Diagonalen die Länge $\sqrt{2}$ LE haben, denn $\sqrt{2}\text{ LE} \cdot \sqrt{2}\text{ LE} = 2\text{ FE}$.

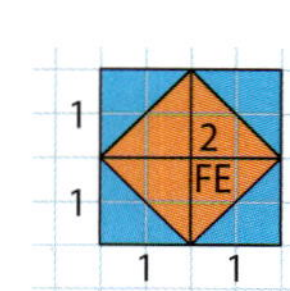

3. Stelle die irrationale Zahl $\sqrt{2}$ auf der Zahlengeraden dar.

Lösung:

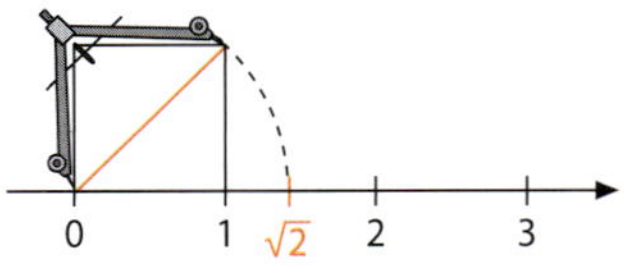

Die Länge der Diagonalen d ergibt sich aus dem Satz des Pythagoras:
$d^2 = 1^2 + 1^2$

Nachgefragt

- Richtig oder falsch? Jede reelle Zahl ist eine rationale Zahl. Begründe.
- Erkläre, warum zwischen den rationalen Zahlen 1,6 und 1,7 unendlich viele weitere rationale Zahlen liegen.

Aufgaben

1 Entscheide ohne Taschenrechner, ob der Wert des Terms rational oder irrational ist.

a) $\sqrt{1}$ b) $\sqrt{2+3}$ c) $3\sqrt{2}$ d) $\sqrt{11+5}$

e) $\sqrt{20}+5$ f) $\sqrt{\frac{5}{20}}$ g) $\sqrt{1{,}44}$ h) $-\sqrt{4}$

Versuche, Quadratzahlen zu erkennen.

2 Berechne. Runde irrationale Zahlen auf zwei Dezimalen.

a) $\sqrt{15}$ b) $\sqrt{36}$ c) $\sqrt{0{,}25}$ d) $\sqrt{\frac{17}{100}}$

e) $\sqrt{\frac{3}{4}}$ f) $\sqrt{\frac{9}{4}}$ g) $\sqrt[3]{\frac{27}{125}}$ h) $\sqrt{0}$

Welche Aufgaben kannst du im Kopf lösen?

oHiMi
1, 4–5

3 Berechne mit dem Taschenrechner und runde auf vier Nachkommastellen.

a) $\sqrt{5}$ b) $\sqrt[3]{15}$ c) $\sqrt{6\cdot 7}$ d) $\sqrt{12} : \sqrt{13}$

e) $\sqrt{\frac{1}{7}}$ f) $\sqrt{17}+\sqrt{54{,}5}$ g) $\sqrt{12 : 0{,}25}$ h) $\frac{2{,}5\cdot\sqrt{13}}{\sqrt{169}}$

Wissen

Beweis der Irrationalität von $\sqrt{2}$

Mithilfe eines „Widerspruchsbeweises" kann man zeigen, dass $\sqrt{2}$ keine rationale Zahl ist.

Annahme: $\sqrt{2}$ ist rational, d. h. $\sqrt{2}$ lässt sich als Bruch schreiben: $\sqrt{2} = \frac{p}{q}$ mit $q \neq 0$.

Folgerungen aus der Annahme:

Quadrieren ergibt: $2 = \frac{p^2}{q^2}$

Umformung zu: $p^2 = 2\cdot q^2$

Es gilt:
Jede natürliche Zahl lässt sich eindeutig als Produkt von Primzahlen schreiben.

Zerlegung von p und q in Primfaktoren: $p = p_1\cdot p_2\cdot p_3\cdot\ldots\cdot p_n$; $q = q_1\cdot q_2\cdot q_3\cdot\ldots\cdot q_m$

$$p_1^2\cdot p_2^2\cdot p_3^2\cdot\ldots\cdot p_n^2 = 2\cdot q_1^2\cdot q_2^2\cdot q_3^2\cdot\ldots\cdot q_m^2$$

Der Linksterm hat durch das Quadrieren eine gerade Anzahl an Primfaktoren, weil dadurch die Anzahl verdoppelt wurde. Der Rechtsterm hat jedoch wegen des Faktors 2 zu Beginn einen zusätzlichen Primfaktor, wodurch die Gesamtanzahl ungerade wird.

Widerspruch: Das kann nicht sein, da die Primfaktorzerlegung einer Zahl stets eindeutig ist. Somit kann die Annahme, dass $\sqrt{2}$ eine rationale Zahl ist, nicht stimmen: $\sqrt{2}$ ist irrational.

- Übertrage die Umformungen in dein Heft und beschreibe sie mit eigenen Worten.
- Zeige auf gleiche Weise, dass $\sqrt{3}$ ebenfalls eine irrationale Zahl ist.

Beim Widerspruchsbeweis nimmt man zunächst an, dass $\sqrt{2}$ eine rationale Zahl ist, und führt diese Annahme zu einem Widerspruch.

4 Vergleiche und setze <, > oder =.

a) $\sqrt{5}$ ■ $\sqrt{6}$ b) 1,5 ■ $\sqrt{3}$ c) $\sqrt[3]{10}$ ■ $\left(\sqrt[3]{10}\right)^3$ d) $\sqrt{25{,}25}$ ■ 5

e) $\frac{12}{7}$ ■ $\sqrt{3}$ f) $2\frac{1}{4}$ ■ $\sqrt[3]{13}$ g) $\sqrt{27{,}04}$ ■ 5,2 h) $\sqrt{\frac{1}{9}}$ ■ $\sqrt{\frac{1}{3}}$

5 Peter berechnet mit dem Taschenrechner $\sqrt{3}$.
Begründe, dass die Angabe des Taschenrechners nicht exakt sein kann.

6 a) Bestimme die ersten vier Dezimalen des angegebenen Punkts auf dem Zahlenstrahl.

b) Konstruiere mithilfe eines Quadrats der Seitenlänge 7 cm den Punkt der reellen Zahl $\sqrt{98}$ auf der Zahlengeraden. Erläutere dein Vorgehen.

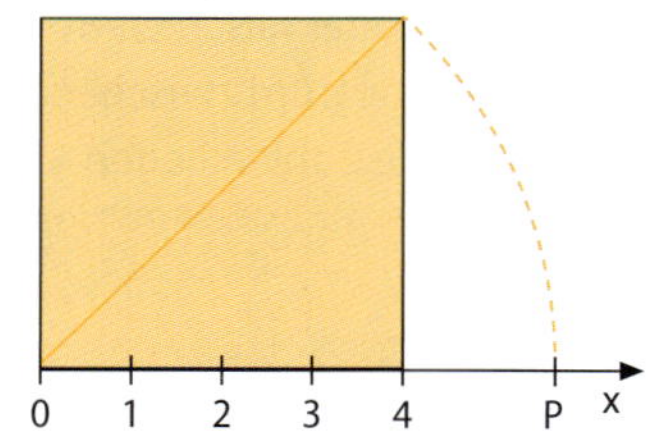

7 Addiere $\frac{1}{3}$ dreimal mit sich selbst in der Bruchschreibweise und in der Dezimalschreibweise. Was stellst du fest? Erkläre deine Feststellung.

8 Stelle die angegebenen Zahlen auf der Zahlengeraden dar. Was stellst du fest?

a) $\sqrt{2}$ b) $\sqrt{8}$ c) $\sqrt{18}$ d) $\sqrt{3}$ e) $\sqrt{12}$ f) $\sqrt{27}$

9 Entscheide, ob die folgenden Aussagen wahr oder falsch sind. Finde Beispiele oder Gegenbeispiele und begründe.

a) Jede ganze Zahl ist eine natürliche Zahl.
b) Die irrationale Zahl $\sqrt{2}$ liegt zwischen 1,4 und 1,5.
c) $\sqrt[3]{8}$ ist eine natürliche Zahl.
d) Jede rationale Zahl ist eine reelle Zahl.
e) Es gibt natürliche Zahlen, die reelle Zahlen sind.
f) Es gibt rationale Zahlen, deren Produkt irrational ist.
g) Zwischen den rationalen Zahlen 0,5 und 0,6 liegen unendlich viele weitere rationale Zahlen (reelle Zahlen).
h) Es gibt irrationale Zahlen, deren Zehnfaches eine rationale Zahl ist.

10 **1** $\sqrt{50}$ **2** $\sqrt{245}$ **3** $\sqrt{1040}$ **4** $\sqrt{4000}$ **5** $\sqrt[3]{600}$

a) Gib die beiden natürlichen Zahlen an, zwischen denen die Wurzel liegt. Begründe jeweils.
b) Bestimme mit dem Taschenrechner einen Wert für die angegebene Wurzel. Runde auf zwei Dezimalen.

11 Bestimme die jeweiligen Werte mit dem Taschenrechner. Runde auf zwei Dezimalen.

a) $\sqrt{5} \cdot \sqrt{8}$ b) $\sqrt{5} + \sqrt{8}$ c) $3 \cdot \sqrt{5} - \sqrt{8}$ d) $\frac{\sqrt{5}}{3 - \sqrt{8}}$

12 a) Berechne die Wurzelwerte mit dem Taschenrechner und runde auf zwei Nachkommastellen. Quadriere den gerundeten Wert wieder und bestimme die prozentuale Abweichung vom genauen Wert.

1 $\sqrt{6}$ **2** $\sqrt{10}$ **3** $\sqrt{43}$ **4** $\sqrt{700}$ **5** $\sqrt{1000}$

b) Führe die Teilaufgabe a) mit drei Nachkommastellen durch. Vergleiche.

13 a) Vervollständige folgende Tabelle im Heft.

x	0	1,2		3			10
$\sqrt{x}$			1,2		2	3	

b) Stelle die Wertepaare grafisch dar. Zeichne einen möglichen Kurvenverlauf.

c) Lies weitere Wertepaare aus dem Graphen ab, die ebenfalls auf der Kurve liegen. Kontrolliere ggf. mit dem Taschenrechner. Welche Wertepaare kannst du besonders schnell angeben?

d) Löse die Aufgaben a) bis c) für $\sqrt[3]{x}$.

14 Berechne mit dem Taschenrechner. Runde auf zwei Dezimalen. Vergleiche die jeweiligen Werte. Formuliere eine Vermutung.

a) $\sqrt{2} \cdot \sqrt{3} \cdot \sqrt{5}$ und $\sqrt{30}$

b) $\frac{\sqrt{40}}{\sqrt{5}}$ und $\sqrt{\frac{40}{5}}$

c) $\sqrt{2} + \sqrt{3} + \sqrt{5}$ und $\sqrt{2 + 3 + 5}$

d) $\frac{\sqrt{2} + \sqrt{3} + \sqrt{5}}{\sqrt{6}}$ und $\frac{\sqrt{2 + 3 + 5}}{\sqrt{6}}$

15 In den letzten Jahren gibt es immer wieder Diskussionen unter Mathematikern, ob es nicht sinnvoll wäre, die Kreiszahl π („Pi") durch eine neue Kreiszahl τ („Tau") zu ersetzen. π ist wohl die bekannteste irrationale Zahl. τ drückt nichts anderes aus als $2 \cdot \pi$.
In diesem Fall gilt einfach: $u_{Kreis} = \tau \cdot r$. Gegner der Idee bezweifeln die Sinnhaftigkeit, die hinter ihr steckt, da die zugrundeliegende Mathematik dieselbe ist.

a) Begründe, dass τ eine irrationale Zahl ist.

b) Entscheide anhand der dir bekannten Formeln, die π enthalten, ob die Verwendung von τ für dich derzeit sinnvoll ist. Begründe.

Geschichte

Irrationale Zahlen

Schon seit langem sind die Menschen darum bemüht, Näherungswerte für $\sqrt{2}$ zu finden, obwohl der Begriff der „irrationalen Zahlen" erst sehr viel später aufkam:

Die **Inder** bestimmten $\sqrt{2}$ näherungsweise durch $\frac{577}{408}$.

Die **Babylonier** nutzten um 1800 v. Chr. die Näherung
$\sqrt{2} \approx 1 \cdot 60^0 + 24 \cdot 60^{-1} + 51 \cdot 60^{-2} + 10 \cdot 60^{-3}$.

Platon (427–347 v. Chr.) stellte fest, dass nicht nur $\sqrt{2}$ und $\sqrt{3}$ irrational sind, sondern z. B. auch $\sqrt{5}$ und $\sqrt{17}$. Die Grundlagen für die Bestimmung eines Näherungswertes über eine Intervallschachtelung legten **Karl Weierstraß** (1815–1897) und **Georg Cantor** (1845–1918).

Karl Weierstraß

Georg Cantor

- Bestimme die prozentuale Abweichung der Näherungswerte der Inder und Babylonier von $\sqrt{2}$. Verwende dabei für $\sqrt{2}$ den Taschenrechner-Wert.
- Gib weitere Zahlen an, die Platon als irrational bezeichnet haben könnte.
- Die Längen von $\sqrt{2}, \sqrt{3}, \ldots$ kann man näherungsweise mit einer sogenannten Wurzelschnecke ermitteln. Dabei geht man von einem rechtwinkligen Dreieck mit einer Schenkellänge von 1 LE (hier: 1 cm) aus. Konstruiere wie im Bild die Längen für $\sqrt{2}, \sqrt{3}, \sqrt{4}, \sqrt{5}, \ldots, \sqrt{17}$. Markiere die irrationalen Längen.

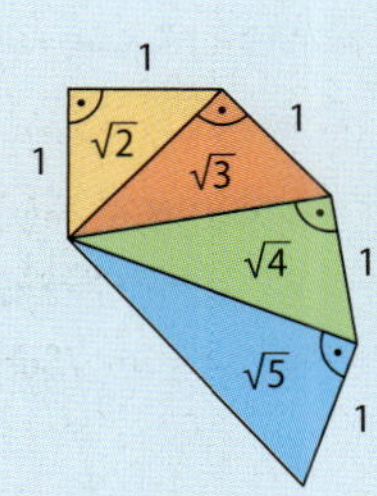

Entdecken

$\sqrt{9} \cdot \sqrt{4} \stackrel{?}{=} \sqrt{9 \cdot 4}$ $\sqrt{6} \cdot \sqrt{13{,}5} \stackrel{?}{=} \sqrt{6 \cdot 13{,}5}$ $\sqrt{81} + \sqrt{16} \stackrel{?}{=} \sqrt{81 + 16}$

$\sqrt{16 - 9} \stackrel{?}{=} \sqrt{16} - \sqrt{9}$ $\sqrt{64} - \sqrt{15} \stackrel{?}{=} \sqrt{64 - 15}$ $\frac{\sqrt{225}}{\sqrt{100}} \stackrel{?}{=} \sqrt{\frac{225}{100}}$

$\sqrt{\frac{144}{169}} \stackrel{?}{=} \frac{\sqrt{144}}{\sqrt{169}}$

$\sqrt{7 + 9} \stackrel{?}{=} \sqrt{7} + \sqrt{9}$

- Überprüfe jeweils, ob das Gleichheitszeichen gesetzt werden kann.
- Nenne die Rechenarten, für die die Gleichheit gilt.
- Beschreibe die Gesetzmäßigkeiten in Worten und überprüfe an weiteren Beispielen.

Verstehen

Für das Rechnen mit reellen Zahlen gelten die gleichen Rechengesetze wie bei den bisher bekannten Zahlenmengen.

Die **Multiplikation** und **Division** zweier Quadratwurzeln lässt sich zu einer einzelnen Quadratwurzel **zusammenfassen**.

Multiplikation	Division
$\sqrt{a} \cdot \sqrt{b} = \sqrt{a \cdot b}$ für a, b > 0	$\frac{\sqrt{a}}{\sqrt{b}} = \sqrt{\frac{a}{b}}$ für a, b > 0
Beispiel: $\sqrt{16} \cdot \sqrt{9} = \sqrt{16 \cdot 9}$ $4 \cdot 3 = \sqrt{144}$ $12 = 12$	**Beispiel:** $\frac{\sqrt{9}}{\sqrt{16}} = \sqrt{\frac{9}{16}}$ $\frac{3}{4} = \frac{3}{4}$

Bei der **Addition** und **Subtraktion** lassen sich zwei verschiedene Quadratwurzeln **nicht** zu einer einzelnen Quadratwurzel **zusammenfassen**.

Beispiel: $\sqrt{9} + \sqrt{16} = 3 + 4 \neq \sqrt{9 + 16} = \sqrt{25} = 5$

Für Summen gilt das **Distributivgesetz**: $a \cdot \sqrt{c} + b \cdot \sqrt{c} = (a + b) \cdot \sqrt{c}$, $c > 0$

Beispiel: $3 \cdot \sqrt{2} + 5 \cdot \sqrt{2} = (3 + 5) \cdot \sqrt{2} = 8 \cdot \sqrt{2}$

Man spricht von teilweisem Wurzelziehen.

Lässt sich der Radikand in ein Produkt zerlegen, bei dem ein Faktor eine Quadratzahl ist, dann wird häufig nur **für diesen Teil die Wurzel gezogen**.

Für $b > 0$ gilt: $\sqrt{a^2 \cdot b} = |a| \cdot \sqrt{b}$ **Beispiel:** $\sqrt{12} = \sqrt{2^2 \cdot 3} = \sqrt{2^2} \cdot \sqrt{3} = 2 \cdot \sqrt{3}$

Oftmals wird in einem Bruch eine **Wurzel im Nenner durch Erweitern rational gemacht**.

$\frac{\sqrt{a}}{\sqrt{b}} = \frac{\sqrt{a} \cdot \sqrt{b}}{\sqrt{b} \cdot \sqrt{b}} = \frac{\sqrt{a \cdot b}}{b}$ **Beispiel:** $\frac{\sqrt{5}}{\sqrt{3}} = \frac{\sqrt{5} \cdot \sqrt{3}}{\sqrt{3} \cdot \sqrt{3}} = \frac{\sqrt{5 \cdot 3}}{3} = \frac{\sqrt{15}}{3}$

Beispiele

1. Vereinfache, wenn möglich.

a) $\sqrt{2} \cdot \sqrt{32}$ **b)** $\sqrt{2} + \sqrt{32}$ **c)** $\sqrt{2} - \sqrt{32}$ **d)** $\frac{\sqrt{2}}{\sqrt{32}}$ **e)** $\sqrt{80}$

Lösung:

Durch das Zusammenfassen lassen sich manchmal Wurzeln einfacher ziehen.

a) $\sqrt{2} \cdot \sqrt{32} = \sqrt{2 \cdot 32} = \sqrt{64} = 8$

b) $\sqrt{2} + \sqrt{32} = \sqrt{2} + \sqrt{16} \cdot \sqrt{2} = (1 + 4) \cdot \sqrt{2} = 5 \cdot \sqrt{2}$

c) $\sqrt{2} - \sqrt{32} = (1 - 4) \cdot \sqrt{2} = -3 \cdot \sqrt{2}$

d) $\frac{\sqrt{2}}{\sqrt{32}} = \sqrt{\frac{2}{32}} = \sqrt{\frac{1}{16}} = \frac{1}{4}$

e) $\sqrt{80} = \sqrt{16 \cdot 5} = 4 \cdot \sqrt{5}$

2. Entscheide, ob die Umformungen richtig sind.

a) $\sqrt{2} \cdot \sqrt{8} = \sqrt{2 \cdot 8} = 4$ b) $\sqrt{1} - \sqrt{0} = \sqrt{1 - 0} = 1$

c) $\frac{\sqrt{40}}{\sqrt{10}} = \sqrt{\frac{40}{10}} = \sqrt{4} = 2$ d) $\sqrt{20} + \sqrt{5} = \sqrt{25} = 5$ e) $\frac{\sqrt{5}}{\sqrt{7}} = \frac{\sqrt{5} \cdot \sqrt{7}}{7}$

Lösung:

a) richtig b) im Allgemeinen falsch, da jedoch $\sqrt{0} = 0$ klappt dieser Sonderfall.

c) richtig d) falsch e) richtig

Nachgefragt

- Begründe, dass für alle reellen Zahlen x gilt: $\sqrt{0 \cdot x} + \sqrt{0 \cdot x} = \sqrt{0}$.
- Begründe, dass der Term $\sqrt{x - 5}$ nur für die reellen Zahlen $x \geq 5$ definiert ist.
- Entscheide, ob der Nenner rational oder irrational ist.

1 $\frac{1}{\sqrt{16900}}$ **2** $\frac{1}{\sqrt{48}}$ **3** $\frac{1}{\sqrt{x}}$ **4** $\frac{1}{\sqrt{x^2}}$

Aufgaben

Lösungen zu 1:
0; $\frac{3}{4}$; $\frac{4}{5}$; $\frac{6}{7}$; $1\frac{1}{2}$; 2; 3; 6; 9; 10; 10; 10; 14; 15; 36; 52

oHiMi
1–2

1 Berechne im Kopf. Nutze die Gesetzmäßigkeiten.

a) $\sqrt{12} \cdot \sqrt{3}$ b) $\frac{\sqrt{48}}{\sqrt{75}}$ c) $\sqrt{49} \cdot \sqrt{4}$ d) $\sqrt{144} \cdot \sqrt{9}$

e) $\sqrt{3} \cdot \sqrt{27}$ f) $\sqrt{100} : \sqrt{25}$ g) $\sqrt{2} \cdot \sqrt{50}$ h) $\sqrt{169 \cdot 16}$

i) $\sqrt{0{,}1} \cdot \sqrt{1000}$ j) $\sqrt{\frac{3}{4}} \cdot \sqrt{3}$ k) $\sqrt{\frac{81}{144}}$ l) $\sqrt{100} \cdot \sqrt{1}$

m) $\sqrt{0} \cdot \sqrt{7}$ n) $\sqrt{45} \cdot \sqrt{5}$ o) $\sqrt{\frac{36}{49}}$ p) $\sqrt{225} \cdot \sqrt{\frac{1}{25}}$

2 Vereinfache.

a) $\sqrt{5} \cdot \sqrt{20}$ b) $\sqrt{4} \cdot \sqrt{15}$ c) $\frac{\sqrt{7}}{\sqrt{14}}$ d) $\sqrt{5} \cdot \sqrt{17}$

e) $\sqrt{\frac{24}{49}}$ f) $\frac{\sqrt{22}}{\sqrt{5}}$ g) $\frac{\sqrt{162}}{\sqrt{289}}$ h) $\sqrt{10} \cdot \sqrt{30}$

i) $\sqrt{8} \cdot \sqrt{8\frac{1}{2}}$ j) $\sqrt{9} \cdot \sqrt{11}$ k) $\sqrt{\frac{243}{36}}$ l) $\sqrt{\sqrt{4}}$

3 Lege die Steine wie beim Domino zu einer geschlossenen Kette zusammen. Der vordere Teil ist jeweils das Ergebnis eines Aufgabenteils.

20	$\sqrt{1125} : \sqrt{5}$	18	$\sqrt{36} \cdot \sqrt{16}$	9	$\sqrt{1690} : \sqrt{10}$
16	$\sqrt{324} : \sqrt{4}$	24	$\frac{\sqrt{432}}{\sqrt{27}}$	15	$\sqrt{32} \cdot \sqrt{8}$
4	$\sqrt{18} \cdot \sqrt{8}$	13	$\sqrt{6} \cdot \sqrt{54}$	12	$\frac{\sqrt{2000}}{\sqrt{5}}$

4 a) Vereinfache so weit wie möglich. Klammere dazu gleiche Quadratwurzeln aus.

1 $4\sqrt{7} + 2\sqrt{7}$ **2** $4\sqrt{5} - \sqrt{5}$ **3** $6\sqrt{3} + 10 - 2\sqrt{3} - 4$

4 $3\sqrt{5} - 5\sqrt{7} + 4\sqrt{5} + 6\sqrt{7}$ **5** $5\sqrt{3} + 4\sqrt{3} - 5\sqrt{5} + 4\sqrt{6}$

b) Beschreibe, unter welchen Bedingungen sich Wurzeln bei der Addition und Subtraktion zusammenfassen lassen. Überprüfe an eigenen Beispielen.

oHiMi
8–9

5 Schreibe den Term möglichst ohne Wurzel.

a) $\sqrt{2}\cdot\sqrt{3}\cdot\sqrt{6}$ b) $\frac{\sqrt{32}}{\sqrt{72}}$ c) $\sqrt{27}\cdot\sqrt{3}$

d) $\frac{3\cdot\sqrt{2}\cdot\sqrt{3}}{\sqrt{24}}$ e) $\frac{\sqrt{6}\cdot\sqrt{0{,}2}\cdot\sqrt{5{,}4}}{\sqrt{2}}$ f) $\sqrt{52}\cdot\sqrt{13}$

g) $\sqrt{a^3}\cdot\sqrt{a}$ h) $\frac{\sqrt{25b^5}}{\sqrt{b^3}}$ i) $\sqrt{3a^3}\cdot\sqrt{\frac{12}{a^5}}$

j) $\sqrt{72x^3y}\cdot\sqrt{\frac{2y}{x}}$ k) $\sqrt{\frac{y}{45x}}\cdot\sqrt{\frac{y^3}{5x}}$ l) $\sqrt{\frac{1{,}3\cdot x}{y}}:\sqrt{\frac{y}{z}}\cdot\sqrt{1{,}3\cdot xz^3}$

6 Ergänze die Gleichungen.

a) $\sqrt{8}:\sqrt{\square}=2\sqrt{2}$ b) $\frac{\sqrt{14}\cdot\sqrt{5}\cdot\sqrt{\square}}{\sqrt{10}}=7$

c) $2\cdot\sqrt{\frac{\square}{50}}=\frac{6}{5}$ d) $\frac{\sqrt{2}\cdot\sqrt{8}\cdot\sqrt{32}}{\sqrt{\square}}=4\cdot\sqrt{2}$

7 Überprüfe die Rechnungen und korrigiere gegebenenfalls.

a) $\frac{12}{\sqrt{6}}=2\cdot\sqrt{6}$ b) $2\cdot\sqrt{6}=5\cdot\sqrt{3}$ c) $\sqrt{\frac{5}{20}}=0{,}4$

Den Nenner „rational machen" bedeutet, dass durch geschickte Umformungen keine Wurzel mehr im Nenner steht.

8 Mache den Nenner rational.

a) $\frac{1}{\sqrt{2}}$ b) $\frac{2}{\sqrt{10}}$ c) $\frac{12}{\sqrt{6+y}}$ d) $\frac{12}{\sqrt{6\cdot y}}$ e) $\frac{12}{\sqrt{6}\cdot\sqrt{7}}$

9 Forme den Term so um, dass im Nenner keine Wurzel steht.

a) $\frac{3}{\sqrt{x}}$ b) $\frac{12}{\sqrt{6y}}$ c) $\frac{10ab}{\sqrt{5b}}$ d) $\frac{5b}{\sqrt{225b}}$

e) $\frac{a}{\sqrt{5}+a}$ f) $\frac{a}{\sqrt{5}+a\sqrt{5}}$ g) $\frac{2a+2b}{\sqrt{a}+b}$ h) $\frac{\sqrt{1{,}8x}\cdot\sqrt{y^3}}{\sqrt{5x^3y}}$

10 Übertrage das Rechennetz in dein Heft und vervollständige es, wenn entlang derselben Richtung immer mit derselben Zahl multipliziert bzw. dividiert wird.

a)

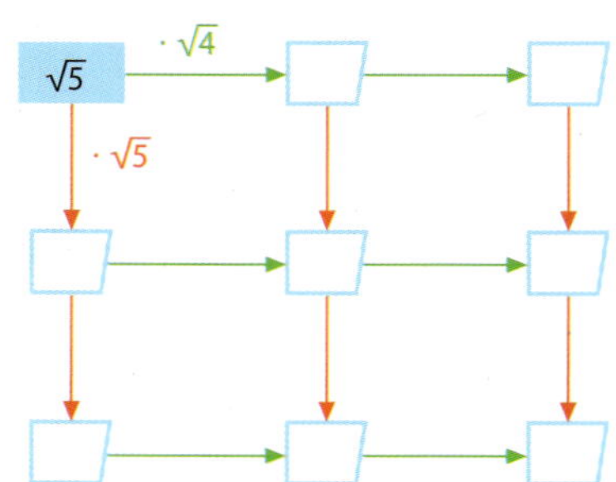

b)

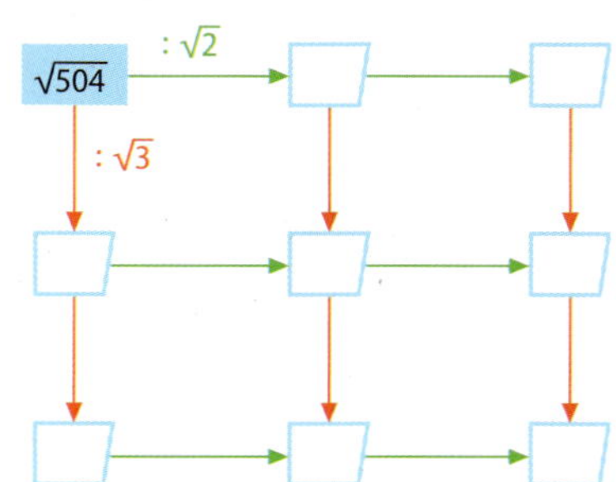

11 a) Gib die Terme an, die zu $\sqrt{18}$ gleich sind. Begründe.

$\frac{\sqrt{18}}{\sqrt{1}}$ | $5\sqrt{2}-2\sqrt{2}$ | $\frac{\sqrt{144}}{2\sqrt{2}}$ | $\frac{\sqrt{72}}{\sqrt{4}}$ | $\frac{\sqrt{60}}{\sqrt{2}\cdot\sqrt{3}\cdot\sqrt{5}}$ | $\frac{\sqrt{18}}{\sqrt{0}}$ | $3\sqrt{2}$

b) Nutze dein Wissen aus a), um weitere Terme zu finden, die zu $\sqrt{18}$ gleich sind. Lass einen Partner oder eine Partnerin die Terme überprüfen.

Weiterdenken

Du kennst bereits den allgemeinen Zusammenhang zwischen Wurzel und Potenz:
$\sqrt[n]{a^m} = a^{\frac{m}{n}}$ mit $a \in \mathbb{R}_0^+$; $m \in \mathbb{Z}$; $n \in \mathbb{N}$

Auch für solche Potenzen mit rationalem Exponenten gelten alle dir schon bekannten Potenzgesetze.

12 Lege die Potenzgesetze für rationale Exponenten zugrunde.

Für $a \geq 0$ gilt:
$\left(a^{\frac{1}{2}}\right)^2 = a^{\frac{1}{2} \cdot 2} = a^1 = a$
Also: $\left(a^{\frac{1}{2}}\right)^2 = a$
$a^{\frac{1}{2}}$ ist die nichtnegative Lösung der Gleichung $x^2 = a$.

Für $a \geq 0$ gilt:
$\left(a^{\frac{1}{3}}\right)^3 = a^{\frac{1}{3} \cdot 3} = a^1 = a$
Also: $\left(a^{\frac{1}{3}}\right)^3 = a$
$a^{\frac{1}{3}}$ ist die Lösung der Gleichung $x^3 = a$.

a) Beschreibe das Vorgehen in den beiden Darstellungen.
b) Zeige ebenso, dass $a^{\frac{m}{n}}$ die nichtnegative Lösung zu $x^n = a^m$ ist.

13 Gib wie in den drei Beispielen in Wurzelschreibweise an.

1 $x^{\frac{3}{7}} = (x^3)^{\frac{1}{7}} = \sqrt[7]{x^3}$

2 $\left(a^{\frac{2}{5}}\right)^{\frac{3}{4}} = a^{\frac{2 \cdot 3}{5 \cdot 4}} = a^{\frac{3}{10}} = \sqrt[10]{a^3}$

3 $x^{-\frac{2}{3}} = x^{\frac{-2}{3}} = \sqrt[3]{x^{-2}} = \sqrt[3]{\frac{1}{x^2}} = \frac{1}{\sqrt[3]{x^2}}$

a) $x^{\frac{7}{9}} \cdot x^{\frac{3}{5}}$
b) $y^{\frac{1}{3}} : y^{\frac{3}{4}}$
c) $6^{\frac{1}{3}} : 6^{\frac{1}{2}}$
d) $m^{\frac{1}{3}} \cdot m^2$
e) $4^{-\frac{1}{5}} \cdot 16^{\frac{1}{5}}$
f) $\left(\frac{3}{2}\right)^{\frac{3}{2}} \cdot \left(\frac{2}{3}\right)^{\frac{3}{2}}$
g) $0{,}5^{-\frac{1}{2}} \cdot 18^{-\frac{1}{2}}$
h) $\left(20^{\frac{3}{4}} \cdot 5^{\frac{3}{4}}\right) : 25^{\frac{3}{4}}$
i) $\left(4^{\frac{2}{3}}\right)^{-\frac{1}{3}}$
j) $(c^{-4})^{-\frac{1}{4}}$
k) $\left(2a^{\frac{3}{4}}\right)^{\frac{5}{3}}$
l) $\left[(2a)^{\frac{1}{3}}\right]^{\frac{1}{2}}$

14 Schreibe als Potenz und vereinfache, wenn möglich.

a) $\left(\sqrt[3]{2}\right)^3$
b) $\left(\sqrt[5]{a}\right)^5$
c) $\left(\sqrt{y^5}\right)^4$
d) $\left(\sqrt[a]{2}\right)^{2a}$
e) $\sqrt{\sqrt{x}}$
f) $\sqrt[5]{\sqrt{x^5}}$
g) $\sqrt[3]{\sqrt[4]{ax^{12}}}$
h) $\sqrt{\sqrt[3]{a^6 b^3}}$

15 a) Begründe die Richtigkeit jedes Schrittes in dem abgebildeten Beweis.

Für $a, x, y \in \mathbb{R}_0^+$ und $m, n \in \mathbb{N}$ gilt: $a^{\frac{1}{m}} \cdot a^{\frac{1}{n}} = a^{\frac{1}{m} + \frac{1}{n}}$

Es sei $x = a^{\frac{1}{m}}$ und $y = a^{\frac{1}{n}}$.

Beweis: $x^m = a^1$ und $y^n = a^1$

$(x^m)^n = (a^1)^n$ und $(y^n)^m = (a^1)^m$

$\Leftrightarrow$ $x^{m \cdot n} = a^n$ und $y^{m \cdot n} = a^m$

Es gilt: $x^{m \cdot n} \cdot y^{m \cdot n} = a^n \cdot a^m$

$(x \cdot y)^{m \cdot n} = a^{n + m}$

$x \cdot y = a^{\frac{n+m}{m \cdot n}}$

Somit: $a^{\frac{1}{m}} \cdot a^{\frac{1}{n}} = a^{\frac{n+m}{m \cdot n}} = a^{\frac{n}{m \cdot n} + \frac{m}{m \cdot n}} = a^{\frac{1}{m} + \frac{1}{n}}$

b) Beweise ebenso ein weiteres Potenzgesetz.

zu 1.1

1 Fasse zu einer Potenz zusammen.

a) $4 \cdot 4 \cdot 4 \cdot 4 \cdot 4$
b) $\frac{1}{8} \cdot \frac{1}{8} \cdot \frac{1}{8} \cdot \frac{1}{8} \cdot \frac{1}{8} \cdot \frac{1}{8} \cdot \frac{1}{8} \cdot \frac{1}{8} \cdot \frac{1}{8}$
c) $\left(-1\frac{1}{6}\right) \cdot \left(-1\frac{1}{6}\right) \cdot \left(-1\frac{1}{6}\right) \cdot \left(-1\frac{1}{6}\right)$
d) $(-1{,}8) \cdot (-1{,}8) \cdot (-1{,}8) \cdot (-1{,}8)$

a) $x \cdot x \cdot x \cdot x \cdot x$
b) $\frac{1}{a} \cdot \frac{1}{a} \cdot \frac{1}{a} \cdot \frac{1}{a} \cdot \frac{1}{a} \cdot \frac{1}{a}$
c) $\left(-\frac{x}{y^2}\right) \cdot \left(-\frac{x}{y^2}\right)$
d) $(-x)^3 \cdot (-x)^3 \cdot (-x)^3$

2 Übertrage ins Heft. Vergleiche und ersetze ▒ durch <, > oder =.

a) 4^2 ▒ 2^4 b) $(-4)^2$ ▒ $(-2)^3$
c) 3^5 ▒ 5^3 d) $(-6{,}1)^9$ ▒ $(-6{,}1)^2$

a) $\left(\frac{1}{3}\right)^3$ ▒ $\frac{1}{3} \cdot 3$ b) $|-9{,}1^2|$ ▒ $-9{,}1^2$
c) $(-0{,}3)^5$ ▒ $(-0{,}5)^3$ d) $-1{,}57^0$ ▒ $2{,}93^0$

zu 1.2

3 Schreibe die Zahlen als Produkt aus einer rationalen Zahl zwischen 1 und 10 und einer Zehnerpotenz.

Entfernung Erde – Sonne	149 500 000 km
Lichtjahr	9 500 000 000 000 km
Dicke Spinnenfaden	0,005 mm
Dicke Blattgold	0,00015 mm

Mond-oberfläche	38 000 000 km^2
Erdmasse	5 980 000 000 000 000 000 000 t
Dicke Haar	0,09 mm
Masse Wasser-stoffatom	0,000000000000000000002 mg

4 Berechne. Gib das Ergebnis in der Zehnerpotenzschreibweise an.

a) $0{,}0000000123 \cdot 0{,}0000009$
b) $3{,}93 \cdot 10^{12} + 7{,}28 \cdot 10^{11}$ c) $(-12)^5$

a) $30\,000\,000\,000\,000 : 30\,000\,000\,000$
b) $11^3 - 3^{11}$ c) $\left(\frac{1}{8}\right)^8$

zu 1.3

5 Bestimme die fehlenden Potenzwerte in der Multiplikationsmauer.

6 Übertrage in dein Heft und fülle die Lücken im Stern aus.

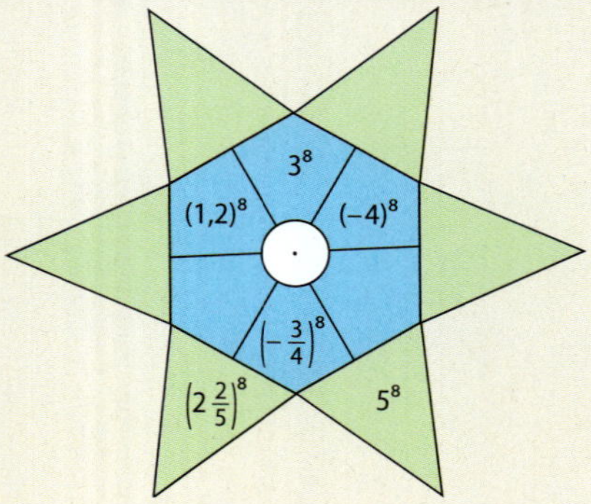

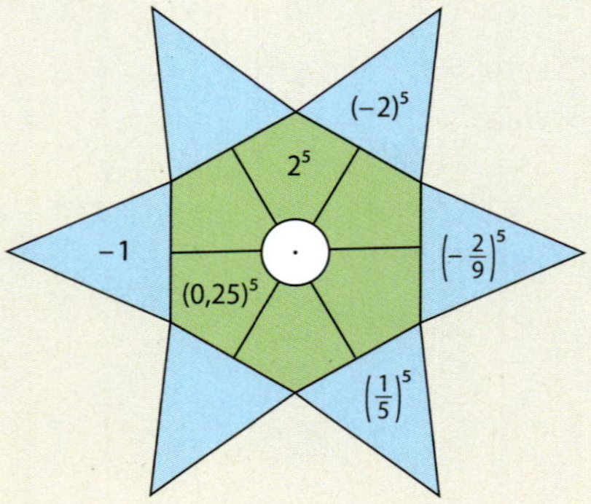

7 Vereinfache durch Anwenden der Potenzgesetze. **zu 1.3**

a) $2^4 \cdot 2^{-2}$ b) $4^3 \cdot 4^0 \cdot 4^{-5}$
c) $0{,}1^2 \cdot 0{,}1^{-2}$ d) $(-b) \cdot (-b)^3$
e) $c^4 \cdot c^2 \cdot c^6$ f) $2e^2 \cdot 3e \cdot e^3$
g) $3x^2 + 4x^2$ h) $3x^2 - 2x^2 + 4x^3$
i) $10x^4 - 10x^3 + x^3$

a) $(-3)^7 : (-3)^3$ b) $0{,}8^3 \cdot 0{,}8^{-5}$
c) $0{,}2^{-1} \cdot 0{,}2^{-2} \cdot 0{,}2^{-3}$ d) $(2^{-3} + 2^{-2}) \cdot 2^2$
e) $d^3 \cdot d^2 \cdot d^1$ f) $3(-f)^4 \cdot \frac{1}{3}(-f)^2$
g) $5x^4 + 2x^4 - 8x^4$
h) $1{,}5x^1 - 1{,}7x^2 - 1{,}2x$
i) $(-x)^2 - (-x)^3 + (3x)^2$

8 Bestimme die Wurzeln im Kopf. **zu 1.4**

a) $\sqrt{64}$ b) $\sqrt{144}$ c) $\sqrt{196}$
d) $\sqrt[3]{64}$ e) $\sqrt[3]{343}$ f) $\sqrt[3]{0{,}216}$

a) $\sqrt[3]{1331}$ b) $\sqrt[3]{1{,}331}$ c) $\sqrt[3]{0{,}027}$
d) $\sqrt[4]{0{,}0016}$ e) $\sqrt[4]{1{,}0}$ f) $\sqrt[5]{1{,}4^5}$

9 Grenze die Wurzel zwischen zwei natürlichen Zahlen ein.

a) $\sqrt[3]{50}$ b) $\sqrt[3]{605}$ c) $\sqrt[3]{2015}$
d) $\sqrt[3]{8712}$ e) $\sqrt[3]{5{,}5}$ f) $\sqrt[3]{0{,}4}$

a) $\sqrt[3]{2^4}$ b) $\sqrt[3]{26}$ c) $\sqrt[3]{1{,}7^3}$
d) $\sqrt[3]{2{,}5^6}$ e) $\sqrt[4]{0{,}4^2}$ f) $\sqrt[5]{1{,}2^{15}}$

10 Entscheide ohne Taschenrechner, ob die Zahl rational oder irrational ist. **zu 1.5**

a) $\sqrt{3}$ b) $\sqrt{4+7}$ c) $4 \cdot \sqrt{2} : \sqrt{5}$
d) $\sqrt{64} + 6$ e) $\sqrt{9} + \sqrt{0{,}09}$ f) $\sqrt{\frac{1}{4}}$

a) $\sqrt{100}$ b) $\sqrt{900} + \sqrt{100}$ c) $\sqrt{6} \cdot \sqrt{\frac{1}{14}}$
d) $\sqrt{2{,}45}$ e) $\frac{\sqrt{16}}{\sqrt{20}}$ f) $\sqrt{1{,}21} - \sqrt{0{,}4}$

11 Vereinfache, wenn möglich. **zu 1.6**

a) $\sqrt{3} \cdot \sqrt{27}$ b) $\sqrt{36} + \sqrt{64}$
c) $\sqrt[3]{5^3} : \sqrt{5}$ d) $8^{\frac{2}{3}} - \sqrt{28}$

a) $\sqrt{36} + \sqrt[3]{64}$ b) $\sqrt[3]{2048} \cdot \frac{1}{\sqrt[3]{4}}$
c) $7^{\frac{4}{3}} - 3^{\frac{4}{3}}$ d) $\sqrt{5} \cdot \sqrt[3]{5^{\frac{3}{2}}}$

12 Übertrage das Rechennetz in dein Heft und vervollständige, wenn entlang derselben Richtung immer mit derselben Zahl multipliziert bzw. dividiert wird.

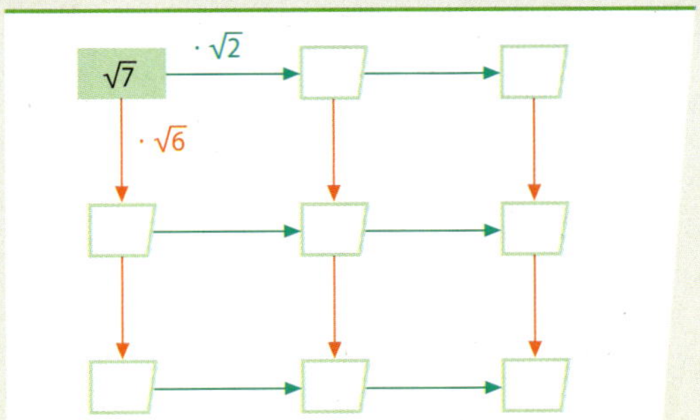

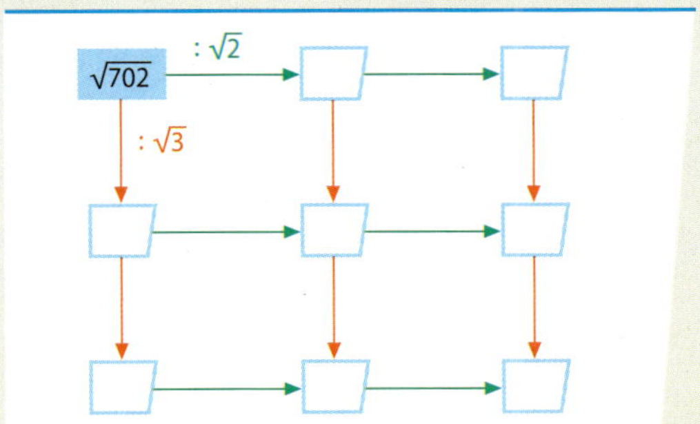

13 Gib in Wurzelschreibweise an. Vereinfache so weit wie möglich.

a) $a^{\frac{5}{8}} \cdot a^{\frac{2}{3}}$ b) $b^{\frac{1}{4}} \cdot b^2$
c) $7^{-\frac{1}{4}} \cdot 49^{\frac{1}{4}}$ d) $\left(\frac{5}{9}\right)^{\frac{1}{3}} \cdot \left(\frac{5}{9}\right)^{\frac{1}{3}}$

a) $a^{\frac{7}{8}} : a^{\frac{8}{7}}$ b) $0{,}125^{-\frac{1}{3}} \cdot 64^{-\frac{1}{3}}$
c) $\left(c^{\frac{7}{5}}\right)^{\frac{10}{21}}$ d) $\left(9d^{\frac{5}{2}}\right)^{\frac{3}{2}} \cdot \left(3d^{\frac{5}{4}}\right)^{-5}$

Vermischte Aufgaben

oHiMi
1–13

1 Suche die richtige Lösung auf den Karten. Zwei Karten bleiben übrig.

a) $a + a + a + a$ **b)** $a - a + a - a$ **c)** $a \cdot a \cdot a \cdot a$
d) $a^2 \cdot a^3$ **e)** $a^7 : a^5$ **f)** $(a^3)^4$

2 Es gilt: $256 = 16^2 = 4^4$. Wandle ebenso in Potenzen um. Finde verschiedene Möglichkeiten.
a) 81 **b)** 2401 **c)** 625 **d)** $\frac{1}{16}$ **e)** $\frac{16}{81}$ **f)** $\frac{1}{10\,000}$

3 Schreibe als Potenz mit Basis 3.
a) 27; 81; 234; 2187 **b)** $\frac{1}{3}; \frac{1}{9}; \frac{1}{81}; \frac{1}{729}$

4 Berechne ohne Taschenrechner.
a) $3^3 \cdot 3^4$ **b)** $3^3 \cdot 5^3$ **c)** $8^{-6} : 4^{-6}$ **d)** $2^5 \cdot 5^5$
e) $51^4 : 17^4$ **f)** $3^{-1} \cdot 5^{-1}$ **g)** $(2^3)^2$ **h)** $(2^3)^{-1}$
i) $10^{-6} : 10^6$ **j)** $10^6 : 10^{-6}$ **k)** $12a^5 : 4b^{-5}$ **l)** $21n^7 : 3n^5$

5 Zerlege die Potenzen.
a) $24^6 = \square^6 \cdot \square^6$ **b)** $100^{20} = \square^{20} \cdot \square^{20}$ **c)** $12^2 = (\square \cdot \square)^2$ **d)** $2^{-9} = 2^9 : \square^9$

6 Vereinfache die Potenzen so weit wie möglich ($a, b, c \in \mathbb{Q}$; $n, m \in \mathbb{N}$).
a) $a^2 \cdot a^4 \cdot a^6$ **b)** $a^3 \cdot b^3 \cdot a^4 \cdot 2b^2$ **c)** $4^n \cdot 6^n$ **d)** $(3c^2)^4$
e) $b^2 : b^3 \cdot b^{-5}$ **f)** $3a^5 : a - (2{,}5a^2)^2$ **g)** $0{,}2^m \cdot (-3)^n \cdot 5^m$ **h)** $(1{,}5a^2c^3)^3$

7 Vergleiche die Terme. Was fällt dir auf?

1 $8^5 \cdot x^5 \cdot 3^5$
2 $24^6 \cdot x^5 \cdot 24^{-1}$
3 $6^5 \cdot x^2 \cdot x^3 \cdot 4^5$
4 $24^{10} \cdot x^{10} : (24x)^5$
5 $12 \cdot x^6 \cdot 12^4 \cdot 2^5 \cdot x^{-1}$
6 $(120 \cdot x^8) : (5 \cdot x^3)$
7 $6^2 : x^{-5}$
8 $6^2 \cdot x^{10} : x^5$
9 $6^5 \cdot x^5 \cdot 3^5 \cdot 2^5$

8 Setze <, > oder = so ein, dass eine wahre Aussage entsteht.
a) $6^4 : 6^3 \;\square\; 1$ **b)** $6^{-4} : 6^{-3} \;\square\; 1$ **c)** $0{,}2^2 : \left(\frac{1}{5}\right)^2 \;\square\; 1$
d) $3^{-4} \cdot 6^4 \;\square\; 1$ **e)** $(3 : 4)^3 \;\square\; 3^3 : 4^3$ **f)** $1^{-3} \cdot 0^4 \;\square\; 1$
g) $3^4 : 6^4 \;\square\; 1$ **h)** $(3 \cdot 4)^3 \;\square\; 3^2 \cdot 4^4$ **i)** $3^1 \cdot 3^3 \;\square\; 9^2$

9 Vereinfache die Terme. Vermeide negative Exponenten.
a) $2 \cdot 2^{-5}$ **b)** $a^2 \cdot a^{-3}$ **c)** $b^{-2} : b^{-3}$ **d)** $(c^2)^{-3}$
e) $5^0 \cdot 3^2 \cdot 3^{-3}$ **f)** $3 \cdot 10^{-3}$ **g)** $5^x \cdot 5^{-2x}$ **h)** $8^{-5} : 4^{-5}$
i) $\left(\left(\frac{1}{3}\right)^2\right)^{-1}$ **j)** $e^{-1} \cdot f^{-1}$ **k)** $2 \cdot 3^5 + 7 \cdot 3^5$ **l)** $(-5)^4 \cdot (-5)^3$
m) $\frac{(3p^{-6}q^3)^{-3}}{(2p^5q^{-2})^4}$ **n)** $\frac{27a^n}{20b^4} : \frac{9a^4}{12b^n}$ **o)** $\frac{a^2 \cdot a^3}{(a^2)^3}$ **p)** $\left(\frac{3ab}{5cd}\right)^4 \cdot \left(\frac{5c}{6a}\right)^3 \cdot \left(\frac{4b}{3d}\right)^2$

10 Hier stimmt doch was nicht. Finde die Fehler und berichtige.

a) $x^2 \cdot x^4 = x^8$
b) $5^a \cdot 7^a = 21^a$
c) $3^6 \cdot 4^6 = 7^6$
d) $20^4 : 4^4 = 5^0$
e) $4^2 \cdot 4^{-3} = 4$
f) $(a^2 \cdot a^{-3})^{-1} = a^{-1}$

11 Stelle als Zehnerpotenz in der Form $a \cdot 10^m$ ($1 \leq a < 10$, $m \in \mathbb{Z}$) dar.

a) 1 µm = 0,000000001 km
b) 1 GB = 1 000 000 000 B
c) Lichtgeschwindigkeit: $c \approx 30\,000\,000\,000\ \frac{\text{cm}}{\text{s}}$
d) Ruhemasse eines Protons: m = 0,0000000000000000000016723 mg

12 Schreibe die Angaben als Zehnerpotenz und in Kurzform.

	Zehnerpotenz in m	Kurzform
Entfernung Berlin – München	$5{,}9 \cdot 10^5$ m	
Entfernung Wohnort – Schule		
Größe roter Blutkörperchen	$7 \cdot 10^{-6}$ m	
Herpesvirus		180 nm
Abstand Augen – Heft		
Dicke eines Haars		0,07 mm

Bestimme fehlende Entfernungen so genau wie möglich.

13

1 Entfernung Erde – Mond etwa 360 000 km	**3** Etwa 11 300 000 Menschen zwischen 0 und 15 Jahren	**5** Durchmesser eines Sandkorns ca. 0,000063 m
2 Durchmesser Erde ca. 12 500 km	**4** Verschuldung ca. 2 130 000 000 000 €	**6** Gewicht eines Sandkorns ca. 0,00000035 g

Schreibe mithilfe von Zehnerpotenzen so, dass der Faktor vor der Zehnerpotenz eine …
a) möglichst kleine natürliche Zahl ist.
b) rationale Zahl zwischen 1 und 10 ist.

14 Berechne mit dem Taschenrechner.

a) $0{,}0000000025 \cdot 0{,}0008$
b) $0{,}0157^5$
c) $(-4)^3$
d) $0{,}00075 : 250\,000\,000\,000$
e) $(-0{,}1234)^4$
f) $-12{,}5^4 \cdot 0{,}08^{-4}$
g) $2{,}54 \cdot 10^8 + 3{,}54 \cdot 10^9$
h) $0{,}0141^5$
i) $7^2 - 2^7$

15 Zwischen welchen benachbarten natürlichen Zahlen liegt die Wurzel?
Begründe deine Antwort. Rechne im Kopf.

a) $\sqrt{40}$, $\sqrt{10}$, $\sqrt{5}$
b) $\sqrt{18}$, $\sqrt{32}$, $\sqrt{60}$
c) $\sqrt{316}$, $\sqrt{145}$, $\sqrt{200}$
d) $\sqrt{88}$, $\sqrt{77}$, $\sqrt{99}$
e) $\sqrt{112}$, $\sqrt{170}$, $\sqrt{168}$
f) $\sqrt{360}$, $\sqrt{420}$, $\sqrt{501}$

oHiMi 19–23

16 Berechne die Kubikwurzeln. Runde auf zwei Dezimalen.

a) $\sqrt[3]{2{,}1}$ b) $\sqrt[3]{12}$ c) $\sqrt[3]{7160}$ d) $\sqrt[3]{0{,}45}$ e) $\sqrt[3]{0{,}015}$ f) $\sqrt[3]{17^3}$

g) $\sqrt[3]{54}$ h) $\sqrt[3]{512}$ i) $\sqrt[3]{1024}$ j) $\sqrt[3]{\frac{27}{81}}$ k) $\sqrt[3]{\frac{4}{125}}$ l) $\sqrt[3]{\frac{343}{361}}$

17 Finde eine natürliche Zahl, deren Quadratwurzel (Kubikwurzel) möglichst nahe an …

a) 20 b) 25 c) 100 d) 500

liegt, aber nicht gleich dieser Zahl ist. Bestimme jeweils die Abweichung.

18 Peter sagt: „Es gibt Quadrat- und Kubikwurzeln, die …

a) größer als der Radikand sind.“ b) kleiner als der Radikand sind.“

Finde jeweils ein Beispiel für die Behauptung.

19 Fülle die Lücken richtig aus.

a) $\sqrt{5} \cdot \sqrt{\square} = \sqrt{10}$ b) $\sqrt{7} \cdot \sqrt{\square} = \sqrt{21}$ c) $\frac{\sqrt{12}}{\sqrt{\square}} = \sqrt{3}$

d) $\sqrt{\square} \cdot \sqrt{2{,}5} = \sqrt{20}$ e) $\frac{\sqrt{30}}{\sqrt{\square}} = \sqrt{30}$ f) $\sqrt{13} \cdot \sqrt{\square} = 13$

g) $\sqrt{\square 36} : \sqrt{\square 1} = 4$ h) $\sqrt{121} \cdot \sqrt{\square} = 0$ i) $\sqrt{169} : \sqrt{\square} = \sqrt{13}$

20 Übertrage die Multiplikationsmauern in dein Heft und vervollständige sie.

Der Wert eines Steins ergibt sich als Produkt der beiden darunter liegenden Steine.

a)

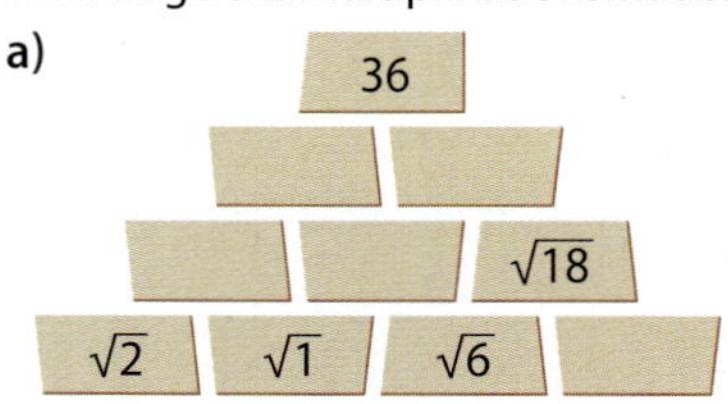

b)

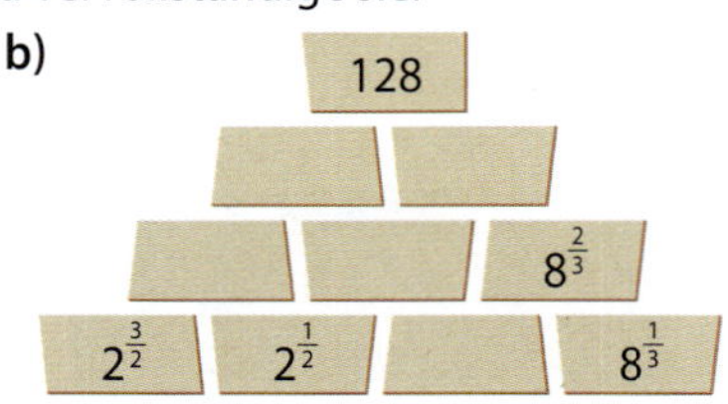

21 Überprüfe, ob die Zahl rational oder irrational ist.

a) $\sqrt{27}$ b) $\sqrt{49}$ c) $\sqrt{96}$ d) $\sqrt{242}$ e) $\sqrt{4{,}41}$ f) $\sqrt{0}$

g) $\sqrt{100}$ h) $\sqrt{8}$ i) $\sqrt{17}$ j) $\sqrt{200}$ k) $\sqrt{2{,}22}$ l) $\sqrt{1}$

22 Berechne ohne Taschenrechner.

a) $\sqrt{64 \cdot 25}$ b) $\sqrt{144 \cdot 225}$ c) $\sqrt{169 \cdot 196 \cdot 400}$ d) $\sqrt{625 \cdot 900}$

e) $\sqrt{2} \cdot \sqrt{32}$ f) $\sqrt{50} \cdot \sqrt{200}$ g) $\sqrt{10} \cdot \sqrt{25{,}6}$ h) $\sqrt{\frac{1}{5}} \cdot \sqrt{80}$

23 Forme die Wurzeln wie im Beispiel um.

Beispiel: $\sqrt{20} = \sqrt{4 \cdot 5} = \sqrt{4} \cdot \sqrt{5} = 2\sqrt{5}$

a) $\sqrt{18}$ b) $\sqrt{24}$ c) $\sqrt{432}$ d) $\sqrt{720}$ e) $\sqrt{\frac{6}{25}}$ f) $\sqrt{\frac{324}{125}}$

24 Ziehe teilweise die Wurzel wie in Aufgabe 23.

Alle Variablen stehen für positive rationale Zahlen.

a) $\sqrt{32}$ b) $\sqrt{250}$ c) $\sqrt{49 \cdot x^5}$ d) $\sqrt{275} - \sqrt{99}$

e) $\sqrt{288x^3y}$ f) $\sqrt{10a^3 + 22a^3}$ g) $\frac{\sqrt{45} + \sqrt{80}}{\sqrt{147}}$ h) $\frac{\sqrt{363a^2b^7c^9}}{ab^2c}$

25 Ordne wertgleiche Terme einander zu. Ein Term bleibt übrig.

$\sqrt{100 + 44}$	$(\sqrt{2})^2 \cdot \sqrt{2}$	2^2	$\sqrt{100} + \sqrt{44}$

12	$2^2 \cdot \sqrt{2}$	$\sqrt{8}$	$\sqrt{32}$	$\frac{\sqrt{32}}{\sqrt{2}}$

26 Finde den Fehler und korrigiere die Rechnung.

a) $\sqrt{19} + \sqrt{30} = \sqrt{49} = 7$

b) $\sqrt{(a+b)^2} = a - b$

c) $5\sqrt{44} - 7\sqrt{99} = 5\sqrt{4 \cdot 11} - 7\sqrt{9 \cdot 11} = 20\sqrt{11} - 21\sqrt{11} = -\sqrt{11}$

d) $\sqrt{a^2 + b^2} = \sqrt{a^2} + \sqrt{b^2} = a + b$

27 Vereinfache so weit wie möglich.

a) $\left(a^{\frac{2}{x}}\right)^{2x}$ b) $\left(\sqrt[a]{x^m}\right)^{an}$ c) $\left(x^{-2n}\right)^{\frac{4m}{n}}$ d) $\left(b^{-\frac{a}{x}}\right)^{\frac{nx}{m}}$

e) $\sqrt[nx]{n^x}$ f) $\left(\sqrt[1,2]{x^{-0,3}}\right)^8$ g) $x^{\frac{3}{2}} \cdot x$ h) $y^{\frac{2}{5}} : y^{-\frac{3}{5}}$

i) $x^{\frac{3}{7}} \cdot x^{\frac{5}{3}} \cdot x^{\frac{7}{9}}$ j) $a^{\frac{2}{3}} : a^{\frac{1}{2}}$ k) $\left(b^2 \cdot b^{\frac{1}{3}}\right) : b^{\frac{1}{2}}$ l) $a^{\sqrt{2}} \cdot a^{\sqrt{8}}$

28 Eine Raumfähre umkreist mehrmals die Erde mit einer Geschwindigkeit von $2{,}8 \cdot 10^4$ km/h und legt dabei $7{,}2 \cdot 10^6$ km zurück.

a) Berechne die Flugzeit der Raumfähre in h (d).
b) Welche Strecke legt die Raumfähre auf ihrer Umlaufbahn in 2 Tagen (30 Tagen, 50 Tagen) zurück? Runde geeignet.
c) Wie lange würde eine Raumfähre mit der Geschwindigkeit zum Mars benötigen, der im Schnitt $7{,}5 \cdot 10^7$ km von der Erde entfernt ist? Beurteile das Ergebnis.

29 Entscheide, ob die Aussagen wahr oder falsch sind. Begründe.

a) $\sqrt{16}$ ist diejenige rationale Zahl, die quadriert 16 ergibt.
b) $\sqrt{81}$ kann $+9$ oder -9 sein.
c) $\sqrt{25}$ ist größer als $\sqrt{36}$.
d) Wenn a größer wird, wird auch $\sqrt{a}$ größer.
e) Die Gleichung $x^3 = 27$ hat die Lösung $x = -3$ und $x = +3$.
f) Es gilt: $x^{\frac{1}{2}} \cdot x^{\frac{1}{2}} = \sqrt[4]{x}$
g) Die Gleichung $x^{\frac{3}{2}} = 64$ hat die Lösung $x = -2$ und $x = 2$.
h) Wenn a kleiner wird, wird auch $\sqrt[3]{a}$ kleiner.

30 a) Erkläre mithilfe der Darstellung, dass $\sqrt{9} + \sqrt{16} \neq \sqrt{9 + 16}$.
b) Überprüfe die Aussage aus a) an mindestens einem weiteren Beispiel.

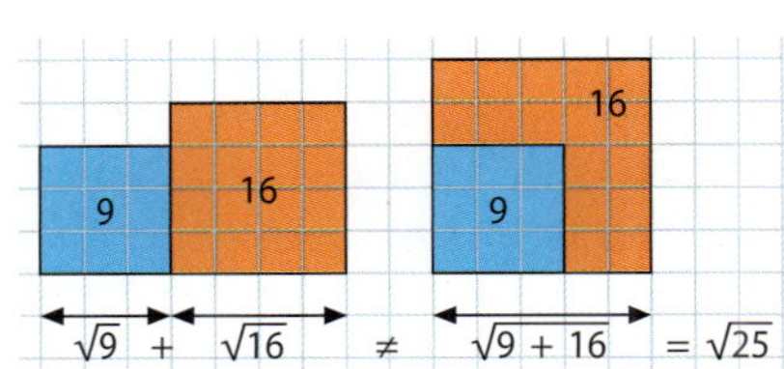

Das Heronverfahren nach klassischer Art

Schon seit Jahrtausenden nutzt man Näherungsverfahren, wenn man Wurzeln nicht exakt angeben kann. Eines davon ist nach Heron von Alexandria benannt, der vor 2000 Jahren in Ägypten lebte.

Beispiel: Bestimme einen Näherungswert für $\sqrt{10}$.

Idee

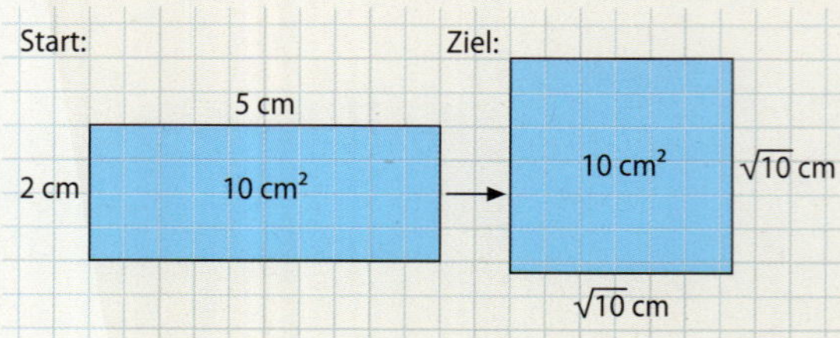

Ein Rechteck mit dem Flächeninhalt 10 cm² wird schrittweise in ein flächengleiches Quadrat umgewandelt. Das Verfahren hat den Vorteil, dass man für jede Quadratwurzel $\sqrt{n}$ ein solches Ausgangsrechteck finden kann. Im einfachsten Fall hat es die Maße 1 cm · n cm. Im Beispiel starten wir mit a = 2 cm und b = 5 cm.

Ablauf
Wandle das bestehende Rechteck jeweils in ein flächengleiches Rechteck um, indem du als eine neue Seitenlänge das arithmetische Mittel aus den beiden alten Seitenlängen verwendest. Die zweite Seitenlänge ergibt sich dann, indem du den Flächeninhalt durch diese erste neue Seitenlänge teilst.

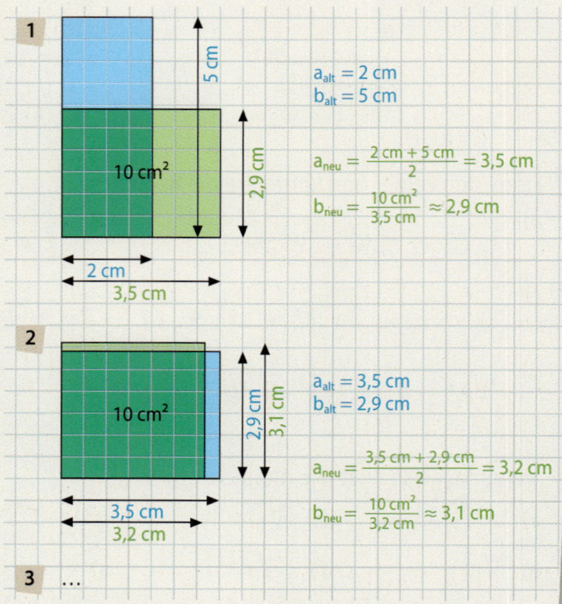

Dieses Vorgehen kann bis zu jeder beliebigen Genauigkeit fortgesetzt werden. Man erkennt in diesem Beispiel, dass bereits nach wenigen Schritten die Seitenlängen dicht beieinander liegen.

a) Bestimme einen Näherungswert für die Wurzel mit dem Heronverfahren auf zwei Dezimalen genau.
1 $\sqrt{2}$ **2** $\sqrt{6}$ **3** $\sqrt{12}$ **4** $\sqrt{20}$

b) Welche Rolle spielen die Startwerte beim Heronverfahren? Überprüfe am Beispiel $\sqrt{50}$.

Das Heronverfahren mit dem Computer

Beim Heronverfahren werden stets dieselben Rechenschritte durchlaufen, um $\sqrt{n}$ zu bestimmen.

neue Länge: $a_{neu} = \frac{a_{alt} + b_{alt}}{2}$

neue Breite: $b_{neu} = \frac{n}{a_{neu}}$

n steht dabei für den Flächeninhalt des Quadrats bzw. für die zu berechnende Wurzel.
Die Rechenschritte kann man gut durch ein Tabellenprogramm durchführen lassen.

	A	B	C	D
3	Berechnung von Wurzel		10	
4				
5	Schritt	Länge	Breite	Kontrolle
6	1	2	5	10
7	2	3,5	2,85714286	10
8	3	3,17857143	=$C$3/B8	10
9	4	3,16231942	3,1622359	10
10	5	3,16227766	3,16227766	10

a) Beschreibe den Aufbau und die Einträge des Tabellenblatts.

b) Übertrage das Tabellenblatt und berechne damit $\sqrt{40}$ ($\sqrt{99}$) auf vier Dezimalen genau.

Intervallhalbierung

Intervallhalbierung ist ein Näherungsverfahren. Es wird beim systematischen Probieren oftmals angewendet.

Beispiel: Bestimme einen Näherungswert für $\sqrt{10}$.

Idee
Das Quadrat von $\sqrt{10}$ ist 10. Man sucht jetzt einen unteren Wert, der quadriert kleiner als 10 ist, und einen oberen, der quadriert größer als 10 ist. Anschließend bestimmt man zwischen diesen beiden Werten einen neuen Wert und überprüft, ob man damit den unteren oder oberen Wert ersetzen kann.

Ablauf
Bei der Intervallhalbierung bestimmt man das arithmetische Mittel aus unterem und oberem Wert. Dann wird überprüft, ob das Quadrat des Mittelwerts größer oder kleiner als 10 ist. Je nachdem ersetzt man im nächsten Schritt den oberen oder unteren Wert durch den Mittelwert.

	unterer Wert	oberer Wert	Mittelwert
1	2, denn $2^2 = 4 < 10$	5, denn $5^2 = 25 > 10$	$\frac{2+5}{2} = 3{,}5$ $3{,}5^2 = 12{,}25 > 10$ → oberen Wert ersetzen
2	2,0, denn $2{,}0^2 = 4 < 10$	3,5 denn $3{,}5^2 = 12{,}25$ $12{,}25 > 10$	$\frac{2{,}0+3{,}5}{2} = 2{,}75$ $2{,}75^2 \approx 7{,}6 < 10$ → unteren Wert ersetzen
3	2,75, denn $2{,}75^2 \approx 7{,}6 < 10$	3,50 denn $3{,}50^2 = 12{,}25$ $12{,}25 > 10$	$\frac{2{,}75+3{,}50}{2} = 3{,}125$ $3{,}125^2 \approx 9{,}8 < 10$ → unteren Wert ersetzen
4	3,125, denn $3{,}125^2 \approx 9{,}8 < 10$	3,500, denn $3{,}500^2 = 12{,}25$ $12{,}25 > 10$	$\frac{3{,}125+3{,}500}{2} = 3{,}3125$ $3{,}3125^2 \approx 11{,}0 > 10$ → oberen Wert ersetzen
5	…		

a) Bei jedem Schritt betrachtet man eine Dezimale mehr. Erkläre die Aussage anhand des Beispiels.
b) Führe das Intervallhalbierungsverfahren für $\sqrt{2}$ ($\sqrt{8}$, $\sqrt{500}$) durch.
c) Erkläre den Begriff „Intervallhalbierung".
d) Führe das Verfahren mit einem Tabellenkalkulationsprogramm durch. Präsentiere dein Ergebnis.

Alles Näherung

Beim systematischen Probieren ist uns das Hintereinandereinsetzen als geschicktes Vorgehen bekannt. Nutze dieses Verfahren.

Beispiel: Bestimme einen Näherungswert für $\sqrt{10}$.

Idee
Man sucht eine natürliche Zahl als Startwert, deren Quadrat gerade kleiner als 10 ist. Dann erhöht man schrittweise um 0,1.

Ablauf
Sobald das Quadrat des Wertes erstmals größer als 10 ist, wird der letzte kleinere Wert genommen und die nächste Dezimale schrittweise erhöht.

1

	A	B	C
1	**Berechnung von Wurzel**		10
2		Startwert	3
3		Schrittweite	0,1
4			
5	**Schritt**	**a**	**a²**
6	1	3	9
7	2	=B6+$C$3	9,61
8	3	3,2	10,24

2

	A	B	C
1	**Berechnung von Wurzel**		10
2		Startwert	3,1
3		Schrittweite	0,01
4			
5	**Schritt**	**a**	**a²**
6	1	3,1	9,61
7	2	3,11	9,6721
8	3	3,12	9,7344
9	4	3,13	9,7969
10	5	3,14	9,8596
11	6	3,15	9,9225
12	7	3,16	9,9856
13	8	3,17	10,0489

3 …

a) Beschreibe den Aufbau des Tabellenblattes.
b) Bestimme mit diesem Verfahren einen Näherungswert für $\sqrt{3}$ ($\sqrt{12}$, $\sqrt{200}$) auf vier Dezimalen genau.
c) Beschreibe den Ablauf, wenn man einen Startwert wählt, dessen Quadrat gerade größer als 10 ist.

Das kann ich!

Überprüfe deine Fähigkeiten und Kompetenzen. Bearbeite dazu die folgenden Aufgaben und bewerte anschließend deine Lösungen mit einem Smiley. Hinweise zum Nacharbeiten findest du auf der folgenden Seite. Die Lösungen stehen im Anhang.

Das kann ich **wirklich gut!**	Das kann ich **fast!**	Das muss ich **noch üben!**

1 Schreibe als Potenz und berechne.

a) $5 \cdot 5 \cdot 5 \cdot 5$ b) $-3 \cdot (-3) \cdot (-3)$

c) $\frac{1}{4} \cdot \frac{1}{4} \cdot \frac{1}{4} \cdot \frac{1}{4} \cdot \frac{1}{4}$ d) $-1{,}2 \cdot (-1{,}2)$

2 Vergleiche. Setze <, > oder =.

a) $3^4 \;\square\; 4^3$ b) $3^4 \;\square\; (-3)^4$ c) $-4^3 \;\square\; (-4)^3$

d) $-3^4 \;\square\; (-3)^4$ e) $-4^3 \;\square\; 4^3$ f) $4^4 \;\square\; -4^4$

3 Schreibe als Quotient und berechne.

a) 3^{-2}; 4^{-1}; 5^{-3}; 9^{-1} b) $(-3)^{-1}$; $(-2)^{-6}$; $(-5)^{-3}$; -2^{-5}

c) $0{,}2^{-2}$; $0{,}5^{-4}$; $0{,}1^{-1}$ d) $\left(\frac{1}{3}\right)^2$; $\left(-\frac{2}{5}\right)^{-1}$; $\left(\frac{3}{4}\right)^{-3}$

4 Schreibe als Quotient.

a) a^{-3} b) b^{-5} c) c^{-6} d) $3d^{-4}$

e) $(xy)^{-4}$ f) xy^{-3} g) z^{-a} h) $(-x^2)^{-3}$

5 Vereinfache so weit wie möglich.

a) $x^3 \cdot x^4$ b) $y^5 \cdot y^{-2}$

c) $(-z)^5 \cdot (-z)^3$ d) $a^{-3} : a^{-2}$

e) $5b^5 \cdot 2b^3$ f) $5 \cdot (-c)^{-3} \cdot \frac{1}{5}(-c)^3$

6 Vereinfache so weit wie möglich und berechne dann.

a) $(-3)^4 \cdot 2^4$ b) $\left(\frac{1}{3}\right)^2 \cdot 9^2$

c) $\left(\frac{2}{5}\right)^{-2} \cdot \left(\frac{5}{2}\right)^{-2}$ d) $2{,}5^3 \cdot 4^3$

e) $\left(\frac{1}{6}\right)^{-3} \cdot (1{,}5)^{-3}$ f) $\left(\frac{3}{7}\right)^5 \cdot 7^5$

7 Schreibe ohne Klammer.

a) $(2a)^4$ b) $(1{,}5b^2)^3$ c) $\left(-\frac{1}{5}c^3\right)^4$

d) $(-6d^5)^2$ e) $\left(\frac{e^4}{6}\right)^3$ f) $(-0{,}2f^5)^1$

8 Schreibe als Zehnerpotenz.

a) 1000; $\frac{1}{1000}$; $10\,000\,000$; $\frac{1}{10\,000\,000}$

b) $\frac{1}{10}$; $100\,000$; 1; $\frac{1}{10\,000}$; $\frac{1}{1\,000\,000\,000}$

9 Vereinfache den Term und berechne.

a) $3^2 \cdot 3^{-5}$ b) $4^{-3} \cdot 4^6$ c) $5^3 : 5^5$

d) $2^6 : 2^{-3}$ e) $5^2 \cdot 4^2$ f) $\left(\frac{1}{2}\right)^{-3} \cdot (-4)^{-3}$

g) $8^3 : 0{,}2^3$ h) $1{,}25^{-2} : \left(\frac{2}{5}\right)^{-2}$ i) $\left(-\frac{2}{3}\right)^4 : \left(\frac{1}{9}\right)^4$

j) $(4^2)^{-3}$ k) $(0{,}8^{-3})^{-1}$ l) $(-3^5)^0$

10 <, > oder = ?

a) $3 \cdot 10^4 \;\square\; 30 \cdot 10^3$ b) $2{,}4 \cdot 10^7 \;\square\; 0{,}24 \cdot 10^8$

c) $1{,}5 \cdot 10^3 \;\square\; 15\,000$ d) $7{,}3 \cdot 10^5 \;\square\; 7300 \cdot 10^3$

11 Das Rechteck mit den Seitenlängen a und b und das Quadrat mit der Seitenlänge c haben den gleichen Flächeninhalt. Vervollständige die Tabelle. Runde auf zwei Dezimalen.

A in cm^2	a in cm	b in cm	c in cm
144		32	
625	12,5		
	7	19	
		5	$\sqrt{7}$
150	13		
	10,75	43	

12 Zeichne jeweils ein Rechteck und ein flächengleiches Quadrat in dein Heft.

a) $6\ cm^2$ b) $20\ cm^2$ c) $30\ cm^2$

13 Berechne im Kopf.

a) $\sqrt{2} \cdot \sqrt{2}$ b) $\sqrt{2} \cdot \sqrt{18}$

c) $\sqrt{3} \cdot \sqrt{27}$ d) $\sqrt{6} \cdot \sqrt{24}$

e) $\sqrt{3} \cdot \sqrt{75}$ f) $\sqrt{8} \cdot \sqrt{50}$

g) $\frac{\sqrt{8}}{\sqrt{18}}$ h) $\frac{\sqrt{72}}{\sqrt{50}}$

i) $\frac{\sqrt{24}}{\sqrt{54}}$ j) $\frac{\sqrt{192}}{\sqrt{147}}$

14 Vereinfache, falls möglich.

a) $\sqrt{3} \cdot \sqrt{8}$	$\sqrt{3} + \sqrt{8}$	$\sqrt{3} : \sqrt{8}$
b) $\sqrt{27} : \sqrt{18}$	$\sqrt{27} - \sqrt{18}$	$\sqrt{27} \cdot \sqrt{18}$
c) $\sqrt{99} - \sqrt{11}$	$\sqrt{99} + \sqrt{11}$	$\sqrt{99} : \sqrt{11}$
d) $\sqrt{2{,}5} \cdot \sqrt{4}$	$\sqrt{2{,}5} + \sqrt{4}$	$\sqrt{2{,}5} - \sqrt{4}$

15 Setze Ziffern so in die Lücken ein, dass die Rechnungen stimmen. Findest du mehrere Möglichkeiten?

a) $\sqrt{2} \cdot \sqrt{\square} = \sqrt{50}$ b) $\sqrt{\square 9} \cdot \sqrt{\square} = \sqrt{196}$

c) $\sqrt{\square 0} \cdot \sqrt{5} = \sqrt{1\square\square}$ d) $\sqrt{432} : \sqrt{\square\square} = 6$

e) $\dfrac{\sqrt{1083}}{\sqrt{\square}} = 19$ f) $\sqrt{\square} \cdot \sqrt{57{,}\square} = 17$

16 Welche Zahlen sind irrational, welche rational?

a) $\sqrt{4}$; $\sqrt{6}$; $\sqrt{8}$; $\sqrt{100}$; $\sqrt{104}$; $\sqrt{400}$; $\sqrt{1000}$

b) 0; 1; $\sqrt{0}$; $\sqrt{1}$; $\frac{1}{3}$; $\sqrt{\frac{1}{3}}$; $\frac{1}{9}$; $\sqrt{\frac{1}{9}}$; $\sqrt{\frac{12}{7}}$

17 Vereinfache so weit wie möglich.

a) $\left(x^{\frac{2}{3}}\right)^6$ b) $x^{\frac{2}{3}} y^{\frac{2}{3}} z^{\frac{2}{3}}$

c) $\sqrt[4]{x} \cdot x^{\frac{3}{4}}$ d) $\left(\sqrt[r]{x^5}\right)^r$

e) $\left(y^{\frac{6}{n}}\right)^{-\frac{n}{6m}}$ f) $(64a^2 \cdot b)^{-\frac{1}{4}} : (2a)^{-\frac{1}{4}}$

g) $(a^2 \cdot b^4)^{\frac{1}{2}} : (a^2 \cdot b^4)^{\frac{1}{2}}$ h) $\left(a^{\frac{1}{3}} \cdot a^2\right)^{\frac{4}{3}}$

i) $\sqrt[3]{2m^2n} \cdot \sqrt[3]{4mn^2}$ j) $a^{-5} \cdot a^{-3} \cdot a^{\frac{1}{4}}$

Aufgaben für Lernpartner

Sind folgende Behauptungen richtig oder falsch? Begründe schriftlich.

A Potenziert man eine negative Zahl mit einem geraden Exponenten, dann ist das Ergebnis immer positiv.

B Zwei Potenzen mit gleicher Basis werden multipliziert, indem man ihre Exponenten multipliziert und die Basis beibehält.

C Wird eine Potenz potenziert, dann werden die Exponenten multipliziert.

D $2^4 = 4^2$, also sind Basis und Exponent bei einer Potenz stets vertauschbar.

E $(-3)^2 = -3^2$, weil der Exponent gerade ist.

F Wenn bei einer Potenz der Exponent gerade ist, ist der Wert der Potenz stets positiv.

G Der Exponent –1 bewirkt bei einer Potenz, dass sich das Vorzeichen des Potenzwertes umkehrt.

H Zehnerpotenzen sind Potenzen mit der Basis 10.

I Ein Rechteck mit den Seitenlängen 3 cm und 4 cm kann in ein flächengleiches Quadrat mit der Seitenlänge $\sqrt{12}$ cm umgewandelt werden.

J $\sqrt{100} + \sqrt{49} = \sqrt{100 + 49}$.

K Zwei Quadratwurzeln, die multipliziert werden, lassen sich zu einer Quadratwurzel zusammenfassen.

L $3\sqrt{7} + 2\sqrt{7} = 5\sqrt{7}$

M Jede irrationale Zahl lässt sich als Bruch darstellen.

N $\sqrt{6}$ ist eine irrationale Zahl.

O Jede Quadratwurzel ist eine irrationale Zahl.

P Jede Quadratwurzel liegt zwischen zwei benachbarten natürlichen Zahlen.

Ich kann …	Aufgaben	Hilfe
die Potenzschreibweise verwenden.	1, 2, 3, 4, A, D, E, F	S. 18, 19
Zahlen als Zehnerpotenzen schreiben und lesen.	8, 10, H	S. 20
die Potenzgesetze anwenden.	5, 6, 7, 9, 17, B, C, G	S. 22, 24
Wurzeln bestimmen.	11, 12, I, J	S. 26, 28
irrationale und rationale Zahlen unterscheiden.	16, M, N, O, P	S. 30
mit reellen Zahlen rechnen und Terme mit Wurzeln vereinfachen.	13, 14, 15, 17, K, L	S. 34, 37

Seite 18

Potenzen

Die Potenz ist eine Kurzschreibweise für ein Produkt aus lauter gleichen rationalen Zahlen oder Variablen.

5 gleiche Faktoren		Potenz		Wert
$2 \cdot 2 \cdot 2 \cdot 2 \cdot 2$	=	2^5	=	32

Seite 22

Potenzgesetze

Potenzgesetze für $a, b \in \mathbb{Q}$; $m, n \in \mathbb{Z}$:

- $a^m \cdot a^n = a^{m+n}$
- $a^m : a^n = a^{m-n}$ $(a \neq 0)$
- $a^m \cdot b^m = (a \cdot b)^m$
- $a^m : b^m = (a : b)^m$ $(b \neq 0)$
- $(a^m)^n = a^{m \cdot n}$

Beachte: $a^{-n} = \frac{1}{a^n}$ $(a \neq 0)$

$(-3)^3 \cdot (-3)^2 = (-3)^{3+2} = (-3)^5$

$(-3)^3 : (-3)^2 = (-3)^{3-2} = (-3)$

$(-3)^3 \cdot 5^3 = (-3 \cdot 5)^3 = (-15)^3$

$(-3)^3 : 5^3 = (-3 : 5)^3 = \left(-\frac{3}{5}\right)^3$

$[(-3)^3]^5 = (-3)^{3 \cdot 5} = (-3)^{15}$

Beachte: $a^1 = a$; $a^0 = 1$ für $a \in \mathbb{Q}$, $a \neq 0$

0^0 ist nicht erlaubt.

Seite 26

Wurzeln

Die **Umkehrung des Potenzierens** bezeichnet man als **Wurzelziehen (Radizieren)**. Besondere Wurzeln sind **Quadratwurzeln**, die quadriert den Wert unter der Wurzel **(Radikand)** ergeben sowie **Kubikwurzeln**, deren dritte Potenz den Radikand ergeben.

a —Potenzieren→ a^n, a^n —Wurzelziehen→ a

$\sqrt{0} = 0$ $\sqrt[3]{0} = 0$

$\sqrt[3]{729} = 9$

„Die Kubikwurzel aus 729 ist 9."

Seite 30

Reelle Zahlen

Eine Zahl nennt man **irrational**, wenn man sie **nicht als Bruch** zweier ganzer Zahlen darstellen kann. Die zugehörige Dezimalzahl hat unendlich viele Dezimalen, die jedoch nicht systematisch angeordnet sind. Die rationalen und irrationalen Zahlen bilden zusammen die Menge der **reellen Zahlen** $\mathbb{R}$.

$\sqrt{2} = 1{,}414213562\ldots$

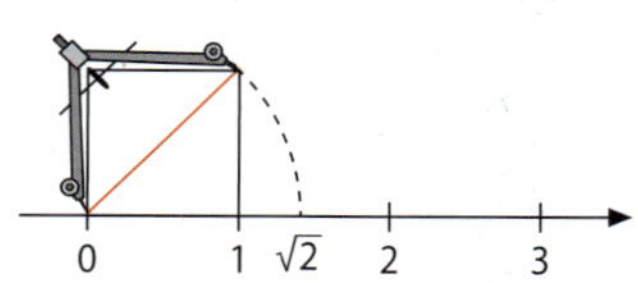

Seite 34

Rechnen mit reellen Zahlen

Multiplikation von Wurzeln

$\sqrt{a} \cdot \sqrt{b} = \sqrt{a \cdot b}$ für $a, b > 0$

$\sqrt{16} \cdot \sqrt{9} = \sqrt{16 \cdot 9}$

Division von Wurzeln

$\frac{\sqrt{a}}{\sqrt{b}} = \sqrt{\frac{a}{b}}$ für $a, b > 0$

$\frac{\sqrt{9}}{\sqrt{16}} = \sqrt{\frac{9}{16}}$

Bei der **Addition** und **Subtraktion** lassen sich zwei Wurzeln **nicht** zu einer Wurzel **zusammenfassen**.

$\sqrt{9} + \sqrt{16} = 3 + 4 \neq \sqrt{9 + 16} = \sqrt{25} = 5$

Für **rationale Exponenten** gilt:

$a^{\frac{m}{n}} = (a^m)^{\frac{1}{n}} = \sqrt[n]{a^m}$ mit $a \in \mathbb{R}_0^+$; $m \in \mathbb{Z}$; $m \in \mathbb{N}$

2 Quadratische Funktionen

Einstieg

- Beschreibe die Form des Bauwerks „Gateway Arch" in St. Louis, Missouri, USA.
- Vereinfache die Darstellung des Bauwerks, indem du die Form mithilfe einer Linie in einem Koordinatensystem darstellst. Lege den höchsten Punkt des Bauwerks in den Koordinatenursprung. Begründe, dass es sich bei der Darstellung um den Graphen einer Funktion handelt.
- Finde einen Term, dessen Graph eine ähnliche Form wie das Bauwerk beschreibt.
- Beschreibe Eigenschaften des Graphen gegenüber dem Graphen einer linearen Funktion.

Ausblick

Am Ende dieses Kapitels hast du gelernt, …

- quadratische Funktionen und ihre Eigenschaften zu erkennen und zu beschreiben.
- die Normalparabel als Grunddarstellung quadratischer Funktionen zu nutzen.
- Zusammenhänge zwischen dem Term und dem Graphen quadratischer Funktionen herzustellen.
- alltagsbezogene Aufgaben mithilfe quadratischer Funktionen zu bearbeiten.

Lineare Funktionen und ihre Eigenschaften erkennen

Eine Funktion mit der Funktionsgleichung $f(x) = mx + n$ heißt **lineare Funktion**. Ihr Graph ist eine Gerade.

- Die Zahl m heißt Anstieg oder Steigung, für $m > 0$ steigt die Gerade („monoton steigend"), für $m < 0$ fällt die Gerade („monoton fallend"), für $m = 0$ verläuft die Gerade parallel zur x-Achse.
- Die Zahl n heißt y-Achsenabschnitt. Für $n > 0$ schneidet der Graph die y-Achse oberhalb, bei $n < 0$ unterhalb des Koordinatenursprungs. Für $n = 0$ verläuft der Graph durch den Koordinatenursprung.

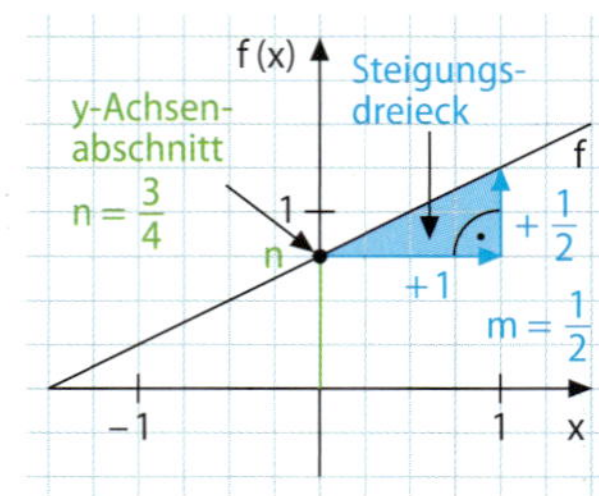

Funktionsgleichung:

$f(x) = \frac{1}{2}x + \frac{3}{4}$

Zwei Geraden $f(x) = m_1x + n_1$ und $g(x) = m_2x + n_2$ liegen ...

- **parallel** zueinander, wenn gilt: $\mathbf{m_1 = m_2}$.
- **senkrecht** zueinander, wenn gilt: $\mathbf{m_1 \cdot m_2 = -1}$.

Lineare Funktionen rechnerisch bestimmen

Wenn zwei beliebige Punkte A und B einer linearen Funktion bekannt sind, lässt sich daraus rechnerisch die Funktionsgleichung bestimmen.

1 Die Steigung m kann über die **Änderungsrate** (Differenzenquotient) berechnet werden:
$$m = \frac{f(b) - f(a)}{b - a}$$

2 Hat man m bestimmt, lässt sich der y-Achsenabschnitt n berechnen, indem man die Koordinaten von A oder B in die Funktionsgleichung $f(x) = mx + n$ einsetzt. Die Zahl x_0 ist **Nullstelle** der Funktion, wenn $f(x_0) = 0$ gilt.

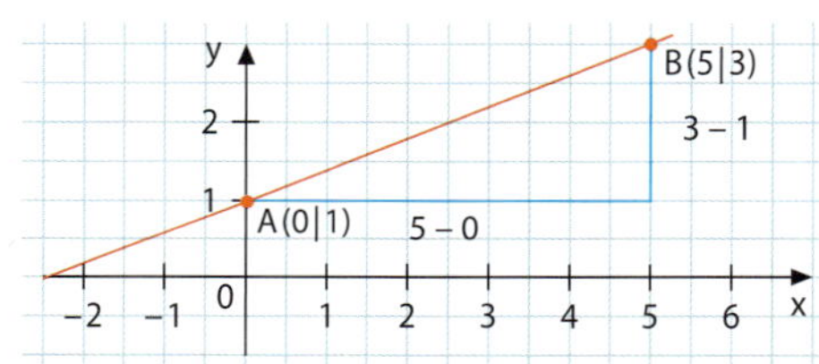

$m = \frac{f(5) - f(0)}{5 - 0} = \frac{3 - 1}{5} = \frac{2}{5} = 0{,}4$

B einsetzen: $f(5) = 0{,}4 \cdot 5 + n = 3 \Rightarrow n = 1$

Funktionsgleichung: $f(x) = 0{,}4x + 1$

Nullstelle: $0{,}4x_0 + 1 = 0 \Rightarrow x_0 = -2{,}5$

Lineare Gleichungen lösen

Um Gleichungen zu lösen, gibt es verschiedene Möglichkeiten:

1 Systematisches Probieren

Durch Einsetzen von Zahlen **der Reihe nach** oder durch **Einschachteln mit kleinen und großen Zahlen** versucht man, sich der Lösung einer Gleichung schrittweise zu nähern.

Beispiel:
$2x + 7 = 21$

x	2x + 7	
5	17	zu klein
6	19	zu klein
7	21	richtig

2 Äquivalenzumformung

Formt man eine Gleichung so um, dass sich die **Lösungsmenge nicht ändert**, so spricht man von einer Äquivalenzumformung. Äquivalenzumformungen liegen dann vor, wenn auf beiden Seiten der Gleichung ...

- **dieselbe Zahl** (derselbe Term) **addiert** oder **subtrahiert** wird.
- mit derselben Zahl (demselben Term) **multipliziert** oder **dividiert** wird. Die Zahl darf jedoch nicht null sein.

Bestimme die Lösungsmenge in $\mathbb{Z}$:

$$\begin{aligned} 3x + 8 &= -2 \quad &| -8 \\ 3x &= -10 \quad &| :3 \\ x &= -\frac{10}{3} \end{aligned}$$

$-\frac{10}{3} \notin \mathbb{Z}$; $\mathbb{L} = \{\}$

Lineare Funktionen und ihre Eigenschaften erkennen

1 Gegeben ist jeweils eine Darstellung einer linearen Funktion. Übertrage in dein Heft und ergänze die fehlenden Darstellungen.

Gleichung	Wertetabelle	Verbale Beschreibung	Graph
$f(x) = 3x + 1$			
		Von der Hälfte einer Zahl wird 5 subtrahiert.	
			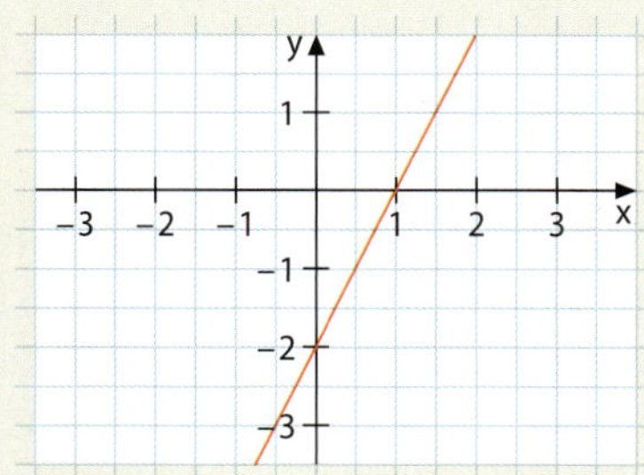

Lineare Funktionen rechnerisch bestimmen

2 Die Punkte A und B liegen auf dem Graphen einer linearen Funktion. Ergänze die fehlenden Koordinaten.

a) $f(x) = 2x - 1$
A(−3|?); B(?|4)

b) $f(x) = -4x + 1$
A(1|?); B(?|−15)

c) $f(x) = \frac{1}{2}x + 1$
A(2|?); B(?|3)

3 Der Graph einer linearen Funktion besitzt den Anstieg m und verläuft durch den Punkt P. Gib eine Funktionsgleichung an und beschreibe das Monotonieverhalten.

a) $m = \frac{1}{2}$; P(0|0) **b)** $m = -3$; P(2|4) **c)** $m = 2$; P(1|−4) **d)** $m = 0$; P(−3|−1)

4 Der Graph einer linearen Funktion verläuft durch A und B. Gib eine Funktionsgleichung an.

a) A(1|1); B(5|5) **b)** A(0|1); B(1|5) **c)** A(−4|3); B(2|3) **d)** A(16|0); B(1|3,75)

Lineare Gleichungen lösen

5 Löse die Gleichung im Bereich der reellen Zahlen mithilfe von Äquivalenzumformungen.

a) $2x + 3 = 18$ **b)** $2x - 3 = 11$ **c)** $x - 5 = 3x$

d) $14x = x + 26$ **e)** $x + 3 = 3 - x$ **f)** $\frac{1}{3}x + 2 = \frac{x}{5} - 1$

g) $-\frac{3}{8} + \frac{x}{2} = 4 - 3x$ **h)** $4x - \frac{34}{3} = -3 + \frac{3}{2}x$ **i)** $-\frac{4}{9} \cdot (12 - 6x) = -4x + 3$

6 Ergänze die Lücken so, dass $x = -3$ die Lösung der Gleichung ist.

a) $x + 8 = \square$ **b)** $\square \cdot x + 2 = -7$ **c)** $\square - x = 2{,}5x - 9$ **d)** $\frac{1}{3} \cdot (x - \square) = \frac{7}{x}$

Kap. 2.3

Bremsweg im Straßenverkehr

Ein wichtiger Aspekt beim Fahren im Straßenverkehr ist, dass die Geschwindigkeit der jeweiligen Situation angemessen sein muss. Nur so kann man zum Beispiel beim plötzlichen Auftauchen eines Kindes oder eines Balles auf der Fahrbahn noch reagieren. Im Notfall geschieht das durch ein abruptes Durchdrücken des Bremspedals, einer sogenannten Gefahrenbremsung.

- **1** Schätze die Länge des Bremsweges, wenn ein PKW mit einer Geschwindigkeit von 120 km/h plötzlich bremsen muss.
  2 Ein Moped fährt mit einer Geschwindigkeit von 45 km/h und muss eine Gefahrenbremsung durchführen. Schätze auch hier die Länge des Bremsweges.
- In der Fahrschule lernt man als Faustregel für die Länge des Bremsweges folgende Formel:

  $$\text{Länge des Bremsweges in m} = \left(\frac{\text{Geschwindigkeit in km/h}}{10}\right)^2$$

  Vergleiche deine geschätzten Werte mit den errechneten nach der Faustregel.
- Stelle den Zusammenhang zwischen Geschwindigkeit und Bremsweg grafisch dar.
- Wie verändert sich der Bremsweg, wenn man die Geschwindigkeit verdoppelt?

Kap. 2.5

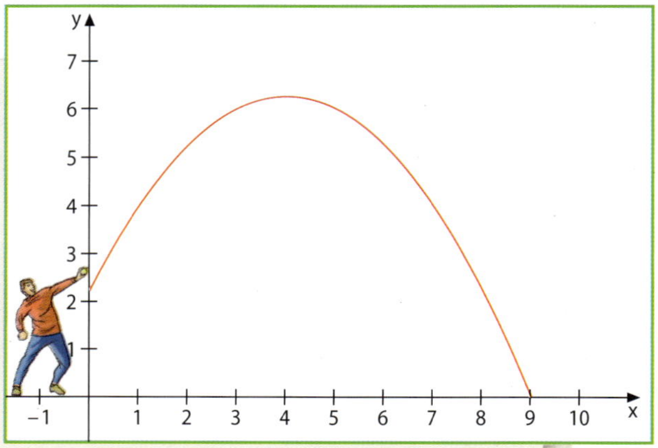

Ballsport im Park

Durch die Funktion $y = -\frac{1}{4}x^2 + 2x + \frac{9}{4}$ kann die Wurfkurve eines Balles im Intervall $0 \leq x \leq 9$ beschrieben werden, der aus einer Wurfhöhe von 2,25 m schräg nach oben geworfen wird.

- Erläutere die Bedeutung der Werte x und y.
- Wo befindet sich in der grafischen Darstellung der Abwurfpunkt?
- Ermittle die maximale Flughöhe des Balls.
- Erkläre, warum die Funktion nur für das oben angegebene Intervall gültig ist.
- Bestimme, wie weit der Ball geworfen wurde.
- Nach welcher Entfernung hat der Ball wieder seine Abwurfhöhe erreicht?
- Erläutere die Bedeutung des Schnittpunkts mit der y-Achse: Warum verläuft der Funktionsgraph nicht durch den Koordinatenursprung?

Kap. 2.6

Glienicker Brücke

Die Glienicker Brücke führt über die Havel und verbindet Potsdam mit Berlin. Sie ist eine dreifeldrige Eisenfachwerkbrücke. Der mittlere Teil kann durch eine Parabel beschrieben werden und ist ca. 80 Meter breit. Der tiefste Punkt des Bogens befindet sich 5 Meter über der Fahrbahn. Die Brückenpfeiler stellen mit einer Höhe von ca. 30 Metern über der Fahrbahn die höchsten Punkte der Brücke dar.

- Skizziere den mittleren Teil der Brücke in einem geeigneten Koordinatensystem.
- Gib den Definitions- und Wertebereich des mittleren Brückenbogens an.
- Ermittle eine Gleichung der Parabel, durch die der mittlere Bogen beschrieben werden kann.

Kap. 2.7

Elbphilharmonie

Die Elbphilharmonie in Hamburg erhebt sich auf dem Sockel des ehemaligen Kaispeichers an der westlichen Spitze der Hafencity als gläserner Neubau mit geschwungener, parabelförmiger Dachlandschaft.

- Recherchiere im Internet die Höhe und Breite des Gebäudes.
- Skizziere die Bögen des Daches in einem geeigneten Koordinatensystem. Wähle auch einen günstigen Maßstab.
- Ermittle die Gleichungen der Bögen des Daches. Gib hierfür auch den Definitionsbereich an.

2 2.1 Die Normalparabel

Entdecken

- Betrachte die Abbildungen und beschreibe das Aussehen der Bögen.
- Entscheide, ob die Verläufe der Bögen mathematisch durch Funktionen beschrieben werden können. Begründe.
- Vergleiche den Verlauf der Bögen mit Graphen von linearen Funktionen.
- Gib weitere Beispiele dieser Art aus deiner Umwelt an.

Verstehen

Viele Sachverhalte in Natur und Technik können durch quadratische Funktionen beschrieben werden.

Quadratische Funktionen werden im Allgemeinen durch die Funktionsgleichung $f(x) = ax^2 + bx + c$ $(a, b, c, x \in \mathbb{R};\ a \neq 0)$ beschrieben.
Der Graph einer quadratischen Funktion ist eine **gekrümmte Kurve** und heißt Parabel.

Die **einfachste quadratische Funktion** $(a = 1,\ b = c = 0)$ hat die Funktionsgleichung $\mathbf{f(x) = x^2}$.
Der **Graph** dieser Funktion heißt **Normalparabel**. Der Punkt des Graphen, der den kleinsten Funktionswert hat, heißt **Scheitelpunkt S**.

Beispiele

LE: Längeneinheit

1. Erstelle für $f(x) = x^2$ eine Wertetabelle. Zeichne die Normalparabel in ein Koordinatensystem (1 LE = 1 cm) und beschreibe ihren Verlauf.

Lösung:

x	−2	−1,5	−1	−0,5	0	0,5	1	1,5	2
f(x)	4	2,25	1	0,25	0	0,25	1	2,25	4

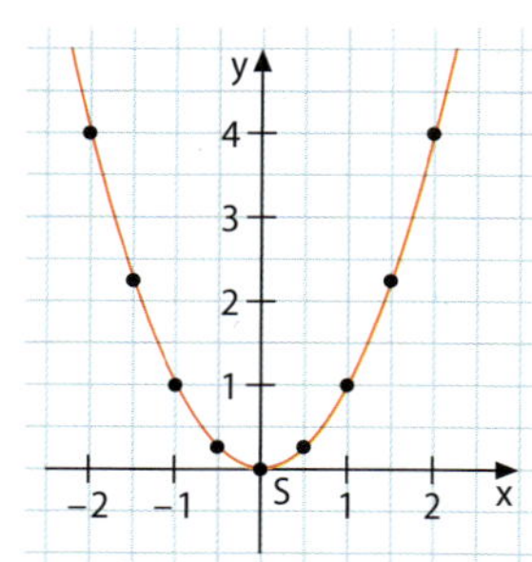

Die y-Achse ist die Symmetrieachse der Normalparabel.

Die Normalparabel ist **symmetrisch** zur y-Achse, da das Quadrat einer Zahl und ihrer Gegenzahl jeweils gleich groß ist.
Der **Scheitelpunkt** der **Normalparabel** ist **S(0|0)**, da die y-Werte niemals negativ werden können.

*Der **Definitionsbereich** $\mathbb{D}$ ist die Menge aller x-Werte, die man einsetzen darf.*
*Der **Wertebereich** $\mathbb{W}$ ist die Menge aller Werte, die als Funktionswerte $y = f(x)$ auftreten.*

2. Gegeben ist $f(x) = x^2$.
a) Gib den Definitionsbereich $\mathbb{D}$ und den Wertebereich $\mathbb{W}$ an.
b) Gib die Nullstelle dieser Funktion an. Begründe.

Lösung:
a) Es dürfen alle reellen Zahlen eingesetzt werden: $\mathbb{D} = \mathbb{R}$, jedoch erhält man durch Quadrieren keine negativen Zahlen als Funktionswerte: $\mathbb{W} = \mathbb{R}$ mit $y \geq 0$.
b) Die Funktion hat im Scheitelpunkt die Nullstelle $x = 0$, da $f(0) = 0^2 = 0$ gilt.

Nachgefragt

- Erkläre den Unterschied zwischen $f(x) = 2x$ und $f(x) = x^2$.
- Begründe, dass der Scheitelpunkt der Normalparabel auch „Tiefpunkt“ genannt wird.
- Lukas behauptet: „Der Scheitelpunkt der Funktion $f(x) = x^2$ ist identisch mit der Nullstelle dieser Funktion.“ Hat Lukas recht? Begründe.

Aufgaben

oHiMi
3–6

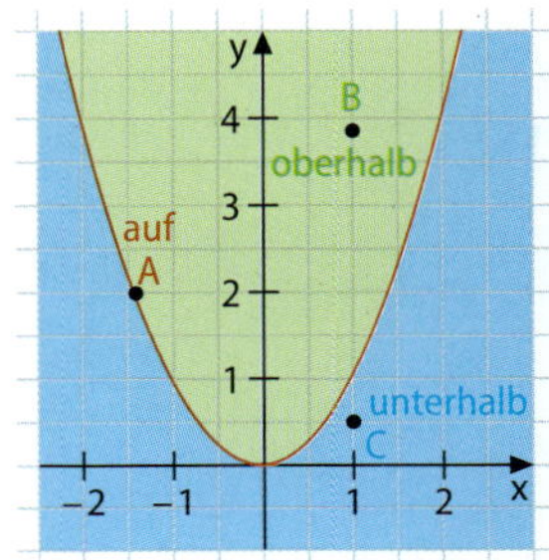

1 Die Punkte A bis F liegen auf der Normalparabel.

a) Berechne die fehlenden Funktionswerte.
A(−2,8 | □)   B(−1,4 | □)   C(−0,3 | □)   D(0,8 | □)   E(1,2 | □)   F(2,3 | □)

b) Berechne die fehlenden Argumente.
A(□ | 100)   B(□ | 0,01)   C(□ | 64) $D\left(□ \middle| \frac{4}{9}\right)$ E(□ | 1,69)   F(□ | 0,25)

2 Prüfe rechnerisch, ob folgende Punkte auf der Normalparabel liegen.

a) A(−12,5 | 156,25)   **b)** B(−3,8 | −14,44)   **c)** C(−0,2 | 0,4)
d) D(0,81 | 0,65)   **e)** E(5,1 | 26,01)   **f)** F(16,4 | 268,96)

3 Entscheide, ob die gegebenen Punkte auf, oberhalb oder unterhalb der Normalparabel liegen. Begründe.

a) D(−9,8 | 96)   **b)** E(−2,8 | 7,84)   **c)** F(−0,6 | 0,4)
d) G(0,25 | 0,0625)   **e)** H(4,1 | 8,2)   **f)** I(13,4 | 179,65)

4 **a)** Die Punkte A, B und C liegen auf der Normalparabel. Gib jeweils den Spiegelpunkt bezüglich der y-Achse an.
A(1 | 1)   B(−4 | 16)   C(7 | 49)

b) Begründe, warum O(0 | 0) keinen Spiegelpunkt bezüglich der y-Achse besitzt.

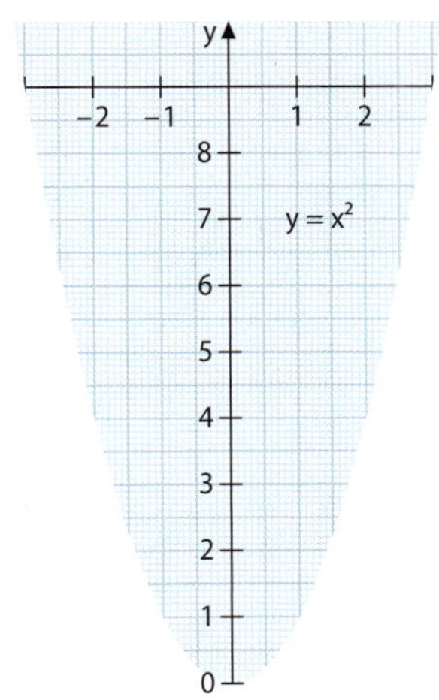

5 Du kannst dir auch eine eigene Schablone für die Normalparabel basteln.
Zeichne zunächst die Normalparabel auf Millimeterpapier. Berechne dazu im Intervall $-3 \le x \le 3$ möglichst viele Werte. Klebe nun deine Zeichnung auf Pappe und schneide die Normalparabel aus.

6 Sandra möchte mithilfe einer Wertetabelle eine Normalparabel mit $f(x) = x^2$ zeichnen.

x	0	0,5	1	1,5	2	2,5	3
f(x)							

Nutze zum Zeichnen die Schablone für die Normalparabel.

a) Erkläre, dass in der Wertetabelle keine negativen Argumente notwendig sind.

b) Zeichne die Normalparabel mindestens im Intervall $-3 \le x \le 3$.

c) Zeige, dass der Graph der Funktion $f(x) = x^2$ achsensymmetrisch ist. Kennzeichne hierfür gleiche Funktionswerte und die Symmetrieachse.

7 Finde anhand einer Zeichnung heraus, für welche Werte von x gilt:

a) $x^2 < x$ **b)** $x - 2 \ge x^2 - 4$ **c)** $2x < x^2 < 4$

Überprüfe die Ergebnisse mit einem geeigneten Computerprogramm.

2.2 Parallelverschiebung von Parabeln der Form $f(x) = (x + d)^2$ und $f(x) = x^2 + e$

Entdecken

Untersuche die Auswirkungen der Parameter d und e auf den Graphen einer Normalparabel.

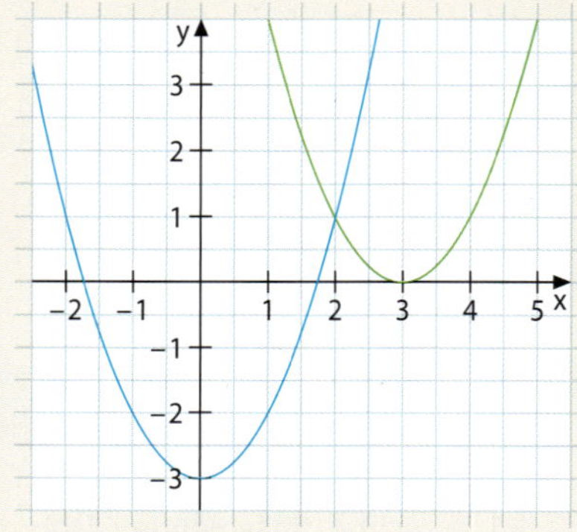

- Betrachte die Funktionsgleichungen $f_1(x) = (x - 3)^2$ und $f_2(x) = x^2 - 3$. Beschreibe die Unterschiede der Funktionsgleichungen, indem du die Funktionswerte für gleiche Argumente an Beispielen betrachtest.
- Stelle die folgenden Funktionen grafisch dar und vergleiche ihre Graphen gegenüber der Normalparabel. Du kannst auch ein Computerprogramm dazu nutzen.

1 $f(x) = (x + d)^2$ mit $d = 3; -2; -1; \frac{1}{2}$

2 $f(x) = x^2 + e$ mit $e = 3; -2; -1; \frac{1}{2}$

Verstehen

Eine Normalparabel kann parallel zur x-Achse und zur y-Achse verschoben werden.

Der Graph einer quadratischen Funktion mit der Gleichung …

$f(x) = (x + d)^2$ ($d, x \in \mathbb{R}$) ist eine **entlang der x-Achse** verschobene Normalparabel mit dem Scheitelpunkt $S(-d \mid 0)$.
Die Parabel ist symmetrisch zu $x = -d$ (Symmetrieachse). Es gilt:

$d = 0$ Normalparabel
$d < 0$ nach rechts verschobene Normalparabel
$d > 0$ nach links verschobene Normalparabel

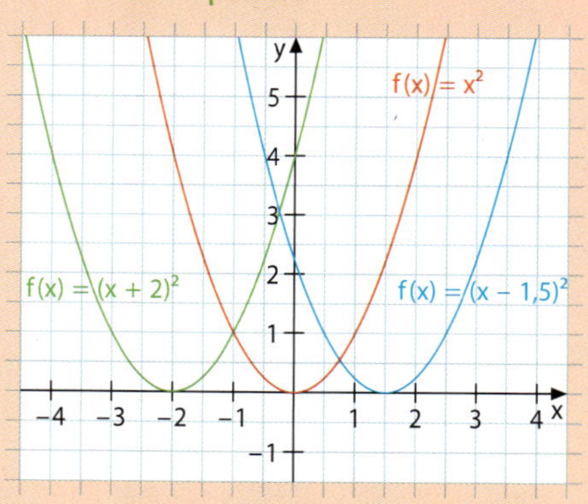

$f(x) = x^2 + e$ ($e, x \in \mathbb{R}$) entsteht durch Verschiebung der Normalparabel **entlang der y-Achse**. Sie hat den Scheitelpunkt $S(0 \mid e)$.
Die Parabel ist symmetrisch zur y-Achse (Symmetrieachse). Es gilt:

$e = 0$ Normalparabel
$e < 0$ verschoben um e Einheiten nach unten
$e > 0$ verschoben um e Einheiten nach oben

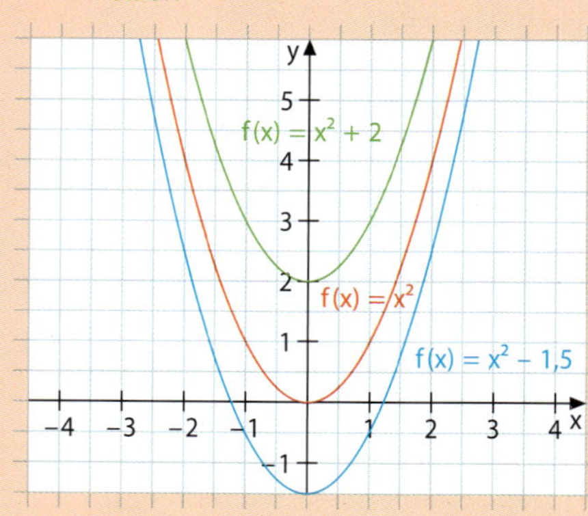

Beispiele

1. Gib die Koordinaten der Scheitelpunkte der gegebenen quadratischen Funktionen an.

a) $f_1(x) = x^2 + 2{,}5$ **b)** $f_2(x) = (x - 2{,}5)^2$ **c)** $f_3(x) = (x + 2{,}5)^2$

Lösung:

a) $S(0 \mid 2{,}5)$ **b)** $S(2{,}5 \mid 0)$ **c)** $S(-2{,}5 \mid 0)$

2. Zeichne die Graphen der drei Funktionen in ein Koordinatensystem. Gib jeweils den Scheitelpunkt an.

a) 1 $f_1(x) = x^2$ 2 $f_2(x) = x^2 - \frac{4}{5}$ 3 $f_3(x) = x^2 + \frac{4}{5}$

b) 1 $f_1(x) = x^2$ 2 $f_2(x) = \left(x - \frac{3}{4}\right)^2$ 3 $f_3(x) = \left(x + \frac{4}{3}\right)^2$

Lösung:

a)

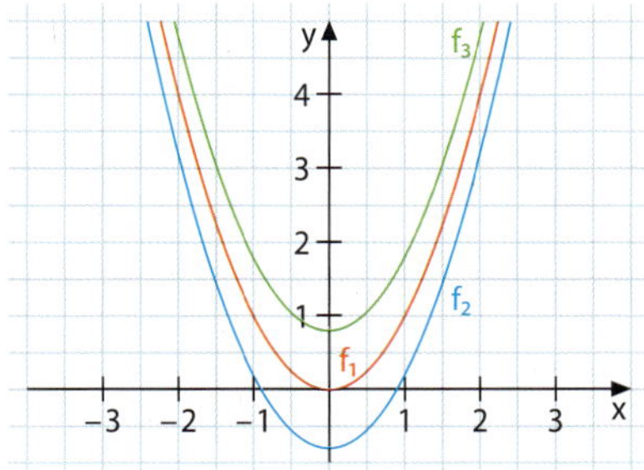

b)

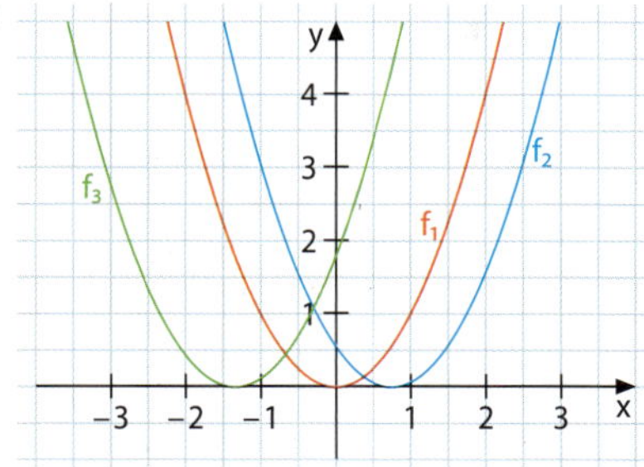

a) 1 $S(0|0)$ 2 $S\left(0\middle|-\frac{4}{5}\right)$ 3 $S\left(0\middle|\frac{4}{5}\right)$

b) 1 $S(0|0)$ 2 $S\left(\frac{3}{4}\middle|0\right)$ 3 $S\left(-\frac{4}{3}\middle|0\right)$

3. Gegeben sind verschobene Normalparabeln. Gib die zugehörigen Funktionsgleichungen an.

Lösung:

$f_1(x) = (x + 5{,}5)^2$

$f_2(x) = x^2 - 4{,}5$

$f_3(x) = (x - 5)^2$

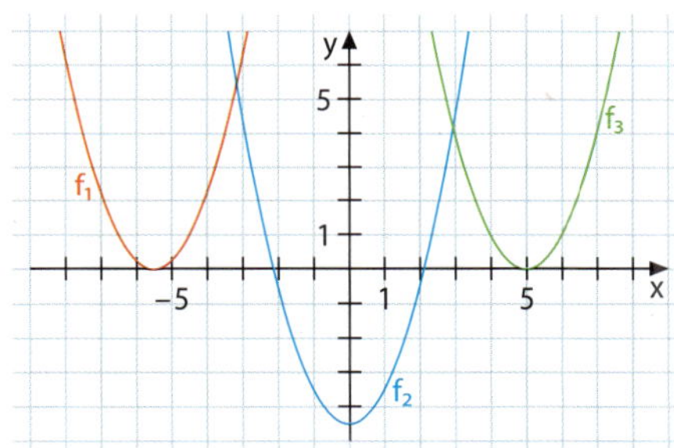

Nachgefragt

Die Normalparabel wird um 3 LE nach rechts und um 2 LE nach unten verschoben.

- Gib den Scheitelpunkt und die Symmetrieachse an.
- Formuliere eine Vermutung über die zugehörige Funktionsgleichung und überprüfe diese mit einem Computerprogramm.

Aufgaben

oHiMi 1–4

1 Zeichne mithilfe der Normalparabel die Graphen der Funktionen.

a) $f(x) = x^2 + 1$ **b)** $f(x) = x^2 + 2{,}5$ **c)** $f(x) = x^2 + 3$ **d)** $f(x) = x^2 + 5$

e) $f(x) = x^2 - 0{,}5$ **f)** $f(x) = x^2 - 1{,}5$ **g)** $f(x) = x^2 - 3$ **h)** $f(x) = x^2 - 4{,}5$

i) $f(x) = (x - 0{,}7)^2$ **j)** $f(x) = (x + 1{,}9)^2$ **k)** $f(x) = (x + 5)^2$ **l)** $f(x) = (x - 3{,}4)^2$

2 Gegeben sind folgende Funktionen:

1 $f(x) = x^2 + 1{,}5$ 2 $f(x) = x^2 - 1{,}5$ 3 $f(x) = (x - 4)^2$ 4 $f(x) = \left(x + \frac{2}{3}\right)^2$

a) Gib jeweils den Scheitelpunkt und den Wertebereich an.

b) Stelle die Funktionen grafisch dar und ermittle die Nullstellen. Der Wert x_0 ist Nullstelle einer Funktion, wenn $f(x_0) = 0$ gilt.

Nutze eine Zeichenschablone für $f(x) = x^2$ wie auf S. 55.

3 Gib für die Funktion $f(x) = x^2 - 4x + 4$ den Definitions- und Wertebereich sowie die Schnittpunkte mit den Koordinatenachsen an.

Erinnere dich an die binomische Formel: $(a - b)^2 = a^2 - \ldots$

4 Gegeben sind die Graphen von Funktionen. Ordne den Graphen die zugehörige Funktionsgleichung zu.

1 $f(x) = x^2$ **2** $f(x) = x^2 - 0{,}5$ **3** $f(x) = x^2 + 0{,}5$ **4** $f(x) = (x - 0{,}5)^2$

5 $f(x) = 2x + \frac{1}{2}$ **6** $f(x) = (x + 0{,}5)^2$ **7** $f(x) = x^2 - 2{,}5$ **8** $f(x) = (x + 2{,}5)^2$

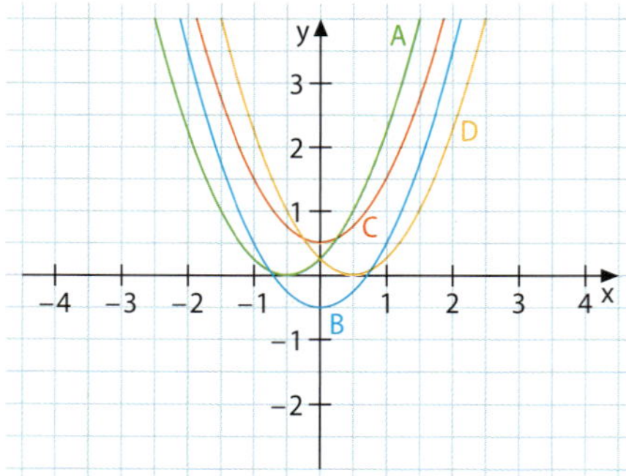

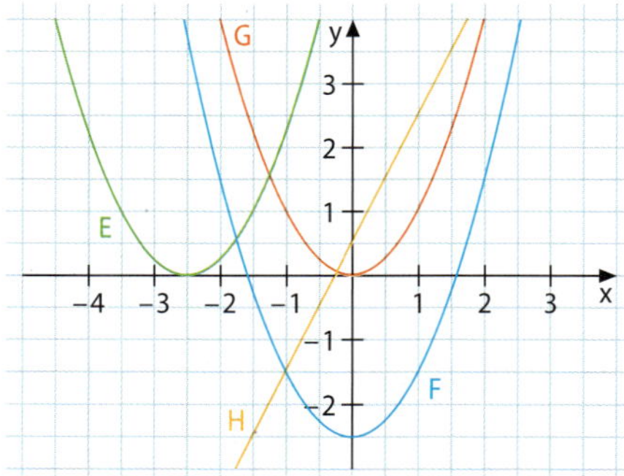

5 Überprüfe rechnerisch, ob die angegebenen Punkte auf der Parabel liegen.

a) $f(x) = (x - 2)^2$ $P(3\,|\,1)$ $Q(5\,|\,-9)$

b) $f(x) = x^2 + 6$ $P(0\,|\,5)$ $Q\left(-\frac{1}{2}\,\middle|\,6{,}25\right)$

c) $f(x) = \left(x + \frac{1}{3}\right)^2$ $P\left(-\frac{2}{3}\,\middle|\,1\right)$ $Q\left(-\frac{1}{3}\,\middle|\,0\right)$

6 Gegeben sind die Scheitelpunkte verschobener Normalparabeln.

1 $S(0\,|\,0{,}8)$ **2** $S\left(-\frac{3}{4}\,\middle|\,0\right)$ **3** $S(-3{,}5\,|\,0)$ **4** $S(0\,|\,-1{,}9)$ **5** $S(0\,|\,4)$ **6** $S(1{,}4\,|\,0)$

a) Zeichne die Graphen.

b) Gib die zugehörige Funktionsgleichung an.

c) Nenne mindestens zwei weitere Eigenschaften des jeweiligen Graphen.

7 Zeichne die Graphen der Funktionen gemeinsam in ein Koordinatensystem.

a) $f(x) = (x + d)^2$ für $d \in \{-3{,}5;\ -3;\ -2{,}5;\ -2;\ -1{,}5;\ -1;\ -0{,}5;\ 0;\ 0{,}5;\ 1\}$

b) $f(x) = x^2 + e$ für $e \in \{-4;\ -3;\ -2;\ -1;\ 0;\ 1;\ 2,\ 3;\ 4\}$

8 Gib eine zugehörige Funktionsgleichung an.

a) Die Normalparabel ist um 1,5 Einheiten nach rechts verschoben.

b) Die verschobene Normalparabel besitzt den Scheitelpunkt $S\left(-\sqrt{2}\,\middle|\,0\right)$.

c) Die Normalparabel ist um eine halbe Einheit nach unten verschoben.

d) Die Normalparabel wird an $x = 2$ gespiegelt.

9 Übertrage die Tabelle in dein Heft und vervollständige die Sätze, sodass die Aussage wahr wird ($d, e \in \mathbb{R}$). Unterscheide verschiedene Fälle, falls nötig.

	$f(x) = (x + d)^2$	$f(x) = x^2 + e$
a) Der Graph der Funktion f heißt …		
b) Der Graph von f schneidet die y-Achse im Punkt …		
c) Die Funktion f hat genau eine Nullstelle für …		
d) Die Funktion f hat genau zwei Nullstellen für …		
e) Die Funktion f hat keine Nullstelle für …		

Der Wert x_0 ist Nullstelle einer Funktion, wenn $f(x_0) = 0$ gilt.

Weiterdenken

Der Graph einer quadratischen Funktion mit der Gleichung $f(x) = (x + d)^2 + e$ ($x, d, e \in \mathbb{R}$) entsteht durch Verschiebung der Normalparabel entlang der x-Achse um $(-d)$ Einheiten und entlang der y-Achse um e Einheiten. Die Parabel hat den Scheitelpunkt $S(-d\,|\,e)$ und ist achsensymmetrisch zu $x = -d$.
Für die einzelnen Verschiebungen gelten die bekannten Zusammenhänge gegenüber der Normalparabel.

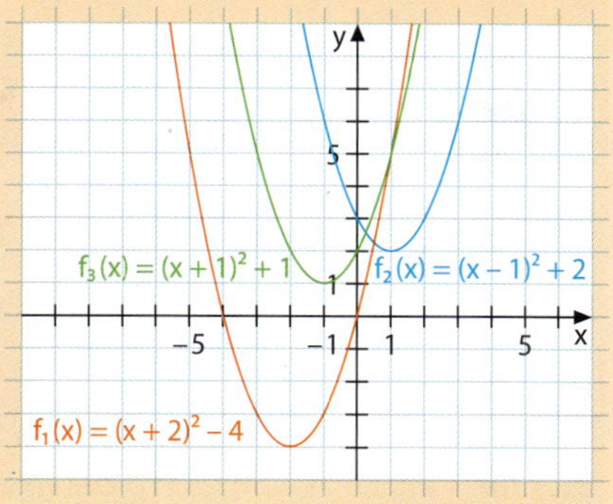

10 Der Scheitelpunkt einer Normalparabel f ist $S(-2\,|\,4)$.
- **a)** Gib den Wertebereich $\mathbb{W}$ von f an.
- **b)** Bestimme eine Funktionsgleichung von f.
- **c)** Gib die x-Koordinaten der Punkte $Q_1 \in f$ und $Q_2 \in f$ an, die beide die y-Koordinate 5 haben.

11 Gib die Koordinaten des Scheitelpunktes S und den Wertebereich an.
Zeichne anschließend den Graphen der Funktion.

a) $f_1(x) = (x - 2)^2 - 3$ **b)** $f_2(x) = (x + 6)^2 + 4$ **c)** $f_3(x) = (x - 2)^2$ **d)** $f_4(x) = x^2 - 8$

12 Die Funktionen p_1 bis p_4 sind verschobene Normalparabeln. Gib zu den Graphen der Funktionen p_1 bis p_4 die Funktionsgleichungen an.

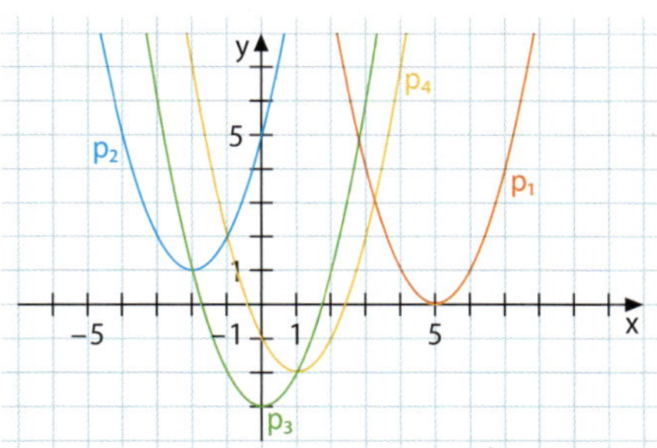

13 Die Lage einer Normalparabel wurde verändert. Gib mögliche Funktionsgleichungen an.
- **a)** Verschiebung entlang der y-Achse um 3 Einheiten nach oben.
- **b)** Verschiebung entlang der x-Achse um 2 Einheiten nach links.
- **c)** Verschiebung entlang der y-Achse um 4 Einheiten nach unten und um 3 Einheiten entlang der x-Achse nach rechts.
- **d)** Verschiebung entlang der x-Achse um 2 Einheiten.
- **e)** Verschiebung entlang der y-Achse um 3 Einheiten.

14 Von den verschobenen Normalparabeln sind die Scheitelpunkte bekannt.
Gib die Funktionsgleichung an.

a) $S_1(0\,|\,6)$ **b)** $S_2(2\,|\,2)$ **c)** $S_3(-7\,|\,5)$ **d)** $S_4(3\,|\,0)$

Entdecken

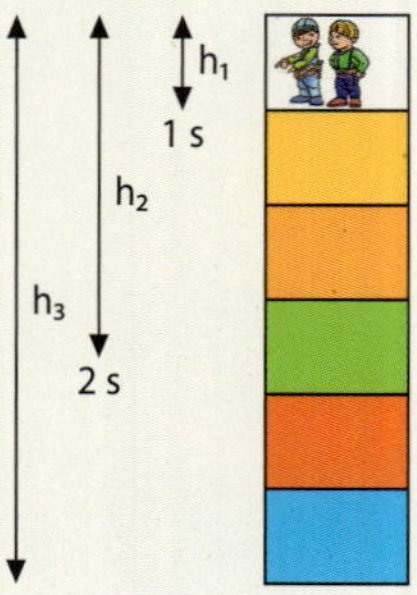

Baumeister Bodo zeigt seinem Lehrling, wie er die Tiefe des Aufzugschachts des im Rohbau befindlichen Bürogebäudes bestimmen kann. Dazu lässt er vom obersten Ende des Aufzugschachts eine Stahlkugel fallen und bestimmt deren Fallzeit in Sekunden. Die Funktion f mit $f(x) = 5x^2$ ordnet der in Sekunden gemessenen Fallzeit ungefähr die Höhe in Metern zu.

- Erstelle für f eine Wertetabelle und zeichne den Graphen. Ermittle, aus welcher Höhe die Stahlkugel fallen gelassen wurde, wenn **1** $x = 1{,}5$; **2** $x = 2{,}0$ ist.
- Zeichne in ein Koordinatensystem die Normalparabel sowie die Graphen der Funktionen zu $f(x) = ax^2$ ($x \in \mathbb{R}$) mit **1** $a = -3$; **2** $a = -\frac{1}{3}$; **3** $a = \frac{1}{3}$; **4** $a = 3$.
  Vergleiche die Verläufe der Funktionen miteinander. Was stellst du fest?
  Du kannst auch ein Computerprogramm nutzen.

Verstehen

Die Normalparabel kann durch einen Faktor a gestreckt oder gestaucht werden.

Ist $a = 1$, so liegt eine Normalparabel vor.
Ist $a = -1$, so liegt eine an der x-Achse gespiegelte Normalparabel vor.

Eine gestreckte (gestauchte) Parabel ist „enger/schmäler" („weiter/breiter") als die Normalparabel.

Funktionen mit der Gleichung $f(x) = ax^2$ mit $a \in \mathbb{R}\setminus\{0\}$ und $x \in \mathbb{R}$ beschreiben Parabeln, deren Scheitelpunkt S im Ursprung liegt.

Für die Form der Parabeln gilt:

Die Parabel ist für
- $a > 0$ nach **oben geöffnet.**
- $a < 0$ nach **unten geöffnet.**

Die Parabel ist für
- $|a| > 1$ **gestreckt.**
- $|a| < 1$ **gestaucht.**

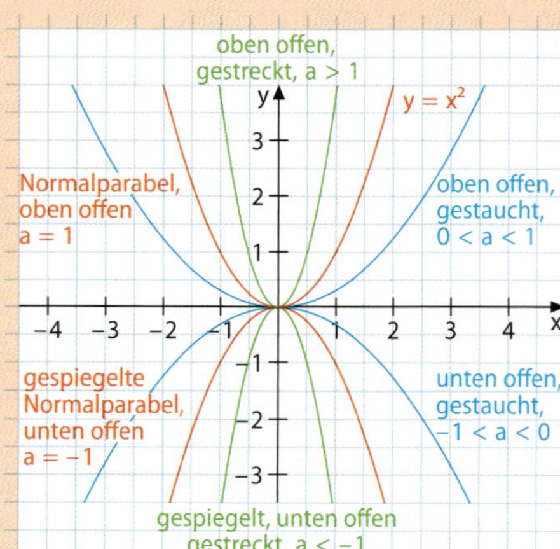

Beispiele

1. Gegeben ist die quadratische Funktion f mit $f(x) = -\frac{1}{2}x^2$ mit $x \in \mathbb{R}$.

a) Beschreibe die Form der Parabel zunächst ohne Zeichnung.

b) Fertige eine Wertetabelle für die Funktion f für $x \in [-3; 3]$ an und erhöhe x schrittweise um 1 Einheit. Zeichne den zugehörigen Graphen.

Lösung:

a) Da $a < 0$ ist, ist die Parabel nach unten geöffnet.
Da $|a| < 1$ ist, ist die Parabel gegenüber der Normalparabel gestaucht.

b)

x	−3	−2	−1	0	1	2	3
$f(x) = -\frac{1}{2}x^2$	−4,5	−2	−0,5	0	−0,5	−2	−4,5

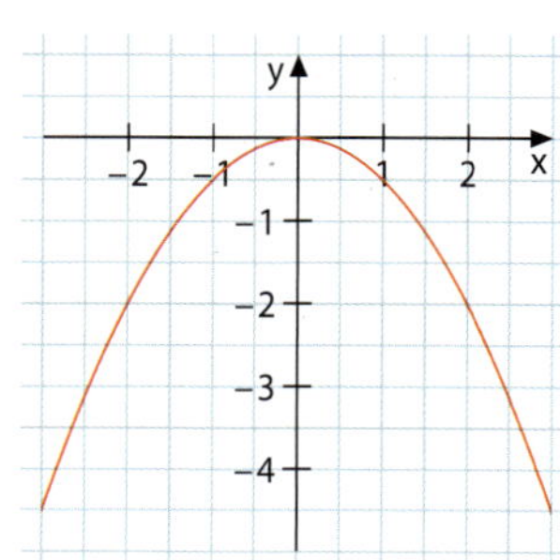

2. Der Punkt $P\,(1{,}2\,|\,-3{,}6)$ liegt auf einer Parabel mit $f(x) = ax^2$.
Bestimme die Gleichung der Parabel.
Lösung:
Einsetzen der Koordinaten des Punktes $P\,(1{,}2\,|\,-3{,}6)$ in $f(x) = ax^2$ liefert:
$-3{,}6 = a \cdot 1{,}2^2 \;|\; : 1{,}2^2 \quad \Leftrightarrow \quad a = -2{,}5 \quad \Rightarrow \quad f(x) = -2{,}5x^2$

Nachgefragt

- Beschreibe den Verlauf des Graphen zu $f(x) = ax^2$ mit $x \in \mathbb{R}$, für $a = 0$.
- Ändert sich die Funktionsgleichung $f(x) = ax^2$ mit $a \in \mathbb{R}\setminus\{0\}$ und $x \in \mathbb{R}$, wenn der zugehörige Graph an der x- bzw. y-Achse gespiegelt wird? Begründe.

Aufgaben

1 Zeichne den Graphen der Funktion f im angegebenen Intervall ($x \in \mathbb{R}$).
a) $f(x) = 1{,}2x^2$; $x \in [-3;\,3]$ **b)** $f(x) = -2x^2$; $x \in [-2;\,2]$
c) $f(x) = 0{,}75x^2$; $x \in [-3;\,3]$ **d)** $f(x) = -\frac{1}{3}x^2$; $x \in [-4;\,4]$

Wähle für a) und c) die Schrittweite 1, für b) und d) 0,5.

2 Ordne den Graphen in der Randspalte die entsprechende Funktionsgleichung zu.
1 $f(x) = 0{,}1x^2$ **2** $f(x) = -\frac{2}{7}x^2$ **3** $f(x) = -3x^2$ **4** $f(x) = 1{,}5x^2$ **5** $f(x) = 4x^2$

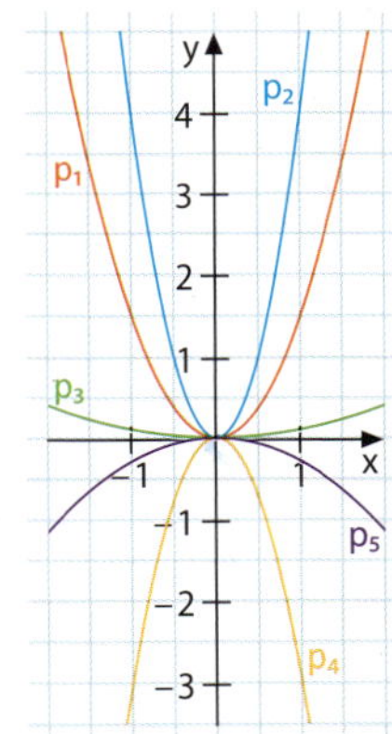

3 Bestimme a so, dass P auf der Parabel $f(x) = ax^2$ ($a \in \mathbb{R}\setminus\{0\}$) liegt.
a) $P\,(1\,|\,-3)$ **b)** $P\left(\sqrt{2}\,|\,-3\right)$ **c)** $P\,(1{,}6\,|\,-7{,}04)$ **d)** $P\,(-0{,}3\,|\,0{,}09)$ **e)** $P\left(\sqrt{5}\,|\,4\right)$

4

Der Punkt $P\,(-1{,}5\,|\,1{,}25)$ liegt oberhalb der Parabel mit der Gleichung $f(x) = \frac{1}{2}x^2$.

a) Überlege ohne Zeichnung, wie Eva zu dieser Feststellung kommen könnte.
b) Entscheide, ob der Punkt oberhalb, unterhalb oder auf dem Graphen liegt.
1 $P\,(4{,}4\,|\,7{,}26)$ $f(x) = -\frac{3}{8}x^2$ **2** $P\,(-4{,}8\,|\,-57{,}8)$ $f(x) = -2{,}5x^2$
3 $P\,(-1{,}5\,|\,0{,}45)$ $f(x) = 0{,}2x^2$ **4** $P\,(0{,}5\,|\,-0{,}8)$ $f(x) = 3{,}2x^2$

oHiMi
1–2

5 Bestimme die fehlenden Koordinaten so, dass gilt: $A, B \in f$.
a) $A\,(-2\,|\,y_A)$ $B\,(x_B\,|\,4)$ $f(x) = 3x^2$ **b)** $A\,(x_A\,|\,-4{,}9)$ $B\,(-2\,|\,y_B)$ $f(x) = -0{,}4x^2$

Es soll gelten: $x_A < x_B$.

6 Gib bei jeder der vier Parabeln an, ob sie nach unten oder nach oben geöffnet ist und ob sie enger oder weiter als die Normalparabel ist. Übertrage dazu die Tabelle in dein Heft.

Funktionsgleichung	a	Die Parabel ist			
		enger	weiter	und nach oben geöffnet	und nach unten geöffnet
		als die Normalparabel			
$f_1(x) = 8x^2$					
$f_2(x) = -3x^2$					
$f_3(x) = 1{,}25x^2$					
$f_4(x) = -0{,}6x^2$					

7 Viele Sachverhalte aus Natur und Technik können durch quadratische Funktionen modelliert werden. An dem Foto wurde dies mit einem Computerprogramm probiert. Dabei sollte das Koordinatensystem günstig gewählt werden. Hier liegen die Scheitelpunkte der Parabeln auf der y-Achse.

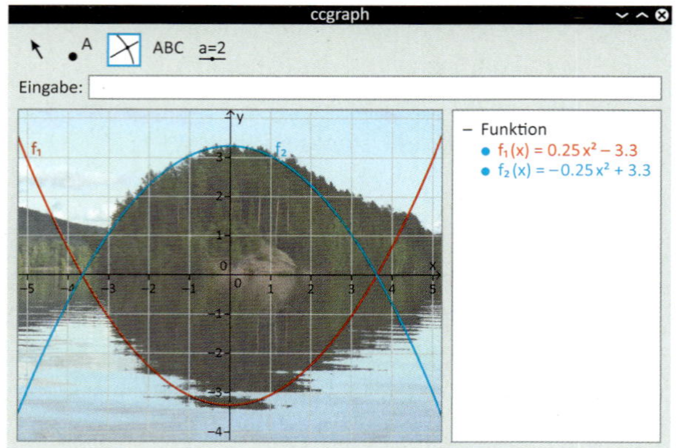

a) Vergleiche die beiden Graphen im Bild mit der Normalparabel und miteinander.

b) Stelle weitere Funktionen der Form $f(x) = ax^2$ für $a = 1$ (-2; $-1{,}5$; -1; $-0{,}5$; $0{,}5$; 2; 3; 4; 5) grafisch dar. Beschreibe den Einfluss des Parameters a auf den Verlauf des Graphen. Nutze ein Computerprogramm.

c) Beschreibe den Einfluss des Parameters e auf den Verlauf des Graphen der Funktion $f(x) = ax^2 + e$.

Weiterdenken

Der Graph einer quadratischen Funktion mit der Gleichung $f(x) = ax^2 + e$ ($x, e \in \mathbb{R}$) entsteht durch Verschiebung der gestreckten bzw. gestauchten Normalparabel entlang der y-Achse. Die Parabel hat den Scheitelpunkt $S(0 \mid e)$. Für die einzelnen Verschiebungen gelten die bekannten Zusammenhänge gegenüber der Normalparabel.

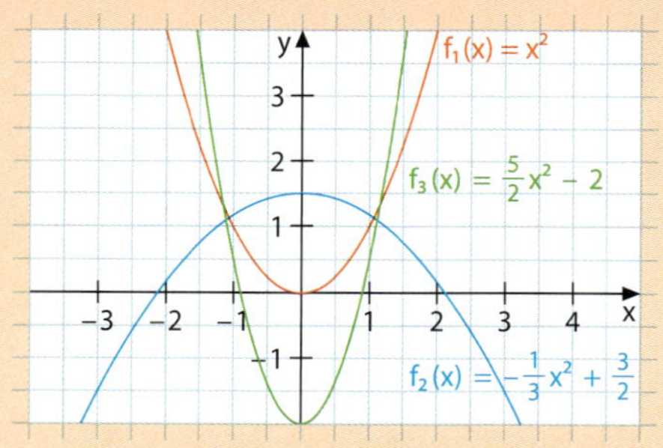

oHiMi 8–10

8 Skizziere die drei Graphen jeweils für $-5 \le x \le 5$ in ein Koordinatensystem.

a) $f_1(x) = x^2$ $\quad f_2(x) = -x^2$ $\quad f_3(x) = -x^2 - \frac{5}{4}$

b) $f_1(x) = x^2$ $\quad f_2(x) = 2x^2$ $\quad f_3(x) = 2x^2 + \frac{3}{2}$

c) $f_1(x) = -0{,}5x^2$ $\quad f_2(x) = 0{,}5x^2$ $\quad f_3(x) = -0{,}5x^2 + 3$

9 Stelle die Funktionen in einem geeigneten Intervall grafisch dar.

a) $f(x) = -x^2 + 4$ b) $f(x) = 2x^2 - 2$ c) $f(x) = 0{,}5x^2 + 2$

d) $f(x) = -3x^2 + 1$ e) $f(x) = 0{,}25x^2 - 2$ f) $f(x) = -1{,}5x^2 - 0{,}5$

Beschreibungen:
- *gestreckt oder gestaucht*
- *nach oben oder nach unten geöffnet*
- *nach oben oder nach unten verschoben*

10 Vergleiche die Graphen der Funktionen mit der Normalparabel. Verwende dabei die in der Randspalte aufgeführten Begriffe.

a) $f(x) = 0{,}5x^2 + 3$ b) $f(x) = \frac{3}{7}x^2 - 9{,}5$

c) $f(x) = -7{,}5x^2 + 3$ d) $f(x) = -3x^2 + 0$

Beispiel: $f(x) = 3{,}5x^2 - 7$
Die Parabel ist nach oben geöffnet. Sie ist um 7 Einheiten auf der y-Achse nach unten verschoben und gestreckt (schmale Öffnung).

11 Ordne die Funktionsgleichungen den Graphen zu.

1 $f(x) = x^2 - 6{,}25$ **2** $f(x) = -\frac{1}{2}x^2 + 2$ **3** $f(x) = 4x^2$ **4** $f(x) = -x^2 - 2$

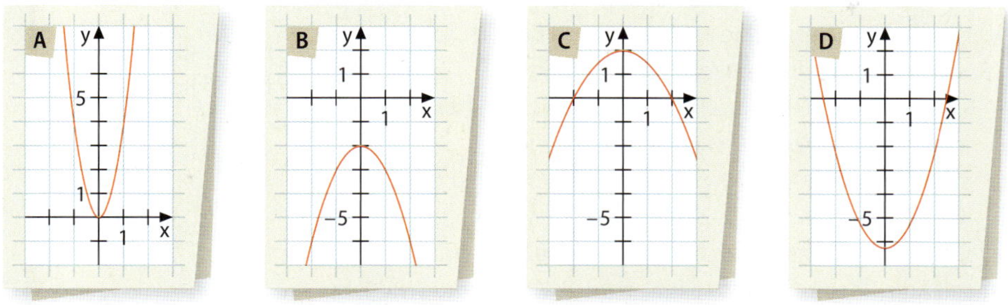

12 Gegeben ist der Graph einer quadratischen Funktion. Beschreibe in eigenen Worten das Vorgehen, wie die zugehörige Funktionsgleichung ermittelt wird. Bestimme auf diese Weise die Funktionsgleichung der dargestellten Graphen.

Beispiel:
Gesucht ist die Funktion $f(x) = ax^2 + e$

1 Parabel symmetrisch zur y-Achse und um zwei Einheiten nach oben verschoben
$\Rightarrow f(x) = ax^2 + 2$

2 Ablesen eines Punktes des Graphen, z. B. P (2 | 4)

3 Einsetzen: $f(2) = a \cdot 2^2 + 2 = 4 \Rightarrow a = 0{,}5$

4 Funktionsgleichung: $f(x) = 0{,}5x^2 + 2$

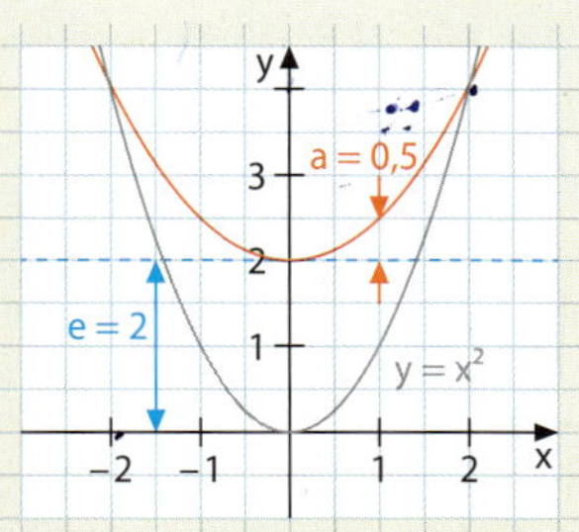

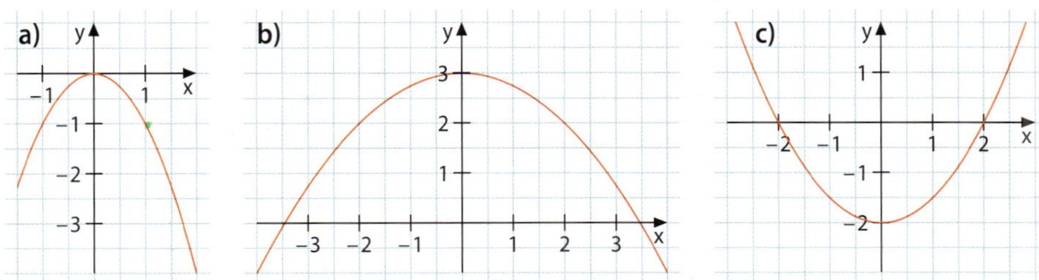

13 Die Halteseile einer Hängebrücke haben etwa die Form einer Parabel. Die Fahrbahn der Golden Gate Bridge verläuft 67 m über dem Meer. Diese Brücke hat eine Spannweite von 1280 m und die Haltemaste überragen die Fahrbahn um 122 m.

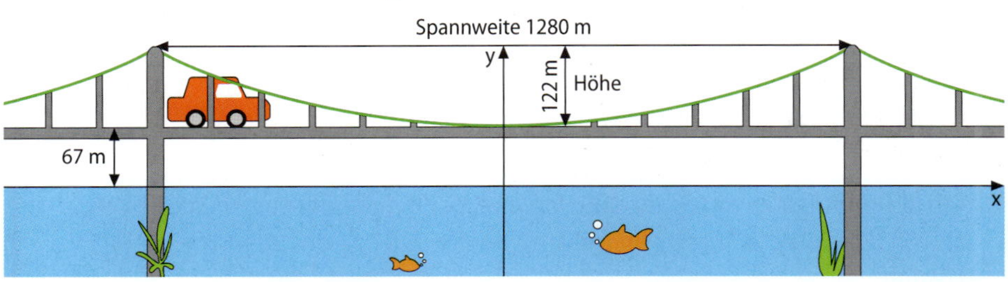

Ermittle eine zugehörige Funktionsgleichung für das annähernd parabelförmige Halteseil.

Golden Gate Bridge

Skizziere zunächst das Koordinatensystem mit der Parabel.

Entdecken

Dargestellt sind die Graphen quadratischer Funktionen in der sogenannten Scheitelpunktform $f(x) = (x + d)^2 + e$ im Vergleich zur Normalparabel.

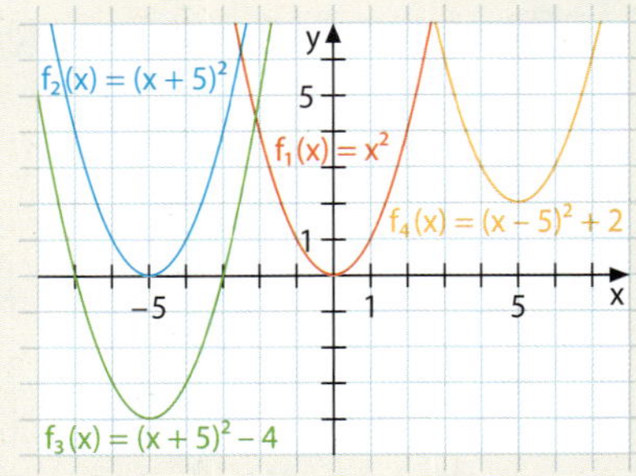

- Gib die Scheitelpunkte an. Erkläre den Begriff „Scheitelpunktform einer quadratischen Funktion".
- Ordne den Funktionen die zugehörigen Gleichungen in der Form $f(x) = x^2 + px + q$ zu.
  1 $f(x) = x^2 + 10x + 25$ **2** $f(x) = x^2 - 10x + 27$
  3 $f(x) = x^2 + 10x + 21$
- Gib weitere Funktionen in der Scheitelpunkt- und Normalform so an, dass die Scheitelpunkte S im I. bzw. III. Quadranten liegen.

Verstehen

Es gibt verschiedene Darstellungsmöglichkeiten einer Funktionsgleichung.

Eine Funktionsgleichung der Form …

$\mathbf{f(x) = (x + d)^2 + e}$ bzw.
$\mathbf{f(x) = a(x + d)^2 + e}$ ($a, d, e, x \in \mathbb{R}$) heißt **Scheitelpunktform** einer quadratischen Funktion. Die verschobene Normalparabel hat den Scheitelpunkt $S(-d \mid e)$.

Es gilt:
- Verschiebung der Normalparabel um d Längeneinheiten parallel zur x-Achse
  für … $d > 0$ nach links
  $d < 0$ nach rechts
- Verschiebung der Normalparabel um e Längeneinheiten parallel zur y-Achse
  für … $e > 0$ nach oben
  $e < 0$ nach unten

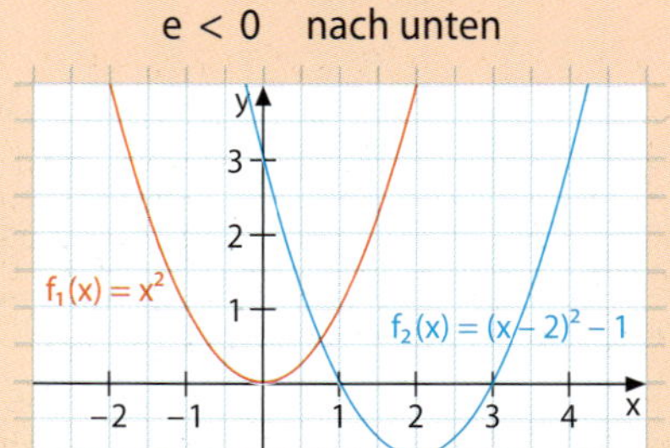

$\mathbf{f(x) = x^2 + px + q}$ ($p, q, x \in \mathbb{R}$) heißt **Normalform** einer quadratischen Funktion. Die Scheitelpunktform kann in die Normalform umgeformt werden.

Es gilt:

$$\begin{aligned} f(x) &= (x + d)^2 + e \\ &= x^2 + 2dx + d^2 + e \\ &= x^2 + px + q \end{aligned}$$

(ausmultiplizieren ↓, quadrat. Ergänzung ↑)

Das heißt: $p = 2d$
$d = \frac{p}{2}$ und
$q = d^2 + e$
$e = -d^2 + q$
$e = -\left(\frac{p}{2}\right)^2 + q$
$e = -\left(\left(\frac{p}{2}\right)^2 - q\right)$
$e = -D$ („Diskriminante" D)

Die verschobene Normalparabel hat den Scheitelpunkt
$S\left(-\frac{p}{2} \mid -D\right)$, das heißt $S\left(-\frac{p}{2} \mid -\left(\frac{p}{2}\right)^2 + q\right)$.

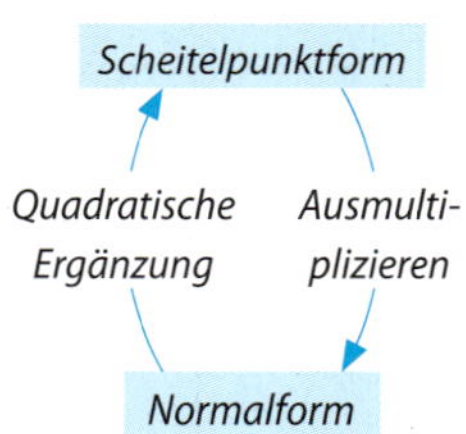

*Die **Diskriminante** (lat. discriminare: unterscheiden) ist der Term $D = \left(\frac{p}{2}\right)^2 - q$.*

Beispiele

1. Gib die Koordinaten der Scheitelpunkte und die Normalform der Funktionen an.

a) $f(x) = (x - 2)^2 + 1$ **b)** $f(x) = (x + 1)^2 - 0{,}1$ **c)** $f(x) = (x - 4)^2 + 1$

Lösung:

a) $S(2 \mid 1)$
$f(x) = x^2 - 4x + 5$

b) $S(-1 \mid -0{,}1)$
$f(x) = x^2 + 2x + 0{,}9$

c) $S(4 \mid 1)$
$f(x) = x^2 - 8x + 17$

2. Bestimme die Koordinaten des Scheitelpunktes von $f(x) = x^2 + 6x - 4$.

Lösung:

$f(x) = x^2 + px + q$ Vergleiche und man erhält: $p = 6$; $q = -4$

$f(x) = x^2 + 6x - 4$ Einsetzen liefert: $x_S = -\frac{p}{2} = -\frac{6}{2} = -3$

$$y_S = -\left(\frac{p}{2}\right)^2 + q = -3^2 - 4 = -13$$

Der Scheitelpunkt hat die Koordinaten $S(-3|-13)$.

Beachte: Du musst die Rechenzeichen vor p und q als Vorzeichen mitnehmen.

3. Eine verschobene Normalparabel hat den Scheitelpunkt $S(3|-4)$.

a) Bestimme die Scheitelpunktform und die Normalform.

b) Stelle die Funktion grafisch dar.

Lösung:

a) $f(x) = (x-3)^2 - 4$ Scheitelpunktform

$= x^2 - 6x + 9 - 4$

$= x^2 - 6x + 5$ Normalform

b)

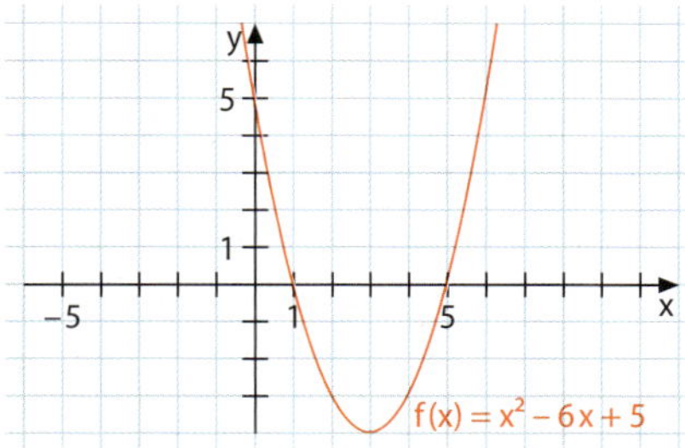

Nachgefragt

- Dustin behauptet, dass die Koordinaten eines Scheitelpunkts, der im IV. Quadranten liegt, immer positiv sind. Widerlege seine Aussage.
- Bestimme p und q bei $f(x) = x^2 + 4$ und $f(x) = x^2 + 2x$.

Aufgaben

oHiMi 1–4

1 **a)** $f(x) = x^2 - 4x$ **b)** $f(x) = x^2 + 2x + 1$ **c)** $f(x) = x^2 - 6x + 7$
d) $f(x) = x^2 + 3x - 0{,}75$ **e)** $f(x) = x^2 - x - 1$ **f)** $f(x) = x^2 - 5x + 4{,}75$
Ermittle den Scheitelpunkt der Funktionsgraphen.

2 Ordne die Scheitelpunkte den entsprechenden Funktionsgleichungen zu.

1 $S(1\|1)$	2 $S(3\|0)$	A $f(x) = x^2 - 2x$	B $f(x) = x^2 + 3x + 7{,}25$
3 $S(-3\|5)$	4 $S(0{,}25\|2)$	C $f(x) = x^2 - 2x + 2$	D $f(x) = x^2 - 6x + 9$
5 $S(-2{,}5\|7)$	6 $S(1\|-1)$	E $f(x) = x^2 + 5x + 13{,}25$	F $f(x) = x^2 - 0{,}5x + 2{,}0625$
7 $S(-1{,}5\|5)$	8 $S(0{,}75\|0)$	G $f(x) = x^2 + 6x + 14$	H $f(x) = x^2 - 1{,}5x + 0{,}5625$

3 Ordne der Scheitelpunktform $f(x) = (x-2)^2 - 4$ die Gleichung der Normalform zu. Begründe deine Entscheidung.

1 $f(x) = x^2 + 4x$ 2 $f(x) = x^2 - 4x - 8$ 3 $f(x) = x^2 - 4x$ 4 $f(x) = x^2 + 4x + 8$

4 Gegeben sind die Graphen von verschobenen Normalparabeln.

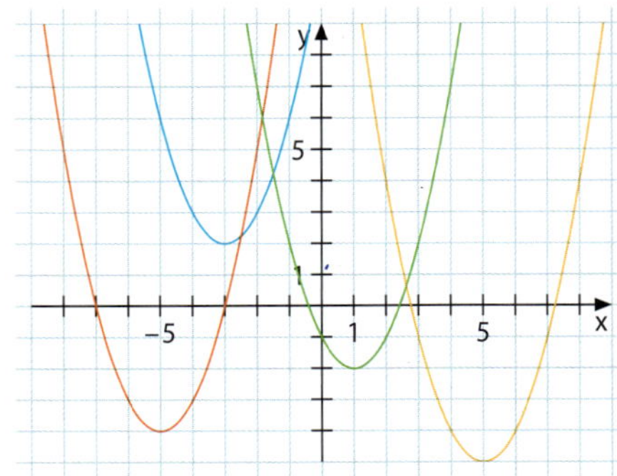

a) Ermittle die zugehörigen Funktionsgleichungen in der Normalform.
b) Gib jeweils die Koordinaten eines weiteren Punktes an, der die Gleichung erfüllt. Überprüfe am Graphen.
c) Gib die Anzahl der Nullstellen an.
d) Erläutere den Zusammenhang zwischen der Anzahl der Nullstellen und der Diskriminante anhand dieser Beispiele.
e) Ermittle mindestens zwei Funktionen, die nur eine Nullstelle haben. Gib die Diskriminanten an.

5 Bestimme rechnerisch die Koordinaten des Scheitelpunktes der Parabel. Gib anschließend die Funktionsgleichung in Scheitelpunktform an.

a) $f(x) = x^2 + 3x + 5$ b) $f(x) = x^2 - 6x + 8$ c) $f(x) = x^2 - 2{,}5x - 9$
d) $f(x) = x^2 + \frac{1}{8}x - 3$ e) $f(x) = x^2 - \frac{4}{5}x - \frac{3}{10}$ f) $f(x) = x^2 + 7{,}5x - 6{,}9$

6 Gegeben ist der Scheitelpunkt einer verschobenen Normalparabel. Bestimme die zugehörige Funktionsgleichung.

a) S(2 | 3) b) S(–2 | 4) c) S(–3 | –6) d) S(–1,5 | 4)

7 a) Welcher Graph gehört zu welcher Funktionsgleichung? Ordne zu und begründe.

A $f(x) = x^2 - x - 0{,}25$ **B** $f(x) = x^2 - 2x + 2$ **C** $f(x) = x^2 + 3x - 1{,}75$

1
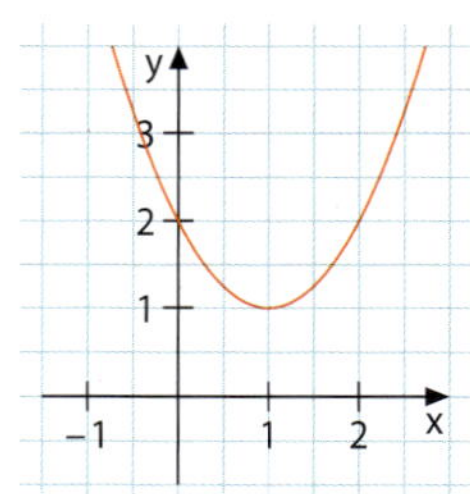

2
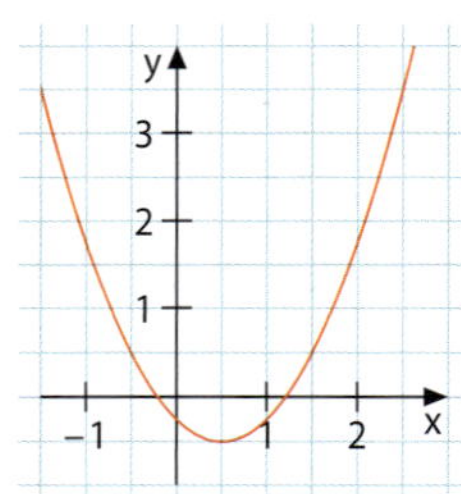

3
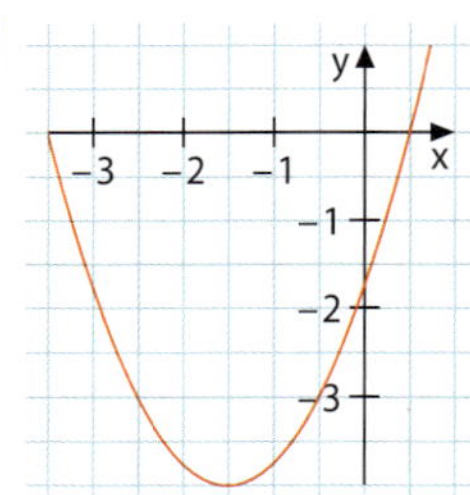

b) Ermittle jeweils die zugehörige Funktionsgleichung von f in Scheitelpunktform.
c) Gib jeweils die Funktionsgleichung der Parabel an, die entsteht, wenn man f an der y-Achse spiegelt.
d) Ermittle jeweils die Funktionsgleichung der Parabel, die entsteht, wenn man f an der x-Achse spiegelt.

Wiederhole die binomischen Formeln:
$(a + b)^2 = a^2 + \ldots$
$(a - b)^2 = a^2 - \ldots$

8 Ermittle die Koordinaten des Scheitelpunktes. Gib die Anzahl der Nullstellen an.

a) $f(x) = (x - 1{,}5)^2 - 3$ b) $f(x) = x^2 + 5x + \frac{25}{4}$ c) $f(x) = x^2 + 2x - 1$
d) $f(x) = (x + 5)^2 + 3$ e) $f(x) = x^2 - 9x + \frac{81}{4}$ f) $f(x) = x^2 + 11x + 30{,}25$

9 Beschreibe die Graphen der Funktionen.

1 $f(x) = x^2 - 1909$ **2** $f(x) = 2x^2$ **3** $f(x) = (x - 1909)^2$

10 Ermittle die Normalform der quadratischen Funktionen mit folgenden Eigenschaften. Erläutere dein Vorgehen.

Es können auch zwei Funktionen diese Eigenschaften besitzen.

a) Die verschobene Normalparabel ist nach oben geöffnet. Die Nullstellen der Parabel sind $x_1 = 0$ und $x_2 = 4$.

b) Die gestreckte Parabel ist symmetrisch zur y-Achse und verläuft durch den Punkt $A(-1\,|\,0)$. Der Scheitelpunkt ist 1,5 LE vom Koordinatenursprung entfernt.

c) Der Wertebereich der verschobenen Normalparabel ist $y \in \mathbb{R}$ mit $y \geq -10$. Der Graph schneidet die y-Achse im Punkt $P(0\,|\,6)$.

d) Der Wertebereich der verschobenen und gespiegelten Normalparabel ist $y \in \mathbb{R}$, $y \leq 1$. Der Graph schneidet die y-Achse im Punkt $P(0\,|\,-5{,}25)$.

e) Die nach oben geöffnete und gestauchte Parabel ist symmetrisch zur Gerade $x = -1$. Die Punkte $A(-5\,|\,7)$ und $B(1\,|\,1)$ liegen auf der Parabel.

11 Bestimme jeweils p und q so, dass die Punkte A und B auf der Parabel $f(x) = x^2 + px + q$ liegen, und gib dann die Scheitelpunktform an.

a) $A(1\,|\,2)$; $B(0\,|\,0)$ **b)** $A(1\,|\,3)$; $B(-1\,|\,11)$ **c)** $A(1\,|\,-1)$; $B(-1\,|\,1)$

12 Finde jeweils heraus, für welchen Wert von q der Scheitelpunkt S der Parabel auf der x-Achse liegt.

a) $f(x) = x^2 + 8x + q$ **b)** $f(x) = x^2 - 6x + q$ **c)** $f(x) = x^2 + 2{,}4x + q$

13 Bestimme jeweils denjenigen Wert von p, für den der Scheitelpunkt S der Parabel auf der positiven x-Achse liegt.

a) $f(x) = x^2 + px + 16$ **b)** $f(x) = x^2 - px + 49$ **c)** $f(x) = x^2 + px + 2$

14 Untersuche jeweils, ob die Scheitel der drei Parabeln f_1, f_2 und f_3 auf einer Geraden liegen.

a) $f_1(x) = x^2$ $f_2(x) = (x - 2)^2 + 2$ $f_3(x) = (x + 1)^2 - 1$

b) $f_1(x) = x^2$ $f_2(x) = (x + 2)^2 + 4$ $f_3(x) = (x - 0{,}5)^2 + 1$

c) $f_1(x) = (x - 1)^2$ $f_2(x) = x^2 + 1$ $f_3(x) = (x - 3)^2 - 2$

d) $f_1(x) = (x - 1)^2 + 2$ $f_2(x) = x^2 + 2x + 3$ $f_3(x) = x^2 - x + 2{,}25$

15 Die Graphen G_f der Funktionen $f(x) = x^2 + px + p$; $D_f = \mathbb{R}$, mit $p \in \mathbb{R}$ bilden eine Schar von Parabeln.

a) Zeichne die drei Parabeln $f_0(x) = x^2$, $f_2(x) = x^2 + 2x + 2$ und $f_{-2}(x) = x^2 - 2x - 2$.

b) Zeige, dass der Punkt $G(-1\,|\,1)$ auf jeder der Parabeln f_p liegt.

c) Bestimme p so, dass die Parabel f_p durch den Punkt $(1\,|\,9)$ verläuft.

d) Ermittle die Koordinaten des Scheitelpunkts S_p von f_p in Abhängigkeit von p.

e) Zeige zunächst, dass die Scheitelpunkte der Parabeln f_0, f_2 und f_{-2} auf der Parabel $f^*(x) = -x^2 - 2x$ liegen, und dann, dass die Scheitelpunkte aller Parabeln f_p auf f^* liegen.

Lucas' Ergebnis zu d):
$S_p\left(-\frac{p}{2}\,\middle|\,p - \frac{p^2}{4}\right)$
Hat Lucas Recht?

16 Gegeben ist die Parabel $f(x) = x^2 - 6x + 9$ und die Parabeln zu den Funktionen $g_a(x) = x^2 - 6x + a$ mit $a \in \mathbb{R}$.
Ermittle den Wert des Parameters a so, dass g_a die Parabel f …

a) im Scheitelpunkt berührt.

b) in keinem Punkt schneidet.

c) in 2 Punkten schneidet.

Entdecken

René hat die Aufgabe, seinen Mitschülern grafische Darstellungen mit seinem bisherigen Wissen zu beschreiben. Kannst du ihm helfen?

- Gib Eigenschaften der Funktionen an, die der grafischen Darstellung entnommen werden können.
- Ermittle die zugehörige Funktionsgleichung beider Funktionsgraphen.
- Stelle die Funktion s (x) als Summe der beiden Funktionen grafisch dar und beschreibe die Eigenschaften dieser neuen Funktion.

$s(x) = f(x) + g(x)$

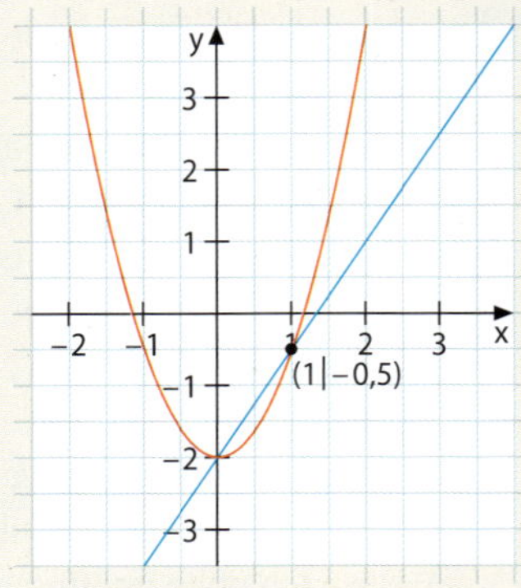

Verstehen

Eine quadratische Funktion lässt sich auch in einer allgemeinen Form angeben.

Eine quadratische Funktion in der **allgemeinen Form** $f(x) = ax^2 + bx + c$ mit $a, b, c, x \in \mathbb{R}$ und $a \neq 0$ bzw. ihren Graphen kann man anhand der bisher untersuchten Eigenschaften beschreiben.

Definitionsbereich $\mathbb{D}$	Menge der Argumente (x-Werte)
Wertebereich $\mathbb{W}$	Menge der Funktionswerte (y-Werte mit $y = f(x)$)
Scheitelpunkt	▪ $S\left(-\frac{b}{2a}\middle\vert\frac{4ac - b^2}{4a}\right)$ für $f(x) = ax^2 + bx + c$ Spezialfälle: ▪ $S(-d\vert e)$ für $f(x) = (x + d)^2 + e$ ▪ $S\left(-\frac{p}{2}\middle\vert -D\right)$ für $f(x) = x^2 + px + q$ mit $D = \left(\frac{p}{2}\right)^2 - q$
Form der Parabel	▪ $a = 1$ (verschobene) Normalparabel ▪ nach oben geöffnet für $a > 0$; nach unten geöffnet für $a < 0$ ▪ gestreckt für $\vert a\vert > 1$; gestaucht für $\vert a\vert < 1$
Nullstellen	x_0 mit $f(x_0) = 0$ ▪ zwei Nullstellen für $D > 0$ ▪ eine Nullstelle für $D = 0$ ▪ keine Nullstelle für $D < 0$ Die Diskriminante D ermöglicht eine Aussage über die Anzahl der Nullstellen.
Monotonie	Für $x_1 < x_2$ ist die Funktion … ▪ monoton steigend, wenn $f(x_1) < f(x_2)$. ▪ monoton fallend, wenn $f(x_1) > f(x_2)$.
Symmetrie	achsensymmetrisch zur Symmetrieachse durch S parallel zur y-Achse

Beachte:
Die Gleichung $0 = ax^2 + bx + c$ kann durch Division durch a in $0 = x^2 + px + q$ umgeformt werden.

Beispiele

1. Ermittle den Scheitelpunkt des Graphen von $f(x) = 0{,}5x^2 - 2x - 3$.

Lösung:

1. Möglichkeit:
Der Graph wird mit einer Wertetabelle gezeichnet.
Der Scheitelpunkt kann nun abgelesen werden: $S(2|-5)$.

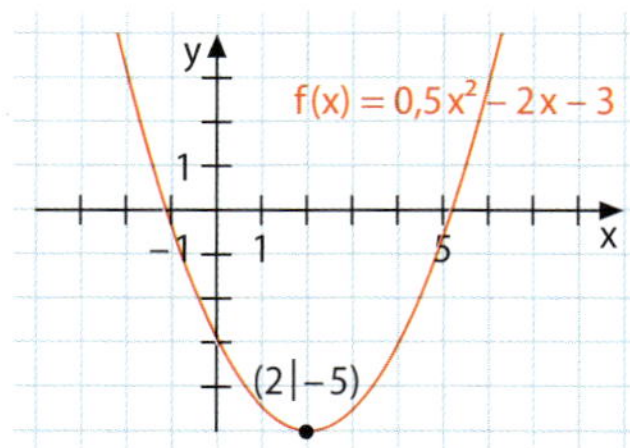

2. Möglichkeit:

$f(x) = 0{,}5x^2 - 2x - 3$

$= 0{,}5 \cdot (x^2 - 4x - 6)$ — Ausklammern

$= 0{,}5 \cdot (x^2 - 4x + 4 - 4 - 6)$ — Quadratische Ergänzung, sodass eine binomische Formel angewendet werden kann.

$= 0{,}5 \cdot \left((x - 2)^2 - 10\right)$

$= 0{,}5 \cdot (x - 2)^2 - 5$ — Scheitelpunktform mit $S(2|-5)$

3. Möglichkeit:

$S\left(-\frac{b}{2a} \middle| \frac{4ac - b^2}{4a}\right)$ für $a = 0{,}5$; $b = -2$; $c = -3$ ermitteln: $S(2|-5)$

2. Ermittle die Eigenschaften des Graphen der Funktion $f(x) = x^2 - 2x - 3$.

Lösung:

Definitionsbereich $\mathbb{D}$	$\mathbb{D} = \mathbb{R}$
Wertebereich $\mathbb{W}$	$\mathbb{W} = \mathbb{R}$ mit $y \geq -4$
Scheitelpunkt	$S(1|-4)$
Form der Parabel	nach oben geöffnete, um 1 LE nach rechts und um 4 LE nach unten verschobene Normalparabel
Nullstellen	$x_1 = -1$; $x_2 = 3$, erkennbar am Funktionsgraph
Monotonie	Für $x < 1$ ist die Funktion monoton fallend. Für $x > 1$ ist die Funktion monoton steigend.
Symmetrie	achsensymmetrisch zur Geraden mit $x = 1$

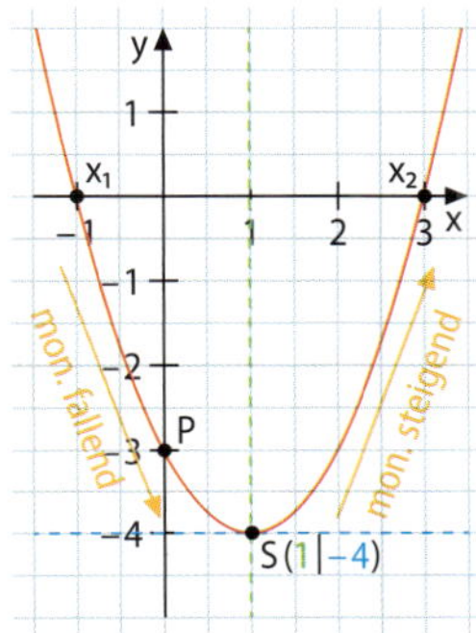

Mathematisch korrekt müsste man sagen:
- *Verschiebung nach rechts/links: in positive/negative x-Richtung*
- *Verschiebung nach oben/unten: in positive/negative y-Richtung*

Nachgefragt

- Beschreibe einem Mitschüler ein Beispiel für eine nach unten geöffnete und gestauchte Parabel ohne Nullstelle. Dein Mitschüler skizziert den Graphen. Vergleicht.
- Erläutere anhand selbst gewählter quadratischer Funktionen den Zusammenhang zwischen Scheitelpunkt und Wertebereich (Scheitelpunkt und Nullstellen).

Aufgaben

oHiMi 1–10

1 Beschreibe die Graphen wie in Beispiel 2.

a)

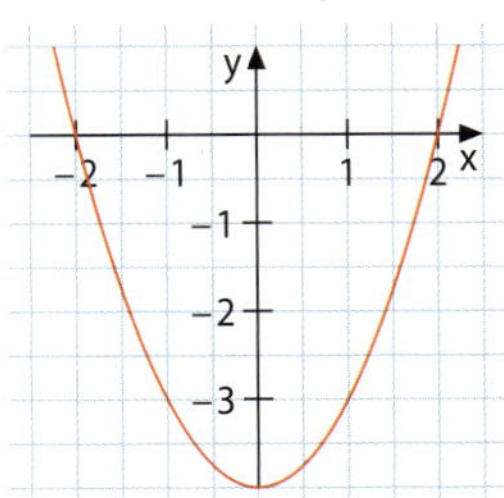

b)

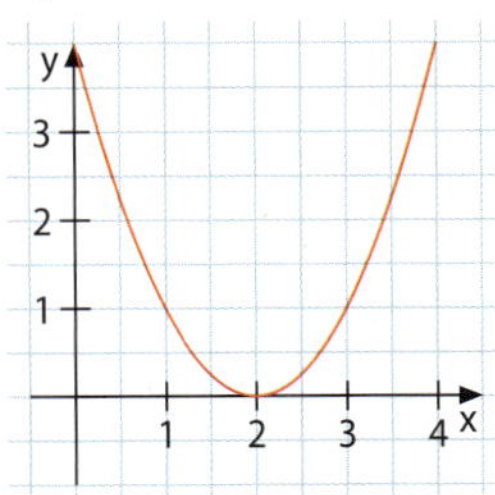

c)

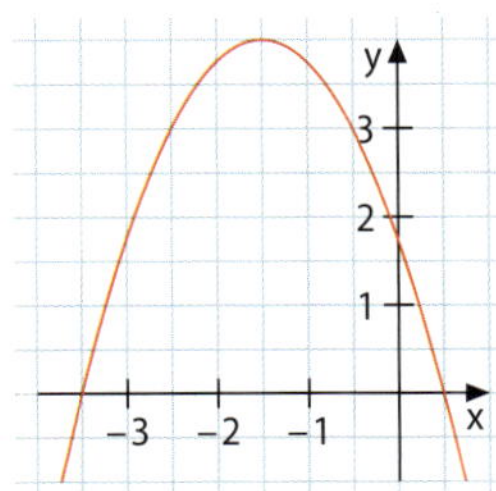

2 Stimmt das? Begründe. Der Graph einer Funktion ist monoton …

a) steigend, wenn mit größer werdenden x-Werten auch die y-Werte steigen.

b) fallend, wenn mit kleiner werdenden x-Werten auch die y-Werte kleiner werden.

c) fallend bis zum x-Wert des Scheitelpunktes.

d) steigend bis zum y-Wert des Scheitelpunktes, wenn die Parabel nach unten geöffnet ist.

Am besten machst du dir eine Skizze.

3 Entscheide, ob Graphen quadratischer Funktionen gegeben sind. Begründe.

a)

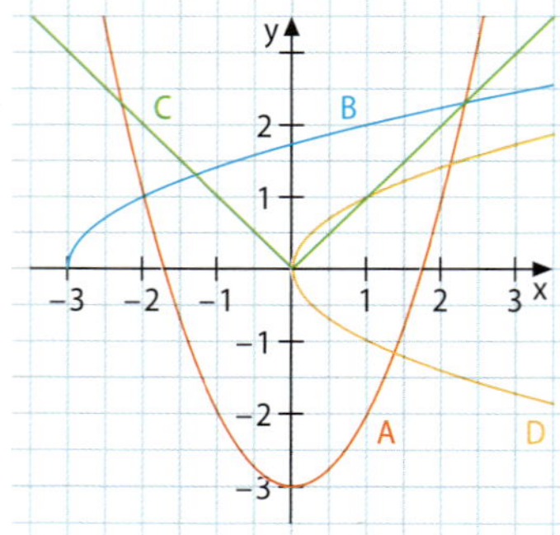

b)

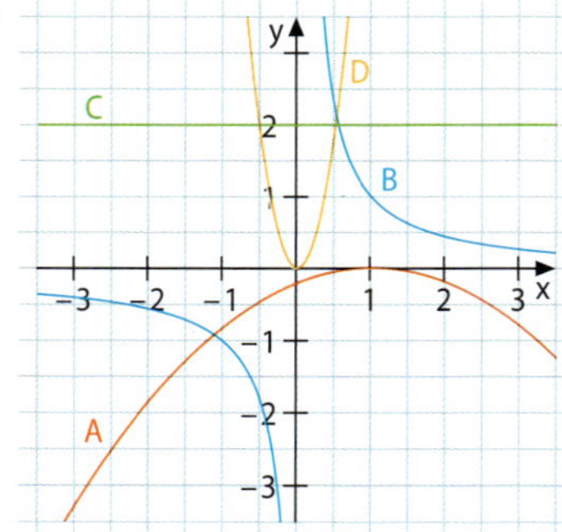

4 Gegeben sind die Scheitelpunkte verschobener Normalparabeln.
A (0 | 6); B (−16 | 0); C (−5 | −5); D (1 | −25); E (2 | −4); F (−6 | −36)

a) Gib Eigenschaften der Parabeln an, ohne sie zu zeichnen.

b) Gib für mindestens drei der Parabeln jeweils eine Gleichung einer linearen Funktion so an, dass ihr Graph mit der verschobenen Normalparabel …
1 keinen Punkt … **2** einen Punkt … **3** zwei Punkte …
gemeinsam hat.

5 Ordne den Funktionsgleichungen die Eigenschaften der zugehörigen Graphen zu, ohne diese zu zeichnen.
Es können auch mehrere Eigenschaften zutreffend sein.

a) $f(x) = 2x^2 - 1$ b) $f(x) = -2x^2 - 1$ c) $f(x) = -0{,}5x^2 + 1$

d) $f(x) = -x^2 + 2$ e) $f(x) = x^2$ f) $f(x) = -2x^2 + \frac{1}{2}$

Die Parabel …

1 ist gestaucht. **2** ist gestreckt. **3** ist nach oben geöffnet.
4 verläuft durch den Punkt P (1 | 1). **5** hat zwei Nullstellen.

6 Gegeben sind die Funktionen f und g $(x \in \mathbb{R})$.

1 $f(x) = -x + 1$ $g(x) = x^2 - 2x - 1$

2 $f(x) = x + 1$ $g(x) = x^2 - 2x - 1$

a) Bestimme grafisch die Schnittpunkte der Graphen von f und g.

b) Ermittle die Gleichung der Funktion $s(x) = f(x) + g(x)$ sowie ihren Graphen.
Gib zwei Eigenschaften von s an.

7 Mithilfe der binomischen Formeln kann man quadratische Terme umformen: Bestimme Nullstellen und Scheitelpunkt der Funktion auf verschiedene Arten.

1. binomische Formel:
$(a + b)^2 = a^2 + 2ab + b^2$

2. binomische Formel:
$(a - b)^2 = a^2 - 2ab + b^2$

3. binomische Formel:
$(a + b) \cdot (a - b) = a^2 - b^2$

a) $f(x) = (x - 3)^2$ b) $f(x) = (x - 2) \cdot (x + 2)$

c) $f(x) = (x + 2{,}5)^2$ d) $f(x) = \left(x + \frac{3}{4}\right) \cdot \left(x - \frac{3}{4}\right)$

e) $f(x) = x^2 - 6{,}25$ f) $f(x) = x^2 - \frac{4}{3}x - \frac{5}{9}$

Weiterdenken

Die Scheitelpunktform kann in die allgemeine Form der Gleichung einer Parabel überführt werden und umgekehrt:

ausquadrieren (Scheitelpunktform → allgemeine Form)

$f(x) = a \cdot (x - d)^2 + e$ (Scheitelpunktform) $\qquad$ $f(x) = ax^2 + bx + c$ (allgemeine Form) $\qquad$ $a \in \mathbb{R}\setminus\{0\}$ und $d, e \in \mathbb{R}$; $b, c \in \mathbb{R}$ und $x \in \mathbb{R}$

quadratisch ergänzen (allgemeine Form → Scheitelpunktform)

8 a) Begründe mit eigenen Worten die Umformungen der allgemeinen Form in die Scheitelpunktform.

$$y = ax^2 + bx + c$$
$$\Leftrightarrow y = a \cdot \left(x^2 + \frac{b}{a}x\right) + c$$
$$\Leftrightarrow y = a \cdot \left(x^2 + \frac{b}{a}x + \left(\frac{b}{2a}\right)^2 - \left(\frac{b}{2a}\right)^2\right) + c \quad \text{quadratische Ergänzung von } \left(\frac{b}{2a}\right)^2$$
$$\Leftrightarrow y = a \cdot \left[\left(x + \frac{b}{2a}\right)^2 - \frac{b^2}{4a^2}\right] + c$$
$$\Leftrightarrow y = a \cdot \left(x + \frac{b}{2a}\right)^2 + c - \frac{b^2}{4a} \quad \Rightarrow \quad S\left(-\frac{b}{2a} \,\middle|\, c - \frac{b^2}{4a}\right)$$

b) Überführe die Funktionsgleichung $f(x) = y = 2x^2 + 4x + 6$ in die Scheitelpunktform und gib den Scheitelpunkt an.

c) Die Funktion $f(x) = ax^2 + 8x - 6$ hat den Scheitelpunkt $S(-1\,|\,-10)$. Bestimme a. Gib anschließend die Funktionsgleichung in Scheitelpunktform an.

9 Ordne den Graphen die zugehörige Funktionsgleichung zu. Begründe deine Entscheidung.

A $f(x) = -0{,}5 \cdot (x + 1)^2$ $\qquad$ **B** $f(x) = 2x + 1$

C $f(x) = 2x^2 - 4x + 3$ $\qquad$ **D** $f(x) = (x + 2)^2$

E $f(x) = -2x^2 - 1{,}5$

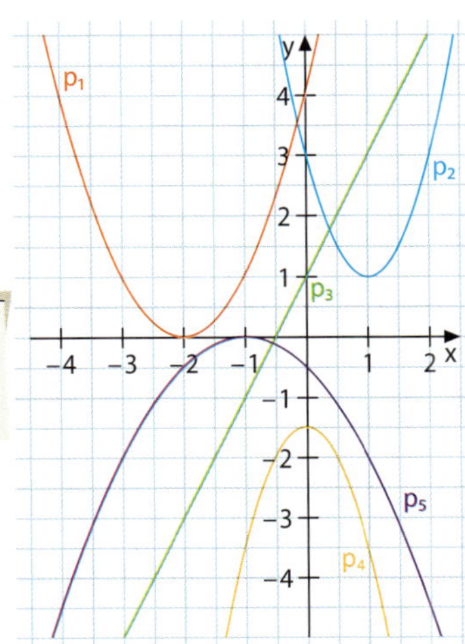

10

Hat Sid Recht? Begründe.

11 Bestimme die Koordinaten des Scheitelpunktes S, die Gleichung der Symmetrieachse s und die Wertemenge der zugehörigen Funktion.

Nutze den Graphen der Funktion.

a) $f(x) = x^2 + 2x + 3$ $\qquad$ **b)** $f(x) = -0{,}5x^2 + 8x + 18$ $\qquad$ **c)** $f(x) = -3x^2 - 6x + 9$

d) $f(x) = \frac{2}{3}x^2 + 4x$ $\qquad$ **e)** $f(x) = 3x^2 - 30x + 70$ $\qquad$ **f)** $f(x) = -4x^2 + 16x - 16$

g) $f(x) = -x^2 - 3x - 1{,}25$ $\qquad$ **h)** $f(x) = 5x^2 - 10$ $\qquad$ **i)** $f(x) = -2x^2 + 12x + 19$

Entdecken

Überlege dir, welche Angaben du benötigst für das Aufstellen einer …
- Geradengleichung der Form $f(x) = mx + n$ mit $m, n, x \in \mathbb{R}$.
- Parabelgleichung der Form $f(x) = a \cdot (x + d)^2 + e$ mit $a \in \mathbb{R}\setminus\{0\}$ und $d, e, x \in \mathbb{R}$.
- Parabelgleichung der Form $f(x) = ax^2 + bx + c$ mit $a \in \mathbb{R}\setminus\{0\}$ und $b, c, x \in \mathbb{R}$.

Verstehen

Man kann Parabeln nur dann eindeutig bestimmen, wenn bestimmte Parameter bekannt sind.

Um Parabeln zeichnen oder deren Funktionsgleichung aufstellen zu können, braucht man …
- für die **Scheitelpunktform** der quadratischen Funktion $f(x) = a \cdot (x + d)^2 + e$ mit $a \in \mathbb{R}\setminus\{0\}$ und $d, e, x \in \mathbb{R}$ den Koeffizienten a sowie die Koordinaten $-d$ und e des **Scheitelpunktes S**.
- für die **allgemeine Form** der quadratischen Funktion $\mathbf{f(x) = ax^2 + bx + c}$ mit $a \in \mathbb{R}\setminus\{0\}$ und $b, c, x \in \mathbb{R}$ die **drei Koeffizienten a, b und c**.

Man nennt a, b und c in der Gleichung $f(x) = ax^2 + bx + c$ auch Parmeter.

Beispiel: Die Punkte $P(-6|3)$ und $Q(-2|-5)$ liegen auf einer an der x-Achse gespiegelten Normalparabel ($x \in \mathbb{R}$).

Gespiegelte Normalparabel $\Rightarrow a = -1$; P, Q in die allgemeine Form einsetzen liefert:

I $3 = -1 \cdot (-6)^2 + b \cdot (-6) + c$	I $3 = -36 - 6b + c$	I $3 = -36 - 6b + c$
II $-5 = -1 \cdot (-2)^2 + b \cdot (-2) + c$	II $-5 = -4 - 2b + c$	II $c = -1 + 2b$

(II) in (I) liefert: $3 = -36 - 6b - 1 + 2b \Leftrightarrow b = -10$ (*)
(*) in (II) liefert: $c = -1 + 2 \cdot (-10) \Leftrightarrow c = -21$

Die Funktionsgleichung der Parabel lautet: $f(x) = -x^2 - 10x - 21$.

Die Lösung erfolgt analog, wenn statt der Koeffizienten b und c die zwei Koeffizienten a und b oder a und c gesucht sind.

Beispiele

1. Gib die Gleichung der Parabel mit $f(x) = -4x^2 + bx + 2$ ($b, x \in \mathbb{R}$) an, wenn $P(-1|-5)$ auf der Parabel liegt.
   Lösung:
   P einsetzen liefert: $-5 = -4 \cdot (-1)^2 + b \cdot (-1) + 2 \Leftrightarrow b = 3$; $f(x) = -4x^2 + 3x + 2$

Die Lösung erfolgt analog, wenn statt des Koeffizienten b der Koeffizient a oder c unbekannt ist.

2. Ermittle die Gleichung für eine Parabel, wenn der Scheitelpunkt $S(-3|2)$ und ein auf der Parabel liegender Punkt $P(1|-5)$ bekannt sind.
   Lösung:
   Einsetzen der Punktkoordinaten von S und P in die Scheitelpunktform liefert:
   $-5 = a \cdot (1 - (-3))^2 + 2 \Leftrightarrow a = -\frac{7}{16}$, somit $f(x) = -\frac{7}{16} \cdot (x + 3)^2 + 2$
3. Wie lautet die Gleichung der Parabel, wenn bekannt ist: $S(3|-3)$ und $b = -3$?
   Lösung:
   Aus der allgemeinen Formel für die Koordinaten des Scheitelpunkts folgt:

$$\left.\begin{aligned} 3 = -\frac{(-3)}{2a} &\Leftrightarrow a = \frac{1}{2} \\ -3 = c - \frac{(-3)^2}{4 \cdot \frac{1}{2}} &\Leftrightarrow c = 1{,}5 \end{aligned}\right\} \Rightarrow f(x) = 0{,}5x^2 - 3x + 1{,}5$$

4. Stelle die Funktionsgleichung für eine an der x-Achse gespiegelte und verschobene Normalparabel mit dem Scheitelpunkt $S(3|-7)$ auf.

Lösung:

gespiegelte Normalparabel $\Rightarrow$ $a = -1$; $f(x) = -(x - 3)^2 - 7$

Nachgefragt

- In welchen Fällen reichen zwei Punkte, die auf der Parabel liegen, aus, um die Gleichung der Parabel angeben zu können? Erläutere.
- Lässt sich die Gleichung einer Parabel angeben, wenn nur die Gleichung der Symmetrieachse und der Wertebereich bekannt sind? Begründe.

Aufgaben

$P \in f$ bedeutet: Der Punkt P liegt auf dem Graphen der Funktion f.

oHiMi 2–5

1 Ermittle die Gleichung der quadratischen Funktion f in der allgemeinen Form und zeichne den zugehörigen Graphen, wenn Folgendes bekannt ist:

a) $S(1|6)$, $P(-1|2) \in f$ **b)** $S(-2|-3)$, $P(2|1) \in f$

c) $S(-4|6)$, $P(-6|-2) \in f$ **d)** $S\left(\frac{1}{4}\middle|-8\frac{7}{8}\right)$; $b = 1$

e) $S(-0{,}5|-17)$; $c = -16$ **f)** $S(72|44)$; $a = -\frac{1}{3}$

g) $f(x) = ax^2 - 6x + 3$ $Q(2|-5) \in f$; $a \in \mathbb{R}\setminus\{0\}$

h) $f(x) = -x^2 - 4x + c$ $Q(-3|6) \in f$; $c \in \mathbb{R}$

i) $f(x) = -2x^2 + bx + 6$ $Q(-3|0) \in f$; $b \in \mathbb{R}$

j) $f(x) = 0{,}5x^2 - 4x + c$ $Q(0|6) \in f$; $c \in \mathbb{R}$

k) $P(4|-13)$, $Q(-4|-5) \in f$; $c = -1$ und $a \in \mathbb{R}\setminus\{0\}$; $b \in \mathbb{R}$

l) $P(1{,}5|4{,}5)$, $Q(-1|-0{,}5) \in f$; $b = 0{,}5$ und $a \in \mathbb{R}\setminus\{0\}$; $c \in \mathbb{R}$

m) $P(-6|1)$, $Q(7|-5) \in f$; $a = -0{,}5$ und $b, c \in \mathbb{R}$

2 Bestimme den fehlenden Koeffizienten so, dass der angegebene Punkt auf der Parabel liegt.

a) $f(x) = a \cdot (x + 1)^2 + 3$ $P(-2|7)$ **b)** $f(x) = -2 \cdot (x - 2)^2 - c$ $Q(-1|-20)$

3 Von einer Parabel sind die Koordinaten eines Punktes $P(-3|21)$ bekannt.

a) Welche zusätzlichen Informationen müssen bekannt sein, damit man die Parabelgleichung angeben kann? Finde verschiedene Möglichkeiten.

b) Gib dir für die Fälle aus a) konkrete Werte vor und berechne damit jeweils die Koordinaten des Scheitelpunktes S.

4 Gegeben ist eine Funktion $f(x) = ax^2 + 4x + c$ mit $a \in \mathbb{R}\setminus\{0\}$ und $c \in \mathbb{R}$.

a) Bestimme die Koeffizienten a und c so, dass gilt: $P(0|-4)$, $Q(-8|-4) \in f$.

b) Ermittle, welchen Wert $a = c$ besitzen muss, damit $R(0|-1)$ auf f liegt.

5 Überprüfe, ob es möglich ist, $a = b$ so zu wählen, dass $S_1(-0{,}5|4)$ bzw. $S_2(0{,}5|-4)$ Scheitelpunkt der Parabel mit $f(x) = ax^2 + bx + 5$ wird.

6 Die Parameter a, b und c der Funktionsgleichung einer Parabel f haben alle denselben Wert. Ermittle die Funktionsgleichung, wenn f durch P verläuft.

a) $P(-2|-6)$ **b)** $P(-3{,}5|2{,}5)$ **c)** $P(2|7)$

Aufgaben

1 In der Eifel gibt es in den Kratern erloschener Vulkane annähernd kreisförmige Seen, die man Maare nennt.

a) Die Querschnitte der Maare können mit Funktionsgleichungen der Form $f(x) = ax^2$ beschrieben werden. Für welches Maar ist der Faktor a am kleinsten? Entscheide anhand der Skizze.

b) Der Querschnitt des Gemündener Maars wird annähernd durch die Funktionsgleichung $f(x) = 0{,}0016x^2$ beschrieben. Die maximale Tiefe dieses Sees beträgt 38 m. Ermittle den Durchmesser der Wasserfläche.

c) Berechne die Tiefe des Gemündener Maars in 1 Meter Entfernung von der tiefsten Stelle.

d) Berechne die Wasserfläche des annähernd kreisförmigen Sees in Hektar.

Unabhängig von der Form und Bewegung des Körpers betrachtet man bei Flugbahnen nur den Schwerpunkt des Körpers (hier z. B. die Badehose).

2 Die Klippenspringer von Acapulco sind weltberühmt. Sie springen von einem 35 m hohen Felsen in den Pazifik. Durch Überdecken mit einem Koordinatensystem kann die Flugbahn dieser Springer als Parabel modelliert werden.

a) Der Funktionswert des Scheitelpunkts entspricht der maximalen Höhe von 35,5 m, obwohl der Fels nur 35 m hoch ist. Begründe.

b) Ermittle die Funktionsgleichung dieser Flugparabel.

c) Ein anderer Springer springt von einem 10 m hohen Sprungturm. Gehe von einer identischen Flugkurve aus und bestimme so erneut die Funktionsgleichung der Flugparabel. In welcher horizontalen Entfernung vom Absprungpunkt taucht der Springer ins Wasser ein?

Lege das Koordinatensystem geschickt fest.

3 Bei der Tischtennis-Weltmeisterschaft 2017 in Düsseldorf verteidigte der Chinese Ma Long mit einer sogenannten „Ballonabwehr". Der Tischtennisball wird dabei in einem 3,8 m hohen Bogen 10,6 m weit zurück auf die Platte gespielt. Wie lautet eine Funktionsgleichung dieser Flugparabel?

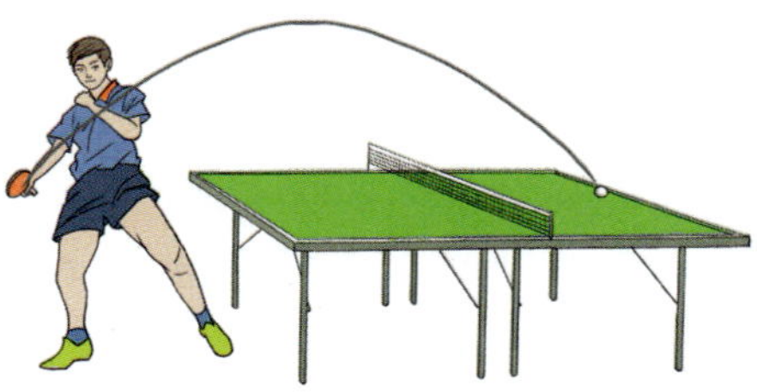

4 In jedem Freizeitpark ist die Fütterung der Delfine eine Attraktion. Die Delfine schwimmen in Richtung Pfleger, springen dann 3 m hoch und 8 m weit aus dem Wasser heraus und schnappen sich den Fisch.

a) Skizziere diese Parabel (1 cm entspricht 1 m).
b) Bestimme eine Funktionsgleichung der parabelförmigen Flugbahn.

5 Das Logo der Firma Willi Würstchen ist ein graues W. Die Abbildung zeigt das Logo, das mit einem Koordinatensystem hinterlegt wurde. Näherungsweise kann man die Ränder des Buchstabens mit vier Parabeln beschreiben (Scheitelpunkte S_1 bis S_4).

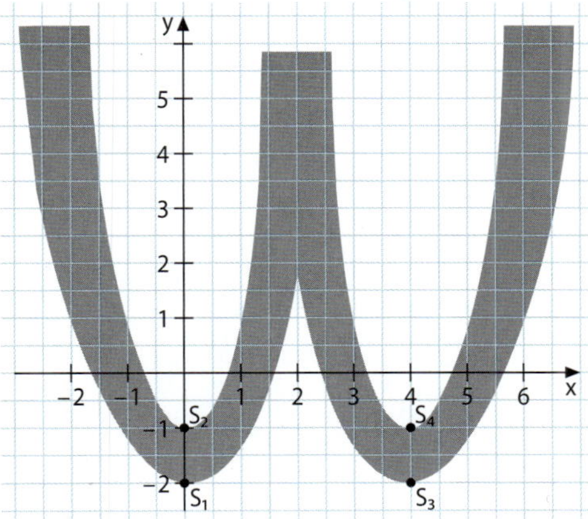

a) Gib die Koordinaten der Scheitelpunkte S_1 bis S_4 und die Nullstellen der Funktionen möglichst genau an.
b) Ermittle die Funktionsgleichungen der Parabeln mit den Scheiteln S_1 und S_2.
c) Zeichne alle Parabeln in dein Heft. Nutze Symmetrien und färbe das Logo. Beschreibe die Unterschiede zwischen deiner Kopie und dem Original.

6 In der Abbildung siehst du eine „Traube" aus insgesamt 20 verschobenen bzw. gespiegelten und verschobenen Normalparabeln. Die Parabeln sind durch Buchstaben gekennzeichnet.

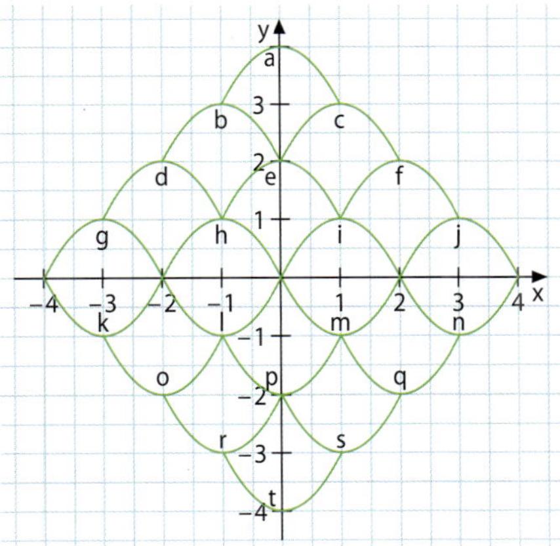

Die Buchstaben a bis j stehen unter, die Buchstaben k bis t über dem entsprechenden Bogen.

a) Bestimme für alle Parabelbögen k bis t die Scheitelpunkte und Funktionsgleichungen der Form $f(x) = x^2 + px + q$.
b) Worin unterscheiden sich z. B. die Parabeln a und t, b und r, … usw.?
c) Ermittle die Funktionsgleichungen für die Parabelbögen a bis j.

7 In einem Dachstudio soll an der 12 m breiten Giebelwand ein bodentiefes, rechteckiges Kunstwerk so installiert werden, dass zwei Ecken mit der Bodenkante zusammenfallen und die beiden anderen Ecken mit den Dachschrägen.
Um möglichst große Gestaltungsfreiheit zu haben, möchte der Künstler für sein Kunstwerk den größtmöglichen Flächeninhalt haben.

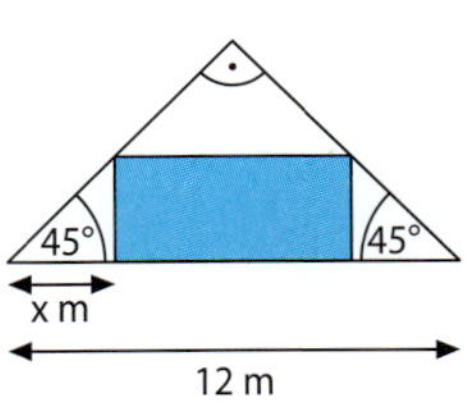

a) Bestimme den Flächeninhalt des Kunstwerks in Abhängigkeit von x.
b) Begründe, dass für $x = 0$ und $x = 6$ der Termwert für den Flächeninhalt null ist.
c) Berechne x für den größten Flächeninhalt und gib diesen an.
d) Finde mit einer Wertetabelle den x-Wert, für den das Kunstwerk quadratisch ist.
e) Berechne, um wie viel Prozent die quadratische Fläche kleiner ist als die größte rechteckige Fläche.

2 Aufgaben zur Differenzierung

zu 2.1 **1** Zeichne folgende Parabeln und gib an, wie diese aus der Normalparabel entstanden sind.

a) $f(x) = x^2 + 1$
b) $f(x) = (x + 2)^2 - 1$

a) $f(x) = (x + 1)^2$
b) $f(x) = (x + 4)^2 + a$

zu 2.2 **2** Gib die Funktionsgleichung und die Koordinaten des Scheitelpunktes folgender Parabeln an.

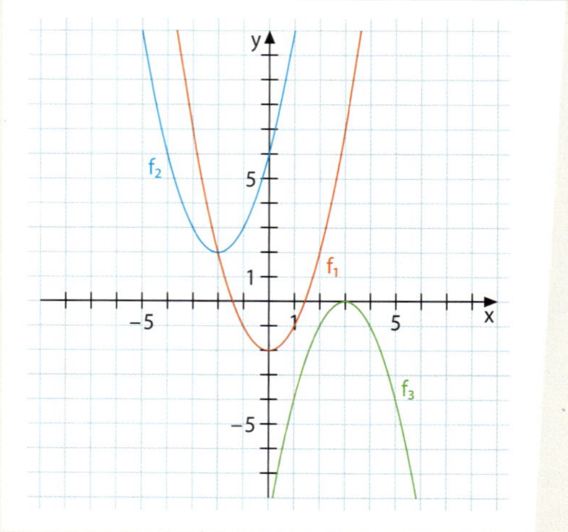

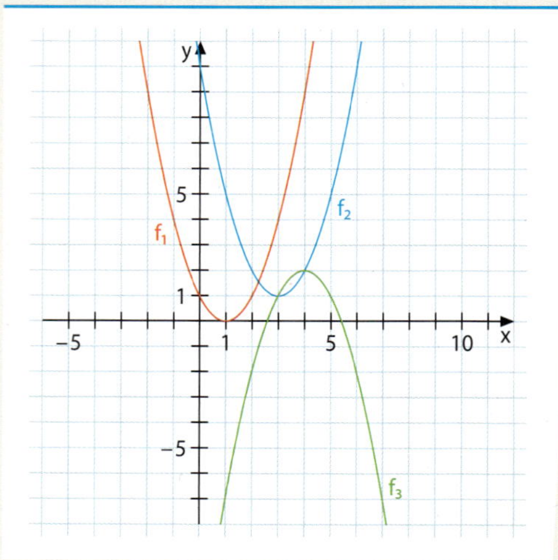

3 Bestimme c so, dass der Graph von f durch den Punkt P verläuft.

a) $f(x) = x^2 + c$ P(0 | 1)
b) $f(x) = (x + 2)^2 + c$ P(1 | 1)

a) $f(x) = x^2 + c$ P(2 | 6)
b) $f(x) = (x + c)^2 + 4$ P(1 | 4)

zu 2.3 **4** Ist die Aussage für die angegebene Funktion f(x) richtig oder falsch? Begründe.

a) Wenn $a > 0$, dann ist die Parabel immer nach oben geöffnet.
b) Wenn $a < 0$, dann hat die Funktion immer 2 Nullstellen.
c) Der Graph der Funktion ist um c-Einheiten entlang der y-Achse verschoben.
d) Der Koeffizient a gibt an, ob der Graph gestreckt oder gestaucht ist.
e) Wenn $a = 1$, dann entsteht eine verschobene Normalparabel.
f) Wenn $a = 0$, dann entsteht eine Normalparabel.

$f(x) = ax^2 + c$

$f(x) = ax^2 + bx + c$

zu 2.4 **5** Beschreibe die Graphen der Funktionen.

a) $f(x) = x^2 + 2017$
b) $f(x) = (x + 2017)^2$
c) $f(x) = 2x^2 + 2017$

a) $f(x) = -3x^2 - 2017$
b) $f(x) = (x - 2017)^2 + 2$
c) $f(x) = -3 \cdot (x - 2017)^2$

zu 2.5 **6** Gib die Eigenschaften (Definitionsbereich, Wertebereich, Scheitelpunkt, Anzahl der Nullstellen, Monotonie, Gleichung der Symmetrieachse) folgender Funktionsgraphen an.

a) $f(x) = (x - 5)^2 + 2$
b) $f(x) = -2x^2 + x$

a) $f(x) = x^2 + 2x - 8$
b) $f(x) = -2x^2 + 2x - 4$

7 Ermittle jeweils den Scheitelpunkt des Graphen der quadratischen Funktion. zu 2.5

a) $f(x) = (x - 3)^2$
b) $f(x) = 2x^2 + 2x$
c) $f(x) = x^2 + 2x + 2$

a) $f(x) = (x - 3)^2 + 1$
b) $f(x) = -2x^2 + x$
c) $f(x) = 2x^2 + 4x + 6$

8 Gib eine Gleichung einer Parabel mit folgenden Eigenschaften an. Die Parabel … zu 2.6

a) ist nach oben geöffnet, hat eine Nullstelle, ist um 2 Einheiten in positive x-Richtung verschoben.
b) ist gestreckt um den Faktor 3, hat den Scheitelpunkt $S(-1|-6)$.
c) hat eine Nullstelle im Koordinatenursprung.

a) ist nach unten geöffnet, hat keine Nullstelle, hat einen Scheitelpunkt auf der y-Achse.
b) ist gestaucht um den Faktor 0,5, ist nach unten geöffnet, hat den Scheitelpunkt $S(1|1)$.
c) hat zwei Nullstellen bei $x_1 = 2$ und $x_2 = 4$.

9 Ermittle für die Brücken eine Funktionsgleichung, wenn … zu 2.7

die y-Achse auch gleichzeitig Symmetrieachse der Parabel ist.

Bogenbrücke im Kromlauer Park
Höhe: 6,5 m; Spannweite: 15,6 m

die y-Achse nicht Symmetrieachse der Parabel ist.

Müngstener Brücke
Höhe: 69 m; Spannweite: 79 m

10 Eine parabelförmige Brücke über die Autobahn ist 18 m hoch und insgesamt 60 m lang.

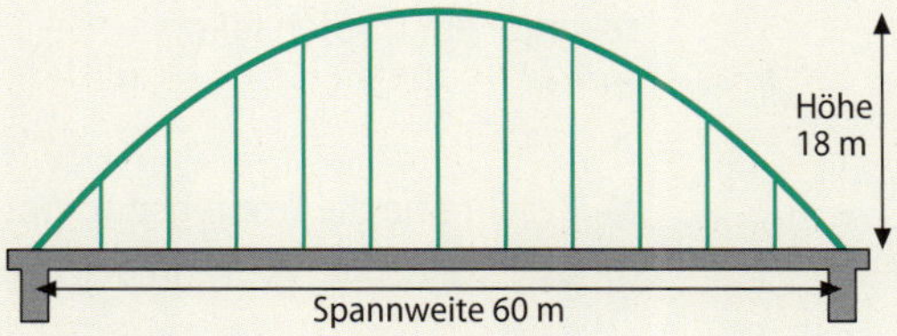

a) Bestimme eine Funktionsgleichung g der parabelförmigen Brücke, bei der der höchste Punkt der Brücke auf der y-Achse liegt und die beiden Eckpunkte auf der x-Achse liegen.
b) Viele Brückenbögen werden zusätzlich durch senkrechte Träger verstärkt. Der Abstand zwischen den einzelnen Brückenträgern ist gleich. Berechne diesen.

a) Bestimme eine Funktionsgleichung g der parabelförmigen Brücke, bei der der linke Punkt der Brücke im Koordinatenursprung liegt.
b) Für eine bessere Stabilität der Brücke wurden 11 senkrechte Träger in gleichen Abständen eingezogen. Berechne die Länge der einzelnen Träger.

oHiMi
3–5,
10–11

1
1 $f(x) = x^2 - 1$ 2 $f(x) = x^2 - 0{,}25$ 3 $f(x) = x^2 + 5$ 4 $f(x) = x^2 + 1{,}5$

a) Zeichne den Graphen der Funktion mithilfe einer Wertetabelle ($-3 \leq x \leq 3$).
b) Gib die Koordinaten des Scheitelpunktes S an und bestimme die Nullstellen der Parabel, falls vorhanden.

2 Finde heraus, ob der Punkt A auf der Parabel der Funktion liegt.
a) $f(x) = x^2$; $A(1{,}9\,|\,3{,}9)$ b) $f(x) = x^2 - 3{,}25$; $A(1{,}5\,|\,-1)$
c) $f(x) = x^2 - 12$; $A(3\,|\,3)$ d) $f(x) = x^2 + 20$; $A(-\sqrt{5}\,|\,25)$

3 Ist die Aussage für eine Funktion mit der Gleichung $f(x) = ax^2 + e$ richtig oder falsch? Begründe.
a) Wenn a negativ ist, ergibt sich eine nach unten geöffnete Parabel.
b) Für $a > 0$ ist der Scheitelpunkt S der Tiefpunkt der Parabel.
c) Der Summand e gibt den Schnittpunkt der Parabel mit der y-Achse an.
d) Je größer e ist, desto weiter ist die Parabel nach oben verschoben.
e) Ist $a = 0$ und $e = 0$, dann erhält man eine Normalparabel.
f) Je kleiner a, desto schmaler die Öffnung der Parabel.
g) Wenn a positiv und e negativ ist, dann schneidet die Parabel die x-Achse genau zwei Mal.
h) Für $a = 0$ ist der Graph eine Gerade parallel zur x-Achse.
i) Der Koeffizient a gibt an, um wie viele Einheiten die Parabel auf der y-Achse verschoben wird.
j) Wenn a und e negativ sind, schneidet die Parabel die x-Achse in zwei Punkten.

4 In einem Experiment fährt ein Wagen eine 3,8 m lange Rampe herunter und hinterlässt dabei eine Tropfenspur. Die Tropfen entstehen dadurch, dass aus einem Flüssigkeitsbehälter regelmäßig nach einer Viertelsekunde ein Tropfen fällt.

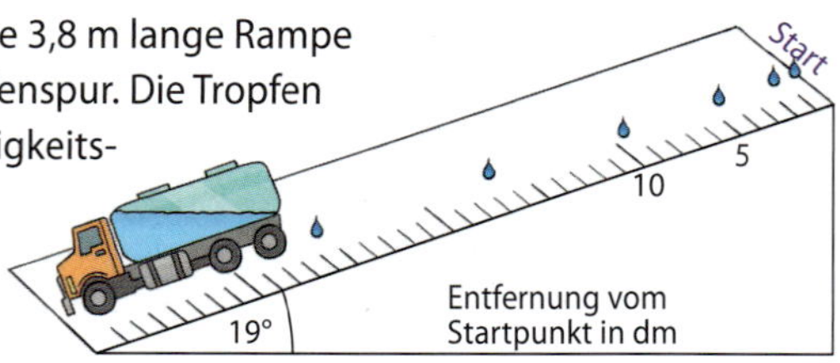

Kannst du die Beobachtung erklären?

a) Beschreibe die Tropfenspur. Was fällt dir auf?
b) Übertrage die Tabelle in dein Heft und ergänze sie.

Fahrzeit t (in Viertelsekunden)	0	1	2	3	4
Entfernung s des Tropfens vom Startpunkt (in dm)	0				

Für das Koordinatensystem:
1 Viertelsekunde ≙ 1 cm
10 dm ≙ 1 cm

c) Stelle die Wertepaare in einem Koordinatensystem dar.
d) Finde einen Term, der die Fahrstrecke in Abhängigkeit von der Fahrzeit beschreibt.

5 Beschreibe bei jeder Funktion, ob die zugehörige Parabel …
1 nach oben oder unten geöffnet ist. 2 gestreckt oder gestaucht ist.

Forme gegebenenfalls zunächst zur Funktionsgleichung $f(x) = y$ um.

a) $y = 1{,}5x^2$ b) $y = -0{,}9x^2$ c) $y = \frac{5}{4}x^2$ d) $y = -3{,}2x^2$
e) $2y = x^2$ f) $5x^2 + y = 0$ g) $2x^2 + 3y = 0$ h) $y + 4x^2 = 0$

6 Bestimme die Eigenschaften der jeweiligen Funktion und zeichne die zugehörige Parabel.

a) $f(x) = -x^2$ **b)** $f(x) = x^2 + 4$ **c)** $f(x) = -\frac{1}{2}x^2 + 4$ **d)** $f(x) = (x - 1)^2$

e) $f(x) = x^2 + 4x + 1$ **f)** $f(x) = x^2 - x + 1$ **g)** $f(x) = -x^2 + 1{,}5$ **h)** $f(x) = 2x^2 - 8$

7 Ermittle jeweils eine Gleichung einer quadratischen Funktion der Form $f(x) = ax^2 + bx + c$, deren Graph …

Findest du mehrere Lösungen?

a) eine verschobene Normalparabel mit dem Scheitelpunkt $S(-4|-2)$ ist.
b) gestreckt und symmetrisch zur y-Achse ist und keine Nullstelle besitzt.
c) eine nach unten geöffnete und gestauchte Parabel ist. Die Parabel ist symmetrisch zu $x = 3$.
d) eine verschobene Normalparabel mit den Nullstellen $x_1 = -2$ und $x_2 = 5$ ist.
e) eine nach unten geöffnete Parabel mit den Nullstellen $x_1 = 0$ und $x_2 = 5$ ist.

8 Dargestellt sind der Graph zur Funktion $f(x) = x^2 + 1$ mit $x \in \mathbb{R}$ sowie das Viereck AB_1CD_1 mit $A(0|1)$, $B_1(1|2)$, $C(0|5)$ und $D_1(-1|2)$. Die Punkte $B_n(x|x^2 + 1)$ und $D_n(-x|x^2 + 1)$ liegen auf der Parabel $f(x > 0)$.

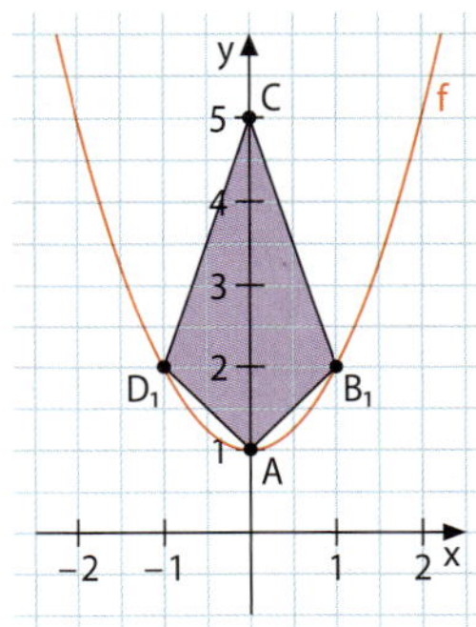

a) Zeige, dass die Punkte B_n durch Achsenspiegelung an der y-Achse auf die Punkte D_n abgebildet werden können.
b) Handelt es sich bei den Vierecken AB_nCD_n um Drachenvierecke? Begründe.

9 Der Graph zur Funktion $f_1(x) = \frac{1}{3}x^2 + 2$ wird an der x-Achse gespiegelt.

a)

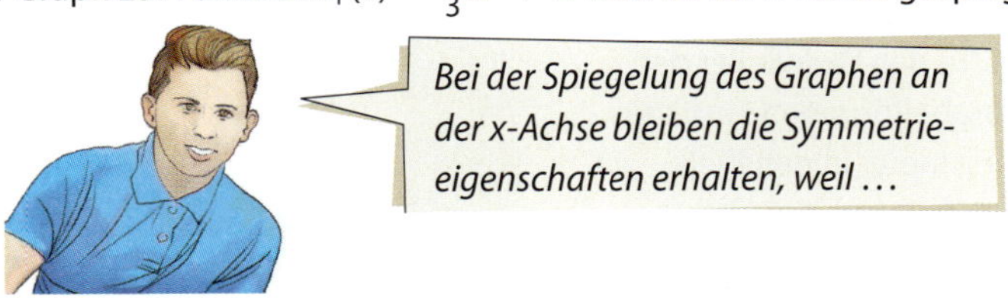

Vervollständige Jacobs Aussage.

b) Wie lautet die Funktionsgleichung des gespiegelten Graphen?
c) Gib an, durch welche Achsenspiegelung der Graph zur Funktion $f_2(x) = \frac{1}{3}(x + 1)^2 + 2$ auf sich selbst abgebildet werden kann.

10 Gegeben ist die Funktion $f(x) = 0{,}5 \cdot (x - 2) \cdot (x + 3)$.
a) Begründe, welche Art von Funktion vorliegt.
b) Gib die Nullstellen der Funktion f ohne weitere Berechnung an.

11 Ermittle, welche Gleichungen jeweils dieselbe Funktion beschreiben.

1 $f(x) = \frac{3}{4}x^2 - 2x + 1{,}5$

2 $f(x) = \sqrt{2} \cdot (x - 4\sqrt{2})^2 - 33\sqrt{2}$

3 $f(x) = -\frac{3}{4}x^2 + x - 4$

4 $f(x) = -\frac{3}{4} \cdot \left(x - \frac{2}{3}\right)^2 - 3\frac{2}{3}$

5 $f(x) = \sqrt{2}x^2 - \sqrt{8}x + 5$

6 $f(x) = -\frac{3}{4} \cdot \left(x + \frac{4}{3}\right)^2 - 2\frac{5}{6}$

7 $f(x) = \sqrt{2}x^2 + 16x - \sqrt{2}$

8 $f(x) = \sqrt{2} \cdot (x - 1)^2 - \sqrt{2} + 5$

12 Ermittle die Gleichung der quadratischen Funktion f in der allgemeinen Form.

a) A(5 | −1), B(10 | 4) liegen auf $f(x) = 0{,}2x^2 - bx + c$ mit $b, c \in \mathbb{R}$.

b) Der Graph der Funktion f stellt eine an der x-Achse gespiegelte und verschobene Normalparabel mit dem Scheitelpunkt S(−3 | 4) dar.

c) A(3 | −1), B(2 | −7) liegen auf $f(x) = ax^2 + bx + c$ mit $a \in \mathbb{R}\setminus\{0\}$ und $b, c \in \mathbb{R}$. Die Gleichung der Symmetrieachse des Graphen zu f lautet: $x = 4$.

13 Die Carrick-a-Rede ist eine Insel in Nordirland, die man nur zu Fuß über eine schmale Hängebrücke erreichen kann. Sie überspannt eine Meerenge von 20 m, der tiefste Punkt der Brücke liegt 30 m über der Wasseroberfläche. Ermittle eine Gleichung für die parabelförmige Hängebrücke, wenn sie 0,4 m durchhängt.

14 Die Abbildung zeigt eine Skateboardrampe. Die befahrbare Fläche nennt man Skatingboden, sie hat etwa die Form einer Parabel (Maße in cm).

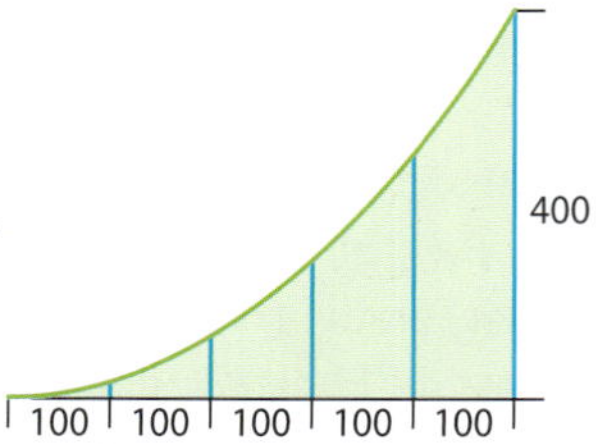

a) Gib eine Funktionsgleichung für den Verlauf des Skatingbodens an.

b) Berechne die Höhen der Träger.

15 Oftmals werden Kellertüren durch Bögen abgestützt, um die Lasten des darüber liegenden Mauerwerks gut zu verteilen. Das Weingut „Riesling" plant für den Weinkeller den Bau eines neuen parabelförmigen Eingangs. Um mit einem Gabelstapler in den Weinkeller fahren zu können, muss der Eingang nebenstehende Bedingungen erfüllen:

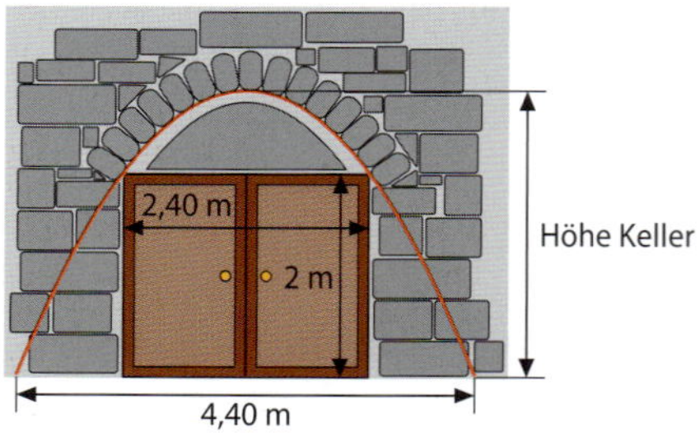

a) Bestimme eine Funktionsgleichung dieses parabelförmigen Eingangs.

b) Wie hoch muss der Keller mindestens sein, damit man den Eingang in dieser Form mauern kann?

16 Der Kugelstoßer David Storl wurde 2011 in Daegu (Südkorea) als erster Deutscher Weltmeister mit einer Weite von 21,78 m. Aufgrund der Eigenschaften der Kugel entspricht die Flugbahn beim Kugelstoßen ziemlich genau einer Parabel.

Bei einem von David Storls Trainingsstößen wurden mithilfe einer Videokamera und einer normierten Leinwand drei Punkte der Flugbahn der Kugel gemessen:

$P_1(0 | 2{,}24)$ $P_2(1 | 2{,}92)$ $P_3(2 | 3{,}52)$

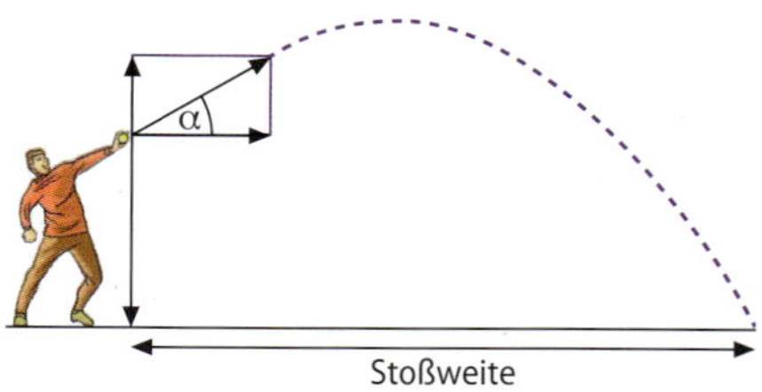

a) Ermittle die Höhe und die Weite von Davids Trainingsstoß. Vergleiche den Trainingsstoß mit der Siegerweite bei der Weltmeisterschaft 2011.

b) Bestimme die Funktionsgleichung der Parabel für eine Stoßweite von 18,54 m und eine Abwurfhöhe von 1,92 m. Beschreibe dein Vorgehen. Verwende für den Parameter b den Wert 1.

17 Wird ein Körper mit einer Anfangsgeschwindigkeit v_0 senkrecht nach unten geworfen, so gilt die Formel $s(t) = \frac{1}{2} \cdot g \cdot t^2 + v_0 \cdot t$.

a) Erkläre die physikalische Bedeutung der Größen s, t, v_0 und g.

b) Ein Stein wird mit einer Anfangsgeschwindigkeit $v_0 = 12\,\frac{m}{s}$ von einer 80 m hohen Felsklippe senkrecht nach unten ins Meer geworfen.

1 Berechne die Zeit, bis der Stein ins Wasser fällt.

2 Wie hoch über dem Wasser befindet sich der Stein 2 s nach seinem Abwurf?

3 Stelle den zurückgelegten Weg in Abhängigkeit von der Zeit grafisch dar.

Die Fallbeschleunigung g ist ortsabhängig, in Deutschland beträgt sie etwa $9{,}81\,\frac{m}{s^2}$. Üblicherweise werden Rechnungen genau genug, wenn man für $g = 10\,\frac{m}{s^2}$ nimmt.

18 Auf einer Wiese soll ein rechteckiger Weideplatz eingezäunt werden. Es stehen 24 m Zaun zur Verfügung.

a) Überprüfe, ob die gegebenen Rechtecke mit den Seitenlängen a und b diese Bedingung erfüllen. Gib, falls zutreffend, den zugehörigen Flächeninhalt an.

1 $a = 2\,m;\ b = 10\,m$ 2 $a = 4\,m;\ b = 8\,m$

3 $a = 6\,m;\ b = 8\,m$ 4 $a = 7\,m;\ b = 5\,m$

b) Ermittle den Flächeninhalt des Weideplatzes in Abhängigkeit von der Seitenlänge a des Rechtecks.

c) Stelle die Funktion grafisch dar und zeige damit die Angaben von a).

d) Bestimme die Seitenlängen des Weideplatzes anhand des folgenden Vorgehens. Gib den maximalen Flächeninhalt an.

Bei solchen **Extremwertaufgaben** geht man wie folgt vor:	**Beispiel:**
1 Formel für die zu optimierende Größe in Abhängigkeit von mehreren Variablen aufstellen (Hauptbedingung).	$A = a \cdot b$
2 Ersetzen einer Variablen durch die andere (Nebenbedingung), dann einsetzen.	$u = 2 \cdot (a + b)$ $A(a) = -a^2 + 12a$
3 Wert für maximalen (oder minimalen) Funktionswert bestimmen.	$a = \ldots$
4 Zugehörigen Wert bestimmen.	$b = \ldots$

19 Löse ebenso mit dem Verfahren von Aufgabe 18.

a) Ermittle zwei positive Zahlen mit maximalem Produkt so, dass deren Summe 12 ergibt.

b) Gegeben ist eine Parabel durch $f(x) = 6 - 0{,}25x^2$. In den Ausschnitt der Ebene, der zwischen Parabel und x-Achse liegt, ist ein Rechteck so einzubeschreiben, dass dessen Umfang am größten ist. Ermittle die Seitenlängen des Rechtecks.

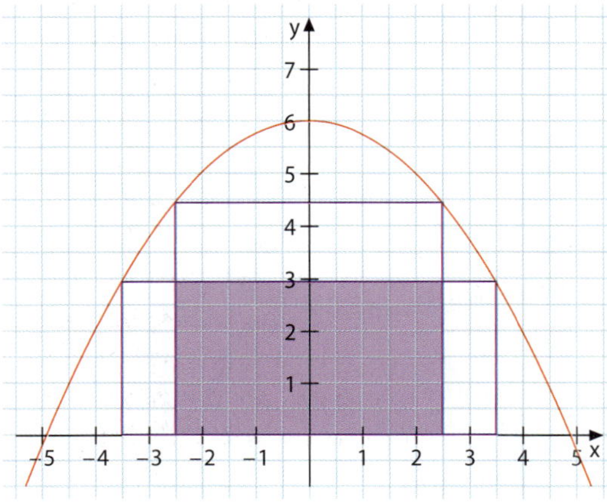

Der Begriff Mindmap geht auf den britischen Psychologen Tony Buzan zurück und heißt übersetzt Gedankenlandkarte.

Du hast bereits verschiedene Funktionen kennengelernt: direkt proportionale Funtionen, lineare Funktionen und quadratische Funktionen. Jede dieser Funktionen hat besondere Eigenschaften.
Es ist gar nicht so leicht, bei all den unterschiedlichen Informationen den Überblick zu behalten. Eine einfache und sehr gute Methode kann dir dabei helfen: die **Mindmap**.
Wie man eine Mindmap erstellt, wird dir im Folgenden am Beispiel „lineare Funktionen" erklärt.

Schritt 1:
Schreibe genau in die Mitte des Blattes das Thema und hebe es farbig hervor.

Wenn ich an lineare Funktionen denke, fallen mir viele Eigenschaften ein. Ich muss eine Ordnung herstellen.

Schritt 2:
Von der Mitte aus werden auf die Hauptäste der Mindmap die Begriffe geschrieben, die nach dem zentralen Begriff am wichtigsten sind.

Wir haben durchgenommen, was lineare Funktionen sind, wie man sie auf verschiedene Arten darstellen kann und welche Eigenschaften sie haben.

Schritt 3:
Jeder Zweig kann sich weiter verästeln, um neue Begriffe aufzuführen oder mehr ins Detail zu gehen.

Es gibt verschiedene Möglichkeiten, eine Funktionsgleichung aufzustellen: Es sind zwei Punkte gegeben oder …

Schritt 4:
Es ist möglich, Verknüpfungen zwischen den Zweigen herzustellen.

Direkt propotionale Funktionen sind Sonderfälle linearer Funktionen mit dem Nullpunkt N (0 | 0).

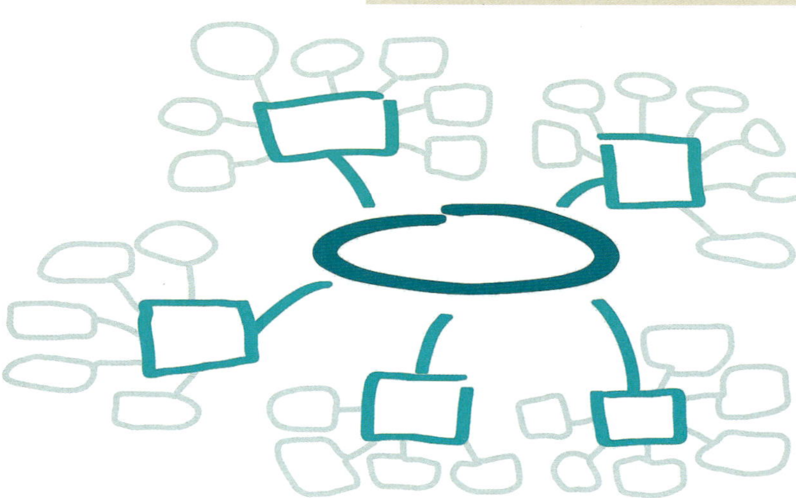

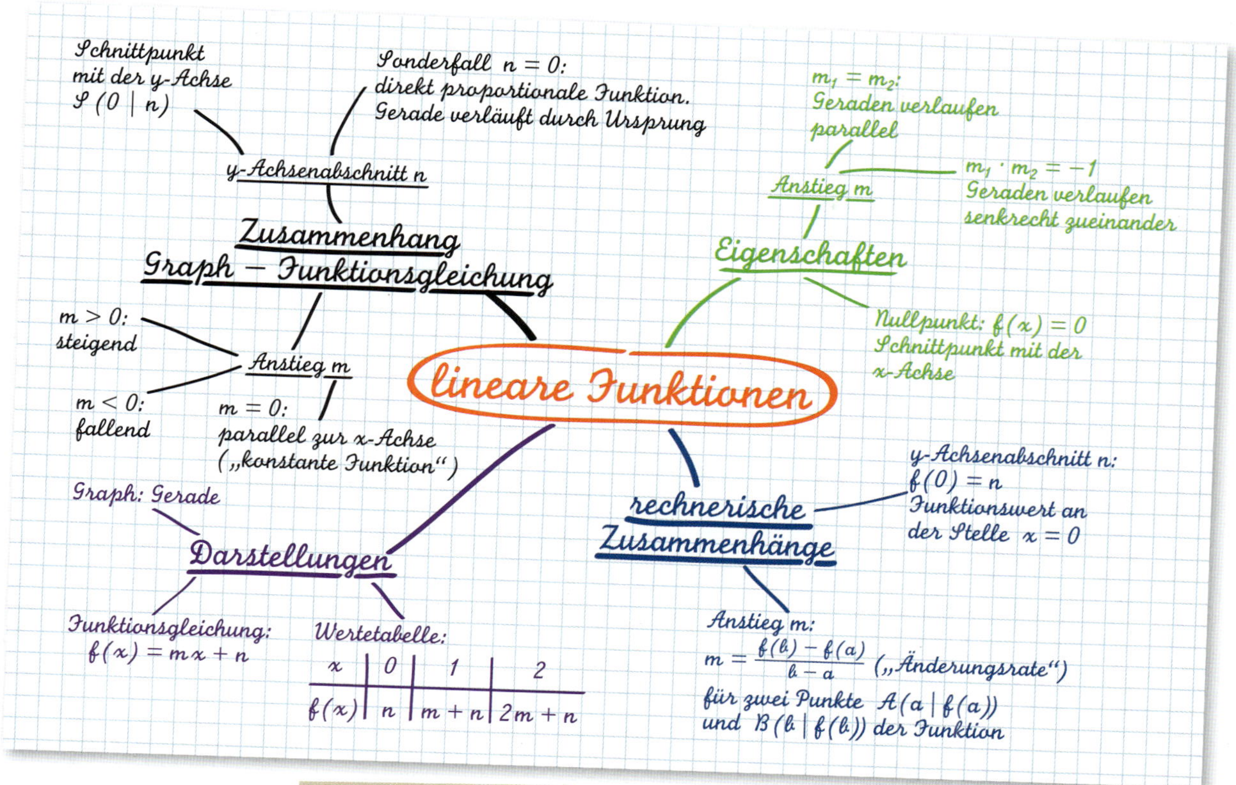

1 a) Beschreibe Zusammenhänge zwischen verschiedenen Ästen in dem dargestellten Mindmap.
b) Mache Vorschläge, wie man ein solches Mindmap anders ordnen kann.

2 Erstelle in einer Kleingruppe ein Mindmap zu quadratischen Funktionen. Stellt das Mindmap in der Klasse vor.

Ideen für Bestandteile:

Normalparabel | Funktionsgleichung $f(x) = ax^2 + bx + c$ | Scheitelpunktform

Das kann ich!

Überprüfe deine Fähigkeiten und Kompetenzen. Bearbeite dazu die folgenden Aufgaben und bewerte anschließend deine Lösungen mit einem Smiley. Hinweise zum Nacharbeiten findest du auf der folgenden Seite. Die Lösungen stehen im Anhang.

☺	😐	☹
Das kann ich **wirklich gut!**	Das kann ich **fast!**	Das muss ich **noch üben!**

1 Die Punkte A bis D liegen auf einer Normalparabel.
A(−1,2 | ▢); B(3,1 | ▢); C(▢ | 3,24); D(▢ | 5,76)
Bestimme die fehlenden Werte.

2 Gegeben sind die Funktionsgleichungen:

1 $f(x) = x^2$ **2** $f(x) = (x - 2)^2$

3 $f(x) = 1{,}5x^2 - 6$ **4** $f(x) = -0{,}5x^2 + 3$

a) Stelle die Funktionen in einem Koordinatensystem grafisch dar.
b) Beschreibe die Graphen von **2** – **4** im Vergleich zur Normalparabel.

3 Zeichne eine Normalparabel mit Scheitel S(0 | 0). Zeichne in das gleiche Koordinatensystem die Graphen quadratischer Funktionen ebenfalls mit Scheitel S(0 | 0) und folgenden Eigenschaften. Gib jeweils die Funktionsgleichung an.
a) gestauchte Parabel **b)** gespiegelte Parabel

4 Gib die Scheitelpunkte der Parabeln an. Bestimme die Eigenschaften der Funktionen.

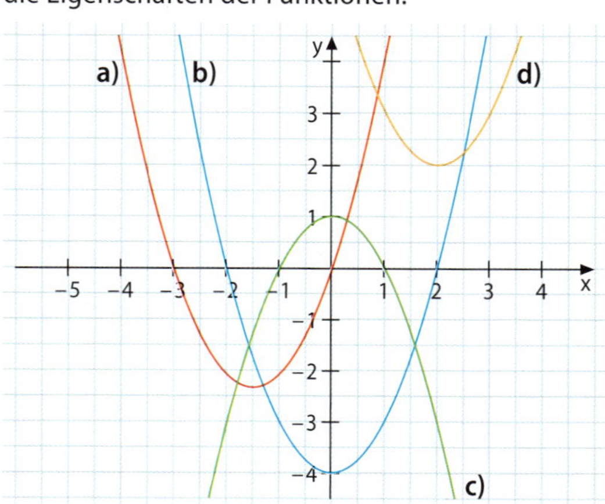

5 Gib mindestens drei Eigenschaften der Funktionen an. Stelle sie grafisch dar.
a) $f(x) = -\frac{4}{5}x^2 + 0{,}5$ **b)** $f(x) = x^2 - 4x + 3$
c) $f(x) = (x + 1) \cdot (x - 1)$ **d)** $f(x) = x \cdot (x - 2{,}5)$

6 Entscheide, ob Gleichungen quadratischer Funktionen gegeben sind. Begründe.
a) $f(x) = 3x + 4$ **b)** $f(x) = x \cdot x - 3$
c) $f(x) = x^{-2}$ **d)** $f(x) = \frac{1}{2}x^2 + 5x$
e) $f(x) = x\,(x - 0{,}5) \cdot (x + 3)$

7 **1** $f(x) = x^2 - 8x + 9$ **2** $f(x) = 0{,}5x^2 + 5x + 28{,}5$
Löse jeweils die Aufgabe.
a) Liegt die Symmetrieachse der Parabel rechts oder links von der y-Achse?
b) Der Punkt P auf der Parabel hat die Koordinaten (2 | ▢).

8 Bestimme jeweils die Funktionsgleichung der verschobenen bzw. gespiegelten Normalparabel in Scheitelpunkt- und allgemeiner Form.

a) Die nach oben geöffnete Parabel von f_1 hat den Scheitelpunkt S(−1,2 | −1,5).
b) Der Graph von f_2 entstand durch Verschiebung des Graphen von f_1 um 3,4 Einheiten nach rechts und 3 Einheiten nach unten.
c) f_3 hat die Nullstellen bei $x_1 = -3$ und $x_2 = 5$.
d) Der Graph von f_4 entstand durch Spiegelung des Graphen von f_1 an der y-Achse.
e) Der Graph von f_5 entstand durch Spiegelung des Graphen von f_1 an der x-Achse.
f) Der größte Funktionswert von f_6 liegt bei −3 und ist −1,5.
g) Der Graph von f_7 ist nach unten geöffnet und hat den Scheitelpunkt im Koordinatenursprung.

9 Der Punkt P liegt jeweils auf dem Graphen einer Funktion der Form $f(x) = ax^2$.

1 $P(5|-37{,}5)$ **2** $P(-2|1)$
3 $P(-3|-4{,}5)$ **4** $P(-6|90)$
5 $P(-1{,}5|0{,}9)$ **6** $P\left(-\frac{1}{4}\middle|\frac{1}{4}\right)$
7 $P(2{,}8|-4{,}9)$ **8** $P(-0{,}9|-8{,}1)$

a) Entscheide, ob a positiv oder negativ ist. Begründe.
b) Bestimme a, indem du den Graphen mit der Normalparabel vergleichst.

10 Gegeben ist der Punkt P, der auf der Parabel mit der angegebenen Funktionsgleichung liegt.

1 $P(-1|8)$; $f(x) = ax^2 + 6$
2 $P(-4|0)$; $f(x) = -\frac{1}{4}x^2 + c$
3 $P(-1|-2)$; $f(x) = ax^2 + 2$

a) Berechne a bzw. c.
b) Gib die Koordinaten des Scheitelpunktes S der Parabel an.

11 Gib Funktionsgleichungen zu den Parabeln an.

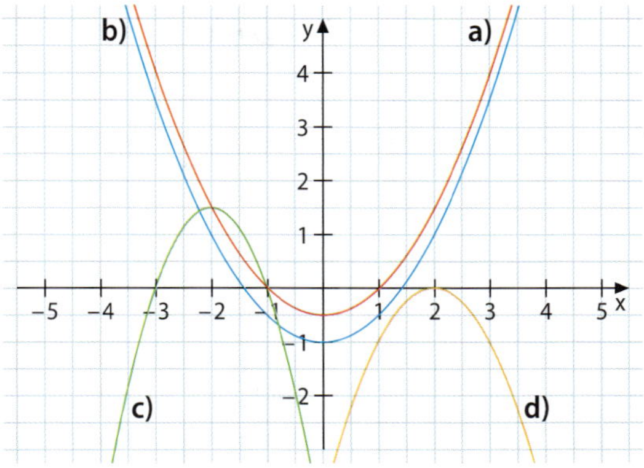

12 Betrachtet man den Querschnitt eines Hühnereis, so kann man dessen Umrisse näherungsweise durch Parabeln beschreiben. Besorge dir ein Ei, vermiss es und stelle es mithilfe von Parabelbögen in einem Koordinatensystem dar. Vergleiche die Lösung mit einem Partner.

Aufgaben für Lernpartner

Sind folgende Behauptungen richtig oder falsch? Begründe schriftlich.

A Eine um 3 LE nach links und 1 LE nach oben verschobene Normalparabel hat den Scheitelpunkt $S(3|1)$.

B Die Funktionsgleichung der an der x-Achse gespiegelten Normalparabel heißt $f(x) = -x^2$.

C Jede Gerade mit der Gleichung $f(x) = mx + n$ schneidet die Normalparabel $f(x) = x^2$ in zwei Punkten.

D Wenn in der Gleichung $f(x) = ax^2 + e$ der Faktor $a = 5$ ist, ist der Graph eine gestreckte Parabel.

E Wenn in der Gleichung $f(x) = ax^2 + e$ der Summand $e = -5$ ist, schneidet die Parabel der Funktion die y-Achse im Punkt $P(0|-5)$.

F Die folgenden Gleichungen sind Funktionsgleichungen von quadratischen Funktionen.
a) $y = 2x + 2$ **b)** $x^2 = y - 1$ **c)** $x^2 = 2y$

Ich kann …	Aufgaben	Hilfe
überprüfen, ob gegebene Punkte auf einer Parabel liegen.	1, 6, 9, F	S. 54
quadratische Funktionen durch Verschiebung und Stauchung/Streckung der Normalparabel beschreiben.	2, 3, 4, A, D	S. 56, 60
Eigenschaften quadratischer Funktionen bestimmen.	5, 7, C, E	S. 68
Funktionsgleichungen quadratischer Funktionen bestimmen.	8, 9, 10, 11, B	S. 64, 72
quadratische Funktionen im Alltag anwenden.	12	S. 74

2 Auf einen Blick

Seite 54

Die Normalparabel

Die Gleichung $\mathbf{y = x^2}$ mit $x \in \mathbb{R}$ beschreibt eine **quadratische Funktion f**. Ihr Graph ist eine **Normalparabel**.
Der Punkt **S(0 | 0)** heißt **Scheitelpunkt**.

Eigenschaften:
- $f(x) \geq 0$
- $f(x) = f(-x)$ für alle $x \in \mathbb{R}$
- $f(0) = 0$ (minimaler Funktionswert)

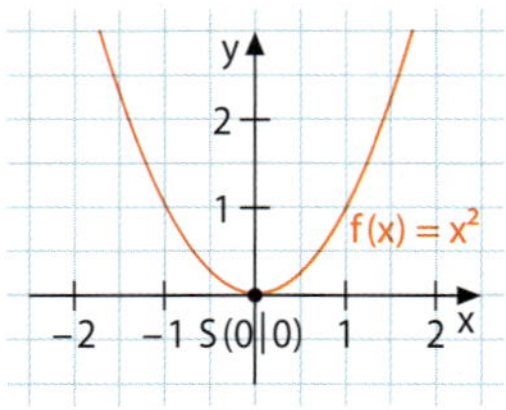

Seite 60

Stauchung und Streckung

Funktionen mit der Gleichung $f(x) = ax^2$ mit dem Parameter $a \in \mathbb{R}\setminus\{0\}$ und $x \in \mathbb{R}$ beschreiben Parabeln, deren Scheitelpunkt S im Ursprung liegt.

a > 0: nach **oben geöffnete** Parabel
a < 0: nach **unten geöffnete** Parabel

|a| > 1: **gestreckte** Parabel
|a| < 1: **gestauchte** Parabel

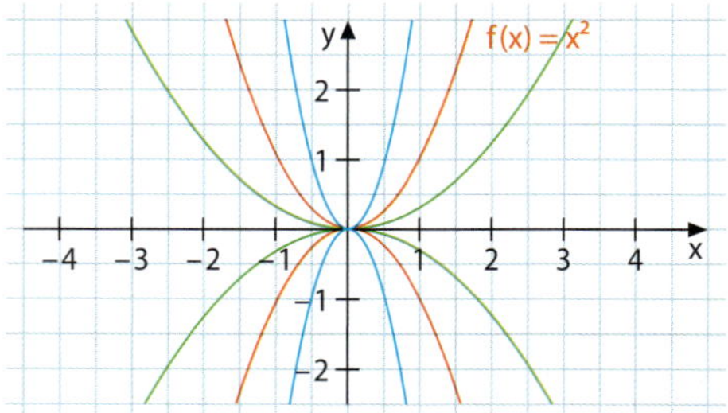

Seite 64

Scheitelpunkt- und Normalform

Der Graph einer quadratischen Funktion mit der Gleichung $\mathbf{f(x) = (x + d)^2 + e}$ bzw. $\mathbf{f(x) = a(x + d)^2 + e}$ **(Scheitelpunktform)** ist eine zu $x = -d$ symmetrische Parabel mit dem Scheitelpunkt **S(−d | e)**.

Die **Normalform** einer quadratischen Funktion ist $\mathbf{f(x) = x^2 + px + q}$ $(p, q \in \mathbb{R})$. Der Graph ist eine verschobene Normalparabel mit $S = \left(-\frac{p}{2} \,\middle|\, -\left(\frac{p}{2}\right)^2 + q\right)$.
An der Diskriminante $\mathbf{D} = \left(\frac{p}{2}\right)^2 - \mathbf{q}$ erkennt man die Anzahl der Nullstellen der Parabel.
D > 0 zwei Nullstellen
D = 0 eine Nullstelle
D < 0 keine Nullstelle

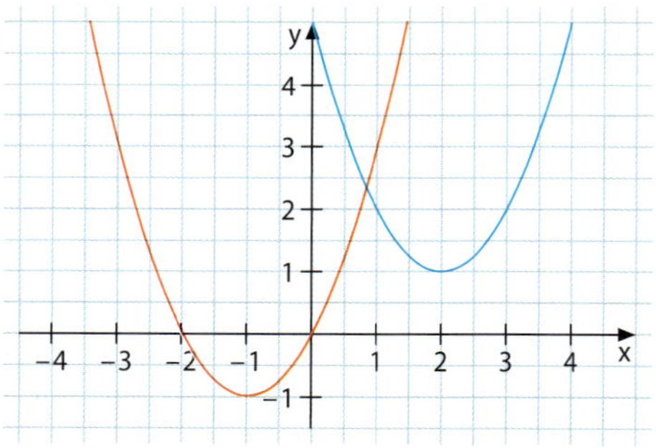

$f(x) = (x + 1)^2 - 1 = x^2 + 2x$ S(−1 | −1)
$f(x) = (x - 2)^2 + 1 = x^2 - 4x + 5$ S(2 | 1)

Seite 68

Allgemeine Form

Der Graph einer quadratischen Funktion $\mathbf{f(x) = ax^2 + bx + c}$ **(allgemeine Form)** ist eine Parabel mit dem Scheitelpunkt $S\left(-\frac{b}{2a} \,\middle|\, \frac{4ac - b^2}{4a}\right)$.

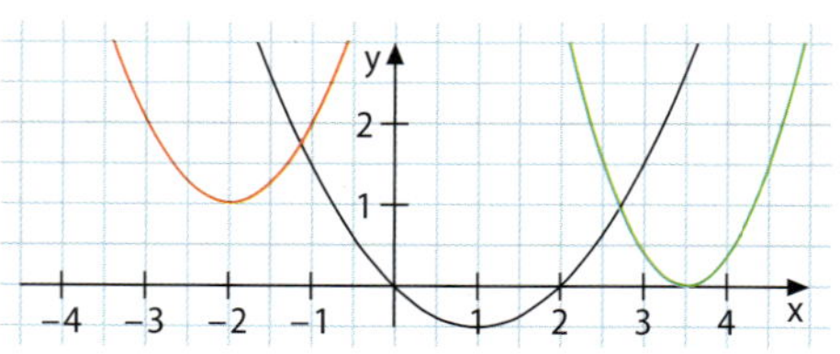

$f(x) = (x + 2)^2 + 1 = x^2 + 4x + 5$
$f(x) = 0{,}5 \cdot (x - 1)^2 - 0{,}5 = 0{,}5x^2 - x$
$f(x) = 1{,}5 \cdot (x - 3{,}5)^2$
$= 1{,}5x^2 - 10{,}5x + 18{,}375$

3 Quadratische Gleichungen

Einstieg

- Felix trainiert im Olympiastützpunkt Berlin Kugelstoßen.
  Um seine Wurftechnik zu verbessern, wurden während des Fluges zu verschiedenen Zeitpunkten die Höhe der Kugel und ihre jeweilige Entfernung vom Ring gemessen. Zeige, dass die Parabel mit der Gleichung $y = -0{,}15x^2 + 0{,}75x + 1{,}6$ den Wurf beschreibt.
- Zeichne die Parabel in ein Koordinatensystem für $x > 0$ ein.
- Ermittle die Kugelstoßweite von Felix.
- Nach wie vielen Metern hat die Kugel eine Höhe von 2,54 m erreicht?

Entfernung in m	1	1,5	2
Höhe in m	2,2	2,39	2,5

Ausblick

Am Ende dieses Kapitels hast du gelernt, …
- verschiedene Formen quadratischer Gleichungen zu erkennen.
- quadratische Gleichungen ohne Hilfsmittel zu lösen.
- die Lösungsmengen von quadratischen Gleichungen anzugeben.
- Problemstellungen zu bearbeiten, die auf quadratische Gleichungen führen.
- Wurzelgleichungen auf verschiedene Arten zu berechnen.

Lineare Gleichungen grafisch lösen

Eine Funktion mit der Funktionsgleichung $f(x) = mx + n$ heißt **lineare Funktion**. Ihr Graph ist eine Gerade.

Durch das grafische Darstellen von linearen Funktionen kann man auch die Lösungen linearer Gleichungen der Form $m \cdot x + n = c$ bestimmen. Dabei gibt es im Allgemeinen zwei mögliche Vorgehensweisen.

1
- Zeichnen der Graphen der Funktionen $f(x) = m \cdot x + n$ und $g(x) = c$
- Ablesen der x-Koordinate des Schnittpunktes der beiden Funktionen

2
- Zeichnen der Graphen der Funktion $f(x) = m \cdot x + n$
- Ablesen der x-Koordinate des Punktes $P(x\,|\,c)$

Beispiel: $4x - 2 = 3$

1	2
Zeichne $f(x) = 4x - 2$ und $g(x) = 3$.	Zeichne $f(x) = 4x - 2$
Lies die x-Koordinate des Schnittpunkts ab.	Lies die x-Koordinate von $P(x\,|\,3)$ ab.

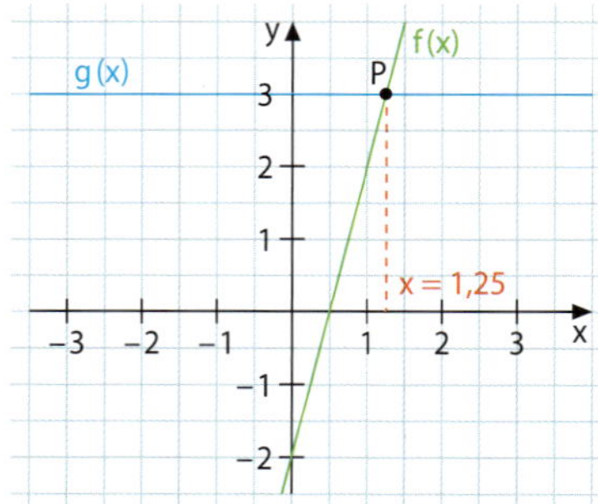

$x = 1{,}25$ Probe: $4 \cdot 1{,}25 - 2 = 3$ wahr; $\mathbb{L} = \{1{,}25\}$

Gleichungen rechnerisch lösen

Gleichungen (und Ungleichungen) lassen sich durch **Äquivalenzumformungen** lösen. Dabei ändert sich die **Lösungsmenge** nicht.

1 Terme auf jeder Seite vereinfachen.
2 Ordnen der Terme.
3 Koeffizienten vor Variable normieren („zu 1 machen").
4 Probe durchführen.
5 Lösungsmenge bestimmen.

Löse in $\mathbb{R}$.

$63 - 50b + 12 = -5b;\ \mathbb{D} = \mathbb{R}$ | 1 vereinfachen

$75 - 50b = -5b$ | 2 $+ 50b$

$75 = 45b$ | 3 $: 45$

$b = \frac{75}{45} = \frac{5}{3} \quad \frac{5}{3} \in \mathbb{R}$

4 Probe:

l. S.: $63 - 50 \cdot \frac{5}{3} + 12 = -\frac{25}{3}$ r. S.: $-5 \cdot \frac{5}{3} = -\frac{25}{3}$

5 $\mathbb{L} = \left\{\frac{5}{3}\right\}$

Bei **Verhältnisgleichungen** darf der Nenner niemals null werden. Lösung durch „Multiplikation über Kreuz".

$\frac{3}{x+1} = \frac{9}{x+2}$ $\mathbb{D} = \mathbb{R} \setminus \{-1; -2\}$

$3 \cdot (x + 2) = 9 \cdot (x + 1)$ „Alle reellen Zahlen außer −1 und −2."

Terme quadratisch ergänzen

Die **binomischen Formeln** sind ein Sonderfall der Multiplikation von Summen. Mit ihrer Hilfe lassen sich quadratische Terme einfach ausmultiplizieren oder zusammenfassen.

1. $(a + b)^2 = a^2 + 2ab + b^2$
2. $(a - b)^2 = a^2 - 2ab + b^2$
3. $(a + b) \cdot (a - b) = a^2 - b^2$

1 Ausmultiplizieren

$(3 + a)^2 = 9 + 6a + a^2$

$(5x - 2) \cdot (5x + 2) = 25x^2 - 4$

2 Zusammenfassen

$y^2 - 4y + 4 = (y - 2)^2$

Quadratische Terme kann man so quadratisch ergänzen, dass man sie mithilfe der binomischen Formeln vereinfachen kann.

$$x^2 - 8x + 6 = \underbrace{x^2 - 8x + 16}_{(x-4)^2} \underbrace{- 16 + 6}_{-\ 10} = (x - 4)^2 - 10$$

Lineare Gleichungen grafisch bestimmen

1 Erkläre den Zusammenhang zwischen den beiden Möglichkeiten zur grafischen Bestimmung der Lösung linearer Gleichungen.

2 Zeichne die Graphen der Funktionen f in ein Koordinatensystem. Löse anschließend mithilfe der Graphen die jeweils angegebenen Gleichungen im Bereich der reellen Zahlen.

a) $0{,}5x + 2 = 5$ mit $f(x) = 0{,}5x + 2$

b) $-x - 2{,}5 = -1{,}5$ mit $f(x) = -x - 2{,}5$

c) $1{,}5x + 2 \cdot (x - 4) + 5 = 7{,}5$ mit $f(x) = 1{,}5x + 2 \cdot (x - 4) + 5$

d) $-0{,}4 \cdot (x - 4) + 0{,}4 = 1$ mit $f(x) = -0{,}4 \cdot (x - 4) + 0{,}4$

3 Ermittle mithilfe der Abbildung die Lösungsmenge der Gleichung grafisch.

a) $-1{,}5x + 2 = -1$

b) $-1{,}5x + 2 = 0$

c) $-1{,}5x + 2 = 3{,}5$

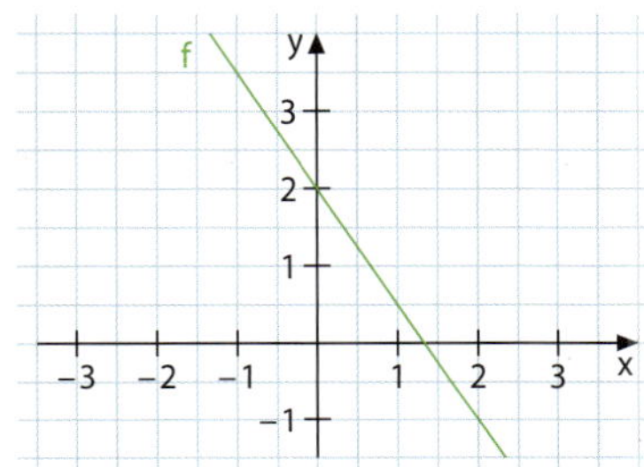

Gleichungen rechnerisch lösen

4 Bestimme die Lösungsmenge folgender Gleichungen. Führe jeweils eine Probe durch.

a) $0{,}5x + 2 = 1{,}5x - 6$

b) $3 + 5 \cdot (2 - x) = 20$

c) $\frac{x}{3} + \frac{4}{5} = 2 - \frac{x}{6}$

d) $1\frac{3}{4} - 2{,}5x = 3 + \left(\frac{1}{4} - x\right)$

e) $7{,}3 - 0{,}1x + 4{,}1 = 1 - 2{,}3x - 9{,}5x$

f) $\frac{2x}{4} - \frac{1}{2} = \frac{2}{4} + \frac{x}{2}$

5 Ergänze die Lücken in deinem Heft so, dass $x = 7$ die Lösung der Gleichung ist.

a) $x - 3 = \square$ **b)** $2x + \square = 13$ **c)** $x + 4 = 2x - \square$ **d)** $3x + 30 = \square - (x - 8)$

6 Löse die folgenden Verhältnisgleichungen.

a) $\frac{2}{x + 1} = \frac{7}{3x - 4}$ **b)** $\frac{2x + 2}{4x - 1} = \frac{2}{5}$ **c)** $\frac{5}{x - 3} = \frac{3}{x - 5}$ **d)** $\frac{x}{x - 1} = \frac{x + 4}{x + 1}$

Terme quadratisch ergänzen

7 Fülle die Lücken in deinem Heft so, dass eine binomische Formel entsteht.

a) $x^2 - \square + 49y^4 = (x - \square)^2$

b) $c^2 - \square + \square = \left(\square - \frac{6}{7}\right)^2$

c) $(3m - \square) \cdot (\square + \square) = \square - 4n^2$

d) $p^2 + 10pq + \square = (\square + \square)^2$

8 Korrigiere die Hausaufgaben von Martin in deinem Heft.

a) $(2 + h)^2 = 4 + h + h^2$

b) $(3o - 4p)^2 = 9o^2 - 24op - 16p^2$

c) $(r - s) \cdot (r + s) = r^2 + s^2$

d) $(1{,}5v + w)^2 = 1{,}5v^2 + 3vw + w^2$

Kap. 3.1

Überraschungskiste

Die Geschwister Lina und Ben wollen sich einen Hahn und eine Henne beim Bauern Horst kaufen. Für den Transport benötigen sie eine quaderförmige Kiste mit Löchern. Diese soll 0,70 m hoch sein und ein Quadrat als Grundfläche haben. Damit die beiden Tiere genügend Platz haben, muss die Kiste ein Volumen von mindestens 0,1 m^3 besitzen.

- Lina schlägt vor, die alte Platte aus dem Schuppen als Boden zu verbauen. Sie ist 0,40 m lang und 0,40 m breit. Haben die Tiere dann genügend Platz?
- Ben möchte im Baumarkt eine neue Platte kaufen. Welche Maße sollte der Boden mindestens haben?
- Gib eine Gleichung zur Berechnung der Seitenlänge es Quadrates an.
- Informiere dich, was bei der Haltung von Hühnern beachtet werden muss. Dürfen Hühner im Garten gehalten werden?

Kap. 3.2

Der perfekte Wurf

In einem neuen Wohngebiet entsteht eine rechteckige Spielplatzfläche, auf der ein Basketballkorb angebracht werden soll.

Der Flächeninhalt des Rechtecks hat (bei entsprechenden Maßeinheiten) eine 2,4-fach so große Maßzahl wie der Umfang. Der Unterschied zwischen Länge und Breite der Spielplatzfläche beträgt 4 m.

- Gib eine Gleichung zur Berechnung der Seitenlängen an.
- Löse die Gleichung durch Probieren.
- Überprüfe deine Lösung mithilfe der folgenden Angaben: Für das Belegen des Spielplatzes wurden ca. 3840 € ausgegeben, das bedeutet 40 € pro Quadratmeter.

Kap. 3.3

Hoch hinaus

Herr Schmidt möchte die Regenrinne seines Hauses in einer Höhe von 7 m säubern. Er nimmt seine 8 m lange Leiter und stellt sie 3 m vom Haus entfernt auf.

- Fertige eine maßstabsgerechte Skizze an.
- Ermittle die Höhe, die Herr Schmidt mit seiner Leiter mindestens erreicht.

Da ein Strauch direkt an der Hauswand steht, muss er die Leiter umstellen. Die Entfernung vom Haus soll 3 m kürzer als die zu erreichende Höhe sein.

- Kann Herr Schmidt unter diesen Bedingungen noch die Regenrinne säubern?
  Probiere aus. Du kannst auch ein Geometrieprogramm nutzen.

Kap. 3.4

Schöner Umschlag

Lena gestaltet die Umschlagseite ihres Mathematikhefters mit besonderen Dreiecken und Vierecken. Sie möchte ein gleichschenkliges Dreieck zeichnen, dessen Schenkel jeweils 5 cm länger sind als die Basis a. Die Seitenlänge des Quadrates ist um 1 cm länger als die Basis des Dreiecks.
Die Maßzahl des Umfangs dieses Dreiecks soll (bei entsprechenden Maßeinheiten) genauso groß sein wie die des Flächeninhalts des Quadrates.
Sie versucht durch eine Gleichung die Länge der Basis a zu berechnen.

$$a + 1 = \sqrt{3a + 10}$$

- Erläutere, wie Lena diese Gleichung ermittelt hat.
- Ermittle durch Probieren oder einer dynamischen Geometriesoftware eine annähernde Lösung für die Länge der Seite a.
- Juliane meint, dass die Gleichung sogar zwei Lösungen hat. Nimm dazu Stellung.

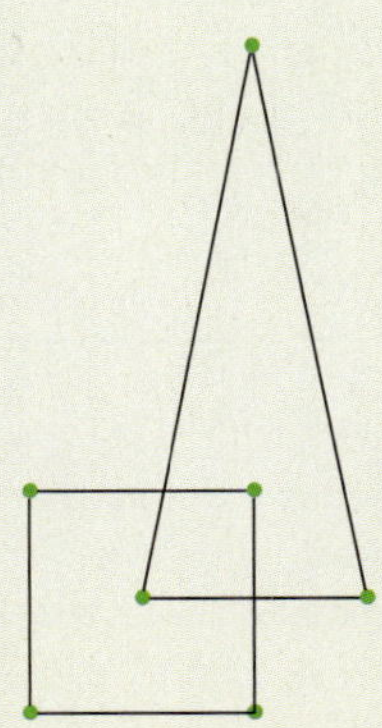

Entdecken

1

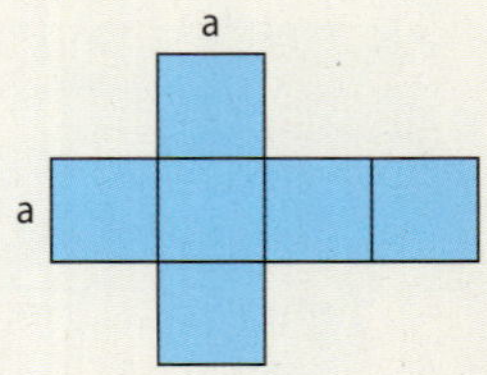

Das Netz eines Würfels hat den Flächeninhalt 486 cm².

2

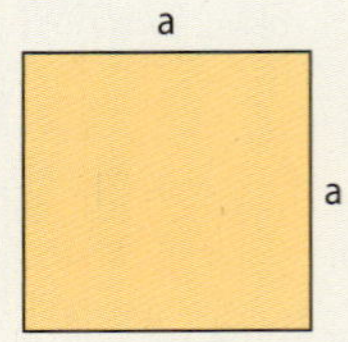

Ein Quadrat hat den Flächeninhalt 36 m².

3

Die kreisförmige Rosette einer Kirche überdeckt eine Fläche von 1018 dm².

- Stelle jeden Sachverhalt als Gleichung dar.
- Löse die Gleichungen. Achte auf die Anzahl der Lösungen im Zusammenhang mit dem Sachverhalt.

Verstehen

Quadratische Gleichungen können verschiedene Arten von Lösungen haben.

Quadratische Gleichungen der Form $x^2 + q = 0$ können rechnerisch oder grafisch gelöst werden. Wir unterscheiden drei Fälle.

*Die Zahlen, die für die Variable eingesetzt werden können, legt man durch den **Definitionsbereich** $\mathbb{D}$ fest.*

Beim grafischen Lösen von quadratischen Gleichungen sind die abgelesenen Werte oft nur Näherungswerte.

*Zur **Probe** kannst du das jeweils andere Verfahren verwenden.*

$q < 0$

$x^2 - 4 = 0;\ \mathbb{D} = \mathbb{R}$

1 rechnerisch:

$x_{1,2} = \pm\sqrt{4}$
$x_{1,2} = \pm 2$
$x_1 = -2;\ x_2 = 2$

Der **Radikand** ist **positiv**, die Gleichung hat **zwei Lösungen**.
$\Rightarrow \mathbb{L} = \{-2; 2\}$

2 grafisch:

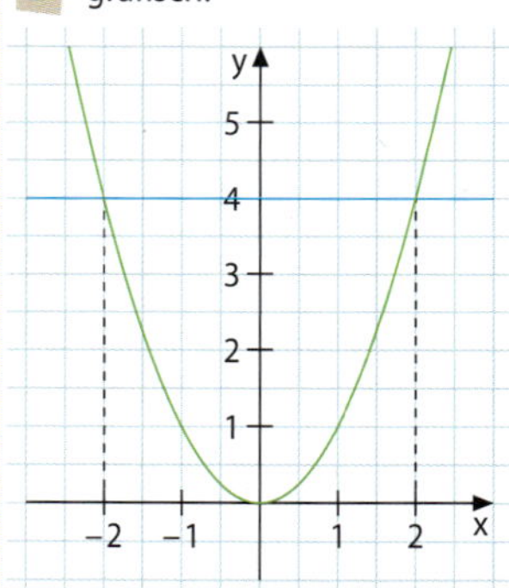

Mit der Geraden $y = 4$ hat die Normalparabel $y = x^2$ **zwei Schnittpunkte**: $x_1 = -2;\ x_2 = 2$
$\Rightarrow \mathbb{L} = \{-2; 2\}$

$q = 0$

$x^2 = 0;\ \mathbb{D} = \mathbb{R}$

1 rechnerisch:

$x_{1,2} = \pm\sqrt{0}$
$x_{1,2} = \pm 0$
$x = 0$

Der **Radikand** ist **null**, die Gleichung hat **eine Lösung**.
$\Rightarrow \mathbb{L} = \{0\}$

2 grafisch:

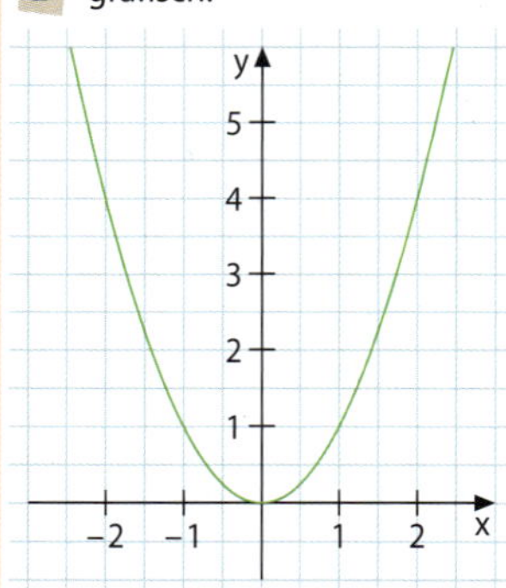

Mit der Geraden $y = 0$ (x-Achse) hat die Normalparabel $y = x^2$ **einen Schnittpunkt**:
$x = 0 \Rightarrow \mathbb{L} = \{0\}$

$q > 0$

$x^2 + 2 = 0;\ \mathbb{D} = \mathbb{R}$

1 rechnerisch:

$x^2 = -2$

Der **Radikand** ist **negativ**, die Gleichung hat **keine Lösung**.
$\Rightarrow \mathbb{L} = \{\ \}$

2 grafisch:

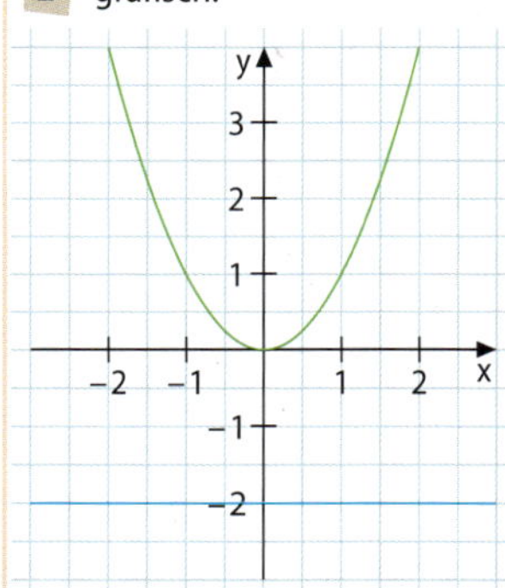

Mit der Geraden $y = -2$ hat die Normalparabel $y = x^2$ **keinen Schnittpunkt**:
$\Rightarrow \mathbb{L} = \{\ \}$

Beispiele

1. Löse die Gleichung $-0{,}2x^2 + 3 = 2$ grafisch.

Lösung:

1 Forme die Gleichung um.

$$-0{,}2x^2 + 3 = 2 \quad | -3$$
$$-0{,}2x^2 = -1 \quad | :(-0{,}2)$$
$$x^2 = 5$$

2 Stelle die Funktionen $f_1(x) = x^2$ und $f_2(x) = 5$ grafisch dar.

3 Bestimme die Schnittpunkte.

4 Die x-Werte der Schnittpunkte sind Näherungslösungen der Gleichung: $x_1 \approx -2{,}2$ und $x_2 \approx 2{,}2$

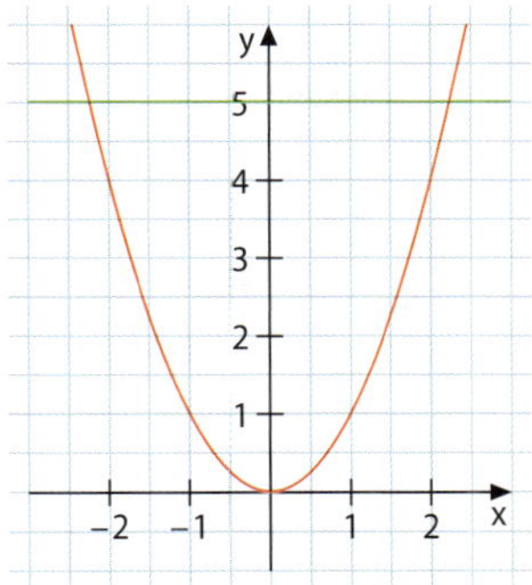

2. Bestimme die Lösungsmenge der Gleichung rechnerisch ($\mathbb{D} = \mathbb{R}$).

a) $3x^2 - 15 = 0$ **b)** $3x^2 + 4 = -2x^2 - 6$

Lösung:

a)
$$3x^2 - 15 = 0 \quad | +15$$
$$3x^2 = 15 \quad | :3$$
$$x^2 = 5$$
$$x_{1,2} = \pm\sqrt{5};\ \mathbb{L} = \{-\sqrt{5};\ \sqrt{5}\}$$

b)
$$3x^2 + 4 = -2x^2 - 6 \quad | +2x^2 - 4$$
$$5x^2 = -10 \quad | :5$$
$$x^2 = -2$$
$$\mathbb{L} = \{\ \}$$

Das Quadrat einer Zahl kann nie negativ sein.

Nachgefragt

- Nenne Vor- und Nachteile der grafischen Lösung von quadratischen Gleichungen.
- Begründe, warum es für quadratische Gleichungen zwei Lösungen geben kann.
- Mirko behauptet: „Eine quadratische Gleichung hat immer zwei Lösungen.“ Stimmt das? Begründe.

Aufgaben

1 Löse die Gleichungen rechnerisch ($\mathbb{D} = \mathbb{R}$).

a) $x^2 = 144$ **b)** $x^2 - 49 = 0$ **c)** $x^2 = 0{,}81$
d) $x^2 - 625 = 0$ **e)** $x^2 = 0{,}01$ **f)** $x^2 + 7 = 23$
g) $x^2 - \frac{4}{9} = 0$ **h)** $x^2 - 2 = 0$ **i)** $0{,}04 - x^2 = 0$

Lösungen zu 1:
$\pm 0{,}1$; $\pm 0{,}2$; $\pm\frac{2}{3}$; $\pm 0{,}9$; $\pm\sqrt{2}$; ± 4; ± 7; ± 12; ± 25

2 Löse die Gleichungen grafisch ($\mathbb{D} = \mathbb{R}$).

a) $x^2 = 10$ **b)** $2{,}5x^2 - 6 = 4$ **c)** $0{,}8x^2 = 5$
d) $1{,}5x^2 - 3 = 4{,}5$ **e)** $x^2 - 1{,}5 = -2{,}5$ **f)** $0{,}25x^2 - 0{,}5 = 1{,}25$

oHiMi
1–4

3 Begründe für $x \in \mathbb{R}$, dass die Gleichung …

a) $x^2 + 5 = 4$ keine Lösung hat. **b)** $25x^2 = 4$ zwei Lösungen hat.
c) $16x^2 = 0$ eine Lösung hat. **d)** $-6x^2 = 0$ eine Lösung hat.

4 Löse die Gleichungen im Kopf ($\mathbb{D} = \mathbb{R}$).

a) $x^2 = 4$ **b)** $0{,}5x^2 = 5$ **c)** $-9x^2 = -25$ **d)** $2x^2 = 4{,}5$
e) $5x^2 = 0$ **f)** $5x^2 = -1$ **g)** $0{,}5x^2 - 1 = 7$ **h)** $x^2 - 17 = -42$

5 Löse die Gleichungen rechnerisch.

a) $2x^2 - 4 = x^2 + 12$ **b)** $2 \cdot (x^2 + 1) = 4x^2$ **c)** $3x^2 - 14 = 2 - (6 - x^2)$
d) $\frac{4}{3}x^2 = \frac{2}{3} - x^2$ **e)** $\frac{1}{2} \cdot \left(\frac{5}{2} - \frac{1}{2}x^2\right) = \frac{1}{4}x^2 - 2$ **f)** $\frac{x^2}{4} + \frac{1}{8} - \frac{x^2}{2} = \frac{1}{2} + 2 \cdot \left(\frac{x^2}{2} + \frac{1}{4}\right)$

oHiMi
6–8

6 Finde jeweils eine quadratische Gleichung, deren Lösung mithilfe der grafischen Darstellung ermittelt werden kann. Gib die Lösungsmenge an ($\mathbb{D} = \mathbb{R}$).

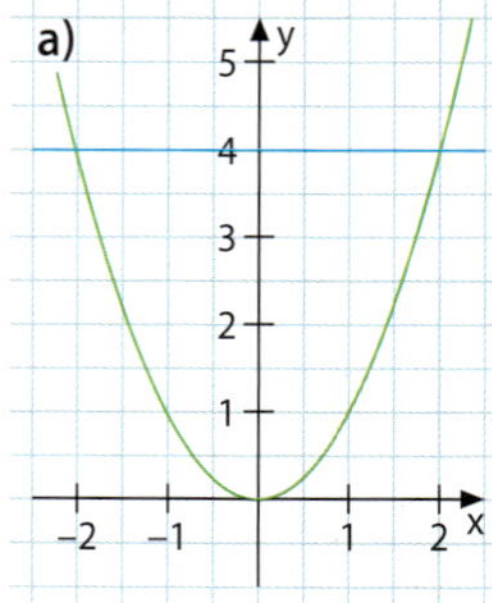

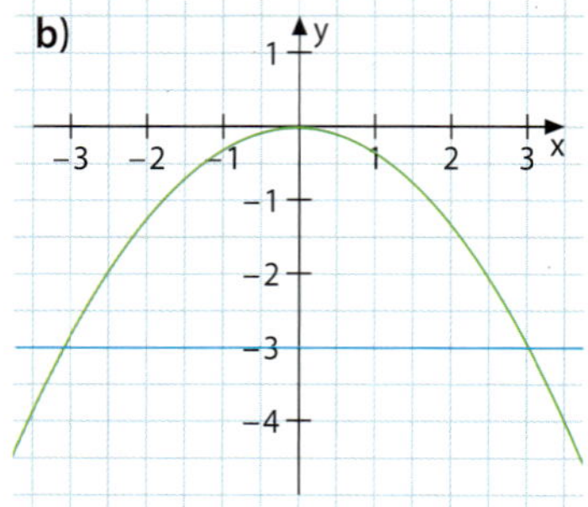

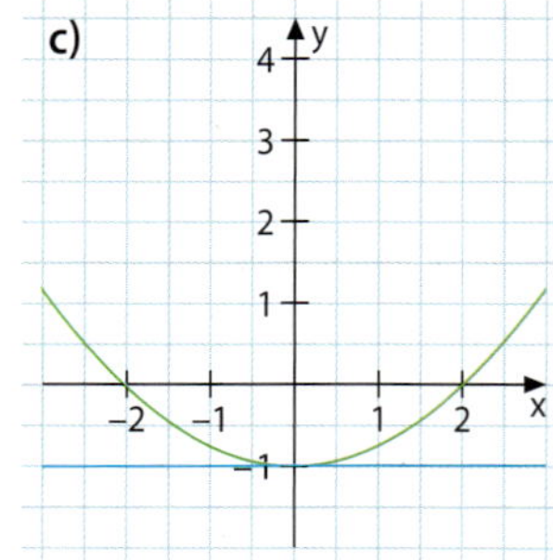

7 Forme die Gleichung in die Form $x^2 + q = 0$ um und löse diese grafisch ($\mathbb{D} = \mathbb{R}$). Beschreibe dein Vorgehen.

a) $24x^2 + 48 = 78x^2 - 6$
b) $3x^2 - 8 = 27 - 12x^2$
c) $(2x + 1) \cdot (4x + 2) = 8x + 12$
d) $(6x - 2) \cdot (6x + 2) = 1292$
e) $2x^2 - 10 = 7x^2 - 5{,}2$
f) $(x + \sqrt{2}) \cdot (x - \sqrt{2}) = 0$

8 Entscheide für alle reellen Zahlen x, ob die Gleichung keine, eine oder zwei Lösungen hat. Begründe deine Entscheidung.

a) $-5x^2 = 0$
b) $\frac{1}{2}x^2 - 4 = 0$
c) $2x^2 - \frac{1}{2} = 0$
d) $\frac{1}{4}x^2 - 12 = 4$
e) $5x^2 - 9 = -24$
f) $7x^2 - 37 = -8x^2 - 38$

9 Gib zur angegebenen Lösungsmenge eine quadratische Gleichung an.

a) $\mathbb{L} = \{-3; 3\}$
b) $\mathbb{L} = \{-\sqrt{0{,}5}; \sqrt{0{,}5}\}$
c) $\mathbb{L} = \{-3\sqrt{2}; 3\sqrt{2}\}$
d) $\mathbb{L} = \{0\}$
e) $\mathbb{L} = \{\,\}$
f) $\mathbb{L} = \{-\frac{1}{2}; \frac{1}{2}\}$

10 Überprüfe die rechnerische Lösung der Gleichungen. Berichtige im Heft.

a)
$x^2 + 9 = 0 \quad | \sqrt{\ }$
$x + 3 = 0$
$\mathbb{L} = \{-3\}$

b)
$4 - x^2 = 29 \quad | -4$
$-x^2 = 25 \quad | \sqrt{\ }$
$\mathbb{L} = \{-5; 5\}$

11 Quadratische Gleichungen können auch über Wertetabellen mit dem Taschenrechner gelöst werden. Beschreibe an einem selbst gewählten Beispiel dein Vorgehen.

12 Gib eine Gleichung an und löse diese. Gib den Definitionsbereich an.

a) Addiert man 33 zum Quadrat einer natürlichen Zahl, so erhält man 154.
b) Multipliziert man eine ganze Zahl mit sich selbst und subtrahiert 71, so erhält man 98.
c) Multipliziert man das Dreifache einer natürlichen Zahl mit dem Fünffachen dieser Zahl, so erhält man 375.
d) Das Fünffache einer natürlichen Zahl multipliziert mit ihrer Hälfte ergibt 250.

13 a) Die Seite eines Quadrats ist 8,5 cm lang. Ermittle die Länge der Diagonale.
b) Die Diagonale eines Quadrats ist 9,2 cm lang. Berechne seine Seitenlänge.
c) Der Oberflächeninhalt eines Würfels beträgt 1350 cm^2. Berechne seine Kantenlänge.

14 a) Ein quadratisches Grundstück hat einen Flächeninhalt von 1,5625 ha. Berechne die Seitenlänge des Grundstücks.

b) Ein Fußballfeld ist doppelt so lang wie breit. Der Flächeninhalt des Fußballfeldes ist 6272 m^2 groß. Berechne die Maße des Fußballfelds.

15 Auf einer Palette befinden sich 288 quadratische Fliesen. Laut Lieferschein reicht eine Palette für eine Fläche von 25,92 m^2. Ermittle die Seitenlängen dieser Fliesen.

16 Bestimme rechnerisch die Lösung der quadratischen Gleichung in $\mathbb{R}$.

a) $6x^2 - 1424 = -1700$
b) $3x^2 + 420 = 1095$
c) $-7x^2 + 450 = -922$
d) $14x^2 = -10\,206$

17 **1** $x^2 = a$ **2** $\frac{1}{2}x^2 - a = 0$ **3** $2x^2 = -a$

4 $\frac{1}{2}x^2 - 4a = 0$ **5** $7x^2 - 7a = 0$ **6** $ax^2 - a = 0$

Gib Zahlen für a so an, dass die Gleichung zwei, eine oder keine Lösung(en) hat ($-5 \leq a \leq 5$). Begründe deine Lösung rechnerisch oder grafisch.

18 Gib Gleichungen an, um die Schnittpunkte der Graphen zu bestimmen.
Löse diese rechnerisch. Überprüfe mit der grafischen Darstellung.

a)
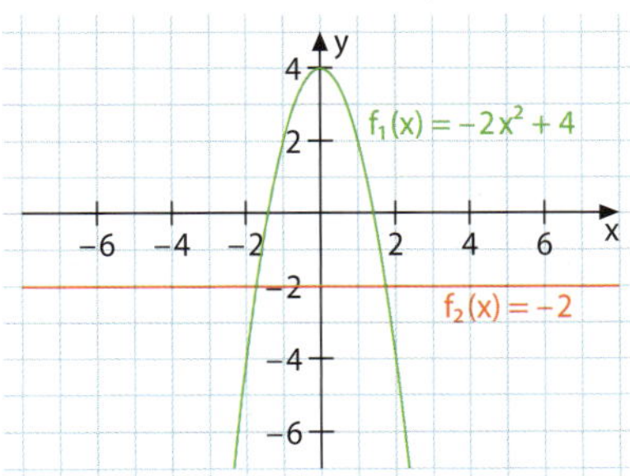

b)
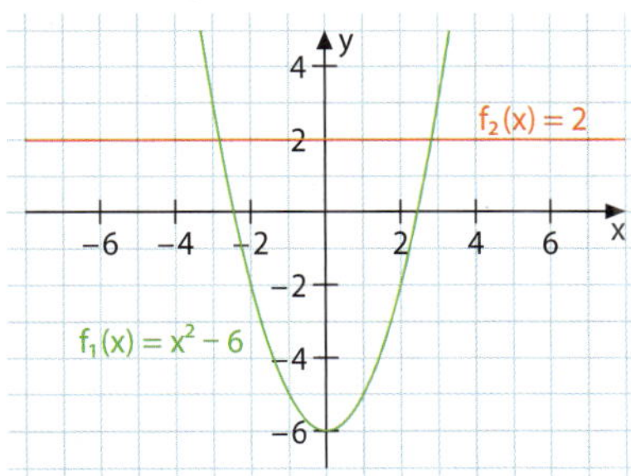

19 Bestimme den Definitionsbereich und die Lösungsmenge der Gleichungen.

a) $\frac{7 - x}{4 + 2x} = \frac{x - 3}{x + 9}$
b) $\frac{3 + x}{-2x - 1} = \frac{1 - 2x}{x - 3}$
c) $\frac{12 - x}{2x - 2} = \frac{x + 6}{2 + x}$
d) $\frac{1{,}5x + 6}{x + 6{,}5} = \frac{x + 1}{2x - 3}$

Geschichte

Quadratische Gleichungen und Leonhard Euler

Leonhard Euler (1703–1783) ist einer der berühmtesten Mathematiker der Welt. In einem von Euler 1748 veröffentlichten Werk spielt zum ersten Mal der Begriff Funktion eine Rolle. Im Jahr 1770 wurde das Buch „Vollständige Anleitung zur Algebra" auf Deutsch veröffentlicht. Man findet in diesem Buch folgende Aufgaben:

1 Es wird eine Zahl gesucht, deren Hälfte mit ihrem 3. Theil multipliciret 24 gebe.

2 Man suche zwei Zahlen, deren Product = 35 und deren Differenz ihrer Quadraten = 24 ist.

- Löse diese historischen Aufgaben.
- Auf Euler geht auch die Schreibweise zurück, für eine Funktion das Symbol f(x) (sprich: „f von x") statt y zu verwenden. Gib die Bedeutung des Symbols f(x) an.

Entdecken

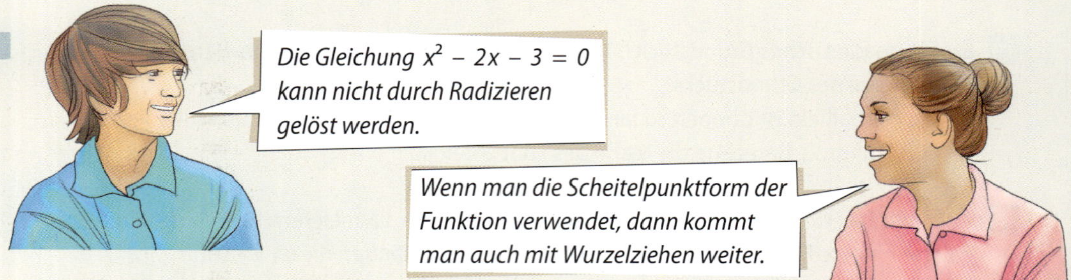

- Überprüfe Jakobs Aussage.
- Finde eine Möglichkeit, die Gleichung zu lösen und beurteile Evas Aussage.

Verstehen

Wie bei quadratischen Funktionen bestehen auch quadratische Gleichungen in ihrer allgemeinen Form aus einem quadratischen Glied (z. B. x^2, ax^2), aus einem linearen Glied (z. B. bx, px) und aus einem konstanten Glied (z. B. c, q).

Quadratische Gleichungen nennt man auch ***Gleichungen 2. Grades****.*

Liegt eine quadratische Gleichung in der Form $x^2 + px + q = 0$ vor, so spricht man von der **Normalform** einer quadratischen Gleichung.
Jede **allgemeine Form** einer quadratischen Gleichung $ax^2 + bx + c = 0$ lässt sich durch Division durch a auf diese Normalform bringen.
Jede quadratische Gleichung kann auf verschiedene Arten gelöst werden.

Beispiel: $x^2 + 6x + 5 = 0$

1 rechnerisch: Umformen mit binomischer Formel und quadratischer Ergänzung.

$$\underbrace{x^2 + 6x + 3^2}_{(x+3)^2}\ \underbrace{- 3^2 + 5}_{-4} = 0 \qquad | + 4$$
$$(x + 3)^2 = 4$$
$$x + 3 = \pm 2 \qquad | - 3$$
$$x_1 = -5;\ x_2 = -1$$
$$\mathbb{L} = \{-5; -1\}$$

2 grafisch: Nullstellen der zugehörigen quadratischen Funktion $f(x) = x^2 + 6x + 5$ bestimmen.

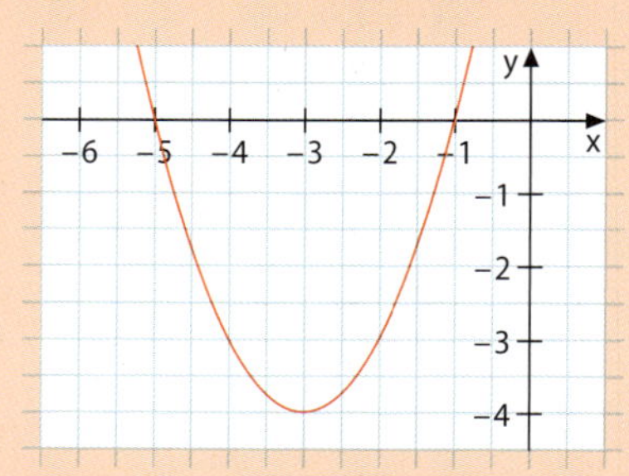

$x_1 = -5;\ x_2 = -1$
$\mathbb{L} = \{-5; -1\}$

Beispiele

1. Gegeben ist die Gleichung $4x^2 + 1 + 6x = 2x$.
a) Forme die Gleichung in die Normalform um. **b)** Löse die Gleichung.

Lösung:

a)
$$4x^2 + 1 + 6x = 2x \qquad | - 2x$$
$$4x^2 + 4x + 1 = 0 \qquad | : 4$$
$$x^2 + x + \frac{1}{4} = 0$$

b) Binomische Formel anwenden und Lösung ablesen: $\left(x + \frac{1}{2}\right)^2 = 0$; $\mathbb{L} = \left\{-\frac{1}{2}\right\}$

2. Bestimme die Lösungsmenge der Gleichung $x^2 - 2x - 3 = 0$.

Lösung:

rechnerisch:

$$x^2 - 2x + 1^2 - 1^2 - 3 = 0$$
$$(x - 1)^2 - 4 = 0 \quad | + 4$$
$$(x - 1)^2 = 4$$
$$x - 1 = \pm 2 \quad | + 1$$
$$x_1 = -1;\ x_2 = 3$$
$$\mathbb{L} = \{-1; 3\}$$

grafisch:

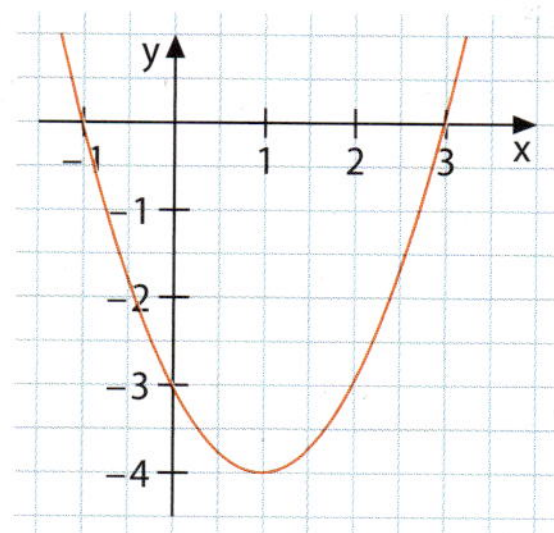

3. Löse die Gleichung $(x - 2)^2 = 5$.

Lösung:

Das Quadrat der Zahlen $-\sqrt{5}$ und $\sqrt{5}$ ergibt 5.
Also muss gelten $x - 2 = -\sqrt{5}$ bzw. $x - 2 = \sqrt{5}$.
Somit ergeben sich die beiden Lösungen $x_1 = -\sqrt{5} + 2$ bzw. $x_2 = \sqrt{5} + 2$.

Nachgefragt

- Begründe, dass die Anzahl der Lösungen für $(x + a)^2 = d$ von d abhängt.
- Gib die Lösungsmenge von $(x + a) \cdot (x + b) = 0$ $(a, b \in \mathbb{R})$ in Abhängigkeit von a und b an. Untersuche dabei folgende Fälle:
  1 $a = b$ **2** $a = -b$ **3** $b = 0$

Aufgaben

oHiMi 1–3

1 Gib die Anzahl der Lösungen der Gleichung an. Löse sie anschließend $(\mathbb{D} = \mathbb{R})$.

a) $x^2 - 1 = 1{,}5x$ **b)** $3 - x^2 = 2x$
c) $8 \cdot (x + 1) \cdot (x - 1) - 36 \cdot (2x - 5) = 18$
d) $x \cdot (2x - 1{,}5) = -1{,}5$ **e)** $3 \cdot (3 - x) \cdot (3 + x) = 0$ **f)** $4x \cdot (x + 8) = 4x - 49$

2 Löse die quadratischen Gleichungen grafisch in $\mathbb{R}$.

a) $x^2 = 2x + 3$ **b)** $x^2 - 6x + 5 = 0$ **c)** $4x^2 + 36x + 77 = 0$
d) $x^2 - x = 0{,}75$ **e)** $x \cdot (x - 1) = -2$ **f)** $x^2 + 2x = 0$

3 Übertrage die Tabelle in dein Heft und vervollständige sie.

a)

Gleichung	p	q
$x^2 + 9x - 7 = 0$	9	−7
$16 - x^2 = 2x$	2	
$0 = 2{,}5 - 3{,}5x + x^2$		
$8 \cdot (x - 4) = x^2$		
$(x + 1) \cdot (x - 3) = 0$		
$2x^2 + 9 = x^2 - 3$		
	$\frac{1}{5}$	$-\frac{3}{8}$

b)

Gleichung	a	b	c
$2x^2 + 4x - 6 = 0$	2	4	−6
$3x^2 + 6 = -3x$	3		
$4 \cdot (2 - 7x) = -x^2$			−8
$5 \cdot (x + 4) \cdot (3 - 2x) = 0$			
$\frac{x^2}{3} - \frac{2}{3}x = 0$			
$(0{,}5 + 4x) \cdot (0{,}5 - 4x) = 0$			
	12,3	−1,2	1,2

4 Löse rechnerisch $(\mathbb{D} = \mathbb{R})$. Runde gegebenenfalls auf zwei Dezimalen.

a) $2x^2 + 6x = x^2 - 3$ **b)** $2 \cdot (x - 2)^2 + x^2 = x \cdot (x + 3)$
c) $x^2 - 3x + 16 = 2x^2 - 6x + 3$ **d)** $4x^2 - 9 - x \cdot (x - 4) = (-2x + 4)^2$
e) $(x + 7) \cdot (x + 3) = (x - 3) \cdot (x + 1)$ **f)** $(x - 2) \cdot (x + 3) = (x - 3) \cdot (x + 2)$

Lösungen zu 4:
$\mathbb{L} = \{-2{,}41; 5{,}41\}$;
$\mathbb{L} = \{0{,}86; 4{,}64\}$;
$\mathbb{L} = \{-5{,}45; -0{,}55\}$;
$\mathbb{L} = \{-2\}$; $\mathbb{L} = \{0\}$;
$\mathbb{L} = \{1{,}34; 18{,}66\}$

Als Lösungswort ergibt sich ein bekannter mathematischer Satz.

oHiMi 5–7

5 Ordne den Gleichungen die richtige Lösungsmenge zu ($\mathbb{D} = \mathbb{R}$).

1 $x^2 + 4x + 3 = 0$	2 $x^2 + 2x - 15 = 0$	3 $x^2 + 3x + 2{,}25 = 0$
4 $x^2 - 4x + 5 = 0$	5 $x^2 - 5x + 4 = 0$	6 $x^2 + 3x + 2 = 0$
7 $0 = x^2 + \frac{7}{20}x - \frac{3}{10}$	8 $x^2 - 6x + 9 = 0$	9 $x^2 + 2{,}5x - 3{,}5 = 0$
10 $x^2 - x = 0$	11 $x^2 + 2{,}5x + 3 = 0$	12 $0 = 12 + 8x + x^2$

I $\mathbb{L} = \{-3{,}5; 1\}$	S $\mathbb{L} = \{-3; -1\}$	A $\mathbb{L} = \{-5; 3\}$
E $\mathbb{L} = \{0; 1\}$	V $\mathbb{L} = \{3\}$	T $\mathbb{L} = \{\ \}$
V $\mathbb{L} = \{1; 4\}$	O $\mathbb{L} = \{-2; -1\}$	A $\mathbb{L} = \{-6; -2\}$
T $\mathbb{L} = \{-1{,}5\}$	Z $\mathbb{L} = \{\ \}$	N $\mathbb{L} = \{-0{,}75; 0{,}4\}$

6 Opossum „Heidi" aus dem Leipziger Zoo konnte die Lösungen „sehen". Du auch? Überprüfe deine Lösung durch Rechnung ($\mathbb{D} = \mathbb{R}$).

Bedenke: Ein Produkt ist genau dann null, wenn mindestens ein Faktor null ist.

a) $(x + 3) \cdot (x - 5) = 0$
b) $\left(x + \frac{1}{2}\right) \cdot (x + 0{,}2) = 0$
c) $x \cdot (x - 4) = 0$
d) $(x + 0{,}5) \cdot (x - 0{,}5) = 0$
e) $x^2 - 12x = 0$
f) $\frac{x}{2} \cdot \left(x - \frac{1}{2}\right) = 0$

Weiterdenken

Sonderfälle quadratischer Gleichungen:
Quadratische Gleichungen, die äquivalent umgeformt werden können in …

- $x^2 + q = 0$, ($q \in \mathbb{R}$, $q < 0$)
  haben die Lösungen: $x_1 = -\sqrt{q}$ und $x_2 = \sqrt{q}$
- $x^2 + px = 0$ ($p \in \mathbb{R}$) bzw. $x \cdot (x + p) = 0$
  haben die Lösungen: $x_1 = 0$ und $x_2 = -p$.

7 Kira soll die Lösungsmenge der Gleichung $x + 5x^2 = 3x^2 - 7x$ im Bereich der reellen Zahlen bestimmen.
Beschreibe ihr Vorgehen in eigenen Worten.

$x + 5x^2 = 3x^2 - 7x \quad | -3x^2 + 7x$
$8x + 2x^2 = 0$
$2x\,(4 + x) = 0$
1. Fall: $2x = 0$ 2. Fall: $4 + x = 0$
$\mathbb{L} = \{-4; 0\}$

8 Löse die Gleichungen in $\mathbb{R}$. Gehe dabei möglichst geschickt vor.

a) $3x - x^2 = 0$
b) $25 + 10x + x^2 = 0$
c) $2x^2 - 128 = 0$
d) $-\frac{1}{4}d + 0{,}5d^2 = d$
e) $\frac{1}{9} + e^2 = \frac{2}{3}e$
f) $3g \cdot (g - 5) = 3g$
g) $2k^2 + 15k + 3k^2 = 0$
h) $-6 + x \cdot (x + 2) - 2x = 0$
i) $y^2 + 0{,}64 = 1{,}6y$

9 Bestimme die Lösungsmenge im Bereich der reellen Zahlen.

a) $x^2 - 225 = 0$ b) $-x^2 = -81$ c) $a^2 + 2{,}5a = 0$

d) $b^2 = 11b$ e) $4c^2 + 3c = 5c^2 + 2c$ f) $(2k + 1) \cdot (3 - k) = 0$

Lösungen zu 9:
$\mathbb{L} = \{-15; 15\}$;
$\mathbb{L} = \{-2{,}5; 0\}$;
$\mathbb{L} = \{-9; 9\}$;
$\mathbb{L} = \{-0{,}5; 3\}$;
$\mathbb{L} = \{0; 11\}$; $\mathbb{L} = \{0; 1\}$

10 Gib jeweils zwei quadratische Gleichungen an, die folgende Lösungen haben.

a) $x_1 = 5$; $x_2 = -5$ b) $x_1 = -8$; $x_2 = 0$ c) $x_1 = \sqrt{2}$; $x_2 = -\sqrt{2}$

11 Lucia und Florian haben die Gleichung $\frac{1}{2}x^2 - 3x = 2x$ unterschiedlich gelöst. Beurteile die beiden Lösungswege ($\mathbb{D} = \mathbb{R}$).

Lucia:

$\frac{1}{2}x^2 - 3x = 2x \quad | -2x$

$\frac{1}{2}x^2 - 5x = 0 \quad | :x$

$\frac{1}{2}x - 5 = 0$

$\mathbb{L} = \{10\}$

Florian:

$\frac{1}{2}x^2 - 3x = 2x \quad | -2x$

$\frac{1}{2}x^2 - 5x = 0 \quad | \cdot 2$

$x^2 - 10x = 0$

$x \cdot (x - 10) = 0$

$\mathbb{L} = \{0; 10\}$

12 Bestimme die Lösungsmenge in $\mathbb{R}$.

a) $3a = a^2$ b) $b^2 + 4b + 5b^2 = 2b - b^2$

c) $(c + 2) \cdot (c - 2) = (c + 2)$ d) $(x + 3) \cdot (x - 2) = (x - 2) \cdot (x + 3)$

e) $(x - 4)^2 - (x - 4) = 0$ f) $2k^2 - 30k + 75 = k^2 + 75$

13 Bei den Gleichungen wurden die Lösungsmengen verwechselt ($\mathbb{D} = \mathbb{R}$). Ordne entsprechend zu. Begründe deine Entscheidung.

1 $(x + 2)^2 = 9$; $\mathbb{L} = \{0; -2\}$

2 $x^2 = 9x$; $\mathbb{L} = \{6; 12\}$

3 $(x + 2) \cdot x = 0$; $\mathbb{L} = \{-3; -2\}$

4 $(x - 9)^2 = 9$; $\mathbb{L} = \{0; 9\}$

5 $(x + 2) \cdot (x + 3) = 0$; $\mathbb{L} = \{-1; 1\}$

6 $x^2 - 1 = 0$; $\mathbb{L} = \{-5; 1\}$

14 Bestimme die Zahl.

a) Subtrahiert man vom Quadrat einer natürlichen Zahl das Dreifache der Zahl, so erhält man 130.

b) Die Differenz aus einer Zahl und ihrem Kehrwert ist 2,1.

c) Man erhält die fünffache Differenz einer Zahl und 3, wenn man die Zahl mit der Summe der Zahl und 13 multipliziert.

15 Bestimme die Belegung des Koeffizienten a so, dass die Gleichung keine, eine oder zwei Lösung(en) hat.

a) $x^2 - 4x + a = 0$ b) $x^2 + ax + 12 = 0$ c) $(x - a)^2 = 0$

16 Bestimme den Definitionsbereich und die Lösungsmenge der Gleichungen.

a) $\frac{x + 1}{x + 2} = \frac{x + 3}{x + 4}$ b) $\frac{4x + 4}{x + 2} + x = 0$ c) $\frac{3x + 1}{-4 - 5x} = \frac{-x - 1}{2x + 0{,}5}$

Entdecken

Bei der rechnerischen Lösung der Normalform einer quadratischen Gleichung werden stets dieselben Lösungsschritte durchlaufen. Eine Umformung der Normalform $x^2 + px + q = 0$ ($p, q \in \mathbb{R}$) ergibt eine Lösungsformel, mit der alle Gleichungen dieser Art gelöst werden können.

- Übertrage die Umformung ins Heft und setze sie zur Herleitung einer Lösungsformel weiter fort.

$$x^2 + px + q = 0$$
$$x^2 + px + \left(\frac{p}{2}\right)^2 - \left(\frac{p}{2}\right)^2 + q = 0$$

- Überprüfe, unter welchen Bedingungen für p und q die quadratische Gleichung keine, eine bzw. zwei Lösung(en) hat.

Verstehen

Zum rechnerischen Lösen quadratischer Gleichungen gibt es eine Lösungsformel, die sich auf die Normalform anwenden lässt.

Das grafische Lösen einer quadratischen Gleichung liefert oft Näherungswerte. Rechnerisch lassen sich viele quadratische Gleichungen nur durch zeitaufwändige Umformungen lösen. Wendet man diese Umformungen auf eine quadratische Gleichung in der **Normalform** ($x^2 + px + q = 0$ mit $p, q \in \mathbb{R}$) an, erhält man die Lösungen

$x_1 = -\frac{p}{2} - \sqrt{\left(\frac{p}{2}\right)^2 - q}$ und $x_2 = -\frac{p}{2} + \sqrt{\left(\frac{p}{2}\right)^2 - q}$.

Diese Lösungen fasst man in der **Lösungsformel** für quadratische Gleichungen in Normalform zusammen: $x_{1/2} = -\frac{p}{2} \pm \sqrt{\left(\frac{p}{2}\right)^2 - q}$.

Die Lösungsformel für die Normalform wird auch als p-q-Formel bezeichnet.

Beispiel

1. Löse die Gleichungen in $\mathbb{R}$ ohne Hilfsmittel mit der Lösungsformel. Beschreibe dein Vorgehen.

a) $x^2 - 3x + 2 = 0$ **b)** $3x^2 + 6 = -12x$

Lösung:

1 Prüfen auf Normalform und Bestimmen von p und q:

a) Die Normalform liegt vor.

Es sind $p = -3$ und $q = 2$.

b) Die Gleichung wird in die Normalform umgeformt:

$$3x^2 - 9 = -12x \quad | + 12x$$
$$3x^2 + 12x - 9 = 0 \quad | : 3$$
$$x^2 + 4x - 3 = 0$$

Es sind $p = 4$ und $q = -3$.

2 Die Lösungsformel wird angewendet:

a)

$$x_{1/2} = -\frac{p}{2} \pm \sqrt{\left(\frac{p}{2}\right)^2 - q}$$
$$x_{1/2} = -\frac{-3}{2} \pm \sqrt{\left(\frac{-3}{2}\right)^2 - 2}$$
$$x_{1/2} = \frac{3}{2} \pm \sqrt{\frac{9}{4} - 2}$$
$$x_{1/2} = \frac{3}{2} \pm \frac{1}{2}$$
$$x_1 = 1 \qquad x_2 = 2$$
$$\mathbb{L} = \{1; 2\}$$

b)

$$x_{1/2} = -\frac{p}{2} \pm \sqrt{\left(\frac{p}{2}\right)^2 - q}$$
$$x_{1/2} = -2 \pm \sqrt{\left(\frac{4}{2}\right)^2 - (-3)}$$
$$x_{1/2} = -2 \pm \sqrt{7}$$
$$x_1 = -2 - \sqrt{7} \qquad x_2 = -2 + \sqrt{7}$$
$$\mathbb{L} = \{-2 - \sqrt{7}; -2 + \sqrt{7}\}$$

- Peter behauptet: „Wenn q positiv ist, besitzt die Normalform der quadratischen Gleichung keine Lösung." Hat Peter Recht? Begründe.
- Annika sagt: „Wenn $a > -1$ ist, hat die Gleichung $ax^2 + 2x - 1 = 0$ immer zwei Lösungen." Argumentiere zu Annikas Behauptung.

Nachgefragt

Aufgaben

oHiMi
1–3, 5

1 Ermittle jeweils die Parameter p und q für die zugehörige Normalform.

a) $5x^2 + 15x - 10 = 0$ **b)** $-x^2 + 2{,}5x - 1{,}5 = 0$ **c)** $3x - x^2 + 4 = 0$
d) $8 - 7x = x^2$ **e)** $x^2 + 3 = 4x$ **f)** $2x^2 + 6x = 10$
g) $x \cdot (x - 5) + 1 = 0$ **h)** $x \cdot (2 - x) = 0$ **i)** $4x^2 + 6 = 6x^2 + 4$

2 Löse die Gleichungen mit der Lösungsformel in $\mathbb{R}$.

a) $x^2 - 3x - 4 = 0$ **b)** $x^2 + 3x - 10 = 0$ **c)** $x^2 + 5x - 6 = 0$
d) $x^2 + 4x = 0$ **e)** $x^2 - 8x + 15 = 0$ **f)** $x^2 + 5x + 6 = 0$

3 Löse die Gleichungen $x^2 = 121$ und $x^2 = -2x$ im Bereich der reellen Zahlen. Erläutere mindestens zwei verschiedene Lösungswege.

4 Bestimme die Lösungsmenge ($\mathbb{D} = \mathbb{R}$).

a) $x^2 + 14x + 48 = 0$ **b)** $x^2 - 16x + 15 = 0$ **c)** $x^2 + 3x - 88 = 0$
d) $x^2 + 5x + 6 = 0$ **e)** $x^2 - 7{,}5x - 8{,}5 = 0$ **f)** $x^2 - \frac{2}{3}x + \frac{1}{12} = 0$
g) $3x^2 + 12x - 15 = 0$ **h)** $0{,}4x^2 - 4x - 4{,}4 = 0$ **i)** $0{,}5x^2 - 0{,}5x - 0{,}375 = 0$
j) $-6x^2 + 6x + 36 = 0$ **k)** $\frac{1}{2}x^2 - \frac{1}{4}x + \frac{1}{32} = 0$ **l)** $\frac{4}{9}x^2 + \frac{5}{2} = 0$

5 Erläutere die einzelnen Umformungsschritte in der Herleitung der Lösungsformel. Vergleiche mit den Umformungen der Einstiegsaufgabe dieses Kapitels.

$$x^2 + px + q = 0$$
$$x^2 + px = -q$$
$$x^2 + px + \left(\frac{p}{2}\right)^2 = \left(\frac{p}{2}\right)^2 - q$$
$$\left(x + \frac{p}{2}\right)^2 = \left(\frac{p}{2}\right)^2 - q$$
$$\left|x + \frac{p}{2}\right| = \sqrt{\left(\frac{p}{2}\right)^2 - q}$$
$$x + \frac{p}{2} = \pm\sqrt{\left(\frac{p}{2}\right)^2 - q}$$
$$x_{1/2} = -\frac{p}{2} \pm \sqrt{\left(\frac{p}{2}\right)^2 - q}$$

Lösungen zu 6:
−23; −14,5; −13; −4; −4; −3; 0; 1; 1,5; 3; 3,5; 7; 9; 11; 14; 16

6 Bestimme jeweils die Lösungsmenge mit einer Methode deiner Wahl ($\mathbb{D} = \mathbb{R}$).

a) $x^2 - 14x + 33 = 0$ **b)** $x^2 + 14x = 207$ **c)** $x^2 - 12x = 64$
d) $x^2 - 10x = 56$ **e)** $x^2 + 11x = 50{,}75$ **f)** $-x^2 - 13x = 0$
g) $7x^2 + 14x = 21$ **h)** $2x^2 + 98 = 28x$ **i)** $4x^2 + 9 = 12x$

7 Vereinfache die Gleichungen. Löse dann mit einer Methode deiner Wahl ($\mathbb{D} = \mathbb{R}$).

a) $6x^2 + 14x + 23 = 7x^2 + 23x - 29$ **b)** $\frac{1}{2}x^2 - \frac{1}{2}x - 16 = x + 19$
c) $9x^2 + 13x - 3 = 7x^2 + 14x + 7$ **d)** $8x - 3x^2 - 12 = 9 - 2x - 2x^2$

8 Multipliziere zuerst die Klammern aus und löse dann mit einer Methode deiner Wahl ($\mathbb{D} = \mathbb{R}$).

a) $4 \cdot (x + 2) = x^2 + 2x$ **b)** $(4x - 4) \cdot (x + 1) = x^2 + 5$
c) $\left(\frac{x}{2} - \frac{1}{3}\right) \cdot \left(\frac{x}{2} + \frac{1}{3}\right) = \frac{4}{9} - x^2$ **d)** $\left(\frac{4}{3}x - 2\right) \cdot \left(\frac{3}{4}x + 1\right) = \left(2x - \frac{2}{3}\right) \cdot (x + 3)$

9 Die beiden Lösungen für eine quadratische Gleichung in der Normalform schreibt man oft verkürzt in der Form $x_{1/2} = -\frac{p}{2} \pm \sqrt{\left(\frac{p}{2}\right)^2 - q}$.
Gib die Lösungen der Gleichungen in der genannten Form an ($\mathbb{D} = \mathbb{R}$).

a) $\frac{1}{2}x^2 + x - 2 = 0$ **b)** $-3x^2 + 6x = -6$ **c)** $\frac{3}{4}c - 6 = -3c^2$
d) $\frac{3}{4}d = d^2 - 9$ **e)** $0{,}2k^2 + 1{,}5 = -2k$ **f)** $1{,}4m^2 + m = 2 - 4m^2$

10 Vervollständige die Gleichungen so, dass sie die angegebene Lösungsmenge in $\mathbb{R}$ haben.

a) $x^2 + 6x + \square = 0$ $\mathbb{L} = \{-2; -4\}$ **b)** $b^2 - \square = 10b$ $\mathbb{L} = \{2; 8\}$
c) $a^2 + 8a = \square$ $\mathbb{L} = \{-6; -2\}$ **d)** $3g^2 - 4g + \square = 2g^2$ $\mathbb{L} = \{-1; 5\}$

11 Bestimme die Lösungen der quadratischen Gleichung mit der Lösungsformel im Bereich der reellen Zahlen. Was fällt dir auf?

1 $2x^2 + x - 15 = 0$ **2** $9x^2 - 9x + 2{,}25 = 0$ **3** $x^2 - 0{,}1x + 0{,}9 = 0$

Weiterdenken

In der Lösungsformel der quadratischen Gleichung treten Wurzeln auf. Den Term unter der Wurzel in der Lösungsformel hast du bereits bei den quadratischen Funktionen kennengelernt. Du kannst ihn als **Diskriminante D**: $D = \left(\frac{p}{2}\right)^2 - q$

Die **Anzahl der Lösungen** einer quadratischen Gleichung in der Normalform $x^2 + px + q = 0$ ($p, q \in \mathbb{R}$) ist abhängig von der Diskriminante D in der Lösungsformel.
Die quadratische Gleichung hat für …

- $D > 0$ genau zwei Lösungen: $x_1 = -\frac{p}{2} - \sqrt{\left(\frac{p}{2}\right)^2 - q}$ und $x_2 = -\frac{p}{2} + \sqrt{\left(\frac{p}{2}\right)^2 - q}$.
- $D = 0$ genau eine Lösung: $x = -\frac{p}{2}$.
- $D < 0$ keine Lösung.

12 Ermittle für jede der quadratischen Gleichungen den Wert der Diskriminante. Gib die Anzahl der Lösungen in $\mathbb{R}$ an.

a) $x^2 + 4x - 3 = 0$ **b)** $x^2 - 6x = -10$ **c)** $3x^2 + 12x + 4 = 0$
d) $-x^2 - 30 = 10x$ **e)** $-5x^2 = x$ **f)** $\frac{1}{3}x^2 + 3 = x$

13 Ermittle die Anzahl der Lösungen. Bestimme anschließend die Lösungsmenge ($\mathbb{D} = \mathbb{R}$).

a) $a^2 + a + 2 = 0$ **b)** $\frac{1}{2}b^2 - \frac{3}{2}b = -\frac{5}{2}$ **c)** $-2c^2 + 6c + 18 = 0$

14 Gegeben ist eine quadratische Gleichung der Form $ax^2 = c$ ($a, c \in \mathbb{R}$, $a \neq 0$). Untersuche den Einfluss von a und c auf die Lösbarkeit der Gleichung.

15 Hat Carlo Recht? Begründe.

16 Die Gleichung $x^2 + 8x = a$ wünscht sich …

a) zwei Lösungen. **b)** -2 und eine weitere Zahl als Lösung.
c) zwei positive Lösungen. **d)** zwei negative Lösungen.
e) nur eine Lösung. **f)** eine positive und eine negative Lösung.

Finde für jeden Wunsch einen passenden Wert für a.

17 Es ist $-5 \leq x \leq 10$. Entscheide jeweils, ob die Aussage wahr ist. Begründe.

a) $(x - 5)^2 \leq 100$ **b)** $0 \leq (x + 1)^2 \leq 121$ **c)** $0 < (x - 3)^2 < 50$

18 Entscheide, ob die Gleichung zwei, eine oder keine Lösung(en) hat. Begründe.

a) $\frac{1}{2}x^2 - \frac{7}{10}x + \frac{1}{4} = 0$ **b)** $\frac{1}{2}x^2 - \frac{1}{3}x + \frac{1}{6} = 0$
c) $\frac{1}{24}x^2 + \frac{1}{12}x + 1{,}5 = 0$ **d)** $x^2 - \frac{x}{2} + \frac{17}{18} = 0$
e) $x^2 + \frac{26}{5}x + 1 = 0$ **f)** $x \cdot (x + 4) + 5 = -1 - (2x + 3)$

19 Löse die Gleichungen ($\mathbb{D} = \mathbb{R}$).

a) $x \cdot (x + 11) = 6 \cdot (x + 4)^2$ **b)** $x^2 - 10 \cdot (x - 4)^2 = 2x$
c) $(x + 2)^2 = 2 \cdot (x - 3)^2 + 1$ **d)** $6x - (x - 4)^2 = 104 - 3x^2$

Lösungen zu 19:
$\mathbb{L} = \{1; 15\}$; $\mathbb{L} = \{-12; 5\}$; $\mathbb{L} = \{\ \}$; $\mathbb{L} = \{\frac{10}{3}; \frac{16}{3}\}$

20 Bestimme zuerst mithilfe der Diskriminante die Anzahl der Lösungen und dann die Lösungsmenge im Bereich der reellen Zahlen.

a) $2x^2 - 10x + 21 = 0$ **b)** $-x^2 - 10x - 10{,}5 = 0$ **c)** $3x^2 + 6x - 105 = 0$
d) $3{,}5x^2 = 1{,}75x + 5{,}25$ **e)** $100x \cdot (x + 3) = 559$ **f)** $4x^2 - 9 = -x^2 + 16$
g) $1{,}5x^2 + 0{,}5\sqrt{2} \cdot x = 1$ **h)** $x^2 - 4 \cdot (\sqrt{12} - \sqrt{6}) \cdot x - 12\sqrt{4} = 0$

21 **a)** Die Seiten eines Rechtecks sind 4 cm und 7 cm lang. Eine Seite wird um x cm verkürzt, die andere um x cm verlängert. Bestimme x so, dass das neue Rechteck den Flächeninhalt 21,25 cm² hat.

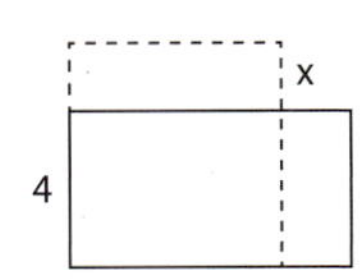

b) Die Seiten eines Quadrats der Seitenlänge 12 cm werden um x cm verkürzt bzw. 2x cm verlängert. Kann ein Rechteck mit dem Flächeninhalt 165 cm² (160 cm²) entstehen?

c) Die Höhe eines Quaders beträgt 7 cm. Die Länge des Quaders ist gegenüber der Höhe um x cm verlängert. Bestimme x so, dass das Volumen des Quaders 318 cm³ beträgt.

d) Die Höhe eines geraden Kreiszylinders ist 3 cm länger als der Radius. Ermittle die Höhe und den Radius so, dass der Oberflächeninhalt 10π cm beträgt.

Weiterdenken

Tritt in einer quadratischen Gleichung neben der Hauptvariablen (hier: x) noch ein Parameter auf, dann hängt die Lösbarkeit der Gleichung von diesem Parameter ab. Mithilfe der Diskriminanten kann die Lösbarkeit der Gleichung untersucht werden.

22 Beschreibe das Vorgehen aus den folgenden Beispielrechnungen mit eigenen Worten.

1 Für welche Werte von m ist $x^2 - 8x + 2 - m = 0$ in $\mathbb{R}$ nicht lösbar?

$p = -8;\ q = 2 - m$

$D = \left(\frac{p}{2}\right)^2 - q$

$D = \left(-\frac{8}{2}\right)^2 - (2 - m)$

$= 16 - 2 + m$

$= 14 + m$

Die Gleichung ist für $D < 0$ nicht lösbar:

$14 + m < 0$

$\Leftrightarrow \quad m < -14$

$\mathbb{L} = \{\ \}$ für $m < -14$

2 Für welche Werte von a hat die Gleichung $x^2 + 2ax - 8 = 0$ zwei Lösungen in $\mathbb{R}$?

$p = 2a;\ q = -8$

$D = \left(\frac{p}{2}\right)^2 - q$

$D = \left(\frac{2a}{2}\right)^2 - (-8) = a^2 + 8$

Die Gleichung hat für $D > 0$ zwei Lösungen:

$a^2 + 8 > 0$

$\Leftrightarrow \quad a^2 > -8$

Für alle $a \in \mathbb{R}$ gilt $a^2 > -8$

$\mathbb{L} = \left\{-a + \sqrt{a^2 + 8};\ -a - \sqrt{a^2 + 8}\right\}$

für alle $a \in \mathbb{R}$

23 a) Für welche Werte von a hat die Gleichung in $\mathbb{R}$ zwei Lösungen? Bestimme die Lösungsmenge.

1 $x^2 - x + a = 0$ **2** $x^2 - \frac{a}{4} = 7x$ **3** $5x^2 - 7x = 49a$

b) Für welches t hat die Gleichung genau eine Lösung? Gib die Lösungsmenge an.

1 $0{,}2x^2 + 4x - 5t = 0$ **2** $4x^2 + 12 = 12x - t$ **3** $x^2 - (t + 0{,}5) \cdot x + \frac{25}{16} = 0$

c) Bestimme alle Werte von m, für die die Gleichung keine Lösung hat.

1 $x^2 - 13x = 2m - 3$ **2** $3x - 7x = \frac{1}{6}m - 2$ **3** $(2 - m) \cdot x^2 - 5x - 5 = 0$

24 Gegeben sind quadratische Gleichungen mit Parametern ($t, k, m \in \mathbb{R}$). Untersuche den Einfluss des Parameters auf die Anzahl der Lösungen.

a) $x^2 + 4tx + 1 = 0$ b) $-x^2 + 6kx + 6 = 0$ c) $2 \cdot (2x + 1) + 4m = 4x^2$

25 Gegeben sind quadratische Gleichungen mit Parametern ($a, b, c \in \mathbb{R}, c \neq 1$). Beschreibe den Einfluss des Parameters auf die Anzahl der Lösungen.

a) $6x = 4x^2 + 3 - 2a$ b) $5x \cdot (3 - 2x) = \frac{b}{2}$ c) $cx^2 - 3x = (x - 1) \cdot (x + 3)$

d) $x^2 + 2ax = 3a^2$ e) $2b \cdot (x + 4b) = bx^2$ f) $x \cdot \left(\frac{1}{3}x - \frac{a}{3}\right) + \frac{4}{3}a = 0$

26 a) Das Produkt zweier Zahlen beträgt –124. Wenn man eine Zahl um 3 vermindert, erhält man den fünften Teil der anderen Zahl. Untersuche, ob Zahlen mit den geforderten Eigenschaften existieren.

b) Denke dir selbst ähnliche Zahlenrätsel aus und präsentiere diese.

27 a) Erkläre, dass die Berechnung von Nullstellen einer Funktion dem Lösen einer Gleichung entspricht.

b) Berechne die Nullstellen der Funktionen ($\mathbb{D} = \mathbb{R}$).

1 $f(x) = x^2 + x - 6$ 2 $f(x) = x^2 - 2x - 8$ 3 $f(x) = 2x^2 - 6x - 8$

4 $f(x) = -\frac{1}{2}x^2 + x + 24$ 5 $f(x) = 3x^2 + 18x - 21$ 6 $f(x) = -\frac{1}{2}x^2 + 7x - 12$

28 Stelle eine Gleichung auf und berechne die gesuchten Zahlen.

a) Eine ganze Zahl soll mit ihrem Nachfolger multipliziert werden. Das Produkt beträgt 1332.

b) Das doppelte Quadrat einer Zahl ist um 2,5 größer als die Hälfte der Zahl.

c) Der dritte Teil einer reellen Zahl ist genauso groß wie das um 2 verminderte Quadrat dieser Zahl.

Geschichte

François Viète

François Viète (1540–1603) war ein begeisterter französischer Hobbymathematiker, der bis heute weltberühmt ist.
Unter anderem entdeckte er den Zusammenhang zwischen den Nullstellen einer quadratischen Funktion (verschobene Normalparabel) und der Normalform der zugehörigen Funktionsgleichung. Dieser Zusammenhang steckt im „Satz von Vieta" (Vieta ist die lateinische Form seines Nachnamens).

- Recherchiere über das Leben von François Viète.
- Nenne weitere bedeutende Erkenntnisse des Mathematikers François Viète.

Satz von Vieta
Besitzt die quadratische Gleichung $x^2 + px + q = 0$ die Lösungen x_1 und x_2, so gilt:
$x_1 + x_2 = -p$ und $x_1 \cdot x_2 = q$
Weiterhin gilt: $x^2 + px + q = (x - x_1) \cdot (x - x_2)$
Mithilfe dieses Satzes können beispielsweise Lösungen kontrolliert werden.

Beispiel:
Gegeben ist die Gleichung $x^2 + 2x - 15 = 0$.
Für $p = 2$ und $q = -15$ lassen sich mit der Lösungsformel die Lösungen $x_1 = -5$ und $x_2 = 3$ bestimmen. Die Gleichung kann in faktorisierender Form $(x + 5) \cdot (x - 3) = 0$ geschrieben werden.
Probe mit dem Satz von Vieta:

$x_1 + x_2 = -p \quad -5 + 3 = -2 \quad \Rightarrow \quad p = 2$

$x_1 \cdot x_2 = q \quad -5 \cdot 3 = -15 \quad \Rightarrow \quad q = -15$

- Berechne die Lösungen und kontrolliere sie mithilfe des Satzes von Vieta.

1 $0 = x^2 - 7x + 10$ 2 $0 = x^2 - 3x - 18$ 3 $0 = x^2 - 6x - 27$ 4 $0 = x^2 + 7x - 120$

5 $0 = x^2 - 12x - 45$ 6 $0 = x^2 + 4x - 45$ 7 $0 = x^2 - 2x - 35$ 8 $0 = x^2 + 8x + 7$

- Gegeben sind jeweils die Lösungen von quadratischen Gleichungen der Form $x^2 + px + q = 0$. Bestimme mithilfe des Satzes von Vieta die zugehörige quadratische Gleichung in der Normalform. Gib die faktorisierende Form der Gleichung an.

1 $x_1 = -2$; $x_2 = 5$ 2 $x_1 = 6$; $x_2 = 18$ 3 $x_1 = -7$; $x_2 = 4$

4 $x_1 = 3{,}5$; $x_2 = -2{,}5$ 5 $x_1 = -1{,}2$; $x_2 = -3{,}6$ 6 $x_1 = 8$; $x_2 = 0$

Entdecken

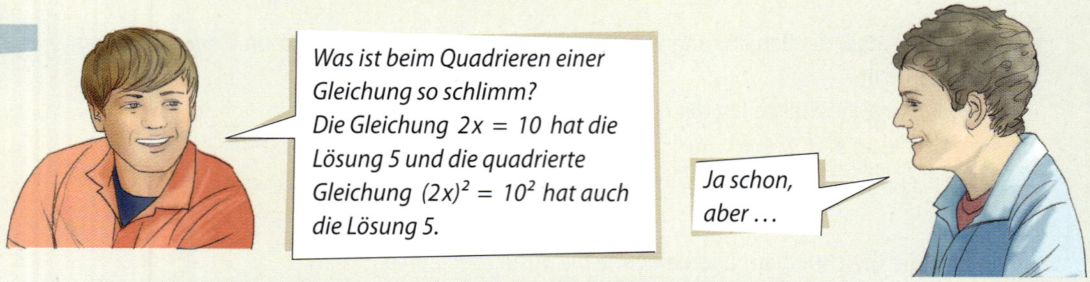

- Vervollständige den Satz von Mika. Welchen Einwand könnte er haben?

Verstehen

Die Umkehrung des Quadrierens ist das Wurzelziehen. In Gleichungen können Variablen jedoch auch unter der Wurzel auftreten.

Tritt in einer Gleichung die **Variable im Radikanden einer Wurzel** auf, so spricht man von einer **Wurzelgleichung**.
Für die Lösung der Gleichung müssen **alle Wurzeln definiert** sein. Man ermittelt also zuerst die Definitionsbereiche aller vorkommenden Wurzelterme.
Der **Definitionsbereich der Wurzelgleichung** ist dann deren Schnittmenge.

Beispiel: $\sqrt{5 - x} = \sqrt{2x + 5}$
$5 - x \geq 0 \quad \mathbb{D}_1 = \mathbb{R}$ mit $x \leq 5$
$2x + 5 \geq 0 \quad \mathbb{D}_2 = \mathbb{R}$ mit $x \geq -2{,}5$
$\Rightarrow \mathbb{D} = \mathbb{R}$ mit $-2{,}5 \leq x \leq 5$

Die Probe ist hier wichtig zur Überprüfung der Lösungen.

Wurzelgleichungen löst man durch **Quadrieren der Links- und Rechtsterme** der Gleichung. Durch das Quadrieren können Lösungen hinzukommen, die nicht Lösung der Ausgangsgleichung sind.

Beispiele

1. Löse $18 - 2\sqrt{x} = 4$. Beschreibe dein Vorgehen.

Lösung:

$18 - 2\sqrt{x} = 4$	$\mathbb{D} = \mathbb{R}$ mit $x \geq 0$
$2\sqrt{x} = 14 \Leftrightarrow \sqrt{x} = 7$	Isolieren der Wurzel
$\left(\sqrt{x}\right)^2 = 7^2 \Leftrightarrow x = 49$	Quadrieren

Probe: $18 - 2\sqrt{49} = 18 - 2 \cdot 7 = 4$ wahr
Lösungsmenge: $\mathbb{L} = \{49\}$

Wurzelterm nur auf einer Seite der Gleichung

2. Löse $\sqrt{x^2 + 6x + 13} = \sqrt{7 - x}$. Beschreibe dein Vorgehen.

Lösung:

$\sqrt{x^2 + 6x + 13} = \sqrt{7 - x}$	$\mathbb{D} = \mathbb{R}$ mit $x \leq 7$
$x^2 + 6x + 13 = 7 - x \Leftrightarrow x^2 + 7x + 6 = 0$	Quadrieren
$x_1 = -6$; $x_2 = -1$	Gleichung lösen

Reine Wurzelterme auf beiden Seiten der Gleichung: $\sqrt{T_1} = \sqrt{T_2}$

Probe:
x_1: $\sqrt{(-6)^2 + 6 \cdot (-6) + 13} = \sqrt{7 - (-6)} \Leftrightarrow \sqrt{13} = \sqrt{13}$ wahr
x_2: $\sqrt{(-1)^2 + 6 \cdot (-1) + 13} = \sqrt{7 - (-1)} \Leftrightarrow \sqrt{8} = \sqrt{8}$ wahr

Lösungsmenge: $\mathbb{L} = \{-6; -1\}$

3. Löse $\sqrt{x + 13} = \sqrt{2x + 12} - 1$. Beschreibe dein Vorgehen.

Lösung:

$\sqrt{x + 13} = \sqrt{2x + 12} - 1$ — $\mathbb{D} = \mathbb{R}$ mit $x \geq -6$

$(\sqrt{x + 13})^2 = (\sqrt{2x + 12} - 1)^2$ — Quadrieren (Binomische Formel)

$x + 13 = 2x + 12 - 2 \cdot 1 \cdot \sqrt{2x + 12} + 1^2$

$2 \cdot \sqrt{2x + 12} = x$ — Isolieren der Wurzel

$4 \cdot (2x + 12) = x^2$ — Quadrieren

$x_1 = -4$; $x_2 = 12$ — Gleichung lösen

Probe: x_1: $\sqrt{-4 + 13} = \sqrt{-8 + 12} - 1 \Leftrightarrow 3 = 1$ falsch

x_2: $\sqrt{12 + 13} = \sqrt{24 + 12} - 1 \Leftrightarrow 5 = 5$ wahr

Lösungsmenge: $\mathbb{L} = \{12\}$

Wurzelterme auf beiden Seiten der Gleichung:
$\sqrt{T_1} = \sqrt{T_2} + T_3$

Nachgefragt

- Erkläre, ob das beidseitige „Wurzelziehen" bei einer Gleichung eine Äquivalenzumformung ist.
- Begründe, warum es in Beispiel 1 nicht sinnvoll ist, die Gleichung sofort auf beiden Seiten zu quadrieren.

Aufgaben

oHiMi 1–2

1 a) Bestimme den Definitionsbereich und die Lösungsmenge von $\sqrt{x} + 5 = 17$.

b) Wie lautet der Definitionsbereich der Wurzelgleichung? Löse anschließend.

1 $\sqrt{22x - 42} = \sqrt{18x + 18}$ 2 $\frac{4}{3} \cdot \sqrt{2x - 14} = \frac{1}{3} \cdot \sqrt{x + 8}$

c) Bestimme die Lösungsmenge. Beschreibe dein Vorgehen wie in Beispiel 1.

1 $x - \sqrt{x - 4} = 6$ 2 $x + \sqrt{3 \cdot (x + 7)} = -1$ 3 $\sqrt{x + 4} = 2 - x$

2 Untersuche die Wurzelgleichung $\sqrt{x} + 1 = \sqrt{x + 3}$.

a) Bestimme den Definitionsbereich der Gleichung.

b) Zeichne die Graphen der Funktion f mit $f(x) = \sqrt{x} + 1$ und g mit $g(x) = \sqrt{x + 3}$ für $0 \leq x \leq 4$ mithilfe einer Wertetabelle.

c) Beschreibe die Bedeutung des Schnittpunkts der Graphen von f und g für die Wurzelgleichung.

3 Finde die richtigen Lösungen. Wie lautet das Lösungswort?

1 $\sqrt{2x - 17} - \sqrt{x} = 2$ 2 $\sqrt{x + 104} = \sqrt{x} + 8$ 3 $\sqrt{x + 8} + \sqrt{x - 1} = 9$ 1 I

4 $156\sqrt{2x + 7} - 369 = 33\sqrt{2x + 7}$ 5 $3\sqrt{129 - 2x} = 11\sqrt{2x + 1}$ 4 C 6,25 L

6 $\sqrt{x + 1} - 2 = \sqrt{x - 11}$ 7 $\sqrt{40 + 4x} + 4\sqrt{x} = 7$ 9 N 10 G 15 H

8 $\sqrt{20 - \sqrt{34 - 2x}} = 4$ 9 $\sqrt{4x - 15} \cdot \sqrt{9x - 26} = 6x - 20$ 17 E 49 G $\frac{1}{36}$ U

Entdecken

In der Zeichnung gilt:
1 Einheit ≙ 50 m

Eine Zahnradbahn soll aus einem Tunnel kommend eine annähernd parabelförmige Schlucht überqueren und auf der anderen Seite die Fahrt in einem weiteren Tunnel fortsetzen. Die Steigung der Bahn ist konstant.

- In welcher Höhe über der Talstation verlässt die Bahn den Tunnel (fährt sie wieder in den Tunnel ein)? Beschreibe dein Vorgehen.

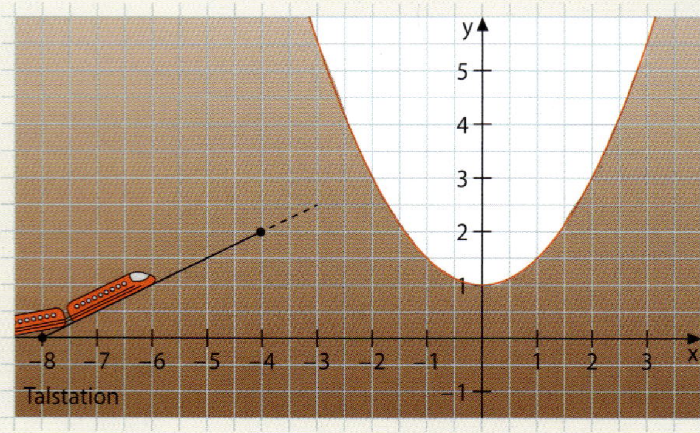

Verstehen

Bei der Bestimmung der Schnittpunkte zweier Geraden löst man ein lineares Gleichungssystem.

Die Bestimmung gemeinsamer Schnittpunkte einer Parabel mit einer Geraden oder einer anderen Parabel führt auf ein Gleichungssystem.

Ein Gleichungssystem, bei dem mindestens eine Gleichung quadratisch ist, nennt man ein **quadratisches Gleichungssystem.**
Quadratische Gleichungssysteme können wie lineare Gleichungssysteme **grafisch** und **rechnerisch gelöst** werden.

Beispiel

Bestimme die gemeinsamen Punkte der Parabel f mit $f(x) = (x-1)^2 - 2$ und der Geraden g mit $g(x) = -x + 5$ grafisch und rechnerisch. Beschreibe dein Vorgehen.

Lösung:

grafisch

1 Zeichne die Graphen zu f und g in ein Koordinatensystem.

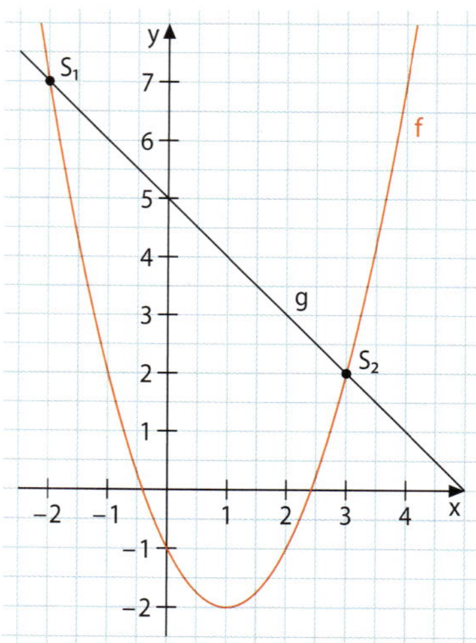

2 Entnimm der Zeichnung die Schnittpunkte: $S_1(-2|7)$ und $S_2(3|2)$

3 Lösungsmenge: $\mathbb{L} = \{(-2|7); (3|2)\}$

rechnerisch

1 Notiere das quadratische Gleichungssystem:
I $y = (x-1)^2 - 2$
II $y = -x + 5$

2 Gleichsetzen der Gleichungen liefert:
$$(x-1)^2 - 2 = -x + 5$$
$$\Leftrightarrow x^2 - 2x + 1 - 2 = -x + 5$$
$$\Leftrightarrow x^2 - x - 6 = 0$$

3 Löse die entstandene Gleichung
$$x_{1/2} = \frac{1}{2} \pm \sqrt{\frac{1}{4} + 6}$$
$x_1 = -2$; $x_2 = 3$

4 Berechne den Wert für y durch Einsetzen in I oder II:
$y_1 = -(-2) + 5 = 7$; $y_2 = -3 + 5 = 2$

5 Lösungsmenge:
$\mathbb{L} = \{(-2|7); (3|2)\}$

- Wie können eine Gerade und eine Parabel zueinander liegen? Beschreibe jeweils die Lösungsmenge des zugehörigen Gleichungssystems.
- Philipp meint: „Es gibt im Prinzip drei Möglichkeiten, wie zwei Parabeln zueinander liegen können." Stimmst du zu? Begründe.

Nachgefragt

Aufgaben

oHiMi
1

1 Emely und Luca lösen das quadratische Gleichungssystem auf verschiedene Weisen. Beschreibe jeweils das Vorgehen.

I $f(x) = x^2 + 3x - 3$
II $g(x) = -x^2 + 3x + 5$

Emely

I $y = x^2 + 3x - 3$
II $y = -x^2 + 3x + 5$

$x^2 + 3x - 3 = -x^2 + 3x + 5$
$2x^2 - 8 = 0$
$x^2 = 4$
$\Leftrightarrow x_1 = -2;\ x_2 = 2$

$y_1 = (-2)^2 + 3 \cdot (-2) - 3 = -5$
$y_2 = 2^2 + 3 \cdot 2 - 3 = 7$

$\mathbb{L} = \{(-2|-5);\ (2|7)\}$

Luca

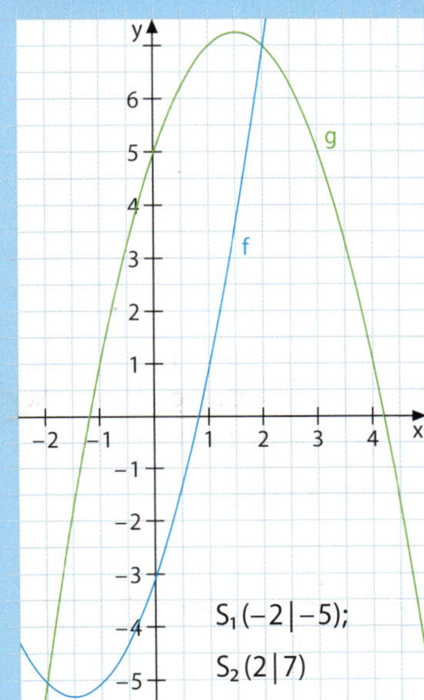

2 Bestimme die Koordinaten der Schnittpunkte der Funktionsgraphen grafisch.

a) $f(x) = -x + 4$
$g(x) = -x^2 + 6$

b) $f(x) = -2x + 3$
$g(x) = x^2 - 3x + 3$

c) $f(x) = 2x + 1$
$g(x) = -x^2 + 3x$

d) $f(x) = (x - 1)^2 - 2$
$g(x) = -x^2 + 3$

e) $f(x) = (x + 2)^2$
$g(x) = -(x + 3)^2 + 5$

f) $f(x) = 2x^2$
$g(x) = -0{,}5x^2 - 2{,}5x - 0{,}625$

Überprüfe deine Ergebnisse durch Einsetzen.

Lösungen zu 2:
(1|2); (−1|5); (2|2); kein Schnittpunkt; (1|1); (0|3); (−1|1); (−4|4); (−0,5|0,5)

3 a) Entnimm der Zeichnung die Gleichungen zu den Geraden g_1, g_2, g_3 sowie zu den Parabeln f_1, f_2 und f_3.

b) Lies die gemeinsamen Schnittpunkte P_1 bis P_6 ab.

1 g_3 und f_1 schneiden sich in P_1 und P_2
2 g_3 und f_3 schneiden sich in P_3 und P_4
3 g_1 und f_1 schneiden sich in P_5
4 g_2 und f_3 schneiden sich in P_6

c) Weise rechnerisch nach, dass …

1 die Schnittpunkte von g_3 und f_2 mit den Schnittpunkten von f_1 und f_2 übereinstimmen.
2 die Schnittpunkte von g_1 und f_1 auch Schnittpunkte von f_1 und f_2 sind.

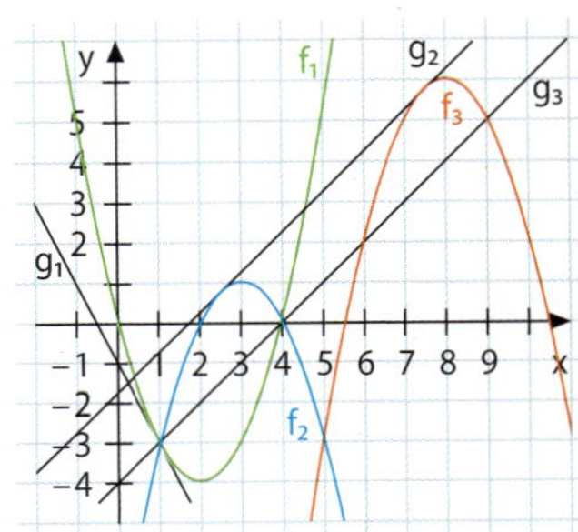

4 Bestimme die Lösungsmenge der Gleichungssysteme.

a) I $y = x + 4$
II $y = x^2 - x + 4$

b) I $y = -x^2 - 5x + 4$
II $y = 2x^2 + 2x - 3$

c) I $3x^2 + y - 27 = 0$
II $y = \frac{1}{2}x \cdot (x - 6) + 7$

3 Aufgaben zur Differenzierung

zu 3.1 **1** Überlege zunächst, wie viele Lösungen die Gleichung hat. Löse sie anschließend für $\mathbb{D} = \mathbb{R}$.

a) $x^2 - 10 = 15$
b) $2 \cdot (3 - 2x^2) = 2$
c) $(x - 3) \cdot (x + 3) = -9$

a) $-0{,}2x^2 - 12 = -0{,}2$
b) $\frac{1}{5}x^2 - 4 \cdot (x + 1) = 3 - 4x$
c) $\frac{x^2}{3} - \left(\frac{x}{2} + \frac{1}{3}\right) \cdot \left(\frac{x}{2} - \frac{1}{3}\right) = \frac{1}{9}$

zu 3.2 **2** Löse die Gleichungen möglichst geschickt ($\mathbb{D} = \mathbb{R}$). Beschreibe dein Vorgehen.

a) $x^2 - 9{,}5x = 0$
b) $7x - x^2 = 0$
c) $x^2 - 5x + 6{,}25 = 0$
d) $x^2 + 12x + 36 = 144$

a) $2x^2 + 5x = 0$ b) $9x^2 + 6x + 1 = 49$
c) $\frac{2}{3}x^2 - 9 = 3 \cdot (x^2 - 3) + x$
d) $x^2 - \frac{8}{3}x + \frac{16}{9} = \frac{25}{121}$

3 Nadine hat bei ihren Hausaufgaben ein wenig gekleckst. Übertrage die Umwandlung der Terme in dein Heft und vervollständige die verschmierten Stellen.

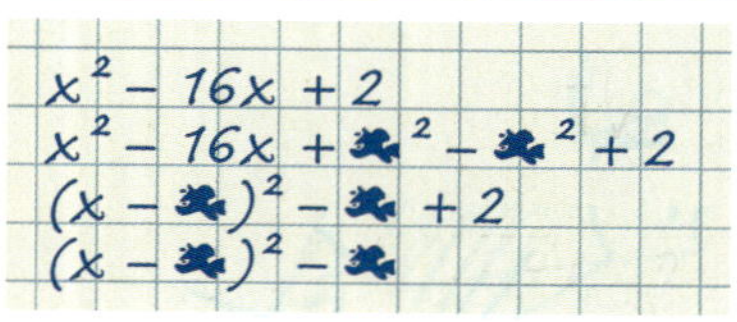

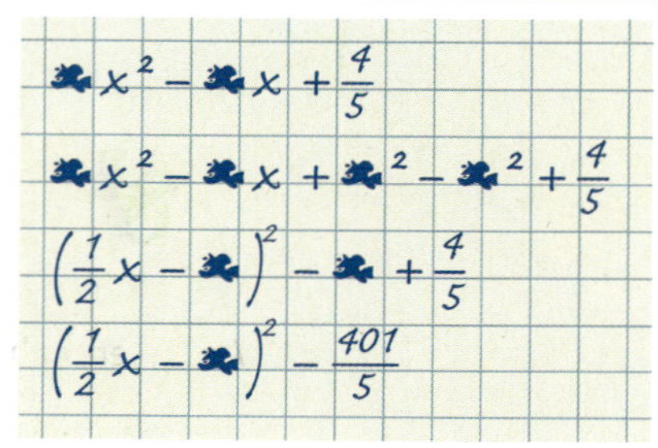

4 Jan möchte die quadratische Gleichung grafisch lösen. Gib eine mögliche Schrittfolge und die Lösungsmenge an.

$x^2 = -x + 2$

$-0{,}5x^2 = 0{,}5x - 2$

zu 3.3 **5** Löse die Gleichungen mit der Lösungsformel in $\mathbb{R}$. Bestimme zunächst p und q.

a) $x^2 + 4x - 16{,}25 = 0$
b) $x^2 + 4{,}68 = 4{,}9x$
c) $(x - 0{,}5) \cdot (x + 3) = 2$

a) $0{,}25x^2 + x - 17 = 0$
b) $-2x^2 - \frac{24}{7}x = \frac{72}{49}$
c) $3x - 1{,}2 = -3 \cdot (x + 1{,}5) \cdot (x - 1{,}5)$

6 Überprüfe die Richtigkeit der Lösungen der Gleichungen ($\mathbb{D} = \mathbb{R}$).

a) $x^2 + x - 72 = 0$ $x_1 = -9$; $x_2 = 8$
b) $x^2 + 4x + 3{,}75 = 0$ $x_1 = 2{,}5$; $x_2 = 1{,}5$

Bestimme die fehlenden Parameter p, q, x_1 bzw. x_2 ($\mathbb{D} = \mathbb{R}$).

a) $x^2 - 1{,}8x - q = 0$ $x_1 = 8{,}2$; $x_2 = ▢$
b) $x^2 + px + \frac{8}{9} = 0$ $x_1 = ▢$; $x_2 = -\frac{4}{3}$

7 Berechne die Nullstellen der Funktion f.

a) $f(x) = x^2 - 2x - 5{,}25$
b) $f(x) = (x - 1{,}5)^2 - 6{,}25$

a) $f(x) = 2 \cdot (x + 2{,}5)^2 - 4{,}5$
b) $f(x) = -\frac{1}{3}x^2 + \frac{2}{3}x + 5$

8 Bestimme die Anzahl der Lösungen der Gleichungen. zu 3.3

a) $x^2 - 1{,}69 = 0$
b) $x^2 - 8x + 16 = 0$
c) $(2 + x)^2 - 4x = 8$
d) $2x^2 + 4x + 8 = -2x$

a) $-2 \cdot (x + 3) - (4x^2 + 1) = 7 - x^2$
b) $\frac{x}{4} - \left(x + \frac{1}{2}\right)^2 = -\frac{1}{2}$
c) $\frac{x^2}{3} - \frac{9}{3}x = \left(x - \frac{2}{3}\right) \cdot \left(\frac{2}{3} - x\right) + x^2 - \frac{491}{36}$
d) $\frac{x^2 - 1}{2} = (1 + 3x)^2$

9 Bestimme Werte für t so, dass die Gleichung eine, zwei bzw. keine Lösung hat.

$0 = x^2 - \frac{2}{3}x - t$

$(4x - 2)^2 - t^2 + 1 = 0$

10 Ordne den Wurzelgleichungen die dazugehörige Lösungsmenge zu. zu 3.4

$\sqrt{9 - 3x} = 8$ | $\mathbb{L} = \left\{-\frac{55}{3}\right\}$
$\mathbb{L} = \{7\}$ | $\sqrt{6x + 7} = x$
$\sqrt{1 + x^2} - \frac{1}{9} = 0$ | $\mathbb{L} = \{\ \}$

$\sqrt{\frac{2}{5}x + \frac{42}{25}} = x - \frac{3}{5}$ | $\mathbb{L} = \{-22; 2\}$
$\mathbb{L} = \{0\}$ | $\sqrt{44 - 10x} = \sqrt{x^2 + 10x}$
$2x + \sqrt{x + 9} = \sqrt{9 - x}$ | $\mathbb{L} = \left\{\frac{11}{5}\right\}$

11 Entscheide, welche der folgenden Aussagen wahr sind. Begründe deine Antwort. zu 3.5

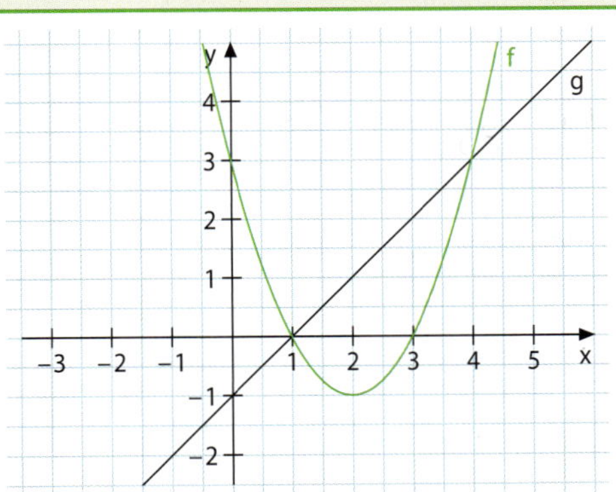

a) Die Parabel f hat die Gleichung $f(x) = x^2 - 4x + 3$.
b) Die Gerade g schneidet die Parabel f in den Punkten $S_1(1|0)$ und $S_2(3|4)$.
c) Wenn die Gerade g um 2,5 Einheiten nach unten verschoben wird, so berührt sie die Parabel f in einem Punkt.
d) Spiegelt man die Gerade g an der y-Achse, so schneidet sie die Parabel f nicht.

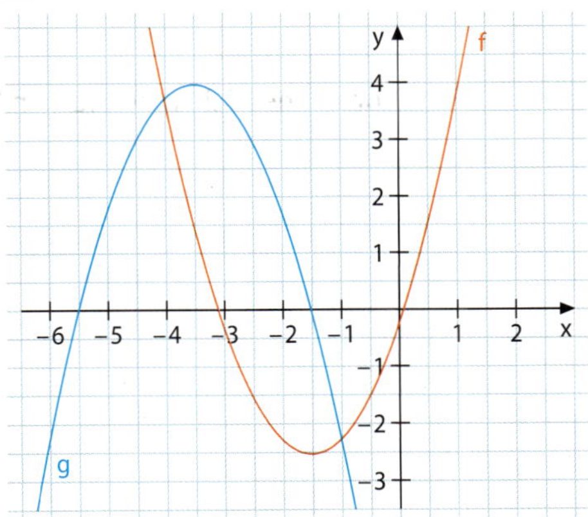

a) Zur Parabel g gehört die Gleichung $g(x) = -(x + 3{,}5)^2 + 4$.
b) Die Parabel f ist eine um 1,5 Einheiten nach rechts und um 2,5 Einheiten nach unten verschobene Normalparabel.
c) Die Schnittpunkte der Parabeln f und g liegen im II. und III. Quadranten.
d) Die Parabel g muss um 4,5 Einheiten nach unten verschoben werden, damit sie die Parabel f nur in einem Punkt berührt.

1 Berechne die Lösungsmenge der quadratischen Gleichung ($\mathbb{D} = \mathbb{R}$).

a) $x^2 - 16 = 0$ **b)** $x^2 + 16x = 0$ **c)** $x^2 + 16 = 0$
d) $x^2 - 2 = 0$ **e)** $x^2 + 2x = 0$ **f)** $x^2 - 8 = 0$
g) $x^2 - 14x + 33 = 0$ **h)** $x^2 - 12x - 64 = 0$ **i)** $x^2 - 10x - 56 = 0$
j) $x^2 - 11x = 50{,}75$ **k)** $x^2 + 3x - 22{,}75 = 0$ **l)** $x^2 - 17 = -16$

2 Bestimme zunächst die Anzahl der Lösungen der quadratischen Gleichung mithilfe der Diskriminate D. Ermittle anschließend die Lösungsmenge in $\mathbb{R}$.

a) $x^2 + x + 1 = 0$ **b)** $x^2 - 4x + 8 = 0$ **c)** $x^2 - \frac{1}{4}x - \frac{1}{4} = 0$
d) $2x^2 + x + 1 = 0$ **e)** $-\frac{1}{2}x^2 + \frac{1}{3}x - 1 = 0$ **f)** $2x^2 - 28x + 98 = 0$

Lösungen zu 3:
$\mathbb{L} = \{-5; 0\}$; $\mathbb{L} = \{\ \}$;
$\mathbb{L} = \{-6; 6\}$; $\mathbb{L} = \{0; 7\}$;
$\mathbb{L} = \{-13; -1\}$;
$\mathbb{L} = \{-1; 5\}$; $\mathbb{L} = \{4; 6\}$;
$\mathbb{L} = \{-4; 4\}$

3 Ermittle die Lösung für x im Bereich der ganzen Zahlen.

1 $x^2 = 36$ **2** $x^2 - 16 = 0$ **3** $x^2 + 5x = 0$ **4** $x^2 - 7x = 0$
5 $(x + 7)^2 = 36$ **6** $(x - 2)^2 - 9 = 0$ **7** $(x - 4) \cdot (x - 6) = 0$ **8** $x^2 + 16 = 0$

4 Die Gleichungen aus Aufgabe 3 wurden verändert. Vergleiche die jeweiligen Gleichungspaare und erläutere die Lösungsansätze.

1 $x^2 + x = 36$ **2** $x^2 - 16 = x$ **3** $x^2 + 5x = 2$ **4** $x^2 - 7x = 21$
5 $(x + 7)^2 = x$ **6** $(x - 2)^2 - a = 0$ **7** $(x - 4) \cdot (x - 6) = 25$ **8** $x^2 + 16 = x$

5 Löse die Aufgaben auf den einzelnen Kärtchen.

a) Berechne die Nullstelle von $f(x) = x^2 + 4x + 3$.

b) Ermittle die Koordinaten der Schnittpunkte von $f(x) = 3x^2$ und $g(x) = 6x + 9$ rechnerisch.

c) Untersuche die Parabeln $f(x) = x^2 - 4x + 3$ und $k(x) = -2x^2 + \frac{14}{3}x + 2$ auf gemeinsame Punkte.

d) Der Graph einer Parabel hat die Nullstellen $x_1 = 3$ und $x_2 = -8$. Gib eine Funktionsgleichung an.

e) Bestimme die Werte für den Parameter a so, dass die Gleichung $0 = x^2 - 4x + a$ keine Lösung hat.

f) Bestimme alle Werte von k so, dass $f(x) = -x^2 + 2kx - 3$ eine Nullstelle hat.

g) Untersuche die Anzahl der Nullstellen von $h_b(x) = x^2 - 4bx + 12$ in Abhängigkeit von b.

h) Berechne c so, dass $x = -1$ eine Lösung von $5x^2 - 6cx + c^2 = 0$ ist.

Nutze das Wissen von S. 105.

6 Löse die Gleichungen. Überprüfe die Lösung mithilfe des Satzes von Vieta.

a) $x^2 + 2x - 63 = 0$ **b)** $x^2 + 11x - 24 = 0$ **c)** $x^2 + 0{,}5x - 3 = 0$ **d)** $x^2 + x + \frac{2}{9} = 0$

7 Prüfe dein Wissen im folgenden Multiple-Choice-Test. Gib das Zutreffende an.

Bereite für den Test zum Ankreuzen ein Blatt nach dem Muster vor. Es können je Aufgabe keine, eine oder auch mehrere Antworten richtig sein.

	1	2	3	4
a)				
b)				
c)				
d)				
e)				
f)				
g)				
h)				
i)				
j)				
k)				

a) Es handelt sich um eine quadratische Gleichung.

1 $2x + 3 = 3 \cdot (x + 5)$ **2** $4a - 3 = 5a \cdot (a - 2)$
3 $3 + 4y = 2y^2 \cdot (1 - y)$ **4** $(5 - k)^2 = k$

b) Die quadratische Gleichung ist in Normalform gegeben.

1 $(x + 3)^2 = 4$ **2** $x^2 = 81$ **3** $3x^2 + 6x + 9 = 0$ **4** $x^2 + 2x - 5 = 6$

c) Die Gleichung ist äquivalent zu $x^2 - 6x + 7 = 0$.

1 $(x + 3)^2 + 7 = 0$ **2** $(x - 3)^2 - 2 = 0$ **3** $0{,}5x^2 + 3{,}5 = 3x$ **4** $(x - 3)^2 = 2$

d) Die Gleichung $\frac{1}{4}x^2 - 2x = 1$ hat die Lösungen:

1 $x_{1/2} = 1 \pm \sqrt{2}$ **2** $x_{1/2} = 4 \pm \sqrt{17}$ **3** $x_{1/2} = 4 \pm \sqrt{20}$ **4** $x_{1/2} = \frac{1}{4} \pm \sqrt{\frac{5}{16}}$

e) Die Lösungsformel einer quadratischen Gleichung in Normalform ist …

1 $x_{1/2} = \frac{p}{2} \pm \sqrt{\frac{p^2}{4} - q}$. **2** $x_{1/2} = -\frac{p}{2} \pm \sqrt{\left(\frac{p}{2}\right)^2 - q}$.
3 $x_{1/2} = -\frac{p}{2} \pm \sqrt{\left(-\frac{p}{2}\right)^2 - q}$. **4** $x_{1/2} = \frac{p}{2} \pm \sqrt{\frac{p^2}{4} + q}$.

f) Eine quadratische Gleichung hat …

1 genau zwei **2** höchstens zwei
3 mindestens zwei **4** mindestens eine Lösung(en).

g) Die Gleichungen $(x + d)^2 + e = 0$ und $x^2 + px + q$ sind äquivalent zueinander, wenn der folgende Zusammenhang gilt:

1 $p = d$ und $q = e$ **2** $p = -2d$ und $q = d^2$
3 $p = d$ und $q = d + e$ **4** $p = 2d$ und $q = d^2 + e$

h) Die Gleichung $(x + b)^2 - 1 = b + 4$ ($b \in \mathbb{R}$) hat zwei Lösungen, wenn …

1 $b < -5$. **2** $b > -5$. **3** $b > -8$. **4** $b < 5$.

i) Wenn eine quadratische Funktion die Nullstellen $x_1 = -5$ und $x_2 = 8$ hat, kann für ihre Funktionsgleichung f(x) gelten:

1 $f(x) = (x - 5) \cdot (x + 8)$ **2** $f(x) = (x + 5) \cdot (x - 8)$
3 $f(x) = 3 \cdot (x + 5) \cdot (x - 8)$ **4** $f(x) = -(x - 5) \cdot (x + 8)$

j) Die Parabel $y = x^2 - 2x$ schneidet die Gerade $y = -x - 1$ …

1 in $P(0|-1)$ und $Q(1|0)$. **2** nur im Punkt $A(1|0)$.
3 überhaupt nicht. **4** im Scheitelpunkt der Parabel.

k) Die Hypotenuse eines rechtwinkligen Dreiecks ist 4 cm länger als die größere Kathete. Die kleinere Kathete ist 4 cm kürzer als die längere.
Ein Ansatz zur Berechnung der größeren Kathete ist …

1 $(k + 4)^2 + (k - 4)^2 = k^2$. **2** $k^2 + (k - 4)^2 = (k + 4)^2$.
3 $k^2 + (k + 4)^2 = (k - 4)^2$. **4** $k^2 + k^2 + 4 = k^2 - 4$.

8 Ein Quader hat eine quadratische Grundfläche mit einer Kantenlänge von $a = 6$ cm. Die Grundfläche bleibt quadratisch, ihre Seitenlänge vergrößert sich aber so, dass das Volumen des Quaders auf 567 cm^3 steigt. Die Höhe des Quaders bleibt unverändert bei 7 cm. Um wie viel Prozent wurde die Seitenlänge der Grundfläche vergrößert?

9 Gegeben ist ein Quadrat mit 4 cm Seitenlänge. Man erhält neue Quadrate, wenn man die Quadratseiten um x cm verlängert.

a) Stelle den Flächeninhalt des neuen Quadrats in Abhängigkeit von x dar.

b) Für welchen Wert von x hat der Flächeninhalt den Wert 64 cm^2?

10 Sandra findet beim Stöbern in einem Mathematikbuch eine 900 Jahre alte Aufgabe.

> Der achte Teil einer Herde Affen ins Quadrat erhoben hüpft in einem Hain umher und erfreute sich am Spiele. Die anderen 12 sah man auf einem Hügel miteinander schwatzen. Wie groß war die Herde?

Beschreibe die Lösung von Sandra. Ordne dabei die angegebenen Schritte der Lösung zu.

1 Anzahl Affen: x

2 Quadrat 8. Teil: $\left(\frac{x}{8}\right)^2$ — Rest der Affen: 12

3 $\left(\frac{x}{8}\right)^2 + 12 = x$

4 $\left(\frac{x}{8}\right)^2 + 12 = x \quad | -x$

$\frac{x^2}{64} - x + 12 = 0 \quad | \cdot 64$

$x^2 - 64x + 768 = 0 \quad |$ Lösungsformel

$x_{1/2} = 32 \pm \sqrt{(32)^2 - 768}$

$x_{1/2} = 32 \pm 16$

$x_1 = 16$ — $x_2 = 48$

5 $\left(\frac{16}{8}\right)^2 + 12 = 16$ wahr — $\left(\frac{48}{8}\right)^2 + 12 = 48$ wahr

6 Beide Lösungen sind möglich. Es sind entweder 16 oder sogar 48 Affen in dieser Herde.

Die Schritte ergeben ein sinnvolles Vorgehen beim Lösen von Textaufgaben.

Terme bilden — Gleichung lösen — Variablen festlegen, evtl. Skizze machen — Probe — Gleichung aufstellen — Antwort formulieren

11 Löse die Zahlenrätsel. Beachte den Definitionsbereich.

a) Die Summe einer natürlichen Zahl und ihrer Quadratzahl ergibt 132.

b) Das Produkt zweier aufeinanderfolgender natürlicher Zahlen beträgt 812.

c) Zwei Zahlen unterscheiden sich um 7. Das Produkt beider Zahlen ist 450.

d) Die Summe der Quadrate von vier aufeinanderfolgenden geraden natürlichen Zahlen beträgt 1176.

e) Von zwei Zahlen ist eine um 12 größer als die andere. Das Produkt der beiden Zahlen beträgt 864.

f) Die Summe der Quadrate des dritten und vierten Teils einer Zahl ergibt 12,25.

g) Der Quotient aus 5 und einer um 2 vermehrten natürlichen Zahl ergibt die Differenz aus der Zahl und 2.

12 Die Hypotenuse eines rechtwinkligen Dreiecks ist 13 cm lang. Die beiden Katheten unterscheiden sich um 7 cm.
a) Berechne die Länge der Dreiecksseiten.
b) Ermittle den Umfang und Flächeninhalt des Dreiecks.

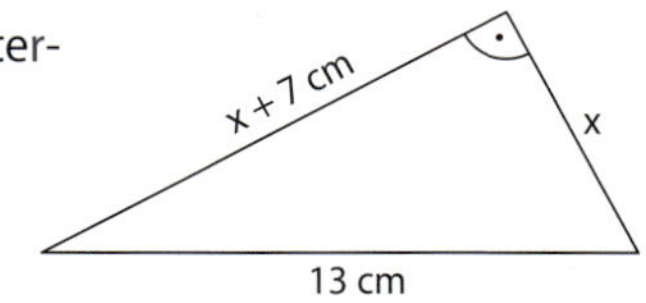

Für geometrische Aufgaben sind Skizzen notwendig.

13 Die Höhe eines Dreiecks ist um 4 cm kleiner als die Grundseite. Der Flächeninhalt dieses Dreiecks beträgt 160 cm^2. Berechne die Länge der beiden Strecken.

14 In einem Rechteck unterscheiden sich die beiden Seiten um 3 cm. Die Diagonale ist 15 cm lang. Berechne die Länge der Seiten.

15 Verlängert man die Seitenlängen eines Quadrats um 4 cm, vergrößert sich die Fläche auf das Neunfache. Gib die Seitenlänge des ursprünglichen Quadrats an.

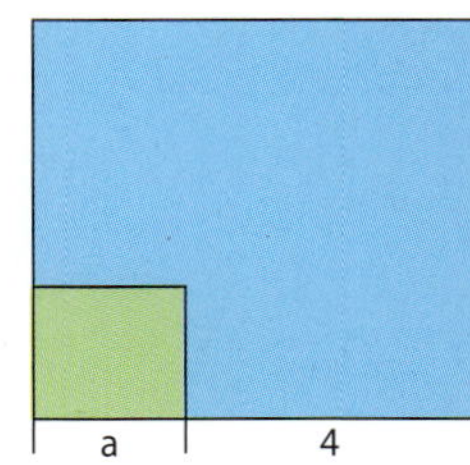

16 Ein rechteckiges Spielgelände ist 80 m lang und 60 m breit. Ein 3500 m^2 großer Bolzplatz soll so abgesteckt werden, dass ringsum ein gleich breiter Rand für Zuschauer bleibt. Berechne die Breite des Randes.

17 Die Maßzahlen der Kantenlängen eines Quaders sind drei aufeinanderfolgende natürliche Zahlen (in cm gemessen). Der Oberflächeninhalt beträgt 214 cm^2.
a) Berechne die Kantenlängen.
b) Bestimme den Oberflächeninhalt, wenn man die kleinste Kantenlänge schrittweise um 1 cm vergrößert. Nutze ein Tabellenprogramm.

18 Das Volumen eines Zylinders wird vervierfacht, indem bei gleicher Höhe der Radius um 5 cm vergrößert wird. Ermittle die Radien beider Zylinder.

19 Gib eine quadratische Gleichung an, welche $\mathbb{L}$ als Lösungsmenge hat.
a) $\mathbb{L} = \{-0{,}5;\ 2\}$ b) $\mathbb{L} = \{0{,}03;\ 0{,}5\}$ c) $\mathbb{L} = \{-8;\ 23\}$

Findest du verschiedene Möglichkeiten?

20 Berechne die Lösungsmenge. Achte auf den Definitionsbereich.
a) $6x^2 + 10x + 4 = (x + 1) \cdot (7x + 3)$ b) $(12x + 3)^2 = 72x + 13$
c) $(5x + 3)^2 + (5x - 3)^2 = 218$ d) $(3 + x) \cdot (x - 3) + (x + 9)^2 = (x - 3)^2$
e) $\frac{52 - 7x}{x - 36} = \frac{13x - 28}{4 - 9x}$ f) $\frac{-7 + 3x}{3 + x} = \frac{2x - 5}{1 + 2x}$ g) $\frac{3x^2 + 5}{12} = 1 + \frac{2x^2 - 5}{6}$

Lösungen zu 20:
$\mathbb{L} = \{-1;\ 1\}$; $\mathbb{L} = \{-4;\ 4\}$; $\mathbb{L} = \{1;\ 2\}$; $\mathbb{L} = \{-\sqrt{3};\ \sqrt{3}\}$; $\mathbb{L} = \{-2;\ 2\}$; $\mathbb{L} = \left\{-\frac{1}{6};\ \frac{1}{6}\right\}$; $\mathbb{L} = \{-21;\ -3\}$

21 Bestimme den Definitionsbereich und löse die Wurzelgleichung.
a) $2x - 5 = -\sqrt{x - 1}$ b) $\sqrt{x - 2} = 4 - x$ c) $7 - \sqrt{4x + 1} = 2x$
d) $x - 4 = \sqrt{13 - 4x}$ e) $\sqrt{\sqrt{16x}} = 2x$ f) $3x + \sqrt{8x^2 - 9x - 20} = 4$

22 In einem rechteckigen Baugrundstück von 24 m Länge und 18 m Breite soll eine Baugrube so angelegt werden, dass sie $\frac{2}{3}$ der ursprünglichen Fläche einnimmt und auf allen Seiten ein gleich breiter Grundstücksstreifen übrig bleibt. Berechne die Länge und Breite des Streifens.

23 Ein Bauer will zwei Koppeln einrichten, um Jungtiere von Muttertieren zu trennen. Er möchte auf der Weide zwei gleich große Rechtecke abstecken, die eine gemeinsame Seite haben. Ihm stehen 1000 m Elektrozaun zur Verfügung.

a) Ermittle die Seitenlängen der Rechtecke so, dass der Flächeninhalt möglichst groß ist.

b) Dem Bauern stehen 1000 tragbare und jeweils 1 m lange Zaunelemente zur Verfügung. Ermittle unterschiedliche Möglichkeiten, die Zaunelemente aufzubauen.

Falls die Variable x im Nenner steht, multipliziere beide Seiten der Gleichung mit x ($x \neq 0$).

24 Eine Getränkefirma verpackt 288 Flaschen einer Lieferung in Kartons gleicher Größe. Um die Kartons kleiner und somit auch leichter zu machen, werden zwei Flaschen weniger gepackt. Dafür werden es 12 Kartons mehr als vorher.

a) Berechne die beiden Flaschenzahlen pro Karton.

b) Berechne die Anzahl der jeweils benötigten Kartons.

25 Herr Schulz tankt immer für 50,00 €. Nach einer Benzinpreiserhöhung um fünf Cent erhält er etwa 1 Liter weniger Benzin.
Wie teuer war ein Liter Benzin vor der Preiserhöhung? Runde geeignet.

26 Die Schüler der 9. Klassen fahren mit dem Bus ins Skilager. Für den Bus werden 1568 € berechnet. Die 8 freien Plätze werden durch Schüler aus anderen Klassenstufen belegt. Der Fahrpreis verringert sich somit um 3,50 € pro Person.
Berechne die Anzahl der Mitfahrer und den Preis pro Mitfahrer.

27 Patrick spielt gern Golf. Die Flugbahn des Golfballs kann annähernd durch eine Parabel beschrieben werden. Überprüfe, ob es ihm mit diesem Schlag gelingt, den 15 m hohen Baum zu überspielen.

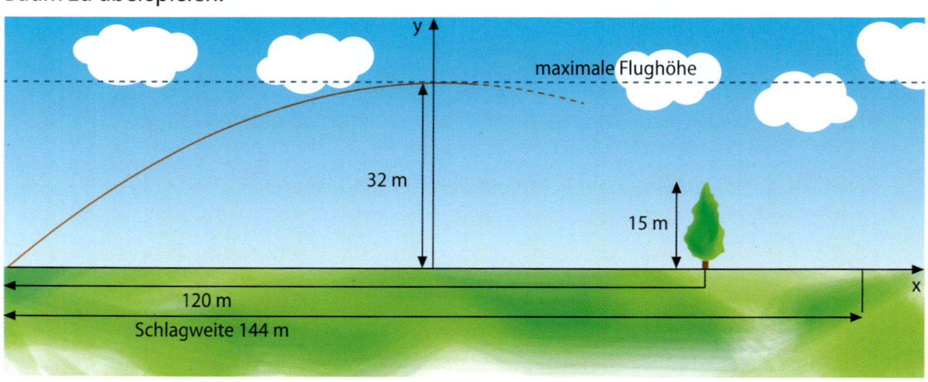

28 Die Schwingungsdauer T eines Pendels hängt von der Pendellänge l wie folgt ab:

$T = 2\pi\sqrt{\frac{l}{g}}$ mit Erdbeschleunigung $g \approx 9{,}81\,\frac{m}{s^2}$.

a) Berechne die Schwingungsdauer für $l = 50$ cm.

b) Wie lang ist ein Pendel, das für eine Schwingung $T = 2$ s benötigt?

c) Beschreibe, wie man an einem 5 m langen Pendel die Kreiszahl π bestimmen kann.

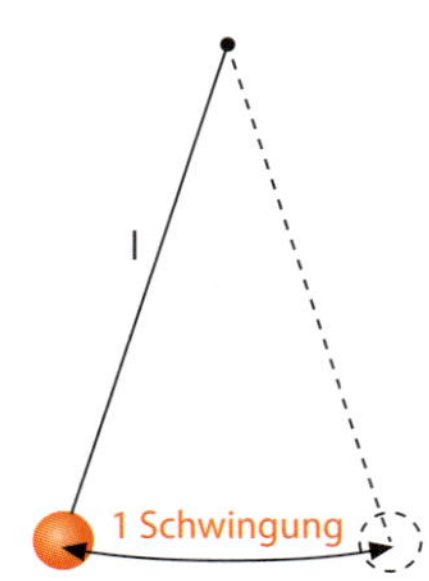

Die angegebene Formel gilt nur für „kleine" Schwingungen.

29 Zwei geradlinige Straßen s_1 und s_2 sollen durch einen Parabelbogen „ohne Knick" miteinander verbunden werden. Die Straßen werden durch die Geradengleichungen s_1: $y = x + 5{,}5$ und s_2: $y = -2x + 4$ beschrieben. Die einzupassende Parabel soll die Gleichung $y = -0{,}5x^2 + bx + c$ erfüllen.

a) Bestimme b und c.

b) Stelle den Sachverhalt grafisch dar.

30 Für den Bremsweg eines Pkw gilt die Faustformel: $s_B = 0{,}3 \cdot v + 0{,}01 \cdot v^2$.
Dabei ist s_B der zu erwartende Bremsweg in Meter (m) und v die Geschwindigkeit des Pkw in Kilometer pro Stunde (km/h).

a) Ermittle den zu erwartenden Bremsweg bei 30 km/h (bei 50 km/h).

b) Stelle den Sachverhalt grafisch dar. Gib den Definitionsbereich an.

c) Aufgrund eingeschränkter Sicht kann ein Autofahrer nur 10 m weit sehen. Bestimme die maximale Geschwindigkeit so, dass er bei einem plötzlichen Hindernis noch rechtzeitig bremsen kann.

d) Ein Auto fährt 40 km/h, der Fahrer sieht plötzlich ein Hindernis. Er kann rechtzeitig abbremsen und kommt zum Stehen. Um wie viel vergrößert sich der Bremsweg, wenn er 60 km/h gefahren wäre?

Viele Crashtests werden tatsächlich mit einer Geschwindigkeit von 60 km/h durchgeführt.

31 Sind x_1 und x_2 die Lösungen einer quadratischen Gleichung $ax^2 + bx + c = 0$ $(a, b, c \in \mathbb{R};\ a \neq 0)$, lässt sich die Gleichung in der Form $a \cdot (x - x_1) \cdot (x - x_2) = 0$ schreiben (**Zerlegung in Linearfaktoren**).
Der Vorteil dieser Produktschreibweise ist, dass die Lösungen sofort zu erkennen sind. Man untersucht, wann die Faktoren null werden.
Dieses Grundprinzip lässt sich auch bei Gleichungen höheren Grades anwenden. Den Grad einer Gleichung erkennt man an der höchsten Potenz der Variablen.

a) Gib die Lösungen und den Grad der Gleichung an.

1 $(x - 3) \cdot (x + 5) \cdot (x - 7) = 0$ **2** $(x - 2) \cdot (2x + 1) \cdot (x + 1) = 0$

3 $\frac{1}{2}x \cdot (x - 1) \cdot \left(x + \frac{3}{2}\right) = 0$

b) Gegeben ist die Lösungsmenge einer Gleichung. Gib jeweils zwei zugehörige Gleichungen an.

1 $\mathbb{L} = \{1;\ 2;\ 3\}$ **2** $\mathbb{L} = \{-3;\ 0;\ 2\}$ **3** $\mathbb{L} = \{-4;\ -3;\ -2;\ -1\}$

32 Gleichungen der Form $ax^4 + bx^2 + c = 0$ $(a, b, c \in \mathbb{R};\ a \neq 0)$ heißen **biquadratische Gleichungen**. Man kann diese durch **Substitution** lösen.
Eine biquadratische Gleichung hat höchstens vier Lösungen.
Vervollständige den Lösungsweg der Gleichung $2x^4 - 3x^2 + 1 = 0$ in deinem Heft.

substituere (lat.): ersetzen

Substituieren von $x^2 = u$:	$2u^2 - 3\ \square + 1 = 0$
Umformen in Normalform:	$u^2 - \frac{3}{2}\ \square + \square = 0$
Anwenden der Lösungsformel:	$u_{1/2} = \frac{3}{4} \pm \sqrt{\frac{9}{16} - \square} = \frac{3}{4} \pm \frac{1}{4} \Rightarrow u_1 = \frac{1}{2} \quad u_2 = \square$
Zurücksubstituieren:	$x_1 = -\sqrt{\frac{1}{2}} \quad x_2 = \square$
	$x_3 = \sqrt{\frac{1}{2}} \quad x_4 = \square \quad \mathbb{L} = \left\{-\sqrt{\frac{1}{2}};\ \square;\ \square;\ \sqrt{\frac{1}{2}}\right\}$

Parabeln und Geraden im Fokus

Bei der Untersuchung der Anzahl gemeinsamer Punkte einer Parabel und einer Gerade können drei Fälle auftreten:

1 Parabelsekante
2 Schnittpunkte S_1, S_2

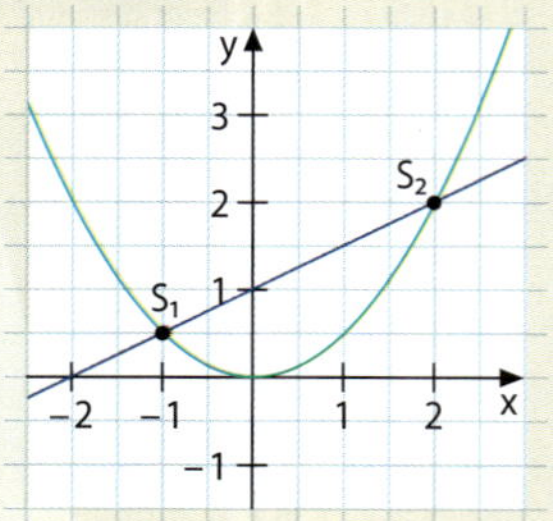

2 Parabeltangente
1 gemeinsamer Punkt S

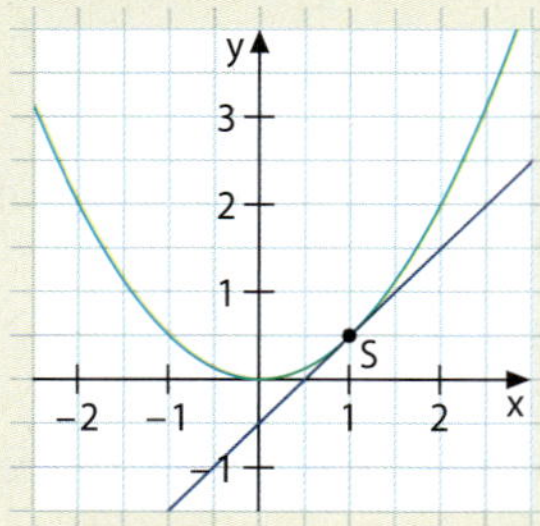

3 Parabelpassante
kein Schnittpunkt

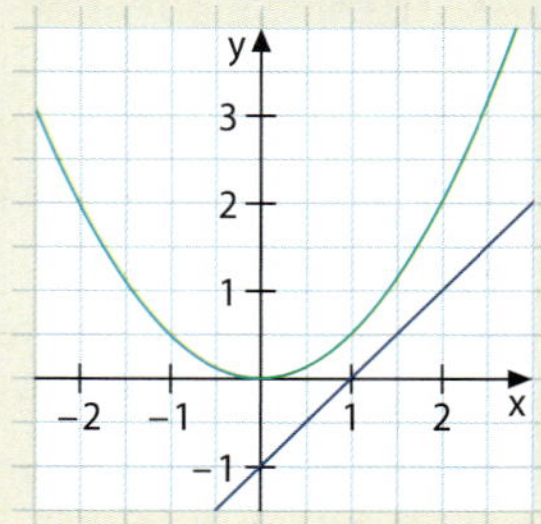

Die Anzahl der gemeinsamen Punkte entspricht dabei der Anzahl der Lösungen des zugehörigen **quadratischen Gleichungssystems.**

Untersuche rechnerisch, ob die gegebene Gerade g Tangente, Sekante oder Passante zur Parabel f mit $f(x) = -x^2 + 4x$ ist. Überprüfe zeichnerisch.

a) $g(x) = 4$ **b)** $g(x) = 5$ **c)** $g(x) = 2x + 3$ **d)** $g(x) = -4x + 16$

e) $g(x) = \frac{1}{2}x - 1$ **f)** $g(x) = -x + \frac{3}{2}$ **g)** $g(x) + x = 7$ **h)** $6x - g(x) + 1 = 0$

Spaß im Freizeitpark

Die Parabel mit der Gleichung $y = x^2 - 4$ beschreibt den Verlauf eines Kanals. Eine Eisenbahnlinie verläuft entlang der x-Achse.

Die Fläche eines Freizeitparks ist begrenzt durch den Kanal und die Eisenbahnlinie. (1 LE $\widehat{=}$ 100 m)

a) Zeichne die Fläche des Freizeitparks in ein Koordinatensystem.

b) Am Eingang im Punkt $P(-2|0)$ führt ein Weg geradlinig durch den Freizeitpark. Die Gerade $g = -x - 2$ beschreibt diesen Weg.
Ermittle die Koordinaten des Endpunktes des Wegs.
Berechne die Länge dieses Wegs im Freizeitpark.

c) Eine neue, geradlinige Straße soll durch den Endpunkt senkrecht zum Weg führen. Gib eine Gleichung dieser Straße an.
In welchem Punkt trifft die Straße auf die Eisenbahnlinie?
Überprüfe, ob die Straße durch den Freizeitpark verläuft.

d) Zur Attraktion des Freizeitparks soll eine Schwebebahn gehören, die am Eingang beginnt und dort tangential zum Freizeitpark zur neuen Straße führt. Die Länge der Schwebebahn sollte höchstens 500 m betragen.
Untersuche, ob diese Bedingungen erfüllt werden.
Du kannst auch eine dynamische Geometriesoftware nutzen.

Skaten auf der Miniramp

Familie Heuser möchte für ihre beiden Kinder eine Miniramp im Garten bauen. Sie soll die Form einer Parabel mit der Gleichung $y = ax^2 + bx + c$ haben.
Im Internet informiert sich Herr Heuser über die Maße.
Die Miniramp wird ohne Geländer 1 m hoch, 6 m lang und 2,5 m breit sein.

a) Lege dir ein geeignetes Koordinatensystem fest und zeichne die Miniramp ein. Ermittle eine Gleichung der Parabel.

b) Auf einer Seite der Miniramp soll ein Seil gespannt werden, das im höchsten Punkt beginnt und 5 m vom tiefsten Punkt der Miniramp entfernt ist. Gib eine mögliche Gleichung des Seils an.

c) Im tiefsten Punkt der Miniramp stellt eine Tangente die Begrenzung des Untergestells dar. Welche Steigung hat diese Tangente?

Starten auf der Rennstrecke

Bei Autorennstrecken gibt es Kurven, deren Verlauf dem einer Parabel gleicht. In der Abbildung sind eine Parabel f_1 mit $f_1(x) = -0{,}5x^2 - 2x + 5$ und eine Parabel f_2 mit $f_2(x) = a \cdot (x - 4)^2 - 1$ $(a \in \mathbb{R})$ an den Punkten $A(2|1)$ und $B(0|5)$ durch eine Strecke $\overline{AB}$ verbunden.

a) Zeichne die Parabel f_1 sowie die Punkte A und B in ein Koordinatensystem.

b) Zeige rechnerisch, dass die Gerade g, die durch die Punkte A und B verläuft, eine Tangente an f_1 ist.

c) Die Gerade g sei auch Tangente an f_2. Bestimme den Parameter a.

d) Berechne die Länge der Strecke $\overline{AB}$, wenn gilt: 1 LE $\hat{=}$ 100 m.

e) Ein Sportwagen fährt von A nach B mit einer Geschwindigkeit von 180 km/h. Wie viele Sekunden benötigt der Sportwagen für diese Strecke?

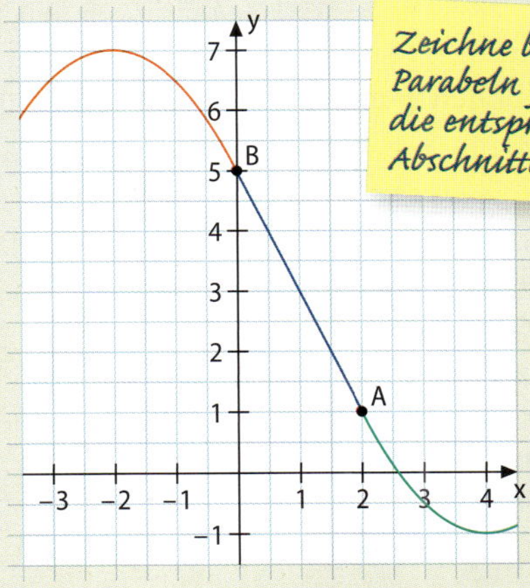

Zeichne bei den Parabeln jeweils nur die entsprechenden Abschnitte.

Das kann ich!

Überprüfe deine Fähigkeiten und Kompetenzen. Bearbeite dazu die folgenden Aufgaben und bewerte anschließend deine Lösungen mit einem Smiley. Hinweise zum Nacharbeiten findest du auf der folgenden Seite. Die Lösungen stehen im Anhang.

1 Bestimme die Lösungsmenge ohne Anwendung der Lösungsformel ($\mathbb{D} = \mathbb{R}$).
a) $x^2 = 169$ **b)** $x^2 + 25 = 0$
c) $6x + 3x^2 = 0$ **d)** $15x^2 = 5x$
e) $(x - 2) \cdot (x + 3) = 0$ **f)** $(2x - 1) \cdot (2 - 3x) = 0$

2 Löse die Gleichungen rechnerisch ($\mathbb{D} = \mathbb{R}$).
a) $a^2 - 24a + 144 = 0$ **b)** $b^2 - 8b + 7 = 0$
c) $2c^2 + 4c - 6 = 0$ **d)** $6d - 3d^2 = -24$

3 Gegeben sind die quadratische Funktion q und die lineare Funktion l durch ihre Funktionsgleichungen. Untersuche die Funktionen rechnerisch auf gemeinsame Punkte. Prüfe deine Lösung durch eine grafische Darstellung.
a) $q(x) = (x - 1)^2 - 2$ $l(x) = x - 1$
b) $q(x) = -x^2 + 4$ $l(x) = -2x + 5$
c) $q(x) = x^2 + 3x + 4$ $l(x) = 3x + 1$

4 Löse die Gleichungen grafisch.
a) $x^2 = 3x - 2$ **b)** $x^2 - 5x = -4$
c) $2x^2 + x = 3$ **d)** $x^2 + 2x - 3 = 0$

5 Ein rechteckiges Grundstück hat einen Flächeninhalt von 1056 m². Das Grundstück ist bis auf eine 4 m breite Einfahrt vollständig umzäunt. Die Länge des Zaunes beträgt 136 m. Bestimme die Seitenlängen des Grundstücks.

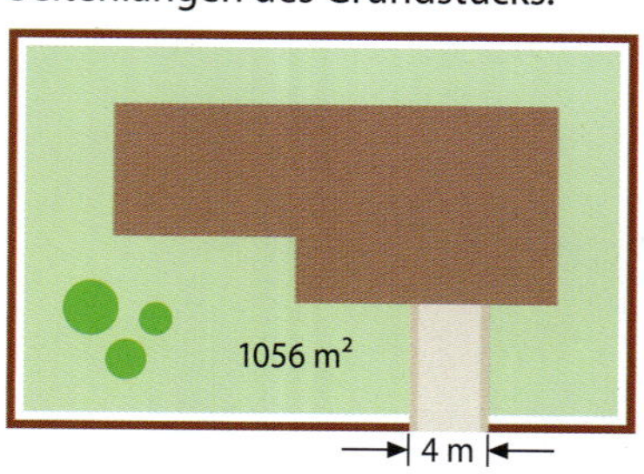

6 Berechne die Nullstellen der Funktionen.
a) $f(x) = x^2 + 15x$ **b)** $f(x) = x^2 - 10x + 9$
c) $f(x) = -x^2 + 7x - 3$ **d)** $f(x) = \frac{2}{3}x^2 + \frac{3}{4}x + 2$

7 Gib eine Gleichung an, die hier grafisch gelöst wurde. Löse sie rechnerisch und überprüfe.
a)

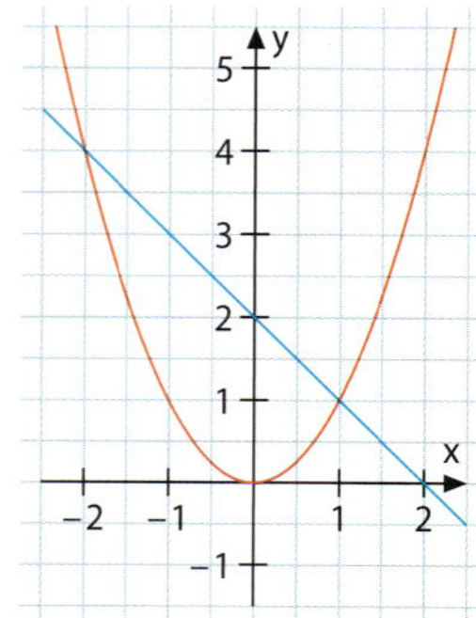

b)

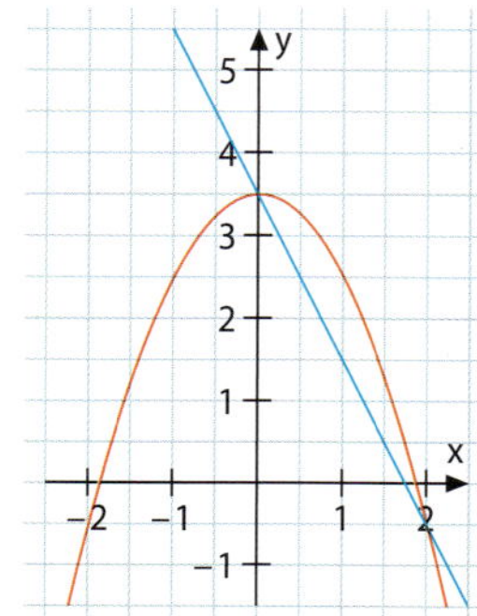

8 Löse die quadratischen Gleichungen rechnerisch.
a) $x^2 - 121 = 0$ **b)** $(x + 12) \cdot (x - 23) = 0$
c) $7x^2 - 63 = 0$ **d)** $2x^2 - 8x = 330$
e) $(5x + 2) \cdot (8 - 3x) = 4x \cdot (11 - 4x)$
f) $\frac{1}{2}x^2 - \frac{3}{10}x = \frac{9}{25}$

9 Sympathische und humorvolle, natürliche Zahl gesucht!
a) Multipliziere dich mit dir selbst und vermehre dich um dein Doppeltes, dann erhältst du 323.
b) Die Summe aus deiner Hälfte und deinem Quadrat ergibt 742,5.
c) Die Differenz aus deinem Quadrat und dir ergibt dich.

10 Von einer quadratischen Metallplatte werden an allen vier Ecken kongruente gleichschenklige Dreiecke abgeschnitten. Berechne die Länge x, wenn sich der Flächeninhalt der Platte um 12,5 % verringern soll.

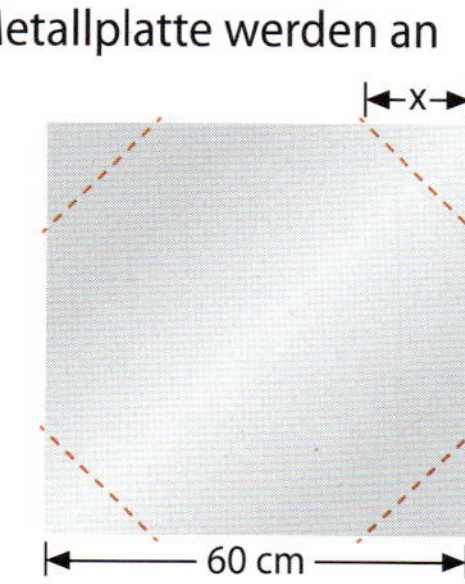

11 Gegeben ist die Gleichung $x^2 + 8x + q = 0$ mit dem Parameter q. Untersuche die Anzahl der Lösungen in Abhängigkeit von q.

12 Gegeben ist ein 8 cm hoher Quader mit einem Oberflächeninhalt von $136{,}5\ \text{cm}^2$. Berechne die Seitenlänge der quadratischen Grundfläche.

13 Bestimme $\mathbb{D}$ im Bereich der reellen Zahlen. Löse die Wurzelgleichungen. Führe die Probe durch.

a) $2x - 5 = -\sqrt{x - 1}$
b) $\sqrt{x - 2} = 4 - x$
c) $7 - \sqrt{4x + 1} = 2x$
d) $x - 4 = \sqrt{13 - 4x}$
e) $3x + \sqrt{8x^2 - 9x - 20} = 4$
f) $\sqrt{x} + 2 = \sqrt{2x + 8}$

14 Bestimme erst die Anzahl der Schnittpunkte der beiden Funktionsgraphen und dann gegebenenfalls deren Koordinaten.

a) $y = 2x^2 - 2x$ $\quad y = 0{,}5x + 2$
b) $y = -0{,}25x^2 - 0{,}5x + 4{,}25$ $\quad y = -\frac{1}{8}x + 4{,}5$
c) $y = \frac{1}{8}x^2 + \frac{5}{4}x + \frac{25}{2}$ $\quad y = \frac{1}{2}x^2 + 3x + 15$
d) $y = x^2 - x - 1$ $\quad y = -x^2 + x + 1$

15 Die Parabel $y = -0{,}1x^2 + 0{,}9x + 1{,}7$ beschreibt den Wasserstrahl aus einem Gartenschlauch. Nach wie vielen Metern Entfernung trifft er auf die Erde ($1\ \text{LE} \mathrel{\widehat{=}} 1\ \text{m}$)?

Aufgaben für Lernpartner

Sind folgende Behauptungen richtig oder falsch? Begründe schriftlich.

A Die quadratische Gleichung $x^2 + 12x - 13 = 0$ hat die Lösungen $x_1 = -13$ und $x_2 = 1$.

B Die Gleichungen $\frac{2}{3}x^2 + x + \frac{1}{3} = 0$ und $(x + 1) \cdot (2x + 1) = 0$ sind äquivalent zueinander.

C Die Lösungsformel darf bei allen quadratischen Gleichungen angewendet werden.

D Ist der Wert der Diskriminante $D = \left(\frac{p}{2}\right)^2 - q$ positiv, hat die Gleichung $x^2 + px + q = 0$ zwei Lösungen.

E Wenn eine quadratische Gleichung der Form $x^2 + px + q = 0$ genau eine Lösung hat, dann lässt sich die Gleichung in die Form $(x + b)^2 = 0$ umformen.

F Gleichungen der Form $3x^2 + gx = 0$ haben abhängig von der reellen Zahl g keine, eine oder zwei Lösung(en).

G Wenn eine quadratische Gleichung in der Normalform zwei Lösungen hat, dann gilt $p^2 > q$.

H Wurzelgleichungen haben stets dieselbe Lösungsmenge wie die zugehörenden quadrierten Gleichungen.

I Die Gleichung $\frac{\sqrt{3}}{3x} + x = \sqrt{5}$ ist eine Wurzelgleichung.

J Die Lösungsmenge einer Gleichung ist immer eine Teilmenge ihres Definitionsbereichs.

Ich kann …	Aufgaben	Hilfe
quadratische Gleichungen rechnerisch lösen.	1, 2, 5, 7, 8	S. 92, 96
quadratische Gleichungen grafisch lösen.	3, 4	S. 92, 96
die Lösungsformel für quadratische Gleichungen anwenden.	2, 3, 6, 9, 10, 11, 12, A, B, C, D, E, F, G, J	S. 100
verschiedene Arten von Wurzelgleichungen lösen.	13, H, I	S. 106
Systeme quadratischer Gleichungen auf verschiedene Arten lösen.	14, 15	S. 108

Seite 96

Quadratische Gleichungen grafisch lösen

Quadratische Gleichungen der Form $\mathbf{x^2 + px + q = 0}$ werden grafisch gelöst, indem man …

- die Gleichung z. B. in die Form $\mathbf{x^2 = -px - q}$ umformt.
- die Graphen von $f_1(x) = x^2$ und $f_2(x) = -px - q$ zeichnet.
- die **x-Werte** der **Schnittpunkte als Lösung der Gleichung** betrachtet.

Eine Probe ist stets notwendig.

$$4x^2 - 4x = 8 \quad | + 4x$$
$$4x^2 = 4x + 8 \quad | : 4$$
$$x^2 = x + 2$$

Schnittpunkte ergeben:
$x_1 = -1 \quad x_2 = 2$

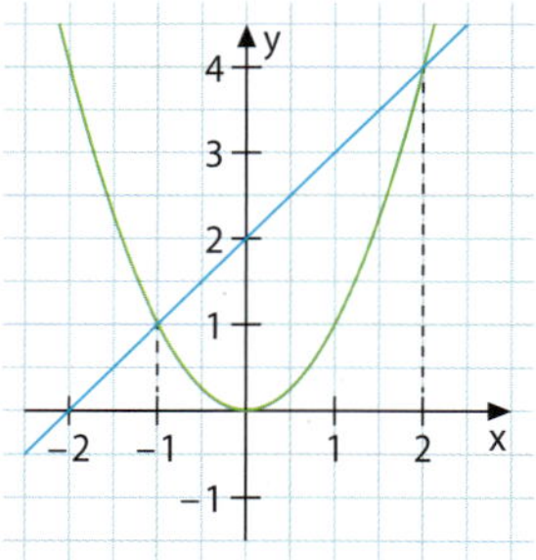

Seite 98

Arten quadratischer Gleichungen

Eine Gleichung der Form $x^2 + px + q = 0$ ($p, q, x \in \mathbb{R}$) heißt **Normalform** einer quadratischen Gleichung.

$$5x^2 - 10x - 15 = 0 \quad | : 5$$
$$x^2 - 2x - 3 = 0$$
$$\Rightarrow p = -2;\ q = -3$$

Treten quadratische Gleichungen in den **Sonderfällen** $x^2 + q = 0$ ($q \in \mathbb{R}$, $q \leq 0$) bzw. $x^2 + px = 0$ ($p \in \mathbb{R}$) auf, kann man die Lösungen sofort ablesen.

$x^2 = 7$

$\mathbb{L} = \{-\sqrt{7};\ \sqrt{7}\}$

$x^2 - 0{,}5x = 0$

$x \cdot (x - 0{,}5) = 0$

$\mathbb{L} = \{0;\ 0{,}5\}$

Seite 100

Quadratische Gleichungen rechnerisch lösen

Quadratische Gleichungen werden **rechnerisch gelöst**, indem man …

- die Gleichung in die **Normalform** $\mathbf{x^2 + px + q = 0}$ bringt und
- die Lösungsformel $x_{1/2} = -\frac{p}{2} \pm \sqrt{\left(\frac{p}{2}\right)^2 - q}$ anwendet.

$$3x^2 + 18x - 21 = 0 \quad | : 3$$
$$x^2 + 6x - 7 = 0$$
$$p = 6;\ q = -7$$
$$x_{1/2} = -\frac{6}{2} \pm \sqrt{\left(\frac{6}{2}\right)^2 - (-7)} = -3 \pm 4$$
$$x_1 = -7;\ x_2 = 1$$

Seite 102

Lösbarkeit quadratischer Gleichungen

Eine quadratische Gleichung kann keine, genau eine oder zwei Lösungen haben. Das ist bei Gleichungen in der Normalform von der Diskriminante $D = \left(\frac{p}{2}\right)^2 - q$ abhängig.

1 $x^2 + 6x + 10 = 0 \qquad D = 9 - 10 = -1$
$D < 0$: keine Lösung

2 $x^2 - 8x + 16 = 0 \qquad D = 16 - 16 = 0$
$D = 0$: genau eine Lösung

3 $x^2 + 2x - 12 = 0 \qquad D = 1 + 12 = 13$
$D > 0$: zwei Lösungen

Seite 106

Wurzelgleichungen

Wurzelgleichungen werden durch **Quadrieren** gelöst.
Der Definitionsbereich der Wurzeln muss beachtet werden.

$$\sqrt{x + 3} = \sqrt{4 - 2x} \qquad \mathbb{D} = \mathbb{R} \text{ mit } -3 \leq x \leq 2$$
$$x + 3 = 4 - 2x$$
$$3x = 1$$
$$x = \frac{1}{3} \qquad \frac{1}{3} \in \mathbb{D};\ \mathbb{L} = \left\{\frac{1}{3}\right\}$$

4 Körperbetrachtungen

Einstieg

- Bei Burgen und Schlössern findet man unterschiedliche Flächen und Körper.
  Gib die Körper an, die du in dem Bild des Rheinsberger Schlosses erkennen kannst.
- Finde verschiedene mathematische Flächenformen am Gebäude und benenne sie.
- Suche weitere „verrückte“ Häuser im Internet und skizziere ihre Form.

Ausblick

Am Ende dieses Kapitels hast du gelernt, …

- die Länge eines Kreisbogens und den Flächeninhalt von Kreissektoren zu berechnen.
- den Oberflächeninhalt und das Volumen von Kugeln zu bestimmen.
- mathematische Grundformen zusammengesetzter Körper zu erkennen.
- Körper auf verschiedene Arten darzustellen.
- Maße aus maßstabsgerechten Zeichnungen und Skizzen zu entnehmen.
- Oberflächeninhalt und Volumen von zusammengesetzten Körpern zu berechnen.

4 Das kann ich schon ...

Potenzen und Wurzeln berechnen

Das Produkt aus n gleichen Faktoren a kann man als **Potenz** $\mathbf{a^n}$ schreiben:

$\underbrace{a \cdot a \cdot a \cdot \ldots \cdot a}_{\text{n-Faktoren}} = a^n \qquad a \in \mathbb{R},\ n \in \mathbb{N}\backslash\{0\}$

$2^5 = 2 \cdot 2 \cdot 2 \cdot 2 \cdot 2$

Das Wurzelziehen (Radizieren) ist die Umkehrung des Potenzierens:

$\sqrt[n]{a} = a^{\frac{1}{n}}$

$\sqrt{x} = x^{\frac{1}{2}} \qquad \sqrt[3]{x} = x^{\frac{1}{3}} \qquad \sqrt[4]{x} = x^{\frac{1}{4}}$

Die Quadratwurzel aus einer nichtnegativen Zahl a ist diejenige nichtnegative Zahl b, die quadriert a ergibt.

$\sqrt{a} = b \Leftrightarrow b \cdot b = b^2 = a,\ (a, b \geq 0)$
$\sqrt{49} = 7$, denn $7^2 = 49$

Die Kubikwurzel aus einer nichtnegativen Zahl a ist diejenige nichtnegative Zahl b, deren dritte Potenz a ergibt.

$\sqrt[3]{a} = b \Leftrightarrow b \cdot b \cdot b = b^3 = a,\ (a, b \geq 0)$
$\sqrt[3]{8} = 2$, denn $2^3 = 8$

Zusammenhänge bei Dreiecken und Kreisen

Für den **Flächeninhalt** eines Dreiecks gilt:
$A_D = \frac{1}{2} \cdot \text{Grundseite} \cdot \text{zugehörige Höhe} = \frac{1}{2} \cdot g \cdot h_g$

Für den **Umfang** eines Dreiecks gilt:
$u_D = a + b + c$

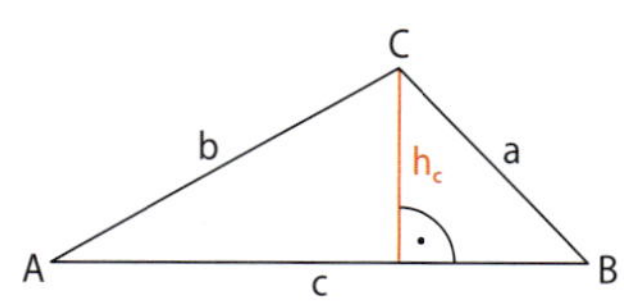

Für den **Flächeninhalt** eines Kreises gilt:
$A_{Kreis} = \pi \cdot r^2$ oder $A_{Kreis} = \frac{\pi}{4} \cdot d^2$

Für den **Umfang** eines Kreises gilt:
$u_{Kreis} = 2\pi \cdot r$ oder $u_{Kreis} = \pi \cdot d$

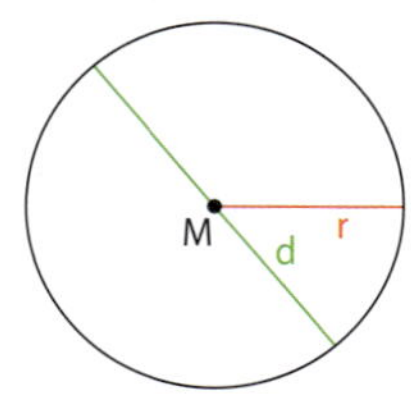

Pyramiden und Kegel untersuchen

Für die Berechnung des **Oberflächeninhalts** $\mathbf{A_O}$ einer **Pyramide** oder eines **Kreiskegels** mit der **Grundfläche** $\mathbf{A_G}$ und der **Mantelfläche** $\mathbf{A_M}$ gilt:
$A_O = A_G + A_M$

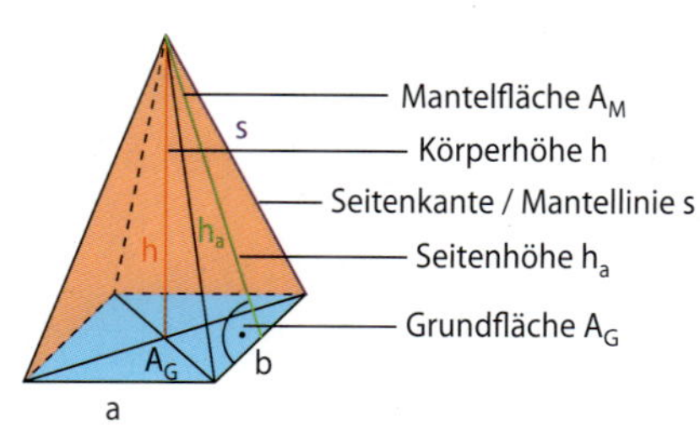

Für die n-eckige Pyramide gilt speziell:
$A_{O\,Pyramide} = A_G + n \cdot A_{Dreieck}$

Für den Kegel gilt speziell:
$A_{O\,Kegel} = \pi \cdot r^2 + \pi \cdot r \cdot s = \pi r \cdot (r + s)$

Für das **Volumen V** einer Pyramide bzw. eines Kreiskegels mit der Grundfläche A_G und der Körperhöhe h gilt:
$V = \frac{1}{3} A_G \cdot h$

Beim Kegel gilt speziell:
$V_{Kegel} = \frac{1}{3} \cdot \pi \cdot r^2 \cdot h$

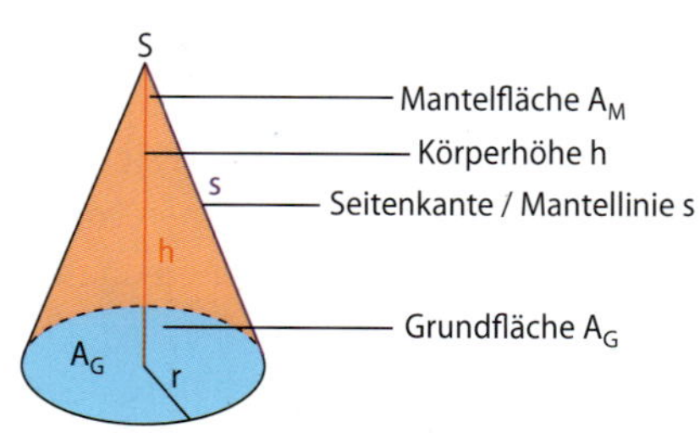

Potenzen und Wurzeln berechnen

1 Berechne im Kopf.

a) 2^3; $(-4)^2$; $(-0{,}6)^2$; $\left(\frac{3}{5}\right)^3$; $-\left(\frac{2}{3}\right)^4$

b) $\sqrt{16}$; $\sqrt{100}$; $\sqrt{169}$; $\sqrt{625}$; $\sqrt{2500}$; $\sqrt{10\,000}$

c) $\sqrt{0{,}09}$; $\sqrt{0{,}36}$; $\sqrt{\frac{1}{25}}$; $\sqrt{0{,}49}$; $\sqrt{\frac{49}{64}}$; $\sqrt{1{,}69}$

d) $\sqrt[3]{27}$; $\sqrt[3]{125}$; $\sqrt[3]{1000}$; $\sqrt[3]{0{,}008}$; $\sqrt[3]{0{,}064}$

Zusammenhänge bei Dreiecken und Kreisen

2 Berechne die fehlenden Größen des Dreiecks.

	a)	b)	c)	d)	e)
Grundseite g	5 cm	2,5 cm		1,5 m	
Höhe h_g	8 cm	60 mm	5,5 cm		4,2 km
Flächeninhalt A			22,0 cm²	900 dm²	4,4 ha

3 Berechne die fehlenden Größen des Kreises.

	a)	b)	c)	d)	e)
Radius r	4 cm				
Durchmesser d		60 m			
Flächeninhalt A			9,12 cm²		723 dm²
Umfang u				22,0 cm	

Pyramiden und Kegel untersuchen

4 Eine Pyramide mit quadratischer Grundfläche hat eine Kantenlänge von $a = 6$ cm und eine Höhe von $h = 10$ cm.

a) Berechne die Höhe h_a einer Seitenfläche.

b) Berechne die Länge s einer Seitenkante.

c) Zeichne das Netz der Pyramide.

d) Berechne den Oberflächeninhalt und das Volumen der Pyramide.

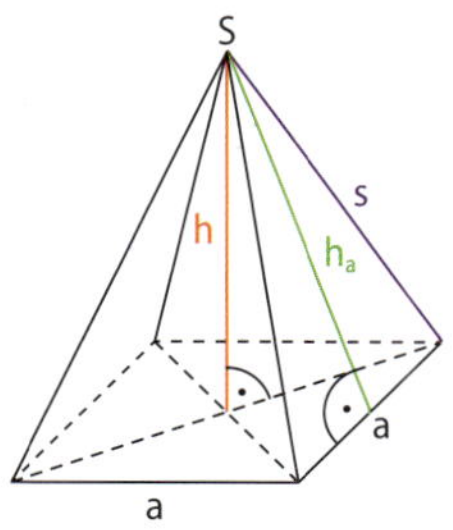

5 Gegeben ist eine rechteckige Pyramide mit den Kantenlängen $a = 4{,}5$ cm und $b = 5{,}0$ cm sowie der Höhe $h = 7{,}5$ cm.

a) Zeichne das Schrägbild und das Netz der Pyramide.

b) Berechne den Oberflächeninhalt und das Volumen der Pyramide.

6 Ein gerader Kreiskegel hat einen Radius von $r = 4$ cm und eine Höhe von $h = 6$ cm.

a) Berechne die Länge der Mantellinie s.

b) Berechne den Oberflächeninhalt und das Volumen des Kegels.

c) Zeichne das Netz des Kegels.

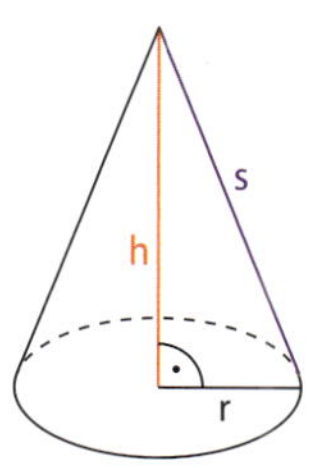

Kap. 4.1

Bögen und Kreise

In Kirchen und anderen Bauwerken finden wir oft Fenster in Form von Kreisen oder Rosetten, meist aus farbigen Glaselementen. In der Gotik entwickelten begabte Baumeister die Möglichkeit, riesige Basiliken mit vielen großen Fenstern zu bauen.

Auch bei modernen Bauwerken werden oft Bögen oder Kreise verwendet, wie der Blick aus einer Kuppel einer Einkaufspassage in der Altstadt von Neapel zeigt.

- Was fällt dir bei der Konstruktion auf? Beschreibe.
- Entwirf selbst ähnliche Muster. Beschreibe dein Vorgehen.
- Suche in Bauwerken in deinem Heimatort nach geometrischen Elementen.

Kap. 4.2 und 4.3

Kugeliges

Die größte frei schwebende Kuppel der Welt mit einem Durchmesser von 43,20 m besitzt das Pantheon in Rom. Es ist ein Symbol für das Harmoniestreben und das technische Können der Römer.
Das Pantheon wurde in seiner jetzigen Form unter Kaiser Hadrian in den Jahren 118 – 125 aus römischem Beton gebaut. Die perfekte Harmonie des Gebäudes ergibt sich dadurch, dass der Durchmesser gleich der Höhe ist.

- Informiere dich über dieses bedeutende Bauwerk in Rom. Finde mathematische Formen, aus denen es besteht.
- Finde weitere berühmte Bauwerke in Rom. Fertige ein Plakat an.

Kap. 4.4

Geometrie am Strand

In der Architektur werden verschiedene geometrische Körper verwendet. Häufig sind es Prismen, oft aber auch Zylinder, Kegel oder Pyramiden.

- Finde in den abgebildeten Bauwerken verschiedene geometrische Körper.
- Beschreibe, wie du das Volumen und den Oberflächeninhalt dieser Körper ermitteln kannst. Welche Maße benötigst du dazu?

Kap. 4.4

Alles zusammen

In der Mitte des 18. Jahrhunderts wurde der Alte Markt in Potsdam unter Friedrich dem Großen als römischer Platz gestaltet. Das bedeutendste Gebäude ist die Nikolaikirche. Ihre Kuppel erinnert an den Petersdom und wurde unter Leitung des berühmten Baumeisters Karl Friedrich Schinkel erbaut. Sie besitzt eine Höhe von 13 m. Die Säulen des Portals erinnern an einen griechischen Tempel.

- Beschreibe, aus welchen mathematischen Körpern die Nikolaikirche bzw. die anderen abgebildeten Bauwerke zusammengesetzt sind. Führe gegebenenfalls Näherungen für die Körper durch.
- Skizziere die Schrägbilder der abgebildeten Bauwerke.
- Finde bedeutende Bauwerke in deinem Heimatort und skizziere sie als Schrägbild.

Entdecken

Saskia freut sich auf ihren ersten Schultag. Ihre Mutter hat zur Einschulung eine besondere „Monster"-Schultüte gebastelt. Für den Bezug der kegelförmigen Monster-Schultüte aus Pappe kauft sie ein rechteckiges Stück Stoff.

- Skizziere im Heft, welche Teile für den weißen Bezug der Schultüte benötigt werden. Welche Maße benötigst du? Erstelle eine mögliche Schablone im Maßstab 1:10.
- Welche Angaben werden zum Herstellen der Gesichtsteile benötigt?
- Erkläre, wie du …
  1 das Volumen der Schultüte ermitteln kannst.
  2 den Umfang der Schultüte an der Öffnung berechnen kannst.
- Die Schultüte soll mit Geschenken gefüllt werden. Schätze das Fassungsvermögen.

Verstehen

Oftmals betrachtest du nicht den ganzen Flächeninhalt oder Umfang eines Kreises, sondern nur Teile davon.

Sind nur ein Teil des Kreises mit dem Radius r und dem Zentriwinkel α (Mittelpunktswinkel) gegeben, so kann man die zugehörige Länge des Kreisbogens b als Anteil vom Kreisumfang u_k bestimmen: $b : u_k = \alpha : 360°$

Für die **Länge b des Kreisbogens** gilt dann:

$b = \frac{\alpha}{360°} \cdot 2\pi r = \frac{\alpha}{180°} \cdot \pi r$

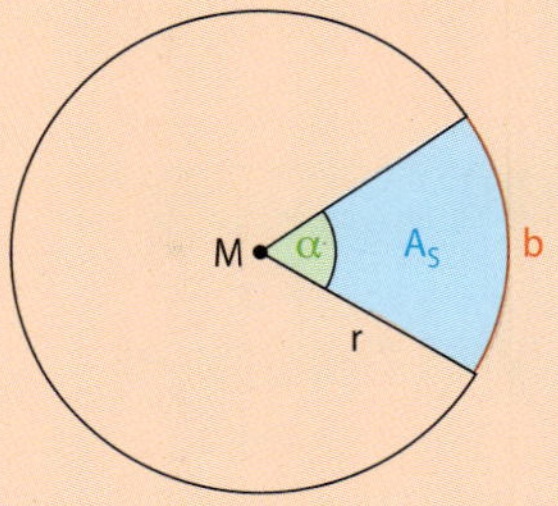

Unter einem Kreissektor (Kreisausschnitt) versteht man eine Teilfläche eines Kreises, die von einem Kreisbogen und zwei Radien begrenzt wird.

Für den **Umfang u_S des Kreissektors** gilt damit:

$u_S = b + 2r$

Ebenso kann man den zugehörigen Flächeninhalt des Kreissektors A_S als Anteil der Kreisfläche A_K bestimmen:

$A_S : A_K = \alpha : 360°$

Somit gilt: $A_S = \frac{\alpha}{360°} \cdot \pi r^2$

Die beiden Kreissektoren ergänzen sich gegenseitig zum Vollkreis.

Beispiel

Die nebenstehende Uhr hat einen Radius von 30 cm. Es ist 20.00 Uhr. Die beiden Zeiger legen zwei Kreissektoren fest. Runde auf cm bzw. cm². Berechne …

a) den Flächeninhalt der Kreissektoren. **b)** die Länge der beiden Kreisbögen.

Lösung:

a) $A_{S_1} = \frac{\alpha}{360°} \cdot \pi r^2$

$A_{S_1} = \frac{120°}{360°} \cdot \pi \cdot (30\text{ cm})^2$

$A_{S_1} \approx 942\text{ cm}^2$

$A_{S_2} = A_{Kreis} - A_{S_1}$ $\qquad A_{Kreis} = \pi r^2$

$A_{S_2} = \pi \cdot (30\text{ cm})^2 - 942\text{ cm}^2$

$A_{S_2} = 1885\text{ cm}^2$

b) $b_1 = \frac{\alpha}{180°} \cdot \pi r$

$b_1 = \frac{120°}{180°} \cdot \pi \cdot 30\text{ cm} \approx 63\text{ cm}$

$b_2 = \frac{240°}{180°} \cdot \pi \cdot 30\text{ cm} \approx 125\text{ cm}$

oder $b_2 = u_{Kreis} - b_1 = 2\pi \cdot 30\text{ cm} - 63\text{ cm} \approx 125\text{ cm}$

- Matthias meint: „Wenn man bei einem Kreis mit konstantem Radius r den Kreissektor so verändert, dass sich dessen Flächeninhalt verdoppelt, so verdoppelt sich auch die Länge des zugehörigen Kreisbogens." Stimmt das? Begründe.
- Begründe: „Sind die Fläche eines Kreissektors und der zugehörige Zentriwinkel bekannt, lässt sich daraus die Gesamtfläche des Kreises bestimmen."

Nachgefragt

Aufgaben

oHiMi 6, 9

1 Berechne die Länge des Kreisbogens.

a) $r = 1{,}7\text{ cm};\ \alpha = 45°$ **b)** $r = 13\text{ m};\ \alpha = 175°$ **c)** $r = 1{,}8\text{ km};\ \alpha = 70°$
d) $r = 47\text{ cm};\ \alpha = 140°$ **e)** $r = 38\text{ mm};\ \alpha = 99°$ **f)** $r = 80\text{ m};\ \alpha = 1°$

2 Berechne Flächeninhalt und Umfang des Kreissektors.

a) $r = 2{,}5\text{ cm};\ \alpha = 35°$ **b)** $d = 100\text{ m};\ \alpha = 175°$ **c)** $r = 1{,}5\text{ km};\ \alpha = 70°$

3 Übertrage ins Heft und berechne die fehlenden Größen. Runde geeignet.

	a)	b)	c)	d)	e)	f)
r			4,0 cm			0,02 m
d		6 mm				
α	50°			65°	80°	
b					48 m	$\frac{1}{2}\pi$ cm
A_{Sektor}	40 cm²		20 cm²	$\frac{3}{4}\pi$ dm²		
u_{Sektor}		0,8 cm				

Lösungen zu 3:
34,4; 9,6; 10,0; 1,6; 27,6; 116,8; 8,4; 0,04; 3,0; 826,1; 2,0; 38,2; 18,0; 3,0; 4,0; 2,3; 6,3; 143,2; 8,0; 68,8; 2,0; 45,0; 5,6; 19,2
Die Einheiten sind nicht angegeben.

4 Ein Kreissektor hat den Radius r und den Zentriwinkel α. Zeichne den Kreisausschnitt. Berechne seinen Flächeninhalt und die Länge des Kreisbogens.

a) $r = 5\text{ cm};\ \alpha = 50°$ **b)** $r = 35\text{ mm};\ \alpha = 75°$
c) $d = 9\text{ cm};\ \alpha = 125°$ **d)** $r = 0{,}55\text{ dm};\ \alpha = 35°$

5 Berechne jeweils die Länge der grünen Randlinie sowie den Flächeninhalt der eingefärbten Fläche. (2 Kästchen ≙ 1 cm)

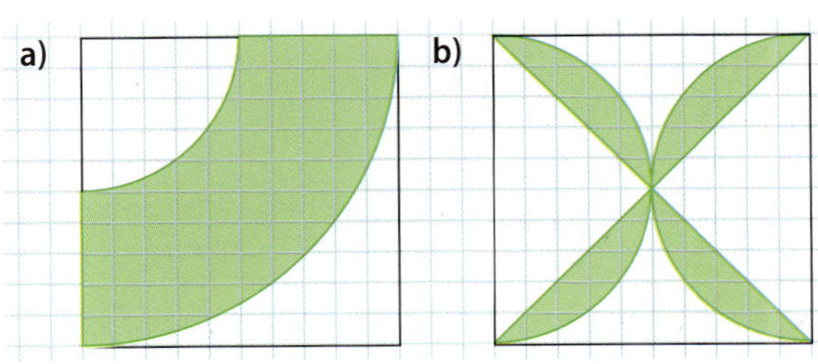

6 Lara zeichnet den Mantel eines kegelförmigen Hutes mit einer Mantellinie von 40 cm und $\alpha = 120°$. Die Öffnung des Hutes soll mit einem farbigen Band beklebt werden.

a) Fertige eine Skizze an.
b) Berechne die Länge des Bandes, das dafür benötigt wird.

7 Ein Kreisausschnitt hat den Radius $r = 12\text{ cm}$ und die Bogenlänge $b = 45\text{ cm}$. Berechne den Mantelflächeninhalt des Kegels, der aus diesem Kreisausschnitt hergestellt werden kann.

8 Eine Monster-Schultüte hat eine Mantellinie von 1,20 m und einen Radius von 10 cm.

a) Wie groß ist der Zentriwinkel des benötigten Kreissektors?

b) Berechne den Flächeninhalt der zu beklebenden Fläche.

c) Der Bezug der Schultüte soll aus einem quadratischen Stück Stoff (a = 1,20 m) ausgeschnitten werden. Wie viel Prozent des Stoffes werden für den Bezug benötigt?

9 Ein Kegel ist gegeben durch die Mantellinie $s = 7$ cm und den Radius $r = 10$ cm. Wie ändert sich der Mantelflächeninhalt des Kegels, wenn

a) r verdoppelt (halbiert) wird?
b) s verdoppelt (halbiert) wird?
c) r und s verdoppelt (halbiert) werden?
d) r verdoppelt und s halbiert wird?

10 Der Mantel eines Kegels mit einem Radius von 12 cm und einer Höhe von 40 cm wird abgewickelt. Berechne die Größe des Winkels α, der von den Mantellinien eingeschlossen wird.

11 Bei einem geraden Kreiskegel kann die Mantelfläche als Kreissektor mit dem Maß α des Zentriwinkels, dem Radius s (Mantellinie) und der Bogenlänge b abgewickelt werden. Zeige, dass gilt: $\alpha = \frac{r}{s} \cdot 360°$.

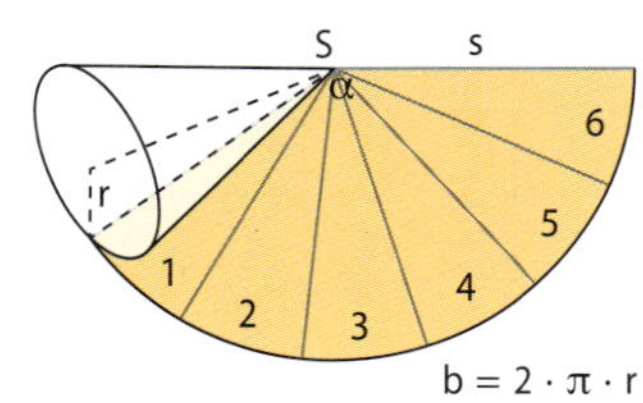

12 Zeige folgenden Zusammenhang zwischen dem Flächeninhalt A_S und der Länge des Kreisbogens b eines Kreissektors: $A_S = \frac{1}{2} r \cdot b$.

Weiterdenken

Auf einem Kreis mit dem Mittelpunkt M und dem Radius r seien die Punkte A, B und C gegeben. Der Winkel ACB heißt Peripheriewinkel β, der Winkel AMB ist der Zentriwinkel α (Mittelpunktwinkel) über dem Bogen b.
Es gilt:

- Peripheriewinkel über derselben Sehne eines Kreises sind gleich groß.
- Ein Zentriwinkel ist doppelt so groß wie jeder Peripheriewinkel über derselben Sehne eines Kreises.

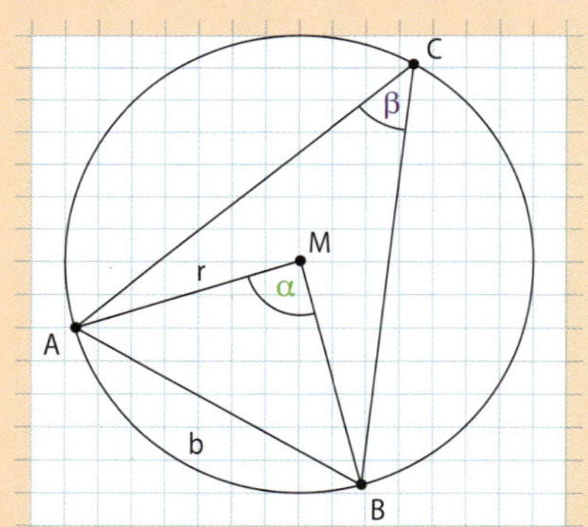

oHiMi
13–14

13 Zeichne einen Kreis mit dem Radius $r = 3$ cm. Trage farbig die folgenden Zentriwinkel und den zugehörigen Kreisbogen ein.

a) $\alpha = 30°$ **b)** $\alpha = 90°$ **c)** $\alpha = 120°$ **d)** $\alpha = 180°$ **e)** $\alpha = 240°$

14 Zeichne einen Kreis mit einem Durchmesser von 7 cm und eine Sehne $\overline{AB}$ mit einer Länge von 4,5 cm.

a) Zeichne den Zentriwinkel und drei Peripheriewinkel ein.

b) Gib die Größe der Winkel an.

c) Erläutere, welcher Zusammenhang zwischen den gemessenen Winkelgrößen besteht.

In vielen Fällen werden nicht der Umfang oder der Flächeninhalt eines ganzen Kreises gesucht, sondern nur eines **Kreisringes**.
Bei einem Kreisring sei R der Radius des Außenkreises und r der Radius des Innenkreises. Dann gilt:

Weiterdenken

Flächeninhalt A_{Ring}

$A_{Ring} = A_{Außenkreis} - A_{Innenkreis}$
$A_{Ring} = \pi \cdot R^2 - \pi \cdot r^2$
$A_{Ring} = \pi \cdot (R^2 - r^2)$

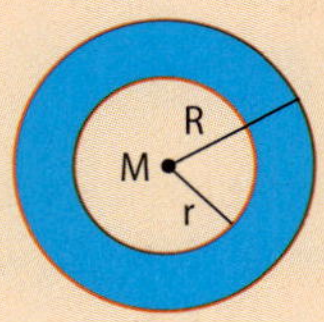

Umfang u_{Ring}

$u_{Ring} = u_{Außenkreis} + u_{Innenkreis}$
$u_{Ring} = 2\pi \cdot R + 2\pi \cdot r$
$u_{Ring} = 2\pi \cdot (R + r)$

15 Berechne die fehlenden Größen der Tabelle. Runde auf zwei Dezimalen.

	a)	b)	c)	d)	e)	f)
R	3,93 dm		6 cm	4,5 dm	54 cm	
r	2 dm	4,55 m	3,95 cm	2,5 dm	18 cm	0,02 m
A_{Ring}						
u_{Ring}		60 m				1,4 m

Lösungen zu 15:
36; 5,00; 0,20; 64; 37,26; 13,50; 43,98; 8143,01; 0,12; 62,52; 43,98; 452,39
Die Einheiten sind nicht angegeben.

16 Die abgebildete Skulptur hat einen Außenradius von 35 cm und einen Innenradius von r = 1 dm. Berechne Flächeninhalt und Umfang der Skulptur.

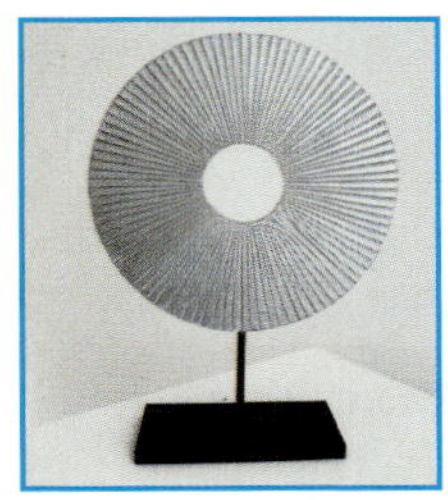

17 In der Küche von Familie Cooky befindet sich ein quadratisches Glaskeramik-Kochfeld mit der Seitenlänge 600 mm. Die beiden kleinen Platten haben jeweils den Durchmesser 145 mm, die mittelgroße Platte hat den Durchmesser 180 mm und die große Platte 210 mm. Zum Frühstück möchte die jüngste Tochter, Elli, Milch in einem Topf warm machen, dessen Boden den Durchmesser 15 cm hat.

a) Auf welche der vier Platten sollte Elli den Topf mit der Milch stellen? Begründe.

b) Elli entscheidet sich für die größte Platte. Berechne, wie viel Prozent der Kochplatte dann ungenutzt beheizt werden.

Geschichte

Hippokrates von Chios

Hippokrates lebte um 440 v. Chr. in Griechenland. Er war nicht nur ein hervorragender Astronom, sondern auch ein exzellenter Mathematiker. Überlieferungen zufolge soll auf ihn die Bezeichnung von Punkten und Strecken in der Geometrie zurückgehen.
Die Abbildung zeigt die sogenannten „Möndchen des Hippokrates".

- Übertrage die Zeichnung mit c = 5 cm und a = 4 cm in dein Heft.
- Zeige, dass der Flächeninhalt des abgebildeten Dreiecks ABC genauso groß ist wie die Summe der orangenen Möndchenflächen. Verwende die konkreten Maße.
- Beweise die obige Flächengleichheit allgemein für ein bei C rechtwinkliges Dreieck mit den Seitenlängen a, b und c.

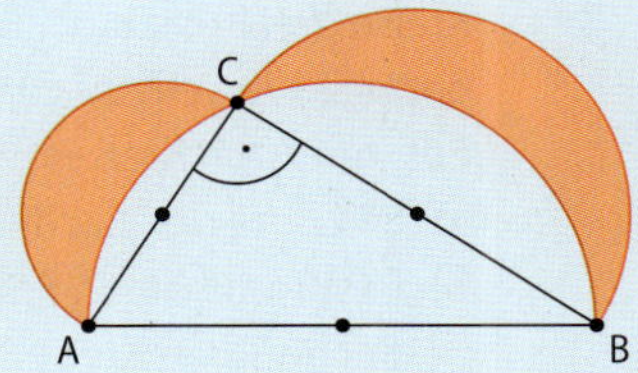

18 Der Scheibenwischer eines Autos überstreicht bei einem Vollausschlag einen Winkel von 120°. Der Scheibenwischer ist 50 cm lang. Der Wischergummi überstreicht eine Fläche von 2420 cm^2. Berechne, in welcher Entfernung der Gummistreifen vom Drehpunkt angebracht ist.

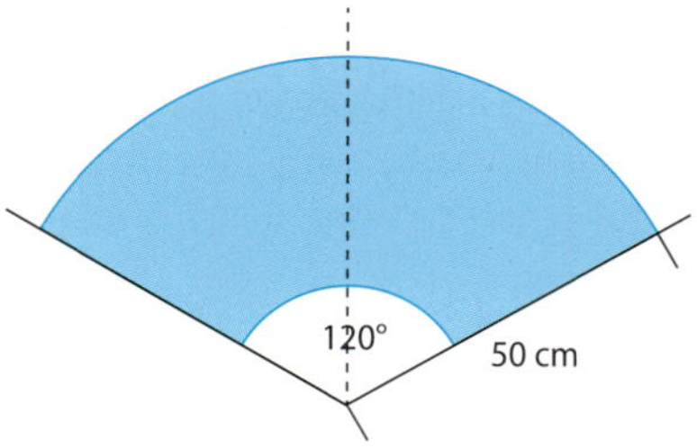

Kreise mit demselben Mittelpunkt und verschiedenen Radien heißen ***konzentrische Kreise****.*

19 Jakob und Jonas zeichnen konzentrische Kreise mit verschiedenen Radien. Jonas behauptet, dass sich der Umfang eines Kreisringes verdoppelt, wenn man den Außen- und Innenradius verdoppelt.

a) Erläutere, wie Jakob diese Aussage überprüfen kann.
b) Zeige an einem Beispiel, dass die Aussage richtig ist.
c) Weise die Richtigkeit der Aussage allgemein nach.

20 Gegeben ist nebenstehender Sportplatz mit Wettkampfbahn.

a) Bestimme für die von der Wettkampfbahn begrenzte Innenfläche den Flächeninhalt und den Umfang.
b) Berechne den Flächeninhalt der Bahn.
c) Für die Renovierung der Wettkampfbahn müssen pro Quadratmeter 1250 € bezahlt werden. Wie teuer ist die Renovierung?

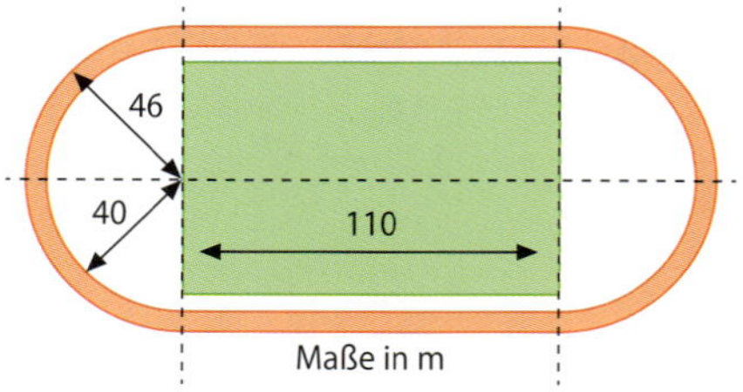

21 Die Sportart Ringen findet auf einer Ringermatte statt, deren zentrale gelbe Ringkampffläche einen Durchmesser von 7 m hat. Diese Kampffläche wird von einer 1 m breiten (roten) Passivzone umgeben. Berechne, wie viel Prozent der gesamten Kreisfläche diese rote Passivzone ausmacht.

22 Zur Unterstützung eines Torbogens verwendet man in der Regel drei Steinplatten.

a) Berechne den Flächeninhalt A_G der drei grauen Steinplatten.
b) Das Volumen V der Steinplatten ergibt sich aus $V = A_G \cdot d$, wobei d die Tiefe des Torbogens ist. Berechne V für $d = 25$ cm.
c) Welche Masse haben die Steinplatten bei einer Dichte von $\rho_{Stein} = 2{,}8\,\frac{kg}{dm^3}$?

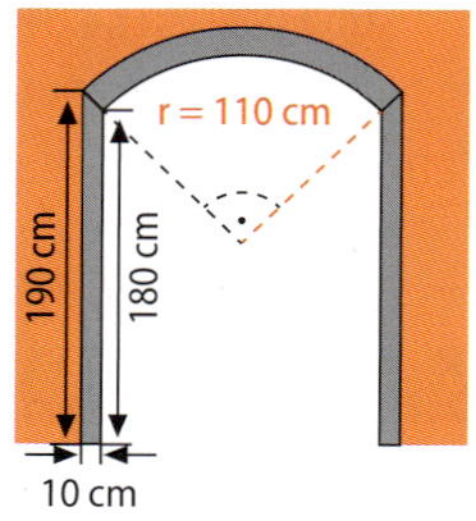

23 Bei einer von einem Wassertropfen ausgelösten Welle bilden vier konzentrische Kreise drei Kreisringe. Ihre Flächeninhalte betragen jeweils 30 cm^2. Der Flächeninhalt des innersten Kreises ist 40 cm^2.

a) Skizziere den Sachverhalt.
b) Bestimme durch Rechnung die Radien der äußeren Kreise.
c) Bestimme die Breite der Kreisringe.

Bei dem **Kreissegment** eines Viertelkreises mit dem Radius r ergeben sich für den Flächeninhalt und den Umfang folgende Zusammenhänge:

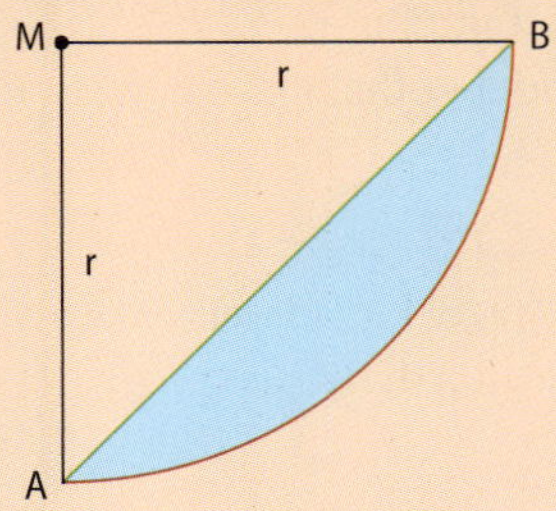

Flächeninhalt des Segments eines Viertelkreises:

$$A_{Segment} = A_{Viertelkreis} - A_{Dreieck}$$
$$= \frac{1}{4}r^2\pi - \frac{1}{2}r^2 = \frac{1}{4}r^2 \cdot (\pi - 2) \approx 0{,}29r^2$$

Länge des Umfangs des Segments eines Viertelkreises:

$$u_{Segment} = \widehat{AB} + \overline{AB}$$
$$= \frac{1}{4} \cdot 2r\pi + r\sqrt{2} = r \cdot \left(\frac{\pi}{2} + \sqrt{2}\right) \approx 2{,}99r$$

Weiterdenken

Beachte:
Bogen $\widehat{AB}$ *Sehne $\overline{AB}$*

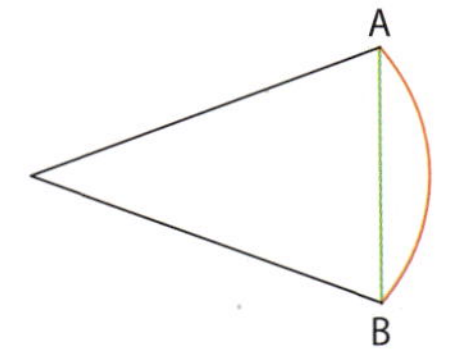

24 a) Überprüfe die Richtigkeit der Berechnungen im Kasten.
b) Zeichne zunächst ein Kreissegment und berechne anschließend seinen Umfang und Flächeninhalt.
1 r = 0,6 dm; $\alpha = 90°$ **2** r = 40 mm; $\alpha = 60°$ **3** r = 5 cm; $\alpha = 45°$

Bestimme geschickt die Höhe des gleichschenkligen Dreiecks.

25 Berechne den Umfang und den Flächeninhalt der zusammengesetzten Figuren.

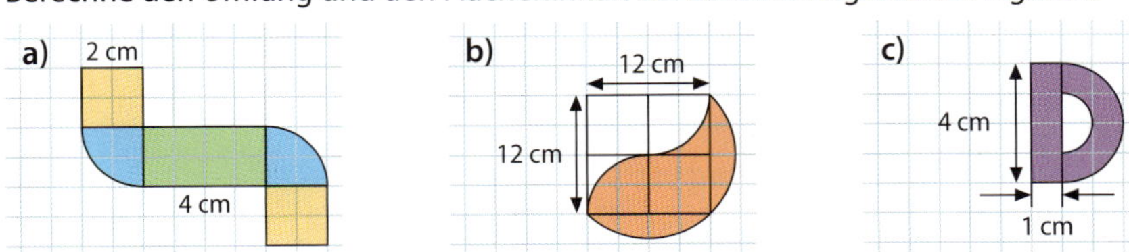

26 a) Berechne den Flächeninhalt der grün gekennzeichneten Fläche für R = 20 cm und r = 8 cm.

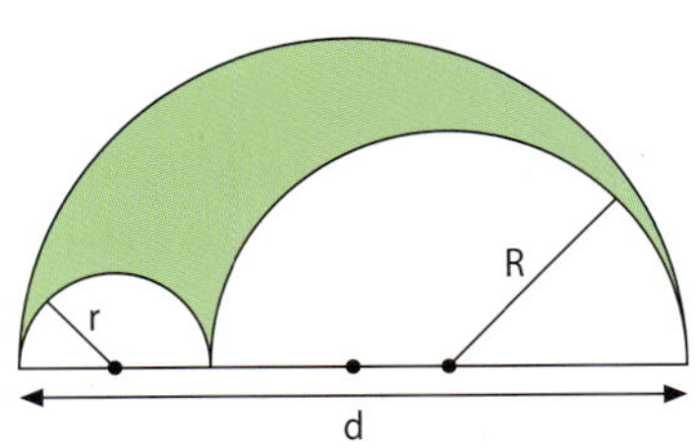

b) Weise allgemein nach, dass die grün und die gelb gefärbte Fläche denselben Flächeninhalt haben.

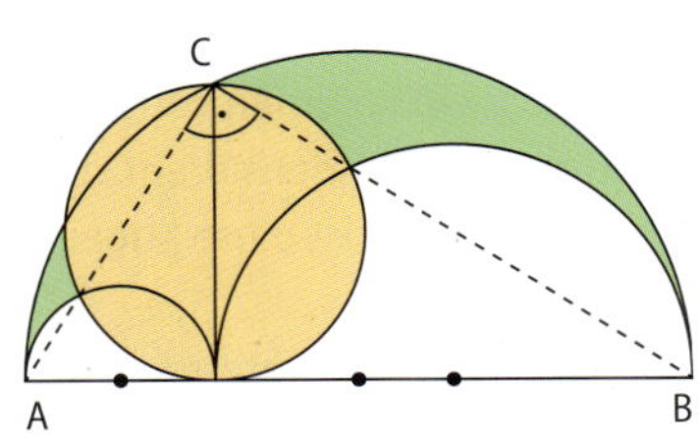

27 Zeige, dass die farbig gekennzeichnete Fläche denselben Flächeninhalt hat wie das Dreieck ABC.
Hinweis: Beachte auch den Kasten zu den Möndchen des Hippokrates auf Seite 131.

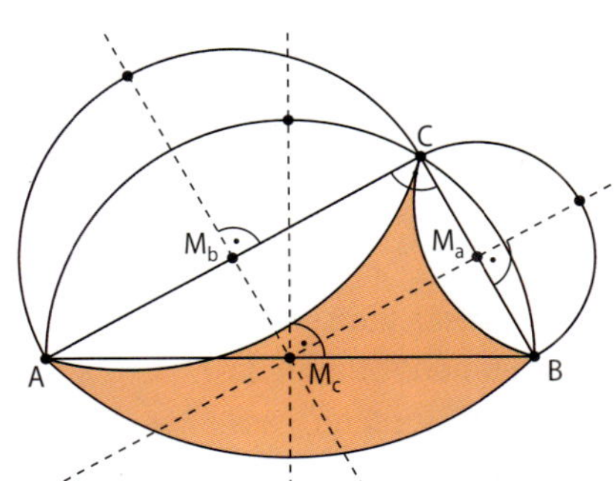

Entdecken

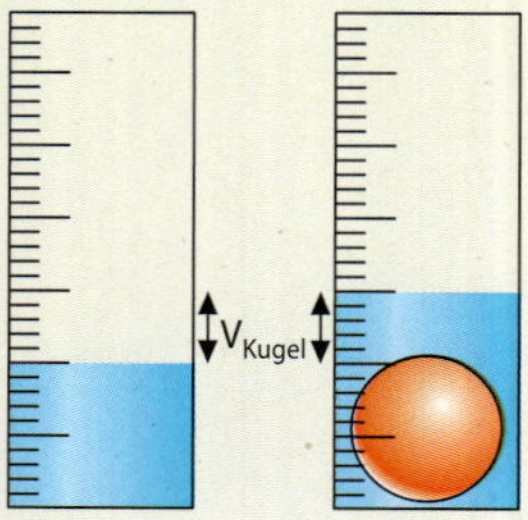

Besorge dir Kugeln unterschiedlicher Größe.

- Miss den Durchmesser und ermittle so den Radius dieser Kugeln.
- Überlege dir ein Experiment, um das Volumen der Kugeln zu ermitteln.
- Eva überlegt sich, dass in der Volumenformel einer Kugel r^3 und π enthalten sein müssen. Erkläre Evas Überlegung.
- Ergänze die Tabelle mit deinen ermittelten Werten. Stelle das Volumen V in Abhängigkeit von $\pi \cdot r^3$ grafisch dar.
- Welcher proportionale Zusammenhang ergibt sich?

	d	r	V	$\pi \cdot r^3$	$V : (\pi \cdot r^3)$
1	3,00	1,50	14,00	10,60	…
2	4,00	2,00	34,00	25,13	…
3					

Verstehen

Der Quotient aus dem Volumen einer Kugel und r^3 ist stets konstant.

Für das **Volumen V einer Kugel** mit dem **Radius r** gilt:

$$V_{Kugel} = \frac{4}{3} \cdot \pi \cdot r^3$$

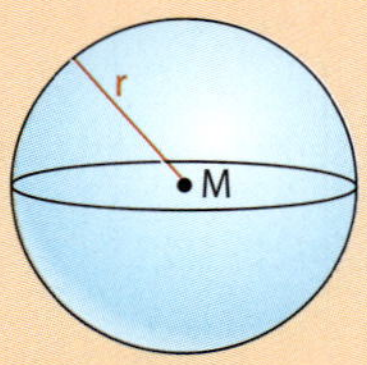

Beispiele

1. Ein Fußball der Größe 5 hat einen Radius von 11 cm. Wie groß ist sein Volumen?

   Lösung:

   $V_{Kugel} = \frac{4}{3} \cdot \pi \cdot r^3$; $V = \frac{4}{3} \cdot \pi \cdot (11\text{ cm})^3 \approx 5575{,}3\text{ cm}^3 \approx 5{,}6\ \ell$

   Der Fußball hat ein Volumen von ungefähr 5,6 ℓ.

2. In der Mitte eines Brunnens dreht sich eine Granitkugel. Der Kugelumfang beträgt 204,2 cm. Wie schwer ist diese Kugel, wenn 1 dm^3 Granit eine Masse von 2,8 kg besitzt?

   Lösung:

   $u = 2\pi \cdot r$ umformen: $r = \frac{u}{2 \cdot \pi}$; $r = \frac{204{,}2\text{ cm}}{2 \cdot \pi} \approx 32{,}5\text{ cm}$

   $V_{Kugel} = \frac{4}{3} \cdot \pi \cdot r^3$; $V = \frac{4}{3} \cdot \pi \cdot (32{,}5\text{ cm})^3 \approx 143\,793\text{ cm}^3 \approx 144\text{ dm}^3$

   $1\text{ dm}^3 \mathrel{\hat=} 2{,}8\text{ kg}$

   $144\text{ dm}^3 \mathrel{\hat=} 144 \cdot 2{,}8\text{ kg} = 403{,}2\text{ kg}$

   Die Masse der Kugel beträgt rund 403 kg.

Den Umfang einer Kugel berechnet man wie den Umfang eines Kreises, dessen Mittelpunkt der Kugelmittelpunkt ist.

Nachgefragt

- Franziska sagt: „Verdoppelt man den Radius einer Kugel, so verachtfacht sich das Volumen." Stimmt das?
- Du weißt schon, dass $r = \frac{d}{2}$ ist. Gib die Formel zur Berechnung des Kugelvolumens mit dem Durchmesser an.

1 Berechne das Volumen der Kugel.

a) $r = 25\ \text{mm}$ b) $d = 60\ \text{cm}$ c) $r = 1\ \text{m}$ d) $d = 1\ \text{cm}$

e) $r = \frac{2}{5}\ \text{cm}$ f) $d = 12{,}7\ \text{dm}$ g) $r = \sqrt[3]{8}\ \text{m}$ h) $r = \sqrt[3]{100}\ \text{mm}$

i) $r = \sqrt[3]{12}\ \text{m}$ j) $d = 2 \cdot \sqrt[3]{7}\ \text{m}$ k) $r = 2 \cdot \sqrt[3]{10}\ \text{cm}$ l) $d = 4 \cdot \sqrt[3]{12}\ \text{dm}$

2 Berechne den Radius und den Durchmesser der Kugel.

a) $V = 14\,100\ \text{cm}^3$ b) $V = 3054\ \text{mm}^3$ c) $V = 82{,}5\ \text{m}^3$ d) $V = 50\ \ell$

e) $V = 5000\ \text{m}^3$ f) $V = 12\,000\ \text{dm}^3$ g) $V = 135\ \text{h}\ell$ h) $V = 12\,450\ \ell$

3 Gasometer werden häufig kugelförmig gebaut.
Die abgebildeten Gasometer haben einen Durchmesser von 40 m.
Berechne das Volumen von zehn solcher Gasometer.

4 Der kleinste Planet in unserem Sonnensystem ist der Merkur, der größte der Jupiter.

a) Recherchiere zur Berechnung der Volumina die Radien der beiden Planeten.

b) Wie oft würde der Merkur – gemessen am Volumen – in den Jupiter passen?

Aufgaben

Lösungen zu 1:
65 450; 418,88; 113 097; 50,27; 4,19; 29,32; 0,52; 335,1; 0,27; 402,1; 1072,5; 33,51
Die Einheiten sind nicht angegeben.

Lösungen zu 2 (nur Radius):
14,38; 9,00; 10,61; 14,20; 14,77; 14,99; 2,29; 2,70

Wissen

Zylinder – Kugel – Kegel

Archimedes von Syrakus (* um 287 v. Chr. auf Sizilien; † 212 v. Chr.) fand heraus, dass sich das Volumen von Kegel, Kugel und Zylinder bei gleicher Höhe und Durchmesser verhält wie 1 : 2 : 3, also:

$V_{Kegel} : V_{Kugel} : V_{Zylinder} = 1 : 2 : 3$

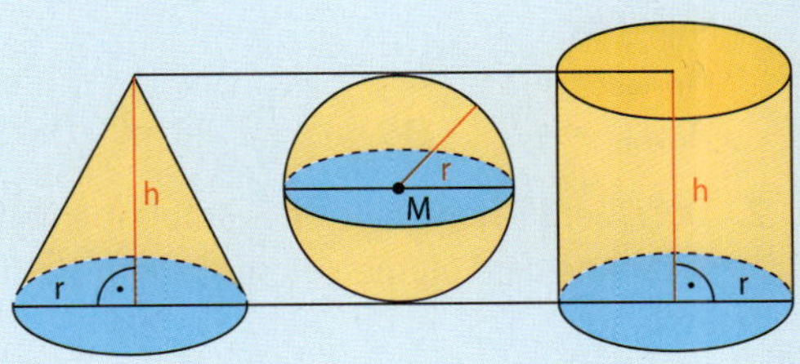

Diese Grafik ließ Archimedes auf seinen Grabstein meisseln, weil er so stolz auf seine Entdeckung war.

- Zeige den Zusammenhang rechnerisch.

Führe folgenden Eintauchversuch durch. Tauche eine Kugel in einen Zylinder mit gleichem Durchmesser und einer Höhe $h = 2 \cdot r$ ein.

- Welcher Anteil des Wassers läuft über?
- Welcher Anteil des Wassers verbleibt im Zylinder, wenn man die Kugel wieder herausnimmt?
- Führe den gleichen Versuch mit einem Kegel durch, der den gleichen Radius und die gleiche Höhe hat.

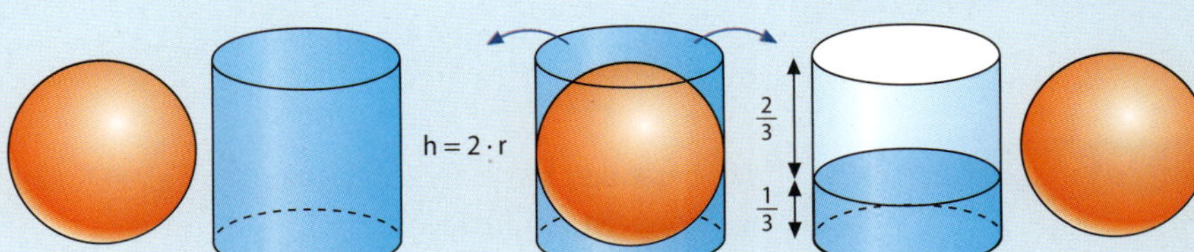

Entdecken

1

2

Paul soll die Größe der Oberfläche einer Kugel bestimmen: „Den Flächeninhalt eines Kreises kann ich berechnen. Wenn ich eine (annähernd runde) Apfelsine halbiere, kenne ich den Durchmesser dieser Apfelsine. Ich zeichne Kreise mit dem Radius der Apfelsine.
Dann schäle ich die Apfelsine und überprüfe, wie viele solcher Kreise ich mit der Schale komplett belegen kann."

- Wie viele solcher Kreise kannst du mit dieser Schale belegen? Probiere aus.
- Versuche, anhand deiner Ergebnisse eine Formel für den Oberflächeninhalt einer Kugel zu finden.

Verstehen

Der Quotient aus dem Oberflächeninhalt und r^2 ist stets konstant.

Für den **Oberflächeninhalt A_O einer Kugel** mit dem **Radius r** gilt:

$A_{O\,Kugel} = 4 \cdot \pi \cdot r^2$

oder

$A_{O\,Kugel} = \pi \cdot d^2$

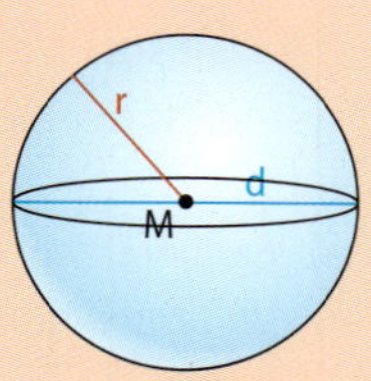

Beispiele

1. Der Radius eines Heißluftballons beträgt 13 m. Wie groß ist der Oberflächeninhalt dieses Ballons, wenn man annimmt, dass er exakt kugelförmig ist?
Lösung:
$A_{O\,Kugel} = 4 \cdot \pi \cdot r^2$
$A_{O\,Kugel} = 4 \cdot \pi \cdot (13\,m)^2 \approx 2124\,m^2$ Der Ballon hat etwa eine Oberfläche von $2124\,m^2$.

2. Der Oberflächeninhalt eines aufblasbaren Strandballs beträgt $707\,dm^2$. Berechne das Volumen dieses Balls in Litern.
Lösung:
$A_{O\,Kugel} = 4 \cdot \pi \cdot r^2$
$\Rightarrow \quad r = \sqrt{\frac{A_{O\,Kugel}}{4 \cdot \pi}} \qquad r = \sqrt{\frac{707\,dm^2}{4 \cdot \pi}} \approx 7{,}5\,dm$
$V_{Kugel} = \frac{4}{3} \cdot \pi \cdot r^3 \approx \frac{4}{3} \cdot \pi \cdot (7{,}5\,dm)^3 \approx 1767\,dm^3 \approx 1767\,\ell$
Der Ball hat ein Volumen von etwa 1770 ℓ.

Nachgefragt

- Wie verändert sich der Oberflächeninhalt einer Kugel, wenn du den Radius halbierst (verdoppelst, verdreifachst)?
- Der Oberflächeninhalt einer Kugel ist genauso groß wie die Mantelfläche eines Zylinders, der die Kugel exakt umschließt. Stimmt das?
- Begründe die Gleichheit der Oberflächenformel der Kugel: $4 \cdot \pi \cdot r^2 = \pi \cdot d^2$.

1 Berechne den Inhalt der Oberfläche der Kugel.

a) $r = 7\ mm$ **b)** $d = 1\ cm$ **c)** $r = 2{,}7\ dm$ **d)** $d = 56\ mm$

e) $r = \sqrt{3}\ m$ **f)** $r = \frac{2}{3}\ dm$ **g)** $d = \sqrt{18}\ cm$ **h)** $d = 17{,}5\ mm$

2 Berechne die fehlenden Größen der Kugel.

	a)	b)	c)	d)	e)	f)	g)
r		9 mm			2,7 dm		0,7 m
$A_{O\ Kugel}$	79 dm²		4800 mm²			78,5 cm²	
V_{Kugel}				268,08 m³			

3 Eine riesige Kugel steht im „Epcot-Center" in Florida. Ihre silbrig glänzende Hülle besteht aus Alucobond-Kacheln. Berechne den Oberflächeninhalt dieser Kugel, wenn der Durchmesser 180 ft groß ist. Gib dein Ergebnis in Quadratmetern an.

4 Die Lunge eines erwachsenen Menschen besteht aus etwa 300 Millionen kleinen Lungenbläschen. Jedes Lungenbläschen hat einen Durchmesser von 0,2 mm.

a) Wie groß ist der Oberflächeninhalt eines solchen Lungenbläschens?

b) Überprüfe, ob die Fläche aller Lungenbläschen ausreichen würde, um den Boden eines Klassenraums zu bedecken.

5 Im Tischtennis wurden im Jahr 2001 einige Regeln geändert. So vergrößerte sich der Durchmesser der Bälle von 38 mm auf 40 mm. Um wie viel Prozent vergrößerte sich …

a) der Oberflächeninhalt der Bälle? **b)** das Volumen der Bälle?

6 Aus einem Tropfen Seifenlauge mit einem Volumen von $4{,}5\ mm^3$ entsteht eine kugelförmige Seifenblase mit 10 cm Durchmesser. Berechne die Dicke der Seifenhaut.

Aufgaben

Lösungen zu 1:
616; 962; 37,7; 9852; 3,14; 56,5; 5,59; 91,61
Die Einheiten sind nicht angegeben.

Lösungen zu 2:
65,45; 4,00; 2,50; 6,15; 31 250,9; 1017,88; 201,1; 91,61; 66,24; 3053,63; 82,45; 1,44; 2,51; 19,54

In den USA werden Längen in ft (foot, also Fuß) angegeben. Es gilt:
1 ft = 30,48 cm

Wissen

Oberflächeninhalt der Kugel

Um den Oberflächeninhalt einer Kugel zu bestimmen, kannst du auch ein Näherungsverfahren durchführen. Dazu zerlegst du die Kugeloberfläche in n kleine kongruente Teilflächen und verbindest deren Eckpunkte mit dem Kugelmittelpunkt M. Die dadurch entstehenden Körper kannst du **näherungsweise** mit n Pyramiden vergleichen. Die Höhe h der Pyramide ist etwa der Radius r der Kugel.

$$V_{Kugel} \approx V_{Pyramide\ 1} + V_{Pyramide\ 2} + \ldots + V_{Pyramide\ n}$$

$$V_{Kugel} \approx \frac{1}{3} \cdot A_{G_1} \cdot h + \frac{1}{3} \cdot A_{G_2} \cdot h + \ldots + \frac{1}{3} \cdot A_{G_n} \cdot h = \frac{1}{3} \cdot (A_{G_1} + A_{G_2} + \ldots + A_{G_n}) \cdot h$$

Es gilt: $A_{G_1} + A_{G_2} + \ldots + A_{G_n} \approx A_{O\ Kugel}$ und $h \approx r$

$$V_{Kugel} \approx \frac{1}{3} \cdot A_{O\ Kugel} \cdot r \quad \Leftrightarrow \quad \frac{4}{3}\pi \cdot r^3 = \frac{1}{3} \cdot A_{O\ Kugel} \cdot r \quad \Leftrightarrow \quad \mathbf{A_{O\ Kugel} = 4\pi \cdot r^2}$$

- Beschreibe die Idee, die dem Näherungsverfahren zugrunde liegt.
- Erkläre die einzelnen Umformungsschritte.

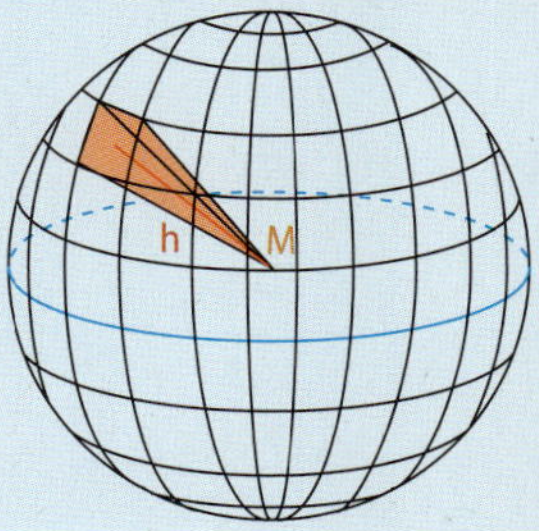

$h_{Pyramide} = r_{Kugel}$

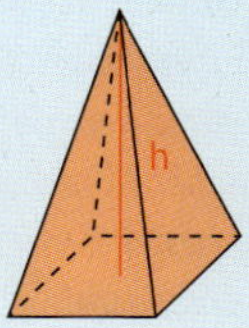

Entdecken

Für den Bau von Kirchen und Schlössern verwendeten die Architekten viele Formen, die geometrischen Körpern entsprechen.

- Welche mathematischen Körper erkennst du?
- Celine behauptet, dass man das Gesamtvolumen als Summe der Teilvolumina aller Teilkörper erhält. Stimmt das? Begründe.
- Sandra meint, dass dies nicht nur für das Volumen gilt, sondern auch für den Oberflächeninhalt. Was meinst du?

Verstehen

Besteht ein Körper aus mindestens zwei Teilkörpern, so spricht man von einem zusammengesetzten Körper.

Das **Volumen** eines **zusammengesetzten (ausgehöhlten) Körpers** berechnet man als **Summe (Differenz)** der entsprechenden **Teilkörper**.
Beispiel:

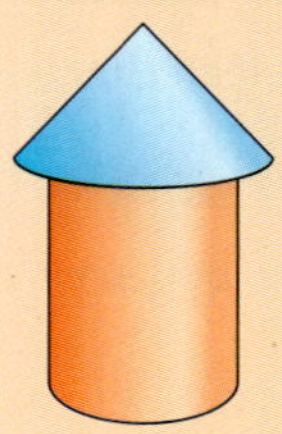

$V_{Gesamt} = V_{Zylinder} + V_{Kegel}$

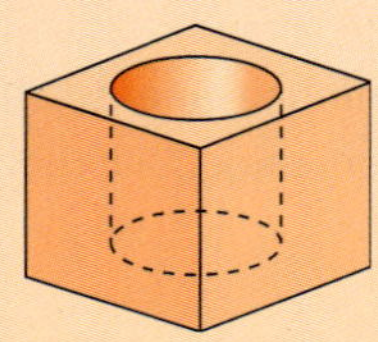

$V_{Gesamt} = V_{Würfel} - V_{Zylinder}$

Der **Oberflächeninhalt zusammengesetzter** oder **ausgehöhlter Körper** setzt sich aus der **Summe aller sichtbaren Einzelflächen** zusammen.
Beispiel:

$A_{O\,Gesamt} = A_{O\,Kegel} + A_{O\,Zylinder} - 2 \cdot A_{Kreis}$

$A_O = A_{O\,Würfel} - 2 \cdot A_{Kreis} + A_{M\,Zylinder}$

Beispiele

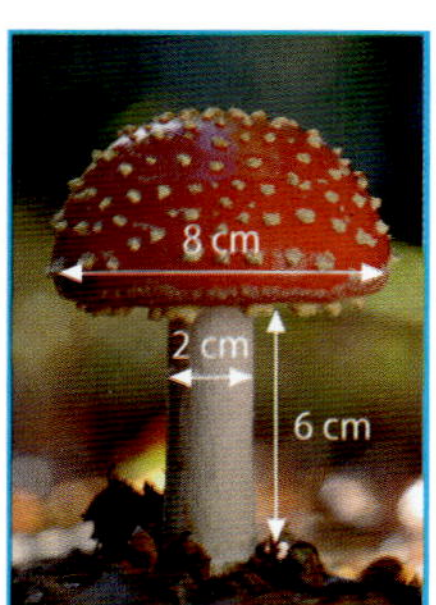

Oftmals wählt man bei einem realen Gegenstand den mathematischen Körper, der am ehesten dem Gegenstand entspricht.

1. a) Aus welchen Körpern besteht der Fliegenpilz?

b) Berechne näherungsweise Volumen und Oberflächeninhalt des Körpers.

Lösung:

a) Der Pilz besteht aus einer Halbkugel (Hut) und einem Zylinder (Stiel).

b) $V_{Pilz} = V_{Halbkugel} + V_{Zylinder}$

$V_{Pilz} = \frac{1}{2} \cdot \frac{4}{3} \cdot \pi \cdot r_1^3 + \pi \cdot r_2^2 \cdot h$ r_1: Radius Halbkugel

$V_{Pilz} = \frac{1}{2} \cdot \frac{4}{3} \cdot \pi \cdot (4\text{ cm})^3 + \pi \cdot (1\text{ cm})^2 \cdot 6\text{ cm}$ r_2: Radius Zylinder

$V_{Pilz} \approx 134\text{ cm}^3 + 19\text{ cm}^3 = 153\text{ cm}^3$

Der Fliegenpilz besitzt ein Volumen von etwa 153 cm³.

$A_{O\,Pilz} = A_{O\,Halbkugel} + A_{Kreis\,(Hut)} + A_{M\,Zylinder} - A_{Kreis\,(Stiel)}$

$A_{O\,Pilz} = \frac{1}{2} \cdot 4 \cdot \pi \cdot r_1^2 + \pi \cdot r_1^2 + 2\pi r_2 \cdot h - \pi \cdot r_2^2$

$A_{O\,Pilz} = \frac{1}{2} \cdot 4 \cdot \pi \cdot (4\text{ cm})^2 + \pi \cdot (4\text{ cm})^2 + 2 \cdot \pi \cdot 1\text{ cm} \cdot 6\text{ cm} - \pi \cdot (1\text{ cm})^2$

$A_{O\,Pilz} \approx 100{,}5\text{ cm}^2 + 50{,}3\text{ cm}^2 + 37{,}7\text{ cm}^2 - 3{,}1\text{ cm}^2 = 185{,}4\text{ cm}^2$

Der Oberflächeninhalt des Pilzes beträgt rund 185 cm² (solange er noch im Boden ist).

2. Aus einem Zylinder werden zwei Kegel ausgefräst. Berechne das Volumen und den Oberflächeninhalt dieser „umgekehrten Sanduhr“ und vergleiche mit einer Kugel, die denselben Radius wie der Zylinder hat.

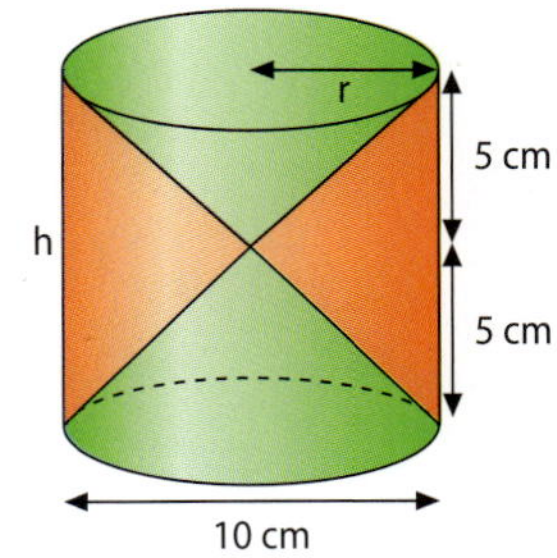

Lösung:

$V_{Sanduhr} = V_{Zylinder} - 2 \cdot V_{Kegel}$

$= \pi \cdot r^2 \cdot h - 2 \cdot \frac{1}{3} \cdot \pi r^2 \cdot \frac{1}{2} h$

$V_{Kugel} = \frac{4}{3} \pi r^3$

$V_{Kugel} = \frac{4}{3} \cdot \pi \cdot (5\text{ cm})^3 \approx 524\text{ cm}^3$

$V_{Sanduhr} = \pi \cdot (5\text{ cm})^2 \cdot 10\text{ cm} - 2 \cdot \frac{1}{3} \cdot \pi \cdot (5\text{ cm})^2 \cdot 5\text{ cm}$

$V_{Sanduhr} \approx 785\text{ cm}^3 - 262\text{ cm}^3 = 523\text{ cm}^3$

Die Volumen von Kugel und „Sanduhr“ stimmen (bis auf Rundung) überein.

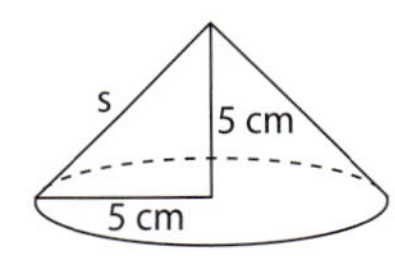

$A_{O\ Sanduhr} = A_{M\ Zylinder} + 2 \cdot A_{M\ Kegel}$

$= 2\pi r \cdot h + 2 \cdot \pi r s$

$A_{O\ Kugel} = 4\pi r^2$

$A_{O\ Kugel} = 4 \cdot \pi \cdot (5\text{ cm})^2 \approx 314\text{ cm}^2$

Mit Pythagoras bestimmt man: $s = \sqrt{2} \cdot 5\text{ cm}$

$A_{O\ Sanduhr} = 2 \cdot \pi \cdot 5\text{ cm} \cdot 10\text{ cm} + 2 \cdot \pi \cdot 5\text{ cm} \cdot \sqrt{2} \cdot 5\text{ cm}$

$\approx 314\text{ cm}^2 + 222\text{ cm}^2 = 536\text{ cm}^2$

Der Oberflächeninhalt der Kugel ist nur so groß wie der Mantel der „Sanduhr“.

Nachgefragt

- Anna behauptet: „Haben Körper Hohlräume, so muss man die Volumina subtrahieren, aber die Oberflächeninhalte addieren.“ Stimmt das?

Aufgaben

1 Berechne Volumen und Oberflächeninhalt der Werkstücke (Maße in mm).

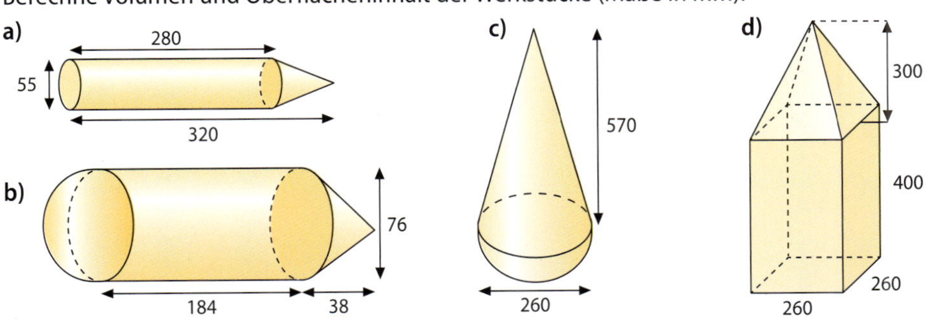

2 Berechne Volumen und Oberflächeninhalt der Körper (Maße in cm).

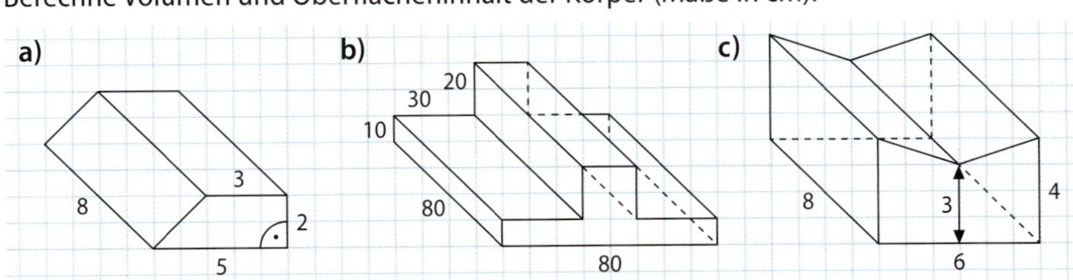

3 Für einen Springbrunnen wurde eine Betonschale (Maßangaben in m) gegossen.

a) Wie viele Liter Wasser passen in die Schale?

b) Die Betonschale wird komplett mit einem Schutzanstrich versehen. Wie viele Quadratmeter müssen bestrichen werden?

c) Welche Masse hat die Betonschale? 1 m^3 Beton wiegt ungefähr 2,4 t.

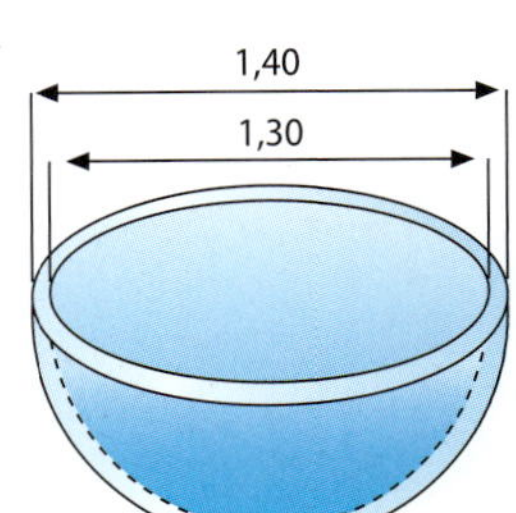

4 Berechne Volumen und Oberflächeninhalt der dargestellten Körper.

a)
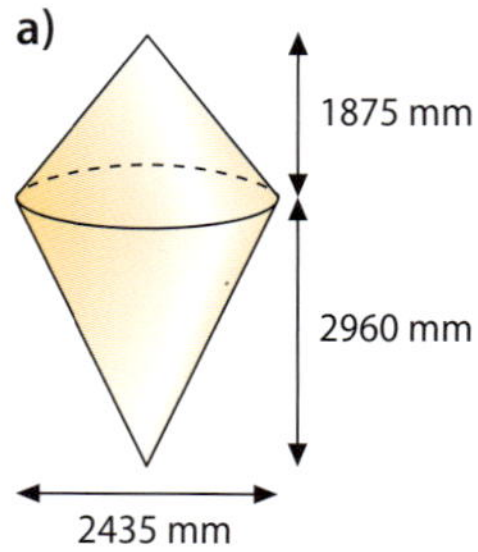

b)
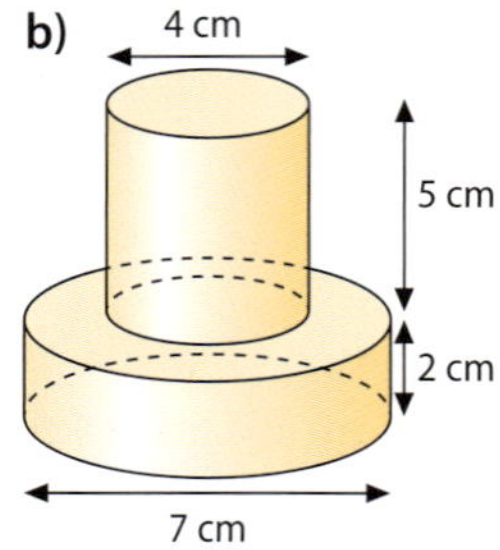

c)
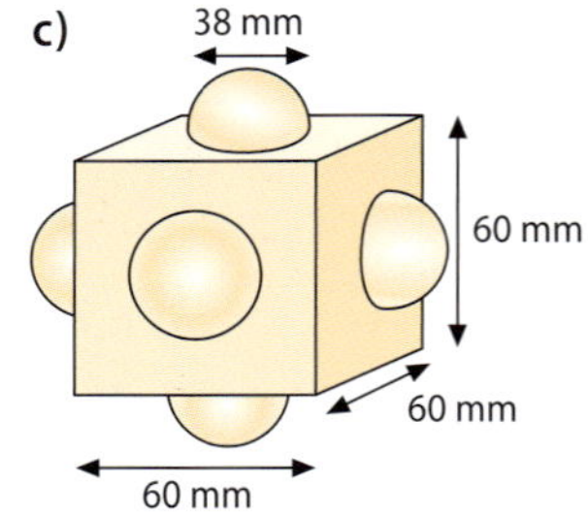

5 Die Gesamthöhe und der Durchmesser der abgebildeten (Doppel-)Kegel betragen jeweils 2 m. Xenia behauptet, dass alle (Doppel-)Kegel das gleiche Volumen und den gleichen Oberflächeninhalt haben. Überprüfe Xenias Behauptung.

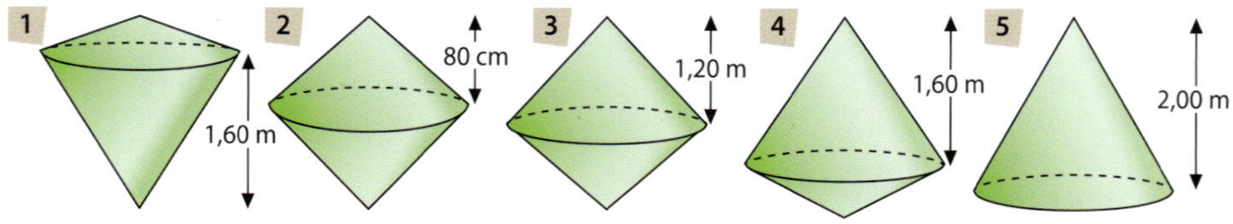

6 Berechne Masse und Oberflächeninhalt der Aluminiumkörper (Maße in cm). Die Dichte von Aluminium beträgt $2{,}7\,\frac{\text{g}}{\text{cm}^3}$.

a)
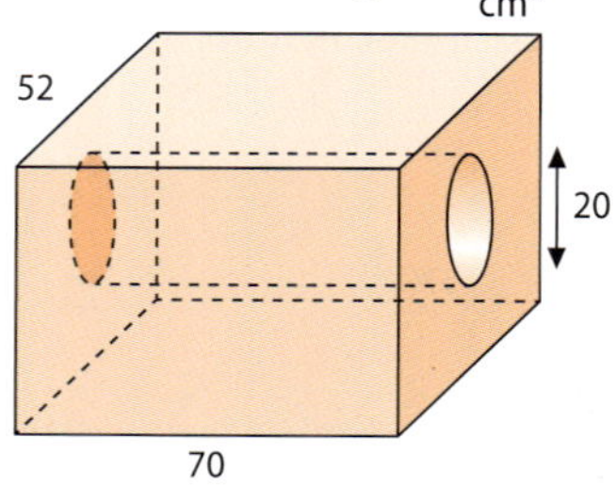

b)
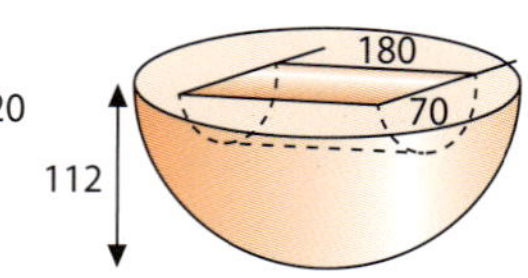

c)
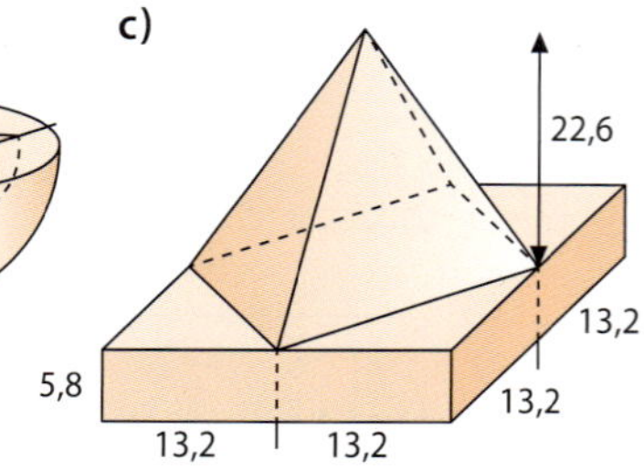

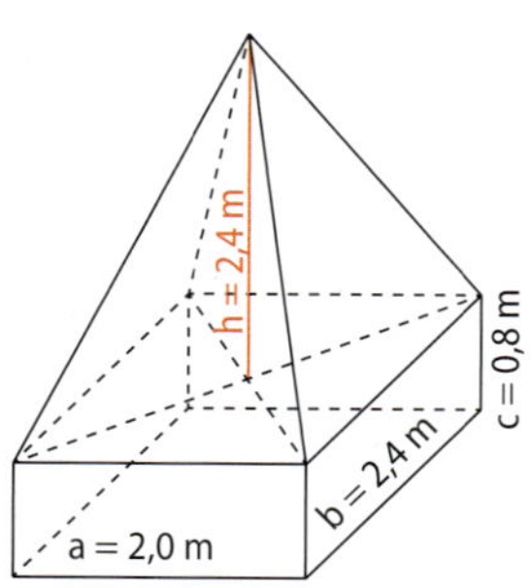

7 Ein Kunstwerk besteht aus einer Pyramide mit rechteckiger Grundfläche, die bündig auf einen Quader aufgesetzt ist. Die nebenstehende Zeichnung zeigt die Maße des Kunstwerks.
Zur Berechnung des Oberflächeninhalts des Körpers fängt Timo wie folgt an:

$$A_{M\,Pyramide} = 2 \cdot \left(\frac{1}{2} a \cdot h_a + \frac{1}{2} b \cdot h_b\right) = a \cdot h_a + b \cdot h_b$$

$$h_a = \sqrt{h^2 + \left(\frac{b}{2}\right)^2} \qquad h_b = \sqrt{h^2 + \left(\frac{a}{2}\right)^2}$$

$$h_a = \sqrt{(2{,}4\,m)^2 + \left(\frac{2{,}4\,m}{2}\right)^2} \approx 2{,}68\,m \qquad h_b = \sqrt{(2{,}4\,m)^2 + \left(\frac{2{,}0\,m}{2}\right)^2} \approx 2{,}60\,m$$

a) Erkläre das Vorgehen von Timo.
b) Vervollständige die Rechnung zur Bestimmung des Oberflächeninhalts.
c) Berechne das Volumen des zusammengesetzten Körpers.

8 Ein Doppel-Getreidesilo hat die abgebildete Form mit Dach. Die beiden zylinderförmigen Silos haben einen Radius von 4,2 m und eine Höhe von 18 m. Die Gesamthöhe des Gebäudes beträgt 22 m.

a) Berechne das Fassungsvermögen der beiden zylinderförmigen Silos.
b) Berechne die Fläche des Daches.
c) Berechne das Volumen des Dachraums.

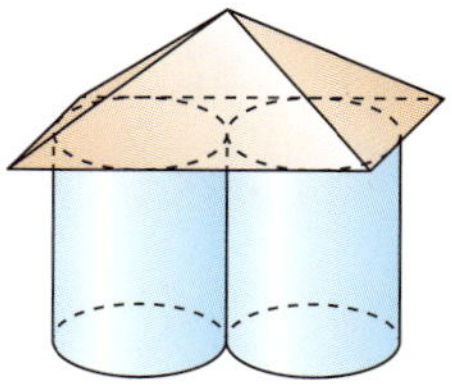

9 Ein Oktaeder (Achtflächner) ist eine quadratische Doppelpyramide, bei der alle Kanten gleich lang sind.

a) Berechne die Körperhöhe h für $a = 5$ cm.
b) Zeichne ein Netz des Oktaeders.
c) Berechne den Inhalt seiner Oberfläche.
d) Berechne das Volumen dieses Oktaeders.
e) Vergleiche Oberflächeninhalt und Volumen dieses Oktaeders mit dem eines Würfels gleicher Kantenlänge.

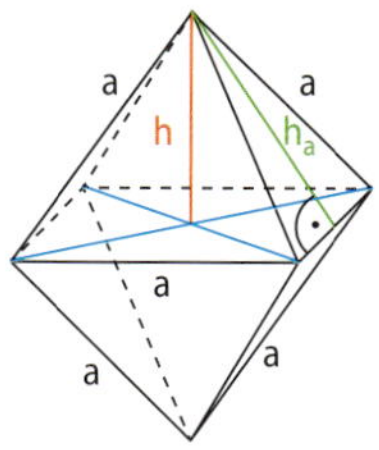

10 Berechne jeweils Volumen und Oberflächeninhalt des beschriebenen Körpers. Skizziere jeweils ein Schrägbild.

a) In einen Quader mit den Seitenlängen $a = 8$ cm, $b = 2{,}4$ cm und $c = 5{,}6$ cm wurden auf der größten Seite zwei Löcher mit je 3 cm Durchmesser gebohrt.
b) Eine Niete hat die Form eines Zylinders (Radius 2 mm und Höhe 7 mm) mit symmetrisch aufgesetzter Halbkugel (Radius 4 mm).
c) Ein zylinderförmiger Stab mit 7,3 cm Radius und einer Höhe von 42 cm wurde an beiden Enden halbkugelförmig abgedreht.

11 **a)** Berechne das Fassungsvermögen des abgebildeten Öltanks.
b) Der Öltank soll einen Schutzanstrich bekommen. Eine Dose der Schutzfarbe reicht für 4 m^2. Wie viele Dosen werden benötigt?

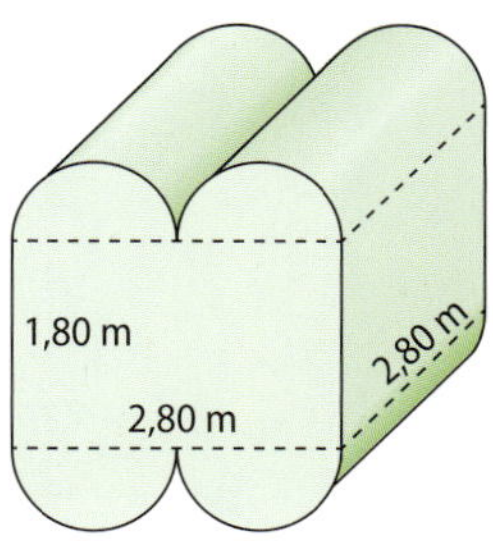

12 Die Werkstücke aus Aluminium $\left(\text{Dichte } \rho = 2{,}7\,\frac{g}{cm^3}\right)$ bestehen aus den jeweils gleichen Teilen 1, 2 und 3. Berechne für jedes Werkstück geschickt Masse und Oberflächeninhalt.

a)

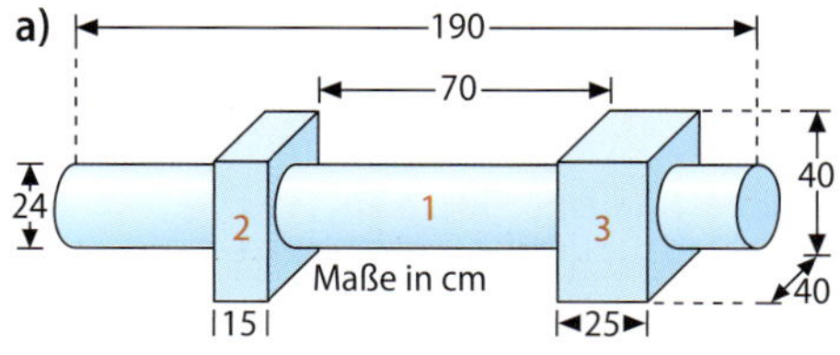

b)

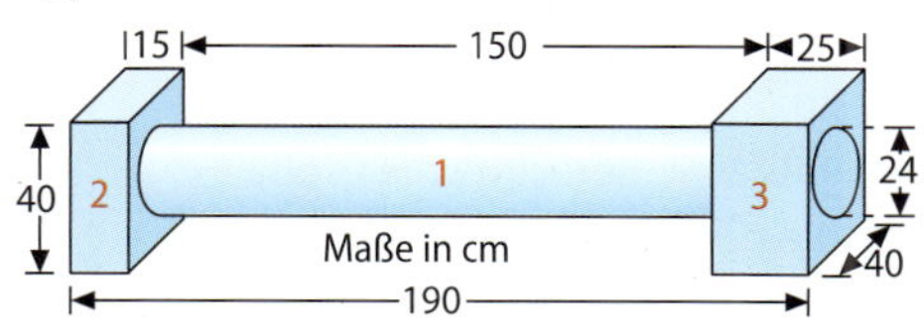

13 Eine quadratische Pyramide hat einen Oberflächeninhalt von 171 m^2 und eine Grundfläche von 81 m^2.

a) Bestimme die Kantenlänge der Grundfläche.
b) Berechne die Höhe der Seitenflächen und die Höhe der Pyramide.
c) Berechne das Volumen der Pyramide.
d) Von der Pyramide soll die Spitze parallel zur Grundfläche so abgeschnitten werden, dass der verbleibende Pyramidenstumpf nur noch das halbe Volumen der Ausgangspyramide hat. Ermittle die Höhe, in der der Schnitt erfolgen muss, und berechne die Oberflächeninhalte der beiden Teilkörper.

zu 4.1

1 Berechne jeweils den Umfang und Flächeninhalt der markierten Fläche.

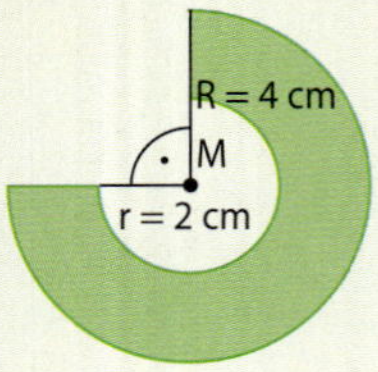

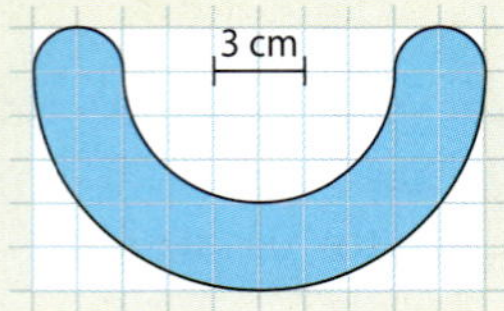

2 Übertrage die Tabelle in dein Heft und berechne die fehlenden Größen des Kreissektors. Runde auf zwei Dezimalen.

r in cm	6,5	30		
α	60°		125°	25°
b in cm				25
A_S in cm^2			85	
u_S in cm		112		

r		0,8 mm		
α	40°		75°	120°
b				64 m
A_S	30 cm^2		$\frac{\pi}{2}$ dm^2	
u_S		1,2 cm		

3 Übertrage die farbig markierte Figur in dein Heft. Berechne die Länge der farblich markierten Randlinie sowie den farblich markierten Flächeninhalt für $a = 4$ cm.

a) 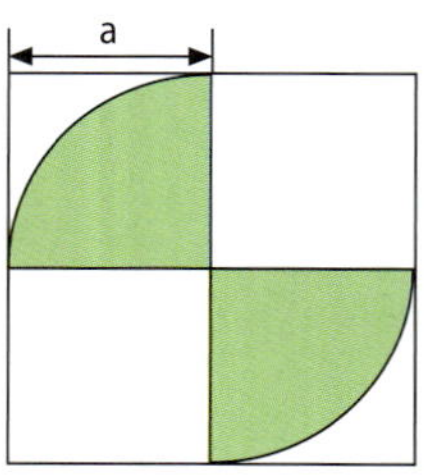

b) 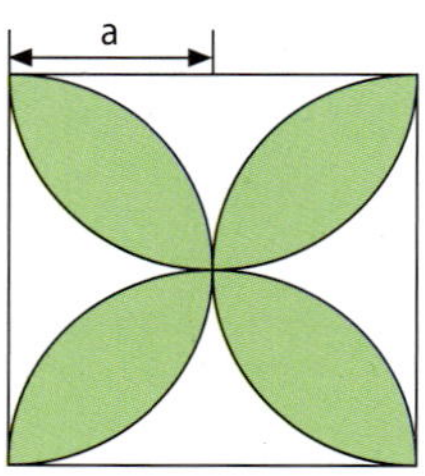

a) 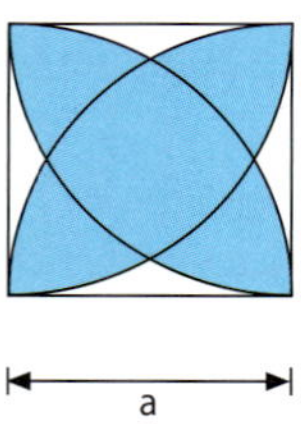

b) 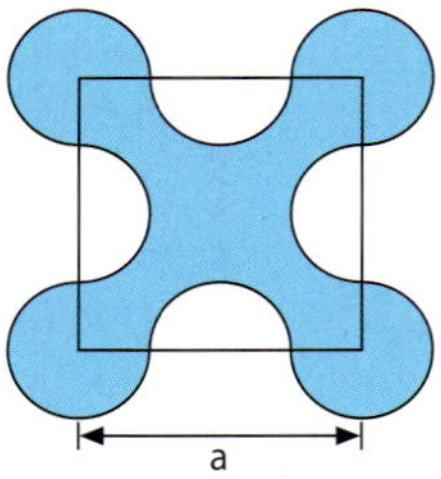

4 Der Scheibenwischer eines Autos überstreicht bei einem Vollausschlag einen Winkel von 135°. Der Reinigungsgummistreifen ist 45 cm lang und 15 cm vom Drehpunkt entfernt angebracht. Berechne die Größe der Fläche, die der Wischergummi überstreicht.

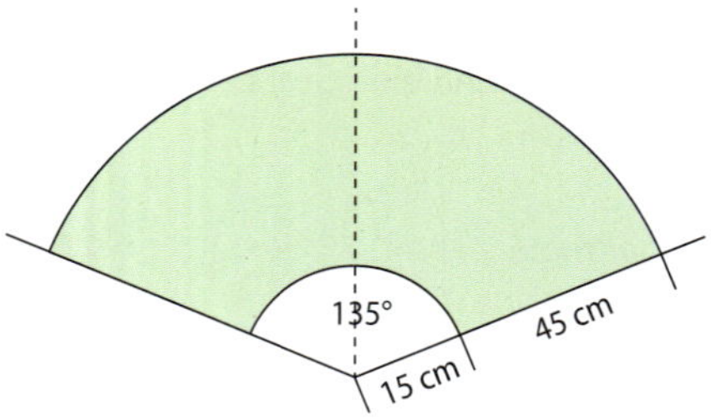

Der Heckscheibenwischer eines Autos überstreicht einen Winkel von 170°. Der Gummistreifen ist 35 cm lang und 10 cm vom Drehpunkt entfernt angebracht.

a) Fertige eine Skizze an.
b) Berechne den Inhalt der Fläche, die der Wischergummi überstreicht.
c) Die vom Heckscheibenwischer überstrichene Fläche beträgt 56 % der gesamten Heckscheibe. Der Scheibenwischer der Frontscheibe überstreicht bei Vollausschlag eine Fläche von 4860 cm^2. Dies entspricht 73 % der Frontscheibe. Welche Scheibe ist größer? Vergleiche prozentual.

5 Lukas hat zwei Bälle unterschiedlicher Größe. Der Umfang des kleinen Balls beträgt 21 cm. Der große Ball hat ein Volumen von 7421 cm^3.

zu 4.2 und 4.3

a) Berechne das Volumen und den Oberflächeninhalt des kleinen Balls.
b) Ermittle den Radius des großen Balls.
c) In welchem Verhältnis stehen die Radien der Bälle zueinander?

Maria behauptet: „Die Volumina der beiden Bälle stehen im Verhältnis 1 : 3." Überprüfe ihre Aussage.

6 Ein zylinderförmiger Turm mit einem Durchmesser von 8 m soll ein kegelförmiges Dach erhalten. Die Turmspitze liegt 5 m über der kreisförmigen Grundfläche des Daches.

zu 4.4

a) Fertige eine Skizze an.
b) Berechne das Gesamtvolumen des Turms, wenn dieser eine Gesamthöhe von 21 m hat.
c) Das Dach des Turmes soll neu gedeckt werden. Berechne den Flächeninhalt.

a) Berechne die Länge der Dachsparren, wenn diese am Rand 25 cm überstehen.
b) Das Dach des Turmes soll neu gedeckt werden. Wie hoch sind die entstehenden Kosten, wenn ein Quadratmeter insgesamt 72,50 € kostet?

7 Gegeben sind die abgebildeten Körper.

1
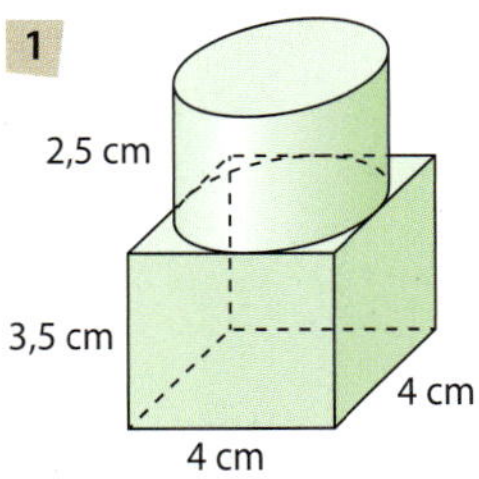

2
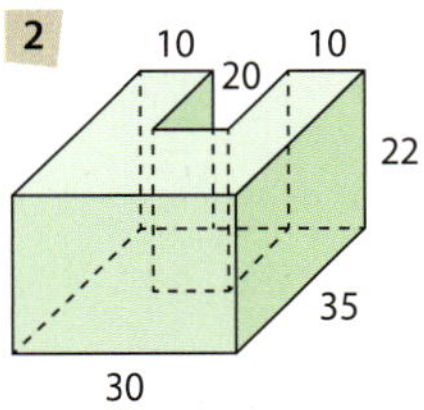

3
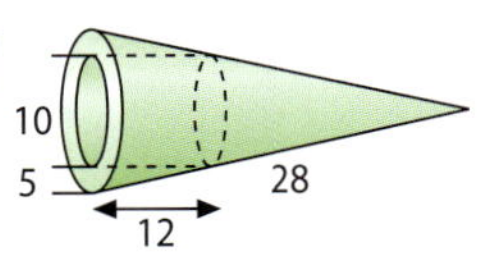

Berechne jeweils das Volumen und den Oberflächeninhalt.

1
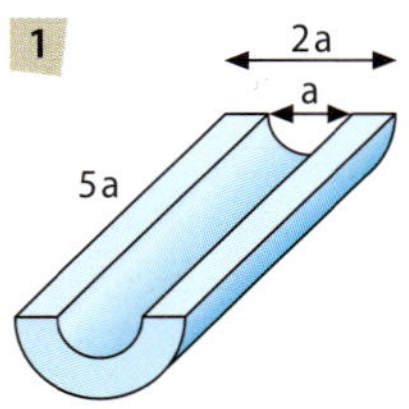

2
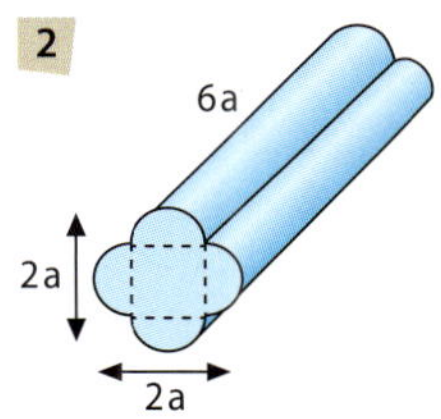

3
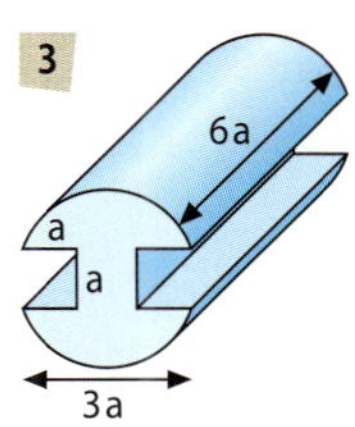

a) Stelle jeweils eine Formel zur Berechnung des Volumens und des Oberflächeninhalts auf.
b) Berechne das Volumen und den Oberflächeninhalt für $a = 3$ cm.

8 Familie Meyer beheizt ihr Einfamilienhaus mit Öl. Das Öl wird im abgebildeten Tank im Keller aufbewahrt.

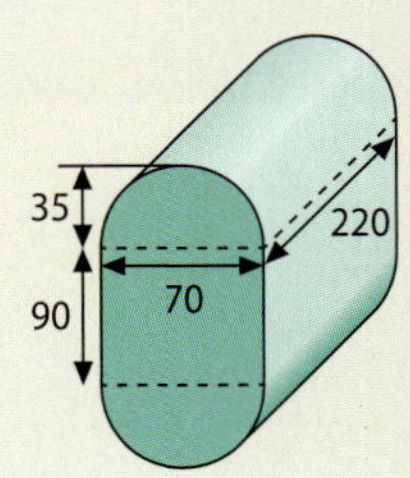

a) Berechne das Volumen des Öltanks.
b) Berechne den Oberflächeninhalt des Tanks.

a) Wie viel Liter fasst der abgebildete Öltank, wenn er zu 90 % gefüllt wird?
b) Für ein Mehrfamilienhaus werden fünf Tanks mit einer farbigen Schutzschicht versehen. Wie viel kostet der Farbanstrich, wenn eine Dose Farbe für 7,5 m^2 reicht und 12,99 € kostet?

1 Berechne die fehlenden Größen eines Kreissektors. Runde auf zwei Dezimalen.

	a)	b)	c)	d)	e)
r	6 cm			3,2 dm	
d			4,8 dm		
α	40°		122°		40°
b		80 mm			1,6 m
A_S		30 cm²		38 cm²	
u_S					

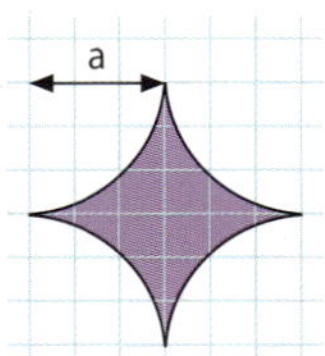

2 Zeichne die nebenstehende Figur und berechne ihren Umfang und Flächeninhalt für …
a) $a = 1{,}5$ cm. **b)** $a = 4$ cm. **c)** ein allgemeines a.

3 Die abgebildeten Figuren haben alle den gleichen Flächeninhalt $A = 40\ \text{cm}^2$.
Vergleiche ihre Umfänge.

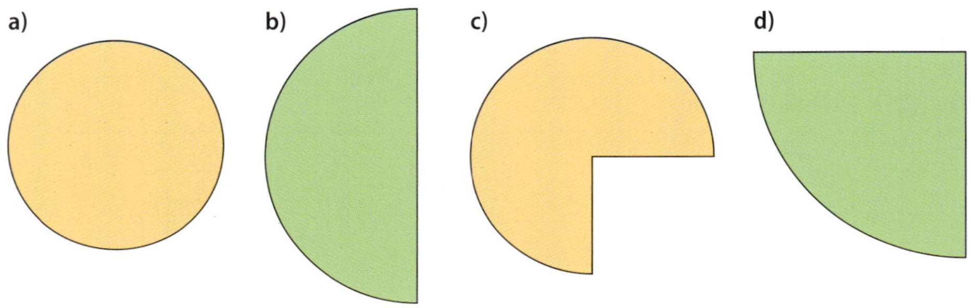

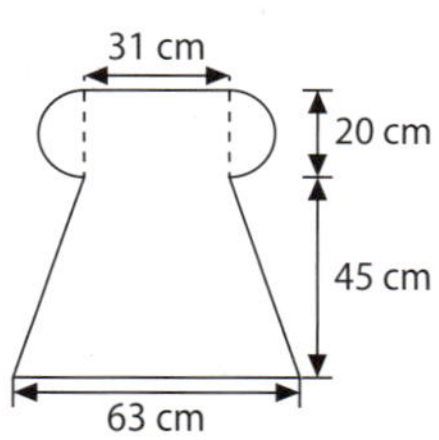

4 Nebenstehende Skizze zeigt die Querschnittsfläche eines symmetrischen Werkstücks.
a) Übertrage die Querschnittsfläche im Maßstab 1:10 in dein Heft.
b) Berechne den Flächeninhalt und den Umfang der Querschnittsfläche.

5 Herr Kaiser möchte einen Weg in seinem Garten anlegen, der wie der abgebildete Klostergarten des Stifts Neuzelle aussieht. Die beiden Randstreifen, auf denen die Bäumchen gepflanzt werden, haben eine Länge von je 10,00 m und eine Breite von 1,20 m. Auf jeden der beiden Randstreifen sollen 6 kegelförmige Bäumchen im Abstand von 1,50 m zueinander gleichmäßig verteilt werden.
a) Fertige eine Skizze an.
b) Für jedes Bäumchen soll ein zylindrisches Pflanzloch mit einem Durchmesser von 80 cm und einer Tiefe von 50 cm ausgehoben werden. Wie viel m³ Erde müssen dafür ausgehoben werden?
c) Herr Kaiser möchte um jedes Bäumchen einen Pflanzring mit einem Durchmesser von 80 cm anlegen. Für welche Länge muss Herr Kaiser dafür Rasenkantensteine kaufen?
d) Herr Kaiser hat in seinem Garten einen kreisförmigen Brunnen mit einem Durchmesser von 1,50 m. Um diesen Brunnen soll ein ringförmiger Rasenstreifen von 60 cm Breite angesät werden. Berechne den Flächeninhalt des Rasenstreifens.
e) Um den Rasenstreifen soll ein Weg von 1,0 m Breite angelegt werden. Dieser Weg soll innen und außen von Steinen eingegrenzt werden. Für welche Länge werden Steine benötigt?

6 a) Berechne die fehlenden der Größen A_G, A_M, A_O und V eines regelmäßigen …

1 dreiseitigen Prismas mit $h = 8$ cm und $A_M = 96$ cm².

2 sechsseitigen Prismas mit $h = 6$ cm und $V = 140{,}4$ cm³.

b) Berechne bei einem Zylinder die fehlenden der Größen r, h, A_M, A_O und V.

1 $r = 20$ cm; $A_M = 240$ cm² **2** $h = 12$ cm; $A_M = 96$ cm²

3 $h = 6{,}8$ cm; $V = 458{,}4$ cm³

c) Berechne bei einer quadratischen Pyramide die fehlenden der Größen a, h, s, A_O und V.

1 $a = 6{,}4$ cm; $s = 12{,}8$ cm **2** $a = 4{,}8$ cm; $A_O = 153{,}8$ cm²

3 $h = 11{,}2$ cm; $s = 14{,}0$ cm

Mache zunächst eine Skizze zu den jeweiligen Körpern.

d) Bestimme die nicht angegebenen Größen r, h, s, A_M, A_O und V eines Kreiskegels.

1 $r = 4{,}5$ cm; $h = 8{,}5$ cm **2** $r = 20$ cm; $s = 30$ cm

3 $s = 15{,}2$ cm; $A_M = 372{,}5$ cm²

e) Berechne den Inhalt der Oberfläche und das Volumen einer Kugel mit …

1 $r = 2{,}8$ cm. **2** $d = 9{,}6$ cm. **3** $r = 14{,}3$ cm. **4** $r = 0{,}4$ cm. **5** $d = 17{,}8$ dm.

7 Valentina macht in diesem Jahr zusammen mit ihren Eltern Urlaub auf der Insel Rügen. Sie freut sich schon darauf, dort das bekannte Jagdschloss Granitz zu besuchen. Nebenstehende Skizze stellt etwas vereinfacht dar, wie das Schloss zusammengesetzt ist. Benenne die einzelnen mathematischen Körper und berechne den ungefähren Rauminhalt des Jagdschlosses.

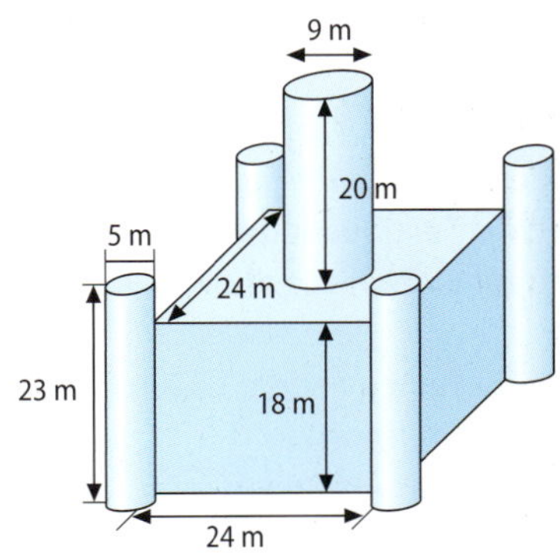

8 Auf dem Dach einer Schule wurde eine Astrokuppel errichtet. Die Halbkugel hat einen Durchmesser von 6 m.

a) Berechne den Oberflächeninhalt dieser Halbkugel.

b) Berechne den Rauminhalt der Kuppel.

c) Eine ähnliche Kuppel befindet sich auf Hawaii. Diese hat einen Durchmesser von 18 m. In welchem Verhältnis stehen die Volumina und Oberflächeninhalte der beiden Kugeln?

9 Der Schraubverschluss einer Flasche Badezusatz hat die Form eines Hohlzylinders mit aufgesetzter hohler Halbkugel (Maße in mm). Er soll zum Dosieren benutzt werden.
Die Flasche enthält 1 ℓ Badezusatz. Wie viele Bäder kann man damit nehmen, wenn man pro Bad jeweils die Füllung einer Verschlusskappe verwenden soll? Schätze zuerst und überprüfe dann rechnerisch.

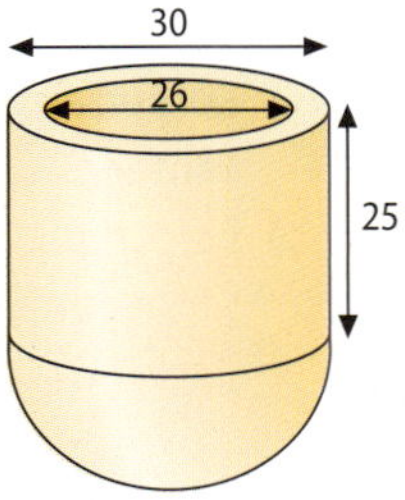

10 Ein zylindrisches Gefäß mit einem Innendurchmesser von 6 cm ist 8 cm hoch mit Wasser gefüllt. In das Gefäß werden vier Eisenkugeln mit einem Durchmesser von 2 cm geworfen. Die Kugeln tauchen vollständig unter.
Um wie viel cm steigt der Wasserspiegel?

11 Eine Kugel mit Radius $r = 12$ cm wird so durchgeschnitten, dass der kleinere Kugelabschnitt die Höhe $h = 4{,}5$ cm erhält. Berechne Umfang und Inhalt der Schnittkreisfläche.

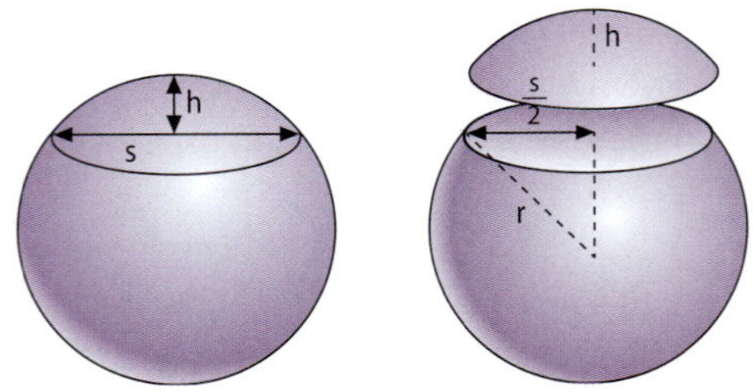

12 Aus 30,8 mℓ Kunststoff wird eine Hohlkugel mit dem Außendurchmesser 10 cm gegossen. Berechne die Dicke der Kugelwand.

13 Am Ortseingang der Porzellanstadt Selb befindet sich das Modell einer kugelförmigen Teekanne mit einem Umfang von 8,40 m. Die Kannenwand hat eine Dicke von 15 cm.
a) Wie viel Liter Tee würden in diese Kanne passen? Schätze zunächst.
b) Wie schwer ist die Kanne, wenn 1 dm^3 Porzellan eine Masse von 2,3 kg hat?
c) Auf der Oberfläche der Kanne ist die Erde abgebildet. Etwa 70 % der Erdoberfläche sind mit Wasser bedeckt. Wie viele Quadratmeter der Teekanne sind demnach blau gefärbt?
d) In welchem Maßstab zur Erde wurde diese Teekanne hergestellt?

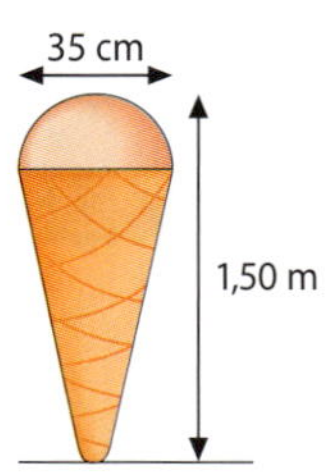

14 Das Eiscafe „Kugeltraum" hat einen neuen, 1,50 m hohen Werbeaufsteller in Form einer Eistüte mit einer Halbkugel als Eisportion.
a) Berechne das Volumen dieses Aufstellers.
b) Wie groß ist der gesamte Oberflächeninhalt des Aufstellers?
c) Die Eissorten werden an der Eisbar in zwölf quaderförmige Behälter ($a = 25$ cm, $b = 15$ cm, $c = 12$ cm) gefüllt. Wie viele Liter Eis passen dort hinein?
d) Zum Abmessen der Portionen werden halbkugelförmige Kellen mit 4,8 cm Durchmesser benutzt. Eisverkäufer Bruno macht damit perfekte Kugeln. Wie viele Portionen Eis können im Idealfall insgesamt verkauft werden?
e) Mit einer anderen halbkugelförmigen Kelle können 1500 Portionen verkauft werden. Welchen Durchmesser hat diese Kelle? Schätze zuerst.

15 Das Pantheon in Rom besitzt mit einem Durchmesser von 43,30 m die größte frei schwebende Kuppel der Welt.
a) Beschreibe die beiden geometrischen Körper, aus denen der Innenraum des Pantheons besteht.
b) Berechne das Volumen dieser beiden Körper und ihr Verhältnis zueinander.

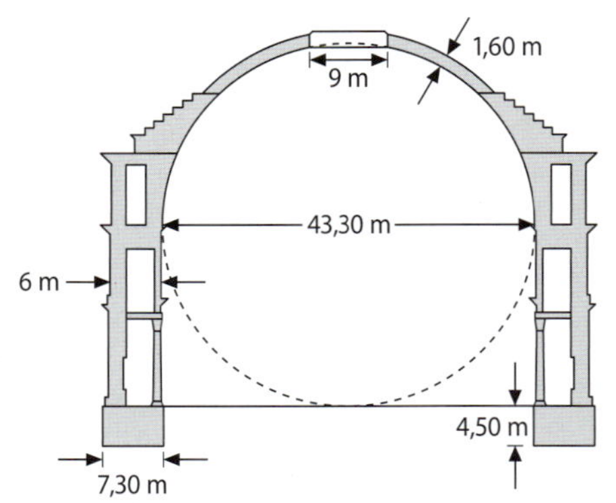

16 Vom Dach einer Hütte wird Regenwasser gesammelt und in einem großen, zylinderförmigen Tank gespeichert. Vorderansicht und Draufsicht der Hütte sind im Zweitafelbild im Maßstab 1:400 dargestellt.
Entnimm die notwendigen Maße der Zeichnung.

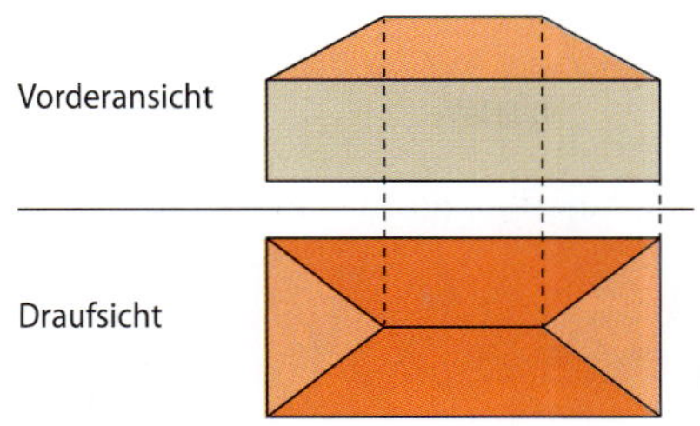

a) In der Nacht regnete es 15 ℓ pro m^2. Um wie viele Zentimeter ist der Wasserspiegel im Tank dadurch angestiegen, wenn der zylinderförmige Tank einen Durchmesser von 2,4 m hat?
b) Im Jahr 2017 wurde das Dach der Hütte neu gedeckt. Berechne die Kosten, die entstehen, wenn pro Quadratmeter 74,25 € veranschlagt werden.

17 Viele handelsübliche Cremes werden in den dargestellten Dosen angeboten.
Die Grafik zeigt den Querschnitt einer solchen Dose. Nur im blau gefärbten Teil befindet sich die Creme. Wie viel Prozent vom Volumen der abgebildeten Dose nimmt die Creme ein? Schätze zunächst und überprüfe dann rechnerisch.

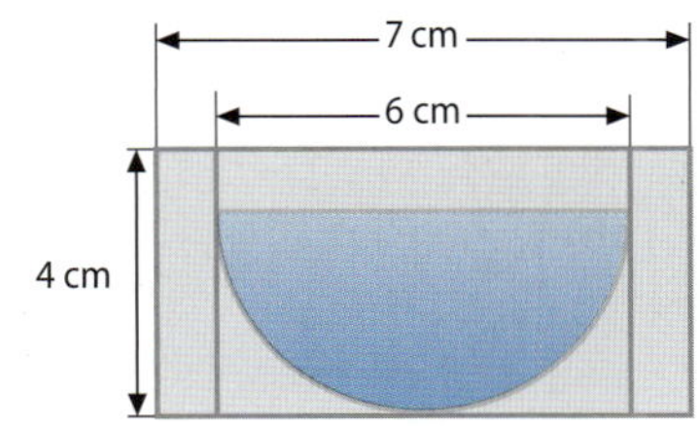

18 Das nebenstehende punktsymmetrische Leinwandgemälde lässt sich durch die unterschiedliche Farbenwahl in vier Flächen einteilen. Die Leinwand ist quadratisch und hat eine Seitenlänge von $a = 50$ cm. Das innenliegende grüne Quadrat hat eine Seitenlänge von $\frac{a}{2}$.
a) Übertrage das Gemälde im Maßstab 1:10 in dein Heft.
b) Berechne die Inhalte der einzelnen Farbflächen.
c) Berechne die Inhalte der vier einzelnen Farbflächen allgemein.

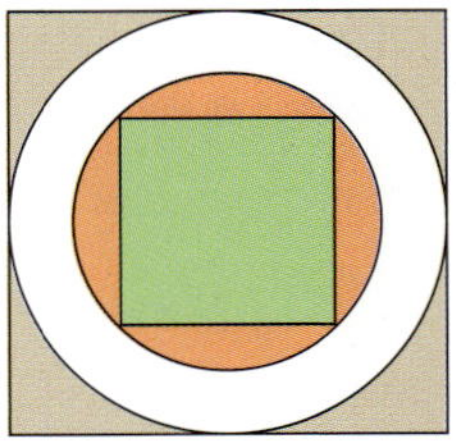

19 Für zylindrische Zaunpfosten sollen aus quadratischen Stahlblechen kegelförmige Abdeckungen mit einer Höhe von 5 cm hergestellt werden. Die Zaunpfosten haben einen Außendurchmesser von 14 cm.
a) Welche Abmessungen muss das Stahlblech haben, damit die für die Abdeckung benötigten Kreisscheiben ausgeschnitten werden können?
b) Berechne den Zentriwinkel des Kreisausschnittes, der aus der Kreisscheibe heraus geschnitten werden muss.
c) Welchen Flächeninhalt hat die kegelförmige Abdeckung nach dem Walzen und Schweißen?

20 Eine Werbefirma entwirft ein achsensymmetrisches Logo. Wie schwer ist die Figur, wenn sie 5 mm stark und aus Aluminium $\left(\text{Dichte } \rho = 2{,}7\,\frac{\text{g}}{\text{cm}^3}\right)$ hergestellt ist? Runde sinnvoll.

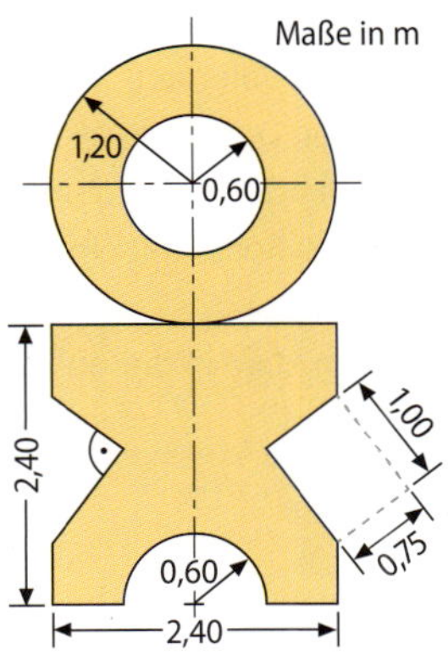

Viva Las Vegas

... sangen schon Elvis Presley oder ZZ-Top.
Die Stadt Las Vegas in den USA ist eine der aufregendsten Städte der Welt, sie wird jedes Jahr von mehr als 85 Millionen Touristen besucht.
Neben dem Glücksspiel, das rund um die Uhr angeboten wird, ist Las Vegas vor allem wegen seiner vielen Themenhotels bekannt.
Suche in Büchern oder im Internet Wissenswertes über Las Vegas und stelle es deiner Klasse vor.

Hotel „Caesars Palace" – mit Colosseum

Das Colosseum beherbergt ein Theater mit Platz für 4300 Zuschauer. Es hat eine Höhe von 36 m und einen Durchmesser von 78,5 m.

a) Berechne den Umfang und den Rauminhalt des zylinderförmigen Colosseums.

b) Die Bühne des Colosseums nimmt etwa 51 % der Grundfläche ein. Welche Maße hat die Bühne, wenn diese annähernd quadratisch ist?

Hotel „Paris" – noch ein Eiffelturm

Der „Eiffelturm" vor dem Hotel „Paris" ist eine exakte Nachbildung des Originals im Maßstab 1 : 2.

a) Welche Höhe besitzt dieser Turm, wenn das Original einschließlich Antenne 328 m hoch ist?

b) Schätze mithilfe von a) den Durchmesser der Werbekugel rechts auf dem Bild ab und berechne deren Oberflächeninhalt und Volumen.

Der Pool dieses Hotels hat einen Durchmesser von 48 m. Er hat die Form eines Zylinders mit einem nach unten angesetzten Kegel. Der Zylinder hat eine Höhe von 50 cm, der Kegel von 1,10 m.

c) Wie viel Liter Wasser passen etwa in diesen Pool?

Die Hoover-Talsperre

Der riesige Energiebedarf von Las Vegas wird zu einem Großteil von dem zwischen 1931 und 1935 erbauten Wasserkraftwerk an der Hoover-Talsperre gedeckt. Benannt wurde die Talsperre nach Herbert C. Hoover, dem 31. Präsidenten der USA.

Der Querschnitt der Talsperre ist ein Trapez mit einer Höhe von 221 m. An der Sohle ist der Damm 201 m dick, auf der Dammkrone nur noch 14 m.

a) Berechne die Querschnittsfläche.
b) Die Dammkrone ist 379,2 m lang. Ermittle damit das Volumen des Hoover-Damms.
c) In der Literatur wird das Volumen mit 2,6 Millionen Kubikmetern angegeben.
Findest du Gründe für die Abweichung?

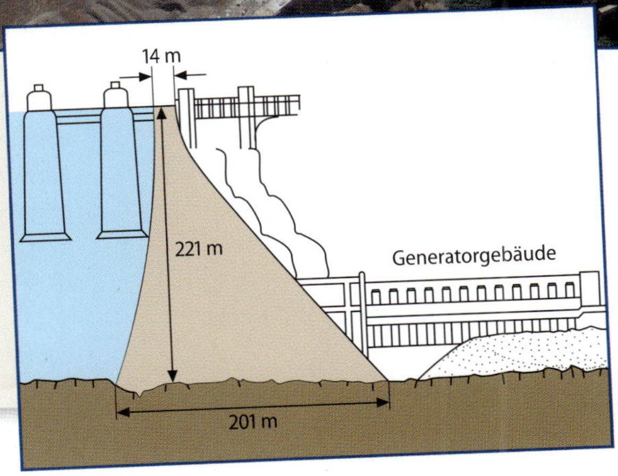

Der Lake Mead

Der mit dem Hoover-Damm aufgestaute Lake Mead hat bei Vollstau eine Fläche von 69 000 ha und eine durchschnittliche Tiefe von 51 m.

a) Wie viel Kubikmeter Wasser fasst der Lake Mead?
b) Durch heiße Sommer verdunsten jährlich 3 % der Wassermenge des Lake Mead.
Um wie viele Meter sinkt der Wasserspiegel dabei im Durchschnitt?
c) Vergleiche die Verdunstungsmenge mit dem Jahreswasserverbrauch von Berlin (von deiner Stadt).

Das kann ich!

Überprüfe deine Fähigkeiten und Kompetenzen. Bearbeite dazu die folgenden Aufgaben und bewerte anschließend deine Lösungen mit einem Smiley. Hinweise zum Nacharbeiten findest du auf der folgenden Seite. Die Lösungen stehen im Anhang.

☺	😐	☹
Das kann ich **wirklich gut**!	Das kann ich **fast**!	Das muss ich **noch üben**!

1 Berechne Umfang und Flächeninhalt der Kreise.
a) $r = 7{,}5\text{ cm}$ **b)** $r = 5{,}2\text{ cm}$ **c)** $r = 28\text{ mm}$
d) $r = 0{,}25\text{ km}$ **e)** $d = 8{,}4\text{ cm}$ **f)** $d = 2{,}84\text{ km}$

2 Welchen Durchmesser und welche Querschnittsfläche hat ein Baumstamm von 94 cm (20,5 dm; 3,78 m) Umfang?

3 **a)** Berechne den Flächeninhalt des Kreissektors mit $r = 5\text{ cm}$ und $\alpha = 70°$.
b) Wie lang ist der zugehörige Kreisbogen?

4 Der Mantel eines Kegels mit $r = 5\text{ cm}$ und $h = 1{,}2\text{ dm}$ wird abgewickelt. Der entstandene Kreissektor hat einen Flächeninhalt von $204{,}2\text{ cm}^2$. Berechne die Größe des Zentriwinkels α, der von den Mantellinien eingeschlossen wird.

5 Die Radien eines Kreisrings betragen $r_a = 7{,}5\text{ cm}$ und $r_i = 5{,}8\text{ cm}$.
Berechne den Flächeninhalt des Kreisrings.

6 Um ein kreisförmiges Rosenbeet mit einem Durchmesser von 7,20 m soll ein Rasenstreifen von 60 cm Breite angesät werden.
a) Fertige eine Skizze an.
b) Berechne den Flächeninhalt des Rasenstreifens.
c) Der Rasenstreifen soll innen und außen von Steinen eingegrenzt werden. Für welche Länge benötigt man Steine?

7 Eine gerade Pyramide mit rechteckiger Grundfläche ($a = 45\text{ mm}$; $b = 60\text{ mm}$) ist 85 mm hoch. Berechne das Volumen und den Oberflächeninhalt dieser Pyramide.

8 Berechne die fehlenden Größen eines Kreiskegels.
a) $V = 600\text{ cm}^3$; $h = 12\text{ cm}$
b) $A_M = 390\text{ cm}^2$; $s = 17\text{ cm}$
c) $u = 8{,}0\text{ m}$; $A_O = 100\text{ m}^2$

9 Ein 8 m tiefer zylinderförmiger Brunnen hat einen äußeren Durchmesser von 1,80 m. Die Wandstärke beträgt 20 cm. Wie viel Wasser kann der Brunnen maximal fassen?

10 Übertrage die Tabelle ins Heft und berechne die fehlenden Größen einer Kugel.

	a)	b)	c)	d)	e)
r	6 cm	2,88 m			
A_O			$1{,}5\text{ m}^2$	$19{,}63\text{ mm}^2$	
V					$33{,}51\text{ m}^3$

11 Von den drei Größen Radius r, Volumen V und Oberflächeninhalt A_O einer Kugel ist jeweils eine Größe gegeben. Berechne die anderen.
a) $r = 85\text{ mm}$ **b)** $r = 3{,}7\text{ cm}$ **c)** $V = 580\text{ cm}^3$
d) $V = 9\text{ m}^3$ **e)** $A_O = 77\text{ cm}^2$ **f)** $A_O = 390\text{ dm}^2$

12 Ein Handball hat einen Umfang von 58 cm. Wie viel Quadratzentimeter Leder werden verarbeitet, wenn 15 % Verschnitt eingeplant werden?

13 Eine Glaskugel hat einen Durchmesser von 12 cm. 1 dm^3 Glas wiegt 2,4 kg. Bestimme die Masse der Kugel.

14 Berechne die Größe der Dachfläche und das Volumen des Dachraums.
a) Kegeldach **b)** Kugeldach

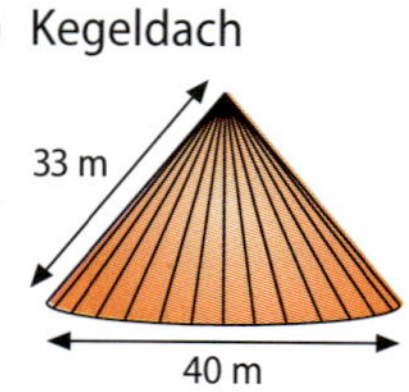

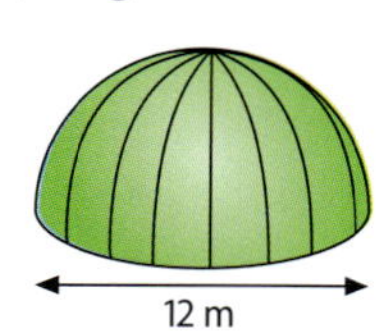

15 In eine halbkugelförmige Schüssel passen 1,5 ℓ Wasser, wenn man sie bis zum Rand füllt. Berechne den Innendurchmesser dieser Schüssel.

16 Berechne das Volumen und den Oberflächeninhalt der Körper (Maßangaben in cm).

a)

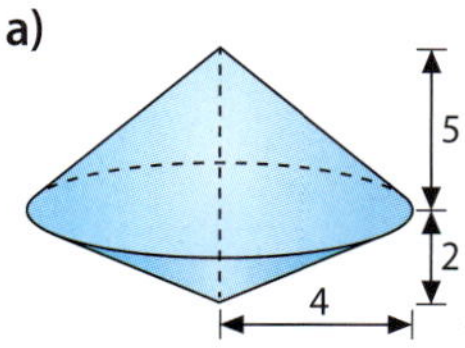

b)

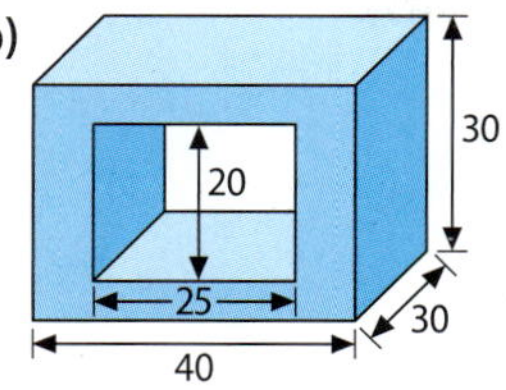

c)

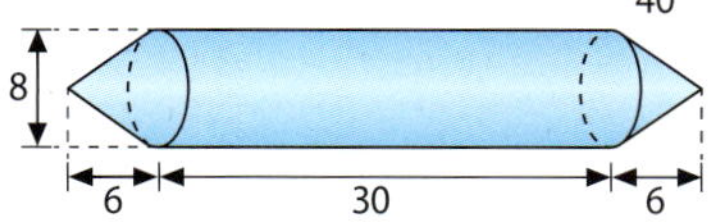

d)

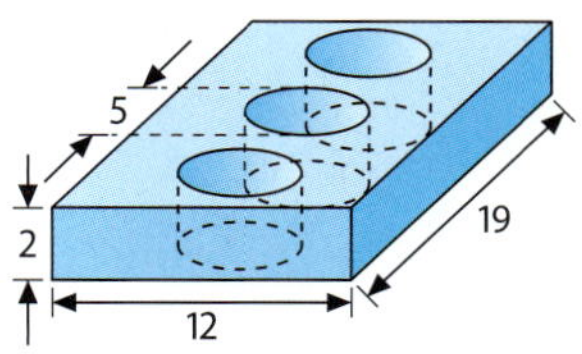

17 Auf einen Sockel mit rechteckiger Grundfläche wurde eine Pyramide so aufgesetzt, dass die Mittelpunkte der Seiten der Deckfläche die Eckpunkte der Grundfläche der Pyramide bilden.

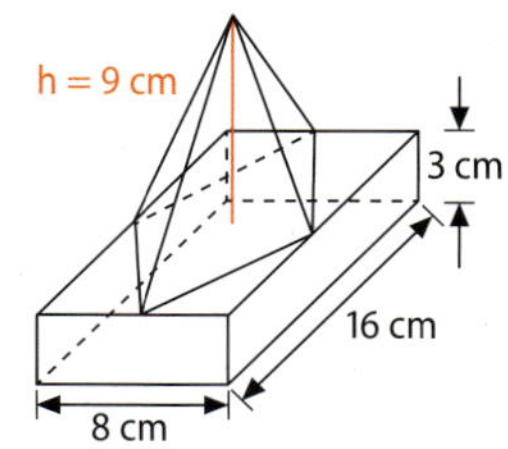

a) Stelle den Körper im Zweitafelbild dar.

b) Berechne das Volumen des Gesamtkörpers.

c) Der Körper wurde aus Buchenholz gefertigt. Ermittle die Masse des Körpers, wenn 1 cm^3 Buchenholz 0,7 g schwer ist.

d) Die Pyramide hat nur dann eine quadratische Grundfläche, wenn auch der Sockel quadratisch ist. Begründe die Aussage.

Aufgaben für Lernpartner

Sind folgende Behauptungen richtig oder falsch? Begründe schriftlich.

A Wenn man den Mantel eines Kegels abwickelt, erhält man einen Kreissektor.

B Der Flächeninhalt eines Kreisringes lässt sich als Differenz der Flächeninhalte zweier Kreise auffassen.

C Die Größe eines Kreissektors lässt sich auch durch den Zentriwinkel α angeben.

D Verdoppelt man den Radius einer Kugel, dann verdoppelt sich auch ihr Volumen.

E Verdoppelt man sowohl den Innen- als auch den Außenradius eines Kreisringes, so verdoppelt sich die Kreisringfläche.

F Verdoppelt man den Durchmesser einer Kugel, so vervierfacht sich ihre Oberfläche.

G Vergrößert man eine Kugel so, dass ihr Oberflächeninhalt auf das Vierfache steigt, dann steigt gleichzeitig ihr Volumen auf das Achtfache.

H Das Volumen eines zusammengesetzten Körpers ist immer gleich der Summe der Volumina aller Teilkörper.

I Der Oberflächeninhalt eines zusammengesetzten Körpers ist immer gleich der Summe der Oberflächeninhalte aller Teilkörper.

J Das Volumen einer Hohlkugel kann als Differenz der Volumina zweier Kugeln aufgefasst werden.

K Aus einem Würfel der Kantenlänge 10 cm wird eine möglichst große Pyramide ausgefräst. Das Volumen der Pyramide beträgt $\frac{1}{4}$ des Würfelvolumens.

Ich kann …	Aufgaben	Hilfe
Berechnungen am Kreis durchführen.	1, 2, E	S. 128
fehlende Kreisgrößen am Kreisbogen und -sektor berechnen.	3, 4, A, C	S. 128
Fehlende Größen am Kreisring ermitteln.	5, 6, B, E	S. 131
Berechnungen an der Kugel durchführen.	10, 11, 12, 13, 14, D, F, G	S. 134, 136
Berechnungen an geometrischen Körpern durchführen.	7, 8, 9, 14, 15, 16, 17, H, I, J, K	S. 138

Seite 128

Kreisteile

Für die Länge b des Kreisbogens gilt:

$b = \frac{\alpha}{360°} \cdot 2\pi r = \frac{\alpha}{180°} \cdot \pi r$

Für den Flächeninhalt A_S des Kreissektors gilt:

$A_S = \frac{\alpha}{360°} \cdot \pi r^2$

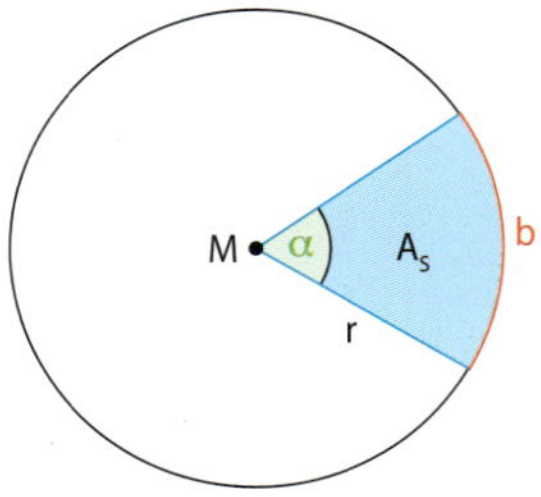

Seite 131

Kreisring

Flächeninhalt A_{Ring} der Kreisringfläche

$A_{Ring} = \pi \cdot (R^2 - r^2)$

Umfang u_{Ring} der Kreisringfläche

$u_{Ring} = 2\pi \cdot (R + r)$

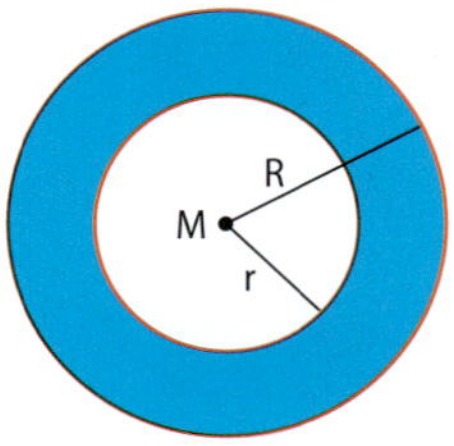

Seite 134, 136

Volumen und Oberflächeninhalt einer Kugel

Für das **Volumen V** einer **Kugel** mit dem Radius r gilt:

$V_{Kugel} = \frac{4}{3} \cdot \pi \cdot r^3$

Für den **Oberflächeninhalt** A_O einer **Kugel** mit dem Radius r gilt:

$A_{O\,Kugel} = 4 \cdot \pi \cdot r^2 = \pi \cdot d^2$

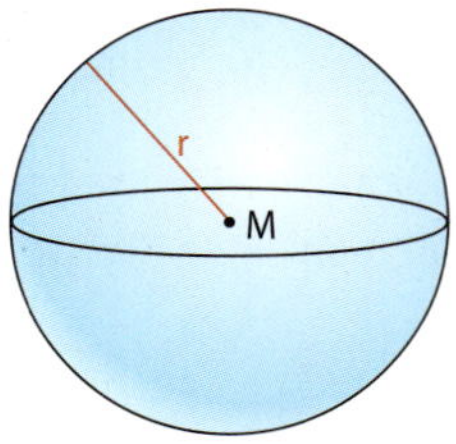

Seite 138

Zusammengesetzte Körper

Die geometrischen Grundkörper sind:
Würfel, Quader, Prisma, Pyramide, Zylinder, Kegel, Kugel
Aus diesen Körpern können weitere Körper zusammengesetzt werden.

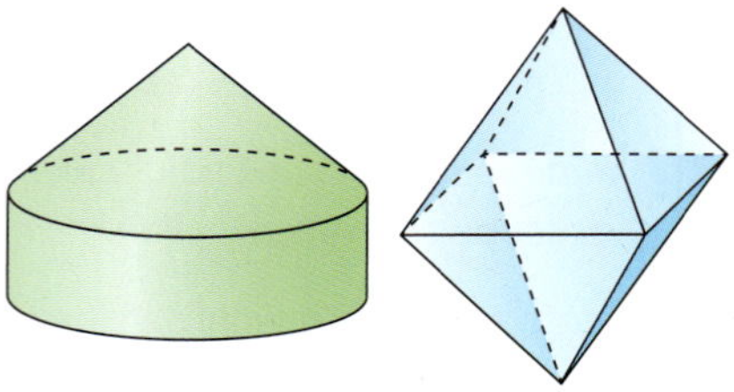

Der **Oberflächeninhalt A_O** ist die Summe aller einzelnen Flächen eines Körpers.
Allgemein gilt: $A_O = A_1 + A_2 + A_3 + \ldots + A_n$.

Das **Volumen V** gibt den Rauminhalt eines Körpers an. Zur Berechnung werden zusammengesetzte Körper in geometrische Körper zerlegt. Die Volumina werden addiert bzw. subtrahiert.

Bei zusammengesetzten Körpern müssen gegebenenfalls aufeinanderliegende Flächen vom Oberflächeninhalt abgezogen werden.

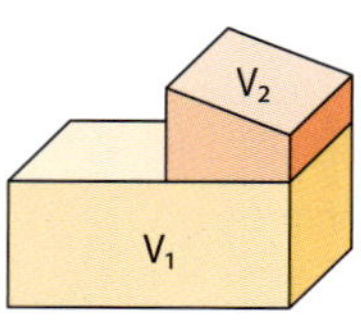

$V = V_1 + V_2$

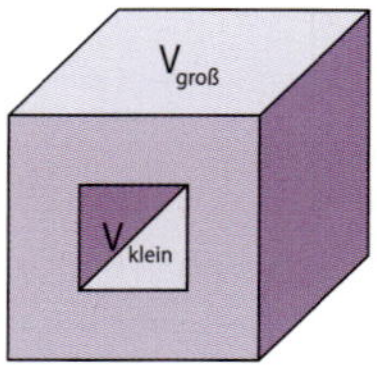

$V = V_{groß} - V_{klein}$

5 Trigonometrie

Einstieg

- Das griechische Wort „Trigonometrie" bedeutet Dreiecksmessung.
  Gauß, Regiomontanus und Vieta sind bekannte Mathematiker, die sich mit der Trigonometrie befassten. Die Abbildungen zeigen Bilder dieser Mathematiker, die von ihnen erfundenen Messgeräte sowie die von ihnen verfassten Bücher.
  Ordne die Messgeräte und Bücher dem entsprechenden Mathematiker zu. Recherchiere dazu im Internet. Stelle deine Ergebnisse in der Klasse vor.

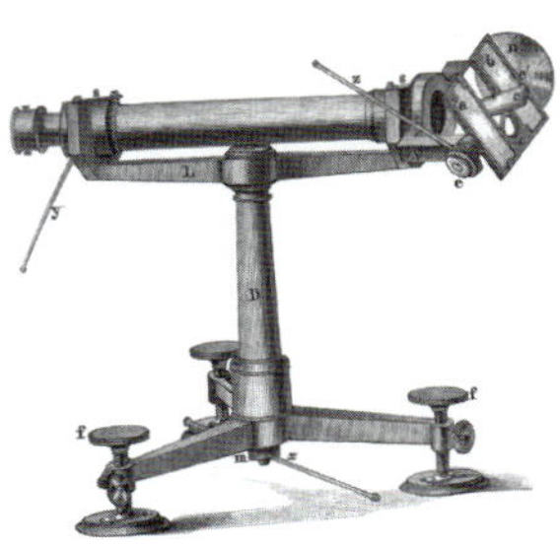

Heliotrop

Hodometer

Ausblick

Am Ende dieses Kapitels hast du gelernt, …

- Winkel und Seitenlängen in rechtwinkligen Dreiecken mithilfe von Sinus, Kosinus und Tangens zu berechnen.
- Winkel und Seitenlängen in beliebigen Dreiecken zu berechnen.
- den Flächeninhalt beliebiger Dreiecke mithilfe von Winkelgrößen zu berechnen.

Zusammenhänge im Dreieck

In jedem Dreieck beträgt die Summe der Innenwinkel 180°.
(Satz über Innenwinkelsumme im Dreieck)

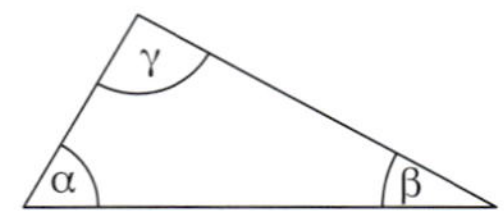

$\alpha + \beta + \gamma = 180°$

Die Summe zweier Seiten eines Dreiecks ist stets größer als die dritte Seite. (**Dreiecksungleichung**)

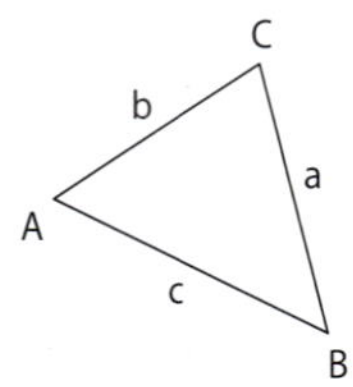

$a + b > c$
$b + c > a$
$a + c > b$

Kongruenz und Ähnlichkeit von Dreiecken

Dreiecke sind genau dann kongruent zueinander, wenn sie ...

- in der Länge ihrer drei Seiten übereinstimmen (**sss**).
- in der Länge zweier Seiten und der Größe des eingeschlossenen Winkels übereinstimmen (**sws**).
- in der Länge einer Seite und der Größe der beiden anliegenden Winkel übereinstimmen (**wsw**).
- in der Länge zweier Seiten übereinstimmen und der Größe des Winkels, der der längeren Seite gegenüberliegt (**SsW**).

Für die Konstruktion von Dreiecken benötigt man daher drei Angaben, von denen eine eine Seitenlänge sein muss.

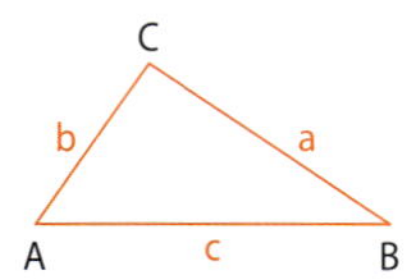

sss

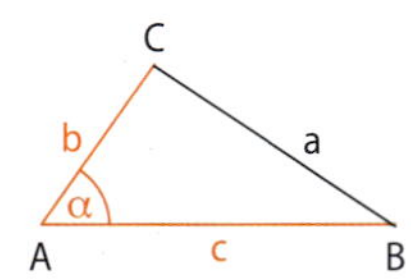

sws

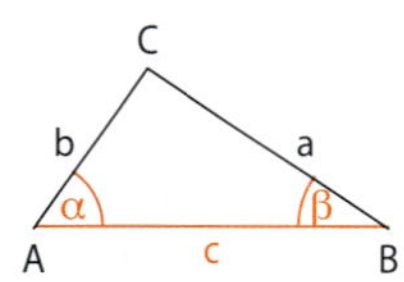

wsw

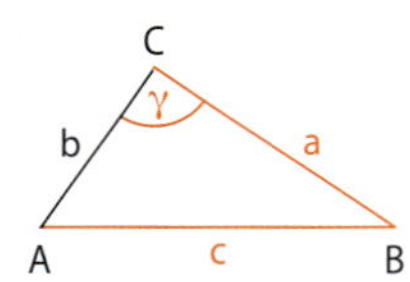

SsW

Dreiecke sind ähnlich zueinander, wenn sie durch maßstäbliches Vergrößern oder Verkleinern auseinander hervorgehen. Ähnliche Dreiecke stimmen in der Größe der entsprechenden Winkel sowie im Verhältnis (d. h. dem Quotienten) der entsprechenden Seitenlängen überein.

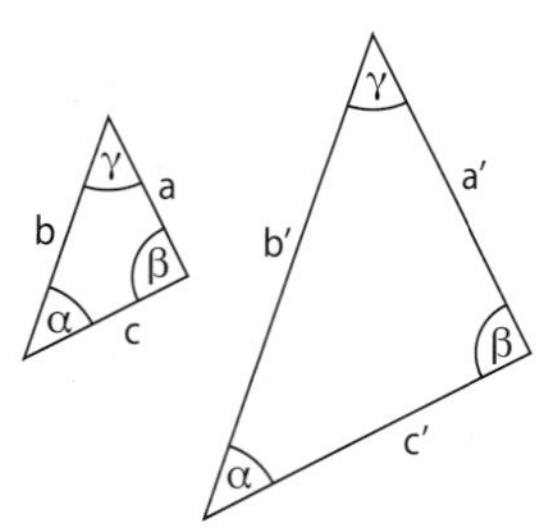

$\frac{a'}{a} = \frac{b'}{b} = \frac{c'}{c}$

Satz des Pythagoras

In einem rechtwinkligen Dreieck hat das Quadrat über der Hypotenuse den gleichen Flächeninhalt wie die beiden Quadrate über den Katheten zusammen.

Im Dreieck ABC mit $\gamma = 90°$ gilt dann entsprechend:
$a^2 + b^2 = c^2$

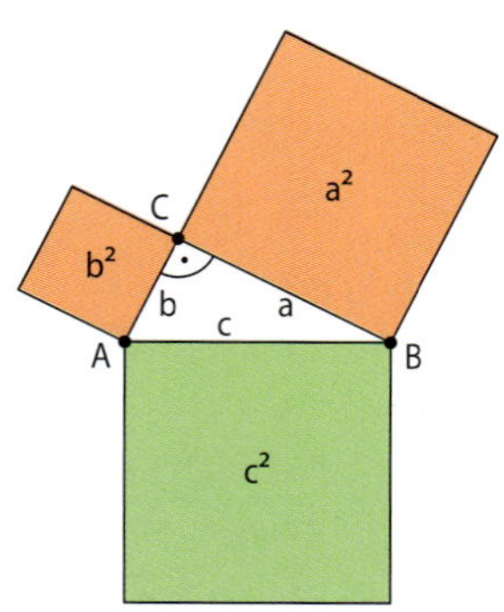

Zusammenhänge im Dreieck

1 Berechne die fehlenden Winkel.

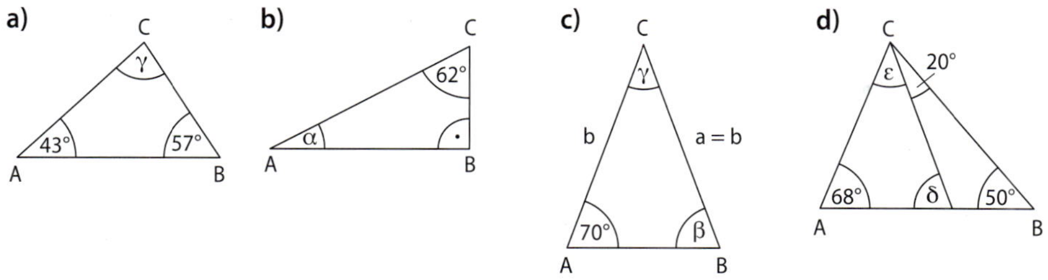

2 Begründe, warum aus den angegebenen drei Seiten kein Dreieck entsteht.

a) a = 3,8 cm; b = 7,2 cm; c = 2,9 cm **b)** a = 4,2 cm; b = 5,3 cm; c = 9,5 cm

Kongruenz und Ähnlichkeit von Dreiecken

3 Die Abbildungen zeigen die Konstruktion eines Dreiecks. Entscheide, nach welchem Kongruenzsatz konstruiert wurde. Begründe deine Antwort.

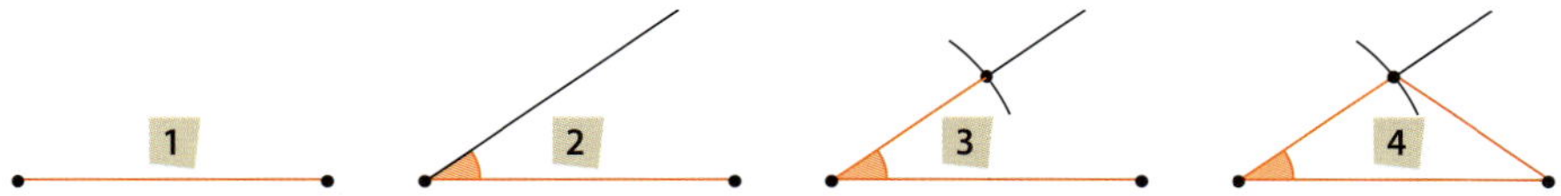

4 Entscheide, ob aus den gegebenen Stücken ein Dreieck eindeutig konstruiert werden kann oder nicht. Begründe durch die Angabe des Kongruenzsatzes oder durch ein Gegenargument. Konstruiere – falls möglich – das Dreieck.

a) b = 5 cm; α = 94°; β = 86° **b)** a = 4 cm; b = 5 cm; c = 6 cm
c) a = 4,5 cm; b = 6 cm; γ = 80° **d)** b = 6,2 cm; α = 57°; β = 73°
e) a = 5,8 cm; b = 4,6 cm; α = 72° **f)** c = 6 cm; b = 4 cm; β = 50°

5 Überprüfe, ob die Dreiecke ähnlich zueinander sind.

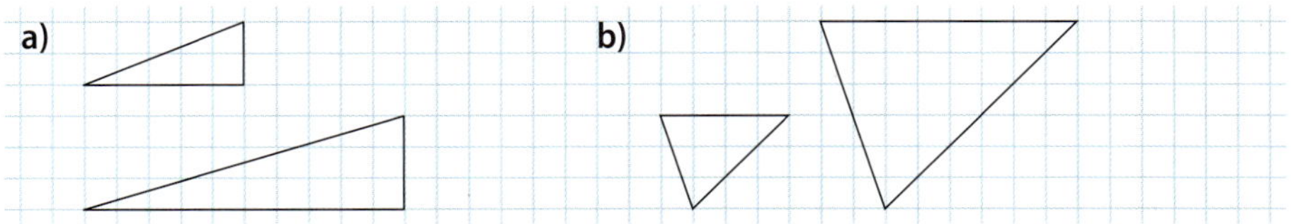

Satz des Pythagoras

6 Berechne jeweils die Länge der Strecke x.

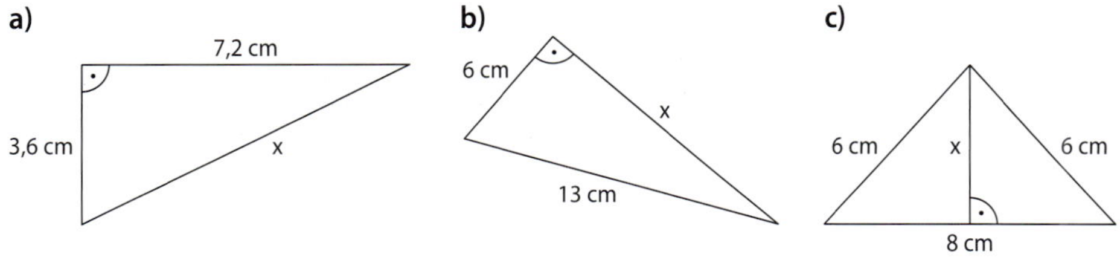

Kap. 5.1

Der Quadrant

Zur Messung von Höhenwinkeln wurde viele Jahrhunderte hindurch der Quadrant verwendet, ein einfach zu bauendes Gerät, das recht genaue Werte lieferte.

- Betrachte die nebenstehende Abbildung. Baue aus Karton einen Quadranten (Radiuslänge 20 cm) mit Gradeinteilung und z. B. einem Stein als Senklot.

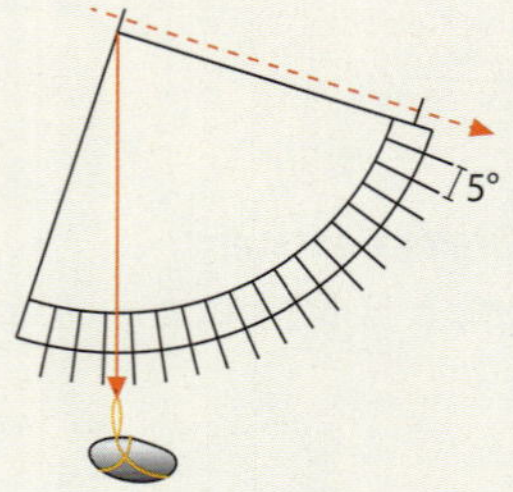

- Bestimme mithilfe eines Quadranten nach Messung geeigneter Strecken die Höhe deines Schulhauses. Recherchiere zum Vergleich die tatsächliche Höhe des Gebäudes. Beurteile die Genauigkeit deiner Messung.
- Finde heraus, wie ein solcher Quadrant funktioniert. Erstelle anschließend eine Bedienungsanleitung. Beschreibe, wie man damit die Höhe von Gebäuden ermitteln kann.

Kap. 5.2

Werbespot

In einem Werbespot eines Automobilherstellers fährt ein Auto eine Sprungschanze hinauf. Das Auto hält unmittelbar vor der Startluke der Sprungchance in 47 m Höhe über dem Boden bei einer Steigung von 80 %.

- Bestimme den Steigungswinkel der Sprungschanze.
- Was glaubst du: Ist es tatsächlich möglich, dass das Auto die Rampe hinauffährt? Finde Argumente für deine Einschätzung.

Kap. 5.3 und 5.4

Landvermessung

Daniel Kehlmann:
Die Vermessung der Welt

„So fand er (Gauß) sich unversehens durch die verregnete Landschaft stolpern. Der Himmel war niedrig und dunkel, die Erde lehmig. Er kletterte über eine Hecke und stand keuchend, verschwitzt und bestreut mit Kiefernnadeln vor zwei Mädchen. Gefragt, was er hier tue, erklärte er nervös die Technik der Triangulation: Wenn man eine Seite und zwei Winkel eines Dreiecks kenne, könne man die anderen Seiten und den unbekannten Winkel bestimmen. Man wähle also ein Dreieck irgendwo hier draußen auf Gottes Erde, messe die Seite, zu der man am leichtesten Zugang habe, und bestimme mit diesem Gerät die Winkel zum dritten Punkt. Er hob den Theodolit und drehte ihn, so und so, und sehen Sie, so, mit ungeschickten Fingern hin und her, als wäre es das erste Mal. Dann füge man die Serie solcher Dreiecke aneinander. Ein preußischer Forscher tue genau das in diesem Moment unter den Fabelwesen der Neuen Welt.

Aber eine Landschaft, erwiderte die größere der beiden, sei doch keine Fläche?

Er starrte sie an. Die Pause hatte gefehlt. Als hätte sie nicht nachdenken müssen. Allerdings nicht, sagte er lächelnd.

Ein Dreieck, sagte sie, habe nur auf einer Fläche hundertachtzig Grad Winkelsumme, auf einer Kugel aber nicht. Damit stehe und falle doch alles.

Er musterte sie, als sähe er sie erst jetzt. Mit hochgezogenen Brauen erwiderte sie seinen Blick. Ja, sagte er. So. Um das auszugleichen, müsse man die Dreiecke gewissermaßen nach der Messung zu unendlich kleinen Größen schrumpfen lassen. Grundsätzlich eine einfache Differentialoperation. Allerdings in dieser Form … Er setzte sich auf den Boden und holte seinen Block hervor. In dieser Form, murmelte er, während er zu notieren begann, habe das noch keiner durchgeführt. Als er aufsah, war er allein.

Ein paar Wochen noch zog er mit den geodätischen Gerätschaften durchs Gelände, rammte Pfähle in den Boden, vermaß ihre Entfernung."

- Beschreibe die Landvermessung mit eigenen Worten.
- Von einem Dreieck sind folgende Größen bekannt: $c = 8{,}4$ km, $\alpha = 52°$, $\beta = 41°$. Bestimme die fehlenden Seiten des Dreiecks ABC.
- Informiere dich über die Innenwinkelsumme eines Dreiecks auf einer Kugel.

5

5.1 Sinus, Kosinus und Tangens im rechtwinkligen Dreieck

Entdecken

- Zeichne drei verschiedene rechtwinklige Dreiecke ABC mit $\gamma = 90°$ und $\alpha = 40°$.
- Begründe, dass die Dreiecke alle ähnlich zueinander sind.
- Miss in jedem Dreieck die Seitenlängen und berechne daraus die Seitenlängenverhältnisse $\frac{a}{c}$, $\frac{b}{c}$ und $\frac{a}{b}$. Was fällt dir auf? Beschreibe Zusammenhänge.
- Zeichne zwei verschiedene rechtwinklige Dreiecke ABC mit $\gamma = 90°$ und …

  1 $\alpha = 20°$. **2** $\alpha = 60°$.

  Beschreibe, wie sich die Seitenlängenverhältnisse $\frac{a}{c}$, $\frac{b}{c}$ und $\frac{a}{b}$ mit der Größe von α verändern.

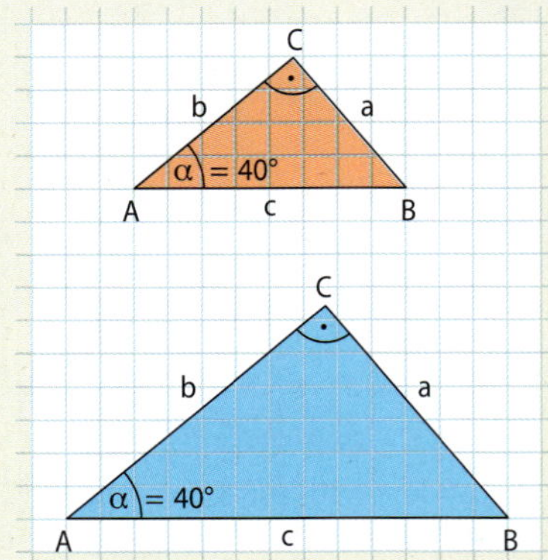

Verstehen

In einem rechtwinkligen Dreieck hängt das Verhältnis zweier Seitenlängen nur von der Größe von einem der beiden Winkel an der Hypotenuse ab.

Bezeichnungen im rechtwinkligen Dreieck:

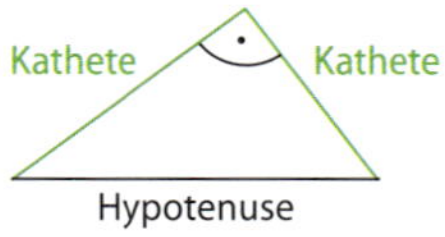

Bezogen auf die spitzen Winkel des rechtwinkligen Dreiecks bezeichnet man diejenige **Kathete**, die dem **betrachteten Winkel gegenüber** liegt, als **Gegenkathete** und diejenige, die an dem Winkel **anliegt**, als **Ankathete**.

Beispiel für $\gamma = 90°$:

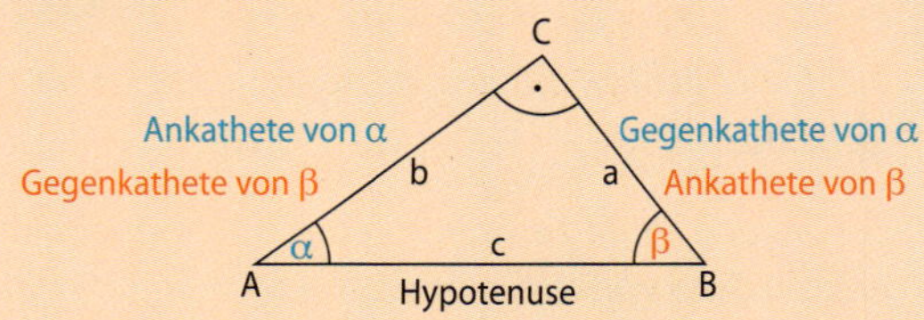

1 Das Verhältnis der Längen von **Gegenkathete zu Hypotenuse** eines spitzen Winkels α nennt man **Sinus** des Winkels α (kurz: $\mathbf{sin\,\alpha}$):

$$\text{Sinus} = \frac{\text{Länge der Gegenkathete des Winkels}}{\text{Länge der Hypotenuse}}$$

Beispiel: $\sin\alpha = \frac{a}{c}$; $\sin\beta = \frac{b}{c}$

2 Das Verhältnis der Längen von **Ankathete zu Hypotenuse** eines spitzen Winkels α nennt man **Kosinus** des Winkels α (kurz: $\mathbf{cos\,\alpha}$):

$$\text{Kosinus} = \frac{\text{Länge der Ankathete des Winkels}}{\text{Länge der Hypotenuse}}$$

Beispiel: $\cos\alpha = \frac{b}{c}$; $\cos\beta = \frac{a}{c}$

3 Das **Verhältnis** der Längen von **Gegenkathete zu Ankathete** eines spitzen Winkels α nennt man **Tangens** des Winkels α (kurz: $\mathbf{tan\,\alpha}$):

$$\text{Tangens} = \frac{\text{Länge der Gegenkathete des Winkels}}{\text{Länge der Ankathete des Winkels}}$$

Beispiel: $\tan\alpha = \frac{a}{b}$; $\tan\beta = \frac{b}{a}$

sin α sprich: „Sinus von α" oder „Sinus α"

cos α sprich: „Kosinus von α" oder „Kosinus α"

tan α sprich: „Tangens von α" oder „Tangens α"

Beispiele

1. Gib das Verhältnis der Seitenlängen an.

a) $\sin\alpha$, $\sin\beta$ **b)** $\cos\alpha$, $\cos\beta$ **c)** $\tan\alpha$, $\tan\beta$

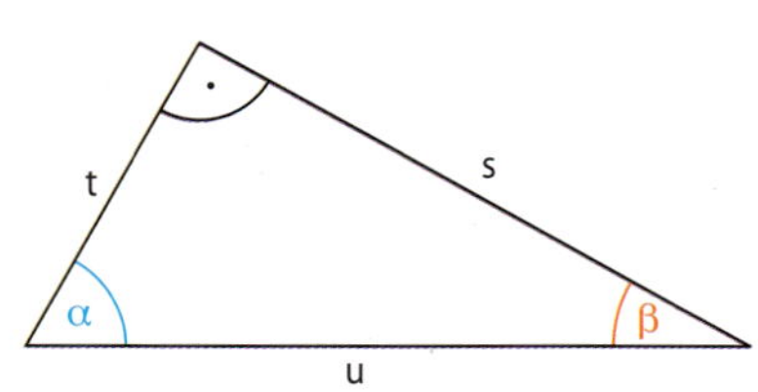

Lösung:

a) $\sin\alpha = \frac{s}{u}$, $\sin\beta = \frac{t}{u}$ **b)** $\cos\alpha = \frac{t}{u}$, $\cos\beta = \frac{s}{u}$ **c)** $\tan\alpha = \frac{s}{t}$, $\tan\beta = \frac{t}{s}$

2. Berechne für das rechtwinklige Dreieck …

a) den Winkel α. **b)** die fehlende Seitenlänge a.

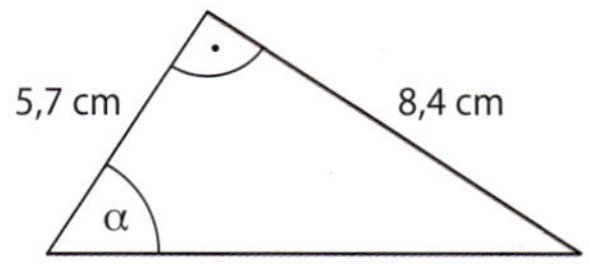

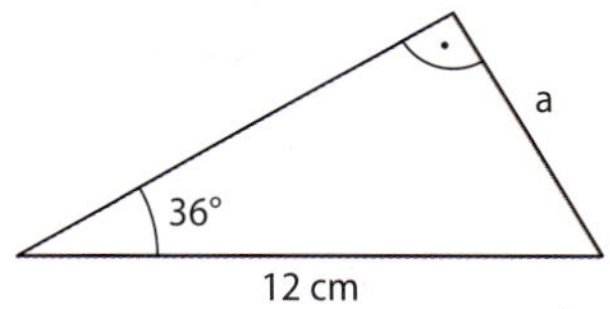

Lösung:

a)
$$\tan\alpha = \frac{8{,}4\text{ cm}}{5{,}7\text{ cm}}$$
$$\alpha = \tan^{-1}\left(\frac{8{,}4\text{ cm}}{5{,}7\text{ cm}}\right)$$
$$\alpha = 55{,}8°$$

b)
$$\sin 36° = \frac{a}{12\text{ cm}}$$
$$12\text{ cm} \cdot \sin 36° = a$$
$$7{,}1\text{ cm} = a$$

Taschenrechner:
Sinus: sin
Kosinus: cos
Tangens: tan
Einstellung: DEG bzw. Grad

Den Winkel kannst du mit der Taschenrechnerfunktion $\tan^{-1}$ *berechnen.*

Nachgefragt

- Beschreibe, wie sich der Wert des Sinus eines Winkels verändert, wenn man beim rechtwinkligen Dreieck die Länge aller Seiten verdoppelt, verdreifacht, …
- Begründe: Der Sinuswert (Kosinuswert) eines Winkels ist nie größer als 1.

Aufgaben

oHiMi
1, 4

1 Gib als Verhältnis der Seitenlängen an: $\sin\alpha$, $\sin\beta$, $\cos\alpha$, $\cos\beta$, $\tan\alpha$ und $\tan\beta$.

a)

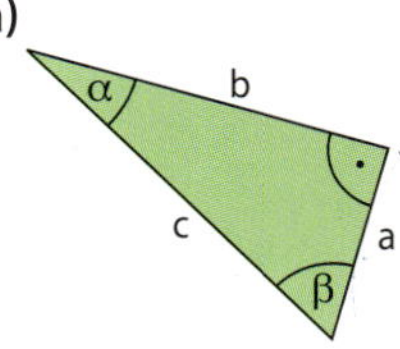

b)

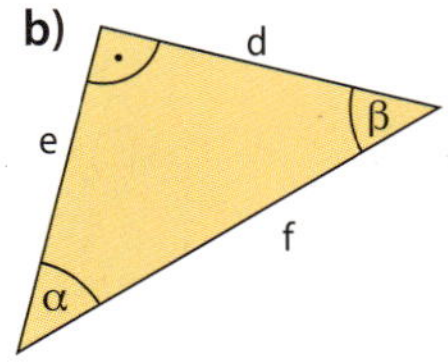

c)

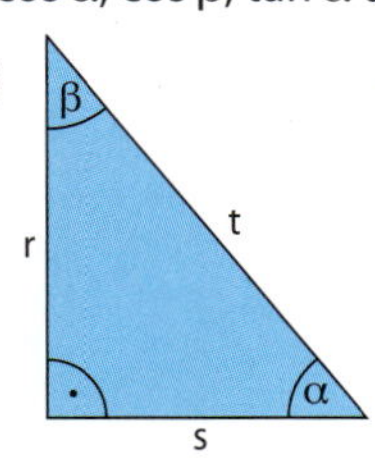

d)

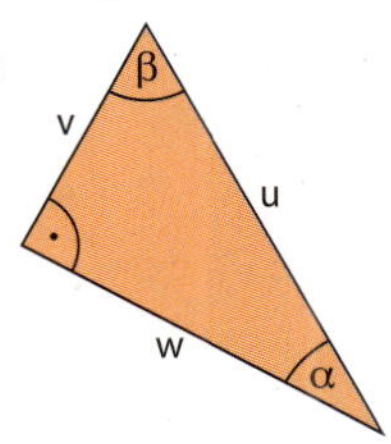

2

α	0°	10°	20°	30°	40°	50°	60°	70°	80°	90°
sin α										
cos α										
tan α										

a) Übertrage die Tabelle und berechne die Werte mit dem Taschenrechner.

b) Beschreibe Zusammenhänge zwischen $\sin\alpha$, $\cos\alpha$ und $\tan\alpha$.

3 Berechne die fehlenden Winkel.

a)

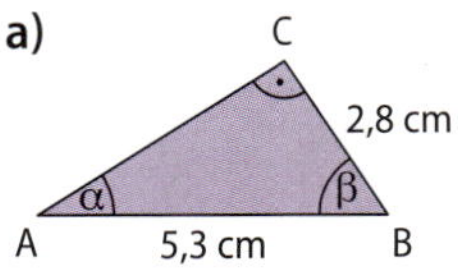

b)

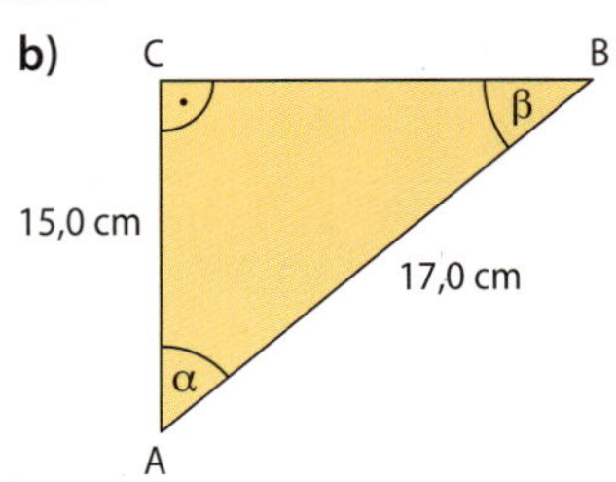

c)

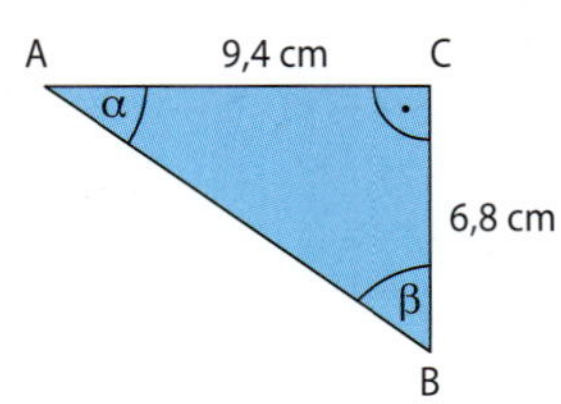

4 Stelle die Formeln für den Sinus, den Kosinus und den Tangens für das Dreieck ABC mit $\gamma = 90°$ nach allen vorkommenden Seitenlängen jeweils in Bezug auf α und β um.

5 Berechne die gesuchte Seitenlänge.

a)
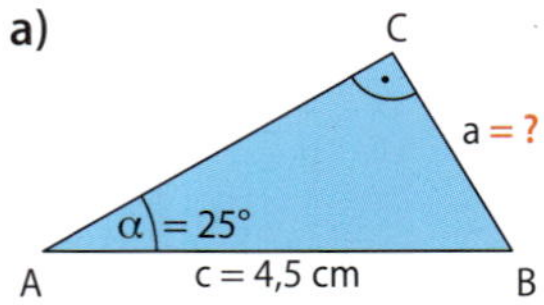

b)
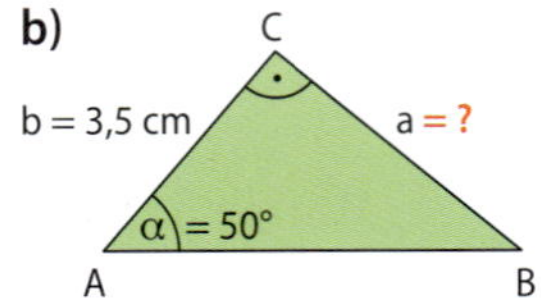

c)
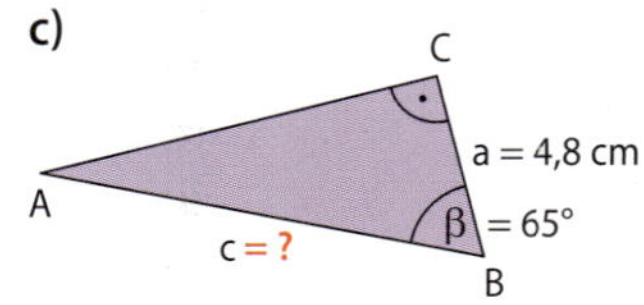

oHiMi
6, 8

6 Von einem rechtwinkligen Dreieck mit $\gamma = 90°$ sind $b = 2{,}5$ cm und der Winkel $\alpha = 65°$ gegeben. Mike berechnet die fehlenden Seitenlängen und den fehlenden Winkel.

Skizze:
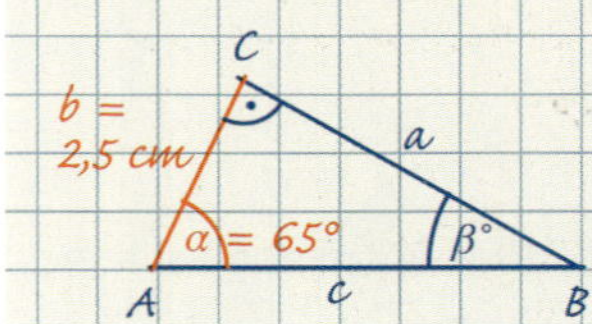

$$\tan 65° = \frac{a}{2{,}5\,\text{cm}} \Rightarrow a = 2{,}5\,\text{cm} \cdot \tan 65° \approx 5{,}4\,\text{cm}$$

$$\cos 65° = \frac{2{,}5\,\text{cm}}{c} \Rightarrow c = 2{,}5\,\text{cm} \cdot \cos 65° \approx 1{,}1\,\text{cm}$$

$$\tan \beta = \frac{2{,}5\,\text{cm}}{5{,}4\,\text{cm}} \Rightarrow \beta \approx 25°$$

a) Wo steckt der Fehler? Zeige, wie Mike anhand seiner Rechenergebnisse erkennen kann, dass seine Rechnung einen Fehler hat.

b) Erkläre, wie Mike den Winkel β einfacher bestimmen kann.

7 Berechne die fehlenden Seitenlängen und Winkel im rechtwinkligen Dreieck ABC.

a)
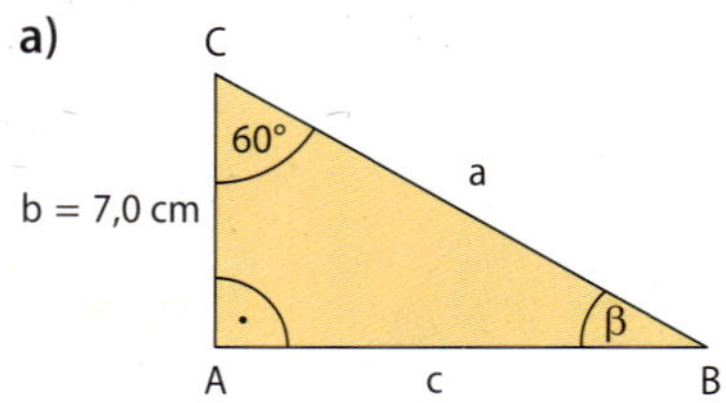

b)
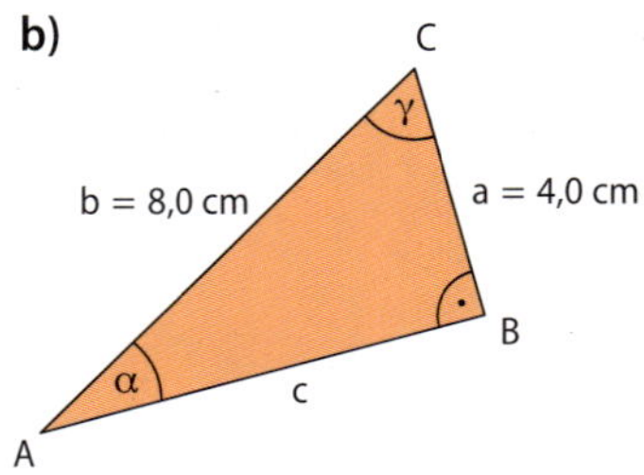

c)
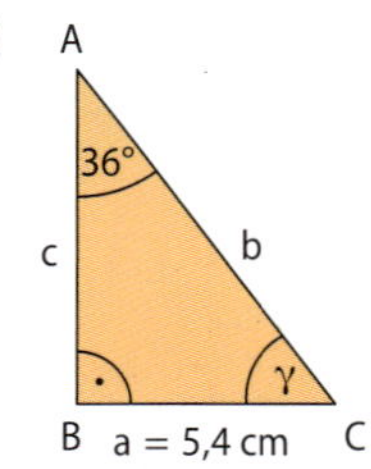

Weiterdenken

Statt $(\sin\alpha)^2$ schreibt man häufig auch $\sin^2\alpha$.

Es gibt hilfreiche Zusammenhänge zwischen Sinus, Kosinus und Tangens, wenn die Länge der Hypotenuse des zugehörigen rechtwinkligen Dreiecks 1 beträgt.

1 Bei der Hypotenuse $c = 1$ gilt: $(\sin\alpha)^2 + (\cos\alpha)^2 = 1$. („trigonometrischer Pythagoras")

2 Spezielle Zusammenhänge:

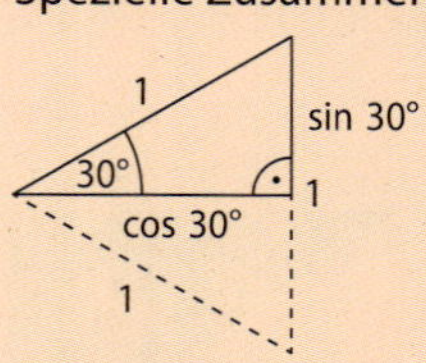

$\sin 30° = \frac{1}{2}$

$\cos 30° = \frac{1}{2}\sqrt{3}$

$\tan 30° = \frac{1}{3}\sqrt{3}$

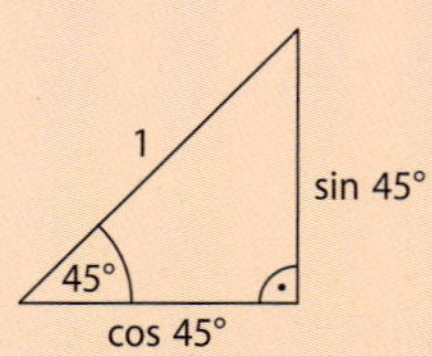

$\sin 45° = \frac{1}{2}\sqrt{2}$

$\cos 45° = \frac{1}{2}\sqrt{2}$

$\tan 45° = 1$

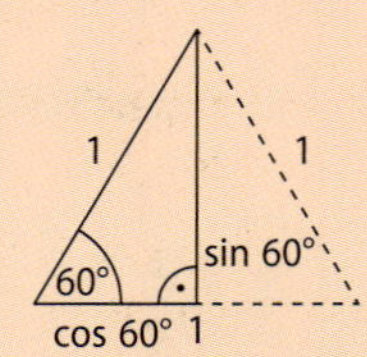

$\sin 60° = \frac{1}{2}\sqrt{3}$

$\cos 60° = \frac{1}{2}$

$\tan 60° = \sqrt{3}$

8 Begründe die Zusammenhänge aus dem Kasten.

9 Berechne die fehlenden Angaben für das abgebildete Dreieck ABC.

a) p = 4,9 cm; β = 70°
b) h = 4,2 cm; α = 35°
c) a = 12,5 cm; p = 4,4 cm
d) h = 9,1 cm; q = 6,0 cm

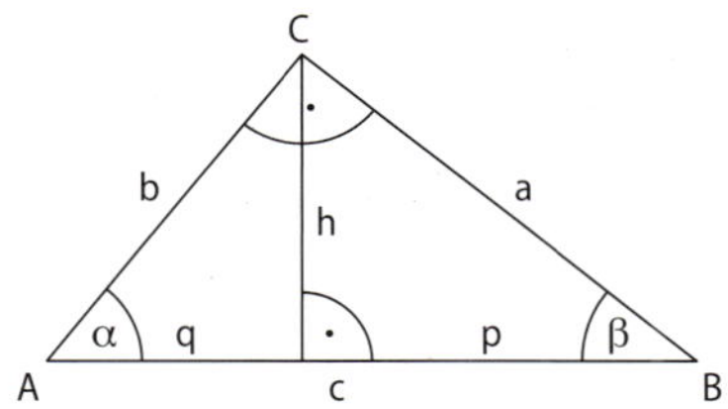

10 Übertrage die Tabelle in dein Heft und berechne die fehlenden Werte für das rechtwinklige Dreieck ABC.

Eine Skizze kann helfen.

	a)	b)	c)	d)	e)	f)
a in cm		14,0	5,1	6,7		7,8
b in cm	23,0		6,3	3,9		
c in cm					10,2	
α		90,0°			90,0°	
β	90,0°			90,0°		38,0°
γ	58,0°	62,0°	90,0°		38,0°	90,0°

11 Berechne die fehlenden Größen für das gleichschenklige Trapez ABCD mit b = d.

a) a = 37,2 cm; c = 15,8 cm; α = 62°
b) a = 24 cm; b = 9 cm; α = 64,8°
c) b = 61 cm; c = 37 cm; h = 17 cm

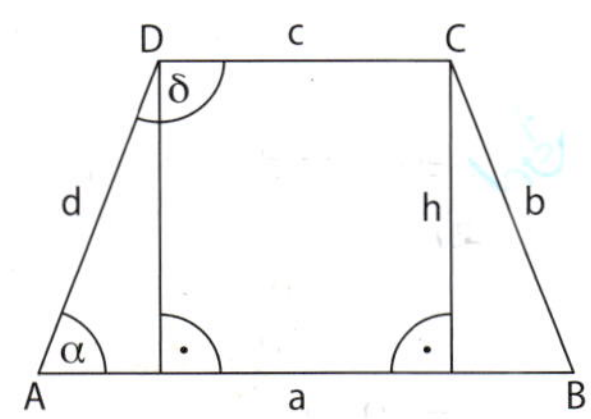

Weiterdenken

Die Berechnung von **Streckenlängen** und **Winkeln** in **gleichschenkligen Dreiecken** kann man auf die Berechnung in rechtwinkligen Dreiecken zurückführen. Dazu zerlegt man das gleichschenklige Dreieck durch die Symmetrieachse in zwei kongruente, rechtwinklige Dreiecke.

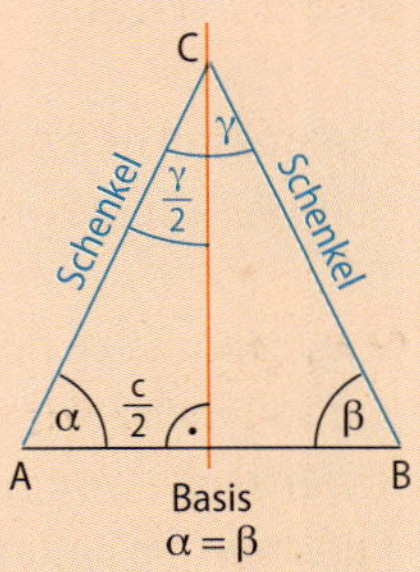

12 Gegeben ist ein gleichschenkliges Dreieck ABC mit der Basis c. Berechne jeweils die fehlenden Seitenlängen, Winkel und die Höhe h_c.

a) a = 6 cm; γ = 120°
b) c = 4,5 cm; γ = 42°
c) b = 1,8 cm; c = 2,9 cm

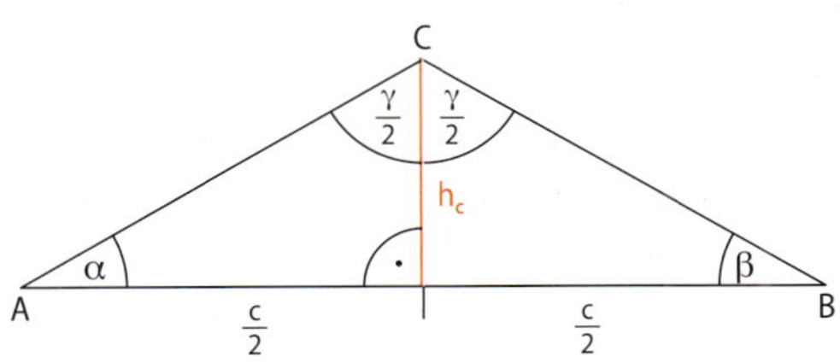

13 Von einer Raute sind die folgenden Teilstücke bekannt. Berechne jeweils den Flächeninhalt und den Umfang.

a) a = 7,5 cm; α = 120°   **b)** e = 8 cm; β = 100°

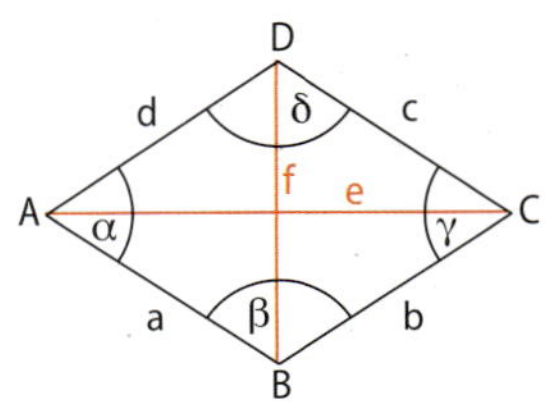

Aufgaben

1 Ein Baum wirft einen 19,5 m langen Schatten. Die Sonnenstrahlen treffen unter einem Winkel von 52° auf den Boden.
Berechne die Höhe des Baumes.

2 Eine elfsprossige Leiter (Sprossenabstand 30 cm) lehnt an einer Wand. Die Enden der Leiter sind jeweils 45 cm von den äußeren Sprossen entfernt.

a) Bestimme die Leiterlänge.

b) Berechne den Winkel, den die Leiter mit der Wand einschließt, wenn sie unten 1,5 m von der Wand entfernt steht.

c) Berechne, in welcher Höhe die Leiter an der Wand lehnt.

3 Eine Treppe wird so gebaut, dass die Stufen 22 cm hoch und 31 cm tief sind. Wie groß ist der Neigungswinkel α des Treppengeländers? Skizziere zunächst.

Erinnere dich:
5 % = $\frac{5}{100}$ bedeutet
5 Höhenmeter auf 100 m „in der Ebene".

4 In den Alpen haben viele Passstraßen starke Steigungen, angegeben ist im Folgenden jeweils die maximale Steigung. Berechne den Steigungswinkel eines Straßenabschnitts mit der angegebenen Steigung und zeichne ein zugehöriges Steigungsdreieck.

a) 8 % (Fernpass) **b)** 12 % (Achenpass)

5 Die steilste Straße der Welt (die Baldwin Street in Neuseeland) hat einen Steigungswinkel von 19,3°. Berechne die Steigung in Prozent.

6 Von einem 65 m hohen Leuchtturm erblickt man ein Motorboot unter einem Tiefenwinkel von $\alpha = 4°$.
Berechne die Entfernung des Motorboots vom Leuchtturm.

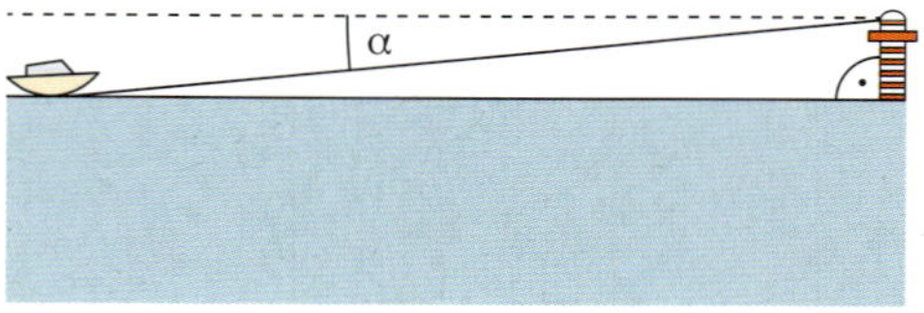

7 Zur Messung der Breite eines Flusses zieht man eine Standlinie von A nach B so, dass bei B durch Peilung ein rechter Winkel entsteht. Berechne die Flussbreite für die angegebenen Maße.

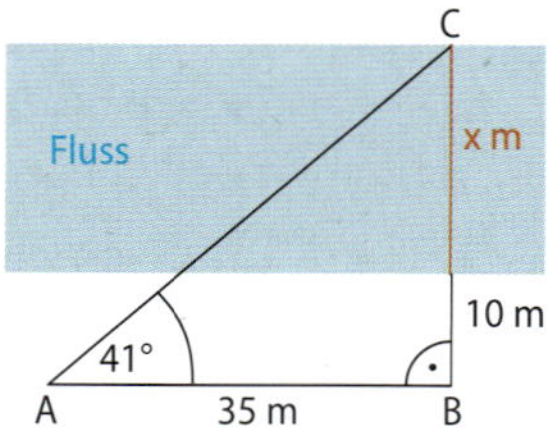

8 Der schiefe Turm von Pisa ist 55,8 m hoch und um 4° geneigt.
Berechne, um wie viel Meter der Turm über seine Standfläche hinausragt.

9 Auf einem horizontalen Stück der Erdoberfläche seien die Bäume jeweils in einem Abstand von 5 m gepflanzt. In welcher Entfernung muss man dann die Bäume auf dem Abhang pflanzen, der um 20° gegenüber der Horizontalen geneigt ist, wenn diese Bäume auch den gleichen Abstand von 5 m haben sollen?

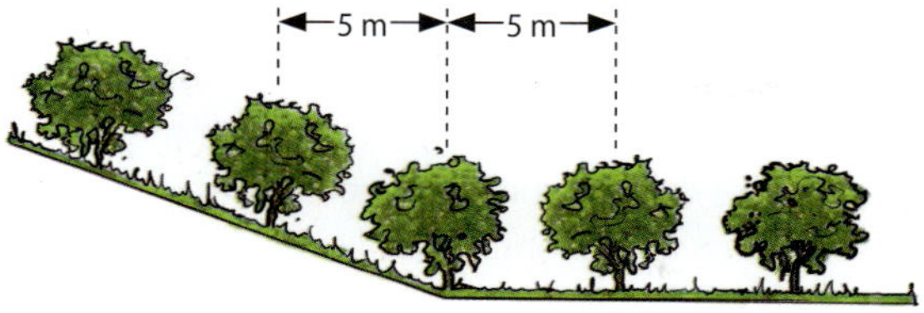

10 Eine Seilbahn hat zwei unterschiedlich steile Abschnitte.

a) Berechne die Steigungswinkel α und β.

b) Bestimme den gesamten Höhenunterschied von der Tal- zur Bergstation.

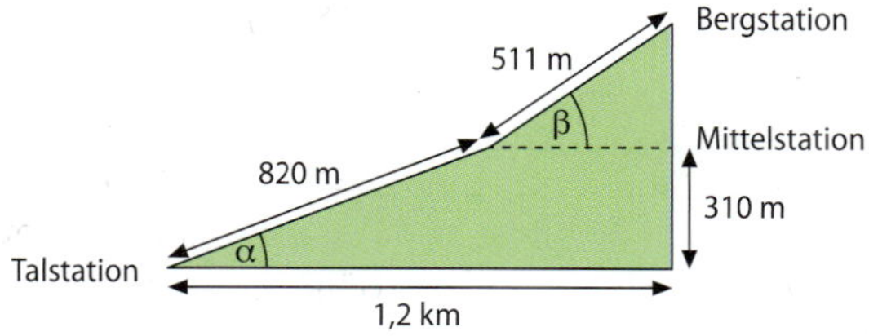

11 Ein 26 m hoher Aussichtsturm ist 8,5 m von einem Kanal entfernt. Von der Plattform aus erscheinen die Kanalufer unter einem Winkel von $\alpha = 30{,}5°$. Wie breit ist der Kanal?

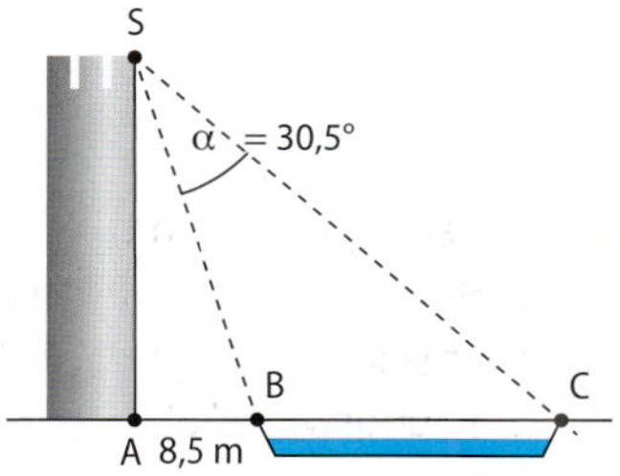

12 Von einem Punkt A aus sieht ein Mann die Kirchturmspitze unter einem Höhenwinkel von 42° und von einem Punkt B aus unter einem Höhenwinkel von 64°. Beide Punkte sind 100 m voneinander entfernt. Die Augenhöhe des Mannes beträgt 1,70 m. Berechne die Höhe des Kirchturmes.

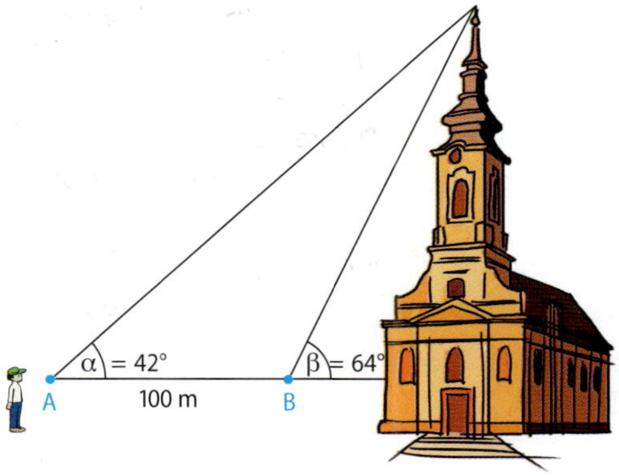

13 Ein Turm der Höhe $h = 25$ m steht auf einem Hang, der unter einem Winkel von $\beta = 28°$ gegen die Horizontale geneigt ist. Die Schattenlänge $\overline{AB}$ des Turmes beträgt beim momentanen Sonnenstand 45 m. Berechne den Höhenwinkel α, unter dem die Sonne scheint.

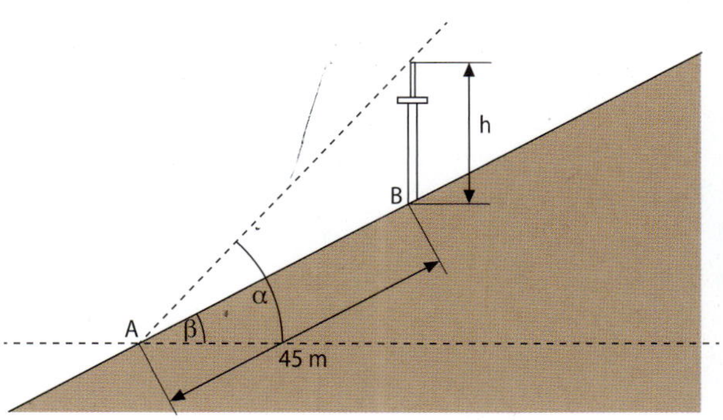

Entdecken

Das Bild zeigt ein altes Problem in der Landvermessung von unzugänglichen Stellen (hier Flussbreite $\overline{AB}$): In einem zugänglichen Bereich wird eine Strecke abgesteckt und deren Länge vermessen (hier Strecke $\overline{BC}$). Anschließend peilt man von den Endpunkten der Strecke den nicht zugänglichen Punkt an und bestimmt die entstandenen Winkel (in der Zeichnung β und γ).

- Begründe, weshalb man die gesuchte Länge nicht direkt mittels Sinus, Kosinus oder Tangens bestimmen kann.
- Übertrage das Dreieck ABC im Maßstab 1 : 1000 in dein Heft und zeichne die Höhe h_c und den Höhenfußpunkt H des Dreiecks ein.
- Beschreibe ein Vorgehen, wie du mithilfe der Teildreiecke AHC und BCH die Streckenlänge $\overline{AB}$ bestimmen kannst.

Verstehen

Auch für beliebige Dreiecke lassen sich Zusammenhänge zwischen den Winkeln und Seitenlängen herleiten.

Zerlegt man ein beliebiges Dreieck entlang einer Höhe in zwei Teildreiecke, so kann man die bekannten Zusammenhänge erkennen:

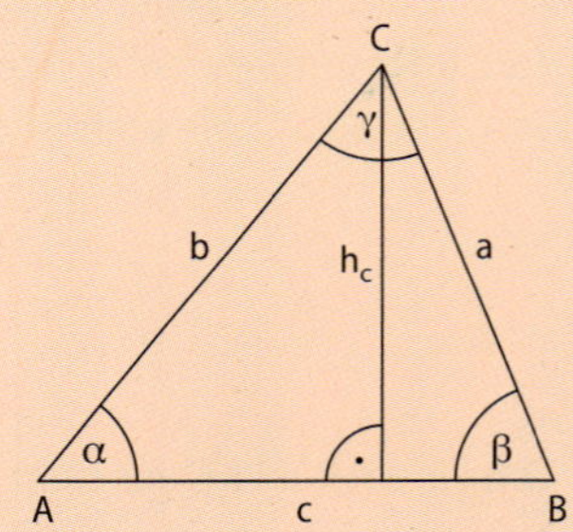

1 $\sin\alpha = \frac{h_c}{b} \quad \Rightarrow \quad h_c = b \cdot \sin\alpha$

2 $\sin\beta = \frac{h_c}{a} \quad \Rightarrow \quad h_c = a \cdot \sin\beta$

Gleichsetzen der Terme liefert:

$a \cdot \sin\beta = b \cdot \sin\alpha$ bzw. $\frac{a}{\sin\alpha} = \frac{b}{\sin\beta}$

Diesen Zusammenhang nennt man **Sinussatz**: $\mathbf{\frac{a}{\sin\alpha} = \frac{b}{\sin\beta} = \frac{c}{\sin\gamma}}$

Beispiel

Beachte: Der Sinussatz ist nur dann anwendbar, wenn das Dreieck aus den gegebenen Stücken eindeutig anhand der Kongruenzsätze konstruierbar ist.

Berechne die gesuchten Angaben im Dreieck ABC.

a)

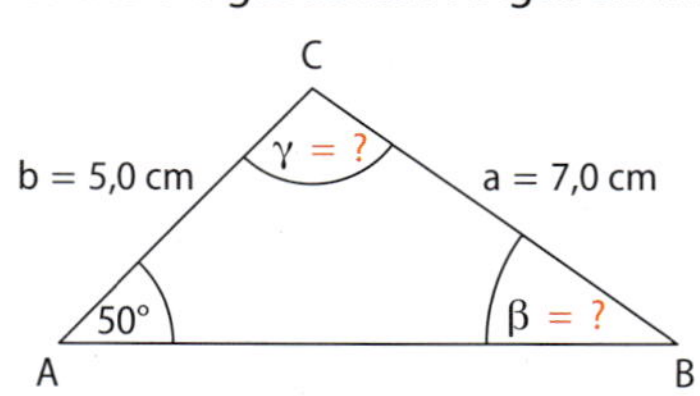

b)

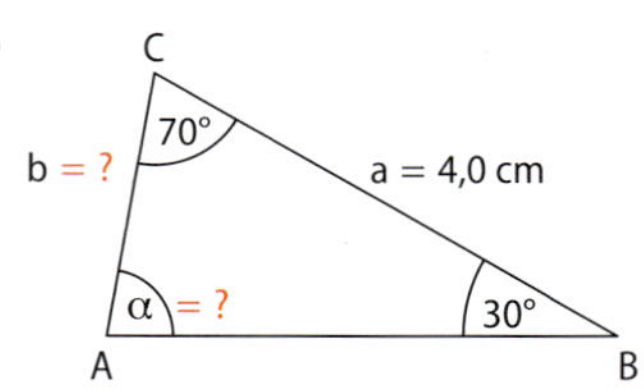

Lösungsmöglichkeit:

a) Dreieck ABC konstruierbar nach SsW.

1 $\frac{\sin\beta}{b} = \frac{\sin\alpha}{a} \Rightarrow \frac{\sin\beta}{5{,}0\text{ cm}} = \frac{\sin 50°}{7{,}0\text{ cm}}$

$\sin\beta = 5{,}0\text{ cm} \cdot \frac{\sin 50°}{7\text{ cm}}$

$\Rightarrow \beta \approx 33{,}2°$

2 $\gamma = 180° - 50° - 33{,}2° = 96{,}8°$

b) Dreieck ABC konstruierbar nach wsw.

1 $\alpha = 180° - 70° - 30° = 80°$

2 $\frac{b}{\sin\beta} = \frac{a}{\sin\alpha}$

$\Rightarrow \frac{b}{\sin 30°} = \frac{4{,}0\text{ cm}}{\sin 80°}$

$b = \sin 30° \cdot \frac{4{,}0\text{ cm}}{\sin 80°} \approx 2{,}0\text{ cm}$

- Begründe, dass der Sinussatz auch für rechtwinklige Dreiecke gilt.
- Überprüfe: „Wenn man von einem Dreieck alle Seitenlängen kennt, kann man mithilfe des Sinussatzes die Maße der Innenwinkel bestimmen."

Nachgefragt

Aufgaben

oHiMi
3–4

1 Berechne die fehlenden Seitenlängen des Dreiecks. Beschreibe dein Vorgehen.

a)

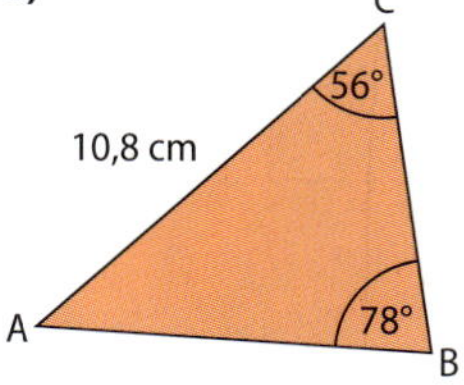

b)

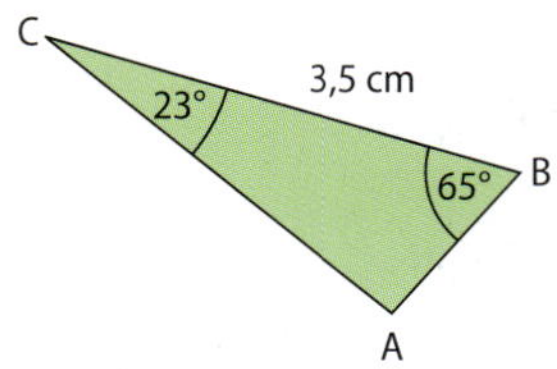

c)

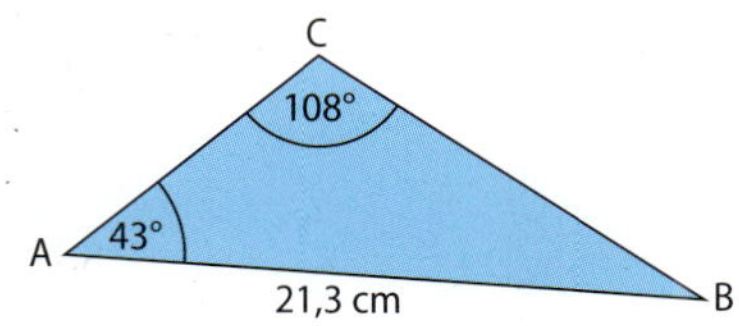

2 Berechne die fehlenden Winkel des Dreiecks.

a)

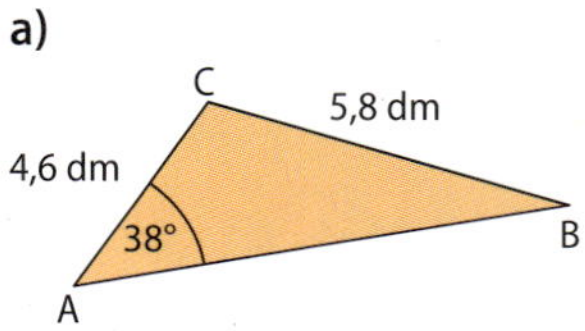

b)

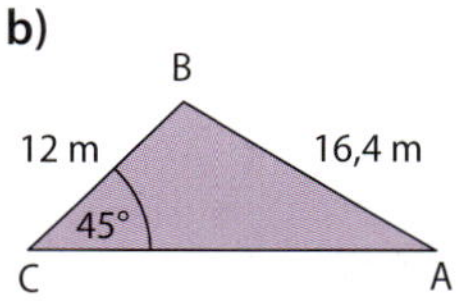

c)

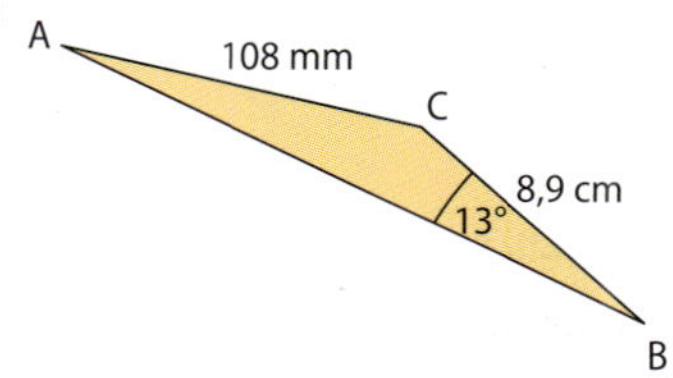

3 Zeige anhand der Höhe h_b, dass in einem beliebigen Dreieck ABC gilt: $\frac{a}{\sin\alpha} = \frac{c}{\sin\gamma}$.

4 Konstruiere das Dreieck ABC und berechne die fehlenden Seitenlängen und Innenwinkel.

a) $b = 6{,}2$ cm; $c = 5{,}5$ cm; $\beta = 42{,}4°$
b) $a = 35{,}7$ cm; $\alpha = 44{,}6°$; $\gamma = 105{,}8°$
c) $a = 22$ cm; $c = 18$ cm; $\alpha = 73{,}5°$
d) $a = 6$ cm; $\alpha = 80°$; $\beta = \gamma$

Überlege dir bei b) und c) einen geeigneten Maßstab.

5 Berechne für ein Dreieck ABC die fehlenden Tabellenwerte.

	a)	b)	c)	d)	e)	f)
a	12 cm		45,3 mm	5,1 m		385 mm
b		3,6 dm		3,6 m	4,2 cm	
c	5,8 cm					721 mm
α	82,1°		76°	50,5°		
β		47°			125°	
γ	28,6°	68,2°	12°		18,7°	26,5°

6 Marc hat eine Angabe in einem Dreieck falsch berechnet:
$a = 5{,}8$ cm; $b = 6{,}9$ cm; $c = 6{,}2$ cm; $\alpha = 50{,}5°$; $\beta = 66{,}5°$; $\gamma = 63{,}0°$
Korrigiere einen Wert so, dass die Angaben ein konstruierbares Dreieck ergeben.

7 Im Dreieck ABC ist $a = 6{,}0$ cm, $c = 8{,}0$ cm und $\alpha = 39°$.

a) Begründe, warum das Dreieck nicht eindeutig konstruierbar ist.
b) Bestimme die fehlenden Seitenlängen und Innenwinkel.

Entdecken

Wie bei der Herleitung des Sinussatzes lassen sich auch Zusammenhänge zwischen den Kosinuswerten der Winkel und den Seitenlängen in einem beliebigen Dreieck ABC finden.

- Begründe, dass der Sinussatz nicht anwendbar ist, wenn ein Dreieck nach den Kongruenzsätzen sss und sws festgelegt ist.
- Erläutere die folgende Herleitung.

Beachte den trigonometrischen Pythagoras: $\sin^2\alpha + \cos^2\alpha = 1$

$\cos\alpha = \frac{s}{b} \quad \Rightarrow s = b \cdot \cos\alpha \Rightarrow t = c - b \cdot \cos\alpha$

$\sin\alpha = \frac{h_c}{b} \quad \Rightarrow h_c = b \cdot \sin\alpha$

Nach Pythagoras gilt im Dreieck CDB: $a^2 = h_c^2 + t^2$

$a^2 = (b \cdot \sin\alpha)^2 + (c - b \cdot \cos\alpha)^2$

$\quad = b^2 \cdot (\sin\alpha)^2 + c^2 - 2bc \cdot \cos\alpha + b^2 \cdot (\cos\alpha)^2$

$\quad = b^2 \cdot \left((\sin\alpha)^2 + (\cos\alpha)^2\right) + c^2 - 2bc \cdot \cos\alpha$

$\mathbf{a^2 = b^2 + c^2 - 2bc \cdot \cos\alpha}$

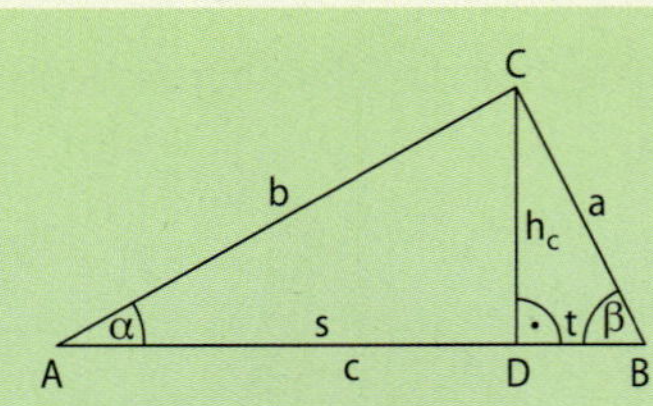

- Zeige ebenso die folgenden Zusammenhänge:

1 $b^2 = a^2 + c^2 - 2ac \cdot \cos\beta$ **2** $c^2 = a^2 + b^2 - 2ab \cdot \cos\gamma$

Verstehen

Für beliebige Dreiecke gelten auch folgende Zusammenhänge.

Wenn bei einem Dreieck ABC zwei Seitenlängen und der eingeschlossene Winkel gegeben sind, dann lässt sich die dritte Seitenlänge mithilfe des **Kosinussatzes** berechnen:

$a^2 = b^2 + c^2 - 2bc \cdot \cos\alpha$

$b^2 = a^2 + c^2 - 2ac \cdot \cos\beta$

$c^2 = a^2 + b^2 - 2ab \cdot \cos\gamma$

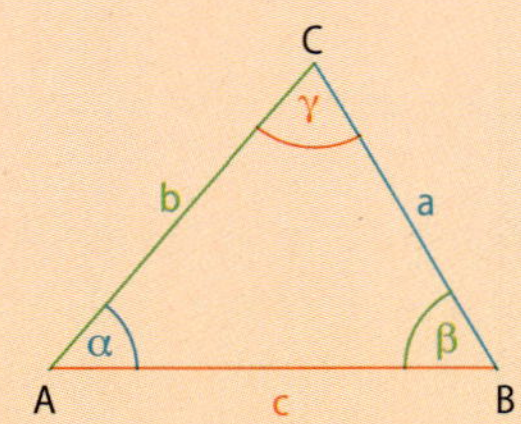

Für den Fall, dass drei Seitenlängen und kein Innenwinkel gegeben sind, kann man einen Winkel durch Umstellen der Gleichungen berechnen.

Beispiele

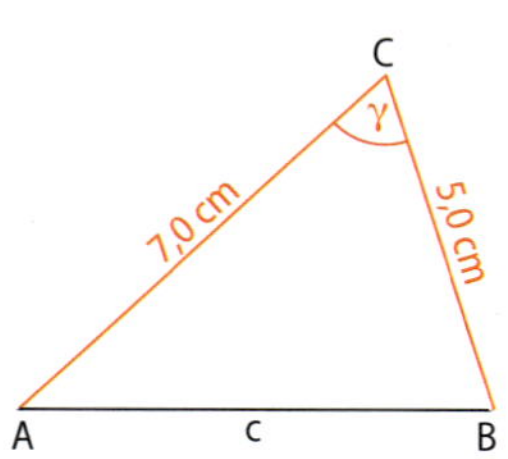

1. Gegeben ist das Dreieck ABC mit $a = 5{,}0$ cm, $b = 7{,}0$ cm und $\gamma = 65°$. Bestimme c.

Lösung:

Dreieck ABC ist konstruierbar nach SWS. Nach dem Kosinussatz gilt:

$c^2 = a^2 + b^2 - 2ab \cdot \cos\gamma$

$c^2 = (5{,}0\text{ cm})^2 + (7{,}0\text{ cm})^2 - 2 \cdot 5{,}0\text{ cm} \cdot 7{,}0\text{ cm} \cdot \cos 65° \approx 44{,}42\text{ cm}^2$

$\Rightarrow c = \sqrt{44{,}42\text{ cm}^2} \approx 6{,}7\text{ cm}$

2. Stelle die Gleichung $a^2 = b^2 + c^2 - 2bc \cdot \cos\alpha$ nach $\cos\alpha$ um.

Lösung:

$$a^2 = b^2 + c^2 - 2bc \cdot \cos\alpha \quad | - b^2 - c^2$$

$$a^2 - b^2 - c^2 = -2bc \cdot \cos\alpha \quad | : (-2bc)$$

$$\frac{a^2 - b^2 - c^2}{-2bc} = \cos\alpha$$

Nachgefragt

- „Der Satz des Pythagoras ist ein Spezialfall des Kosinussatzes."
  Was meinst du dazu? Begründe.
- Beschreibe das Vorgehen bei den Lösungen in Beispiel 1 mit eigenen Worten.

Aufgaben

oHiMi 3

1 Berechne die fehlende Seitenlänge des Dreiecks ABC. Beschreibe dein Vorgehen.

a)

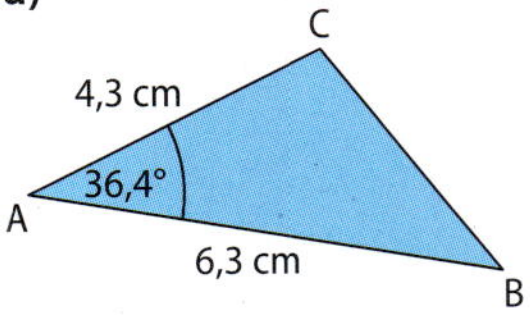

b)

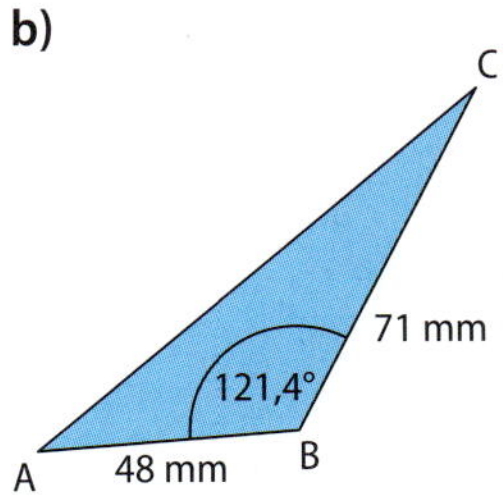

c)

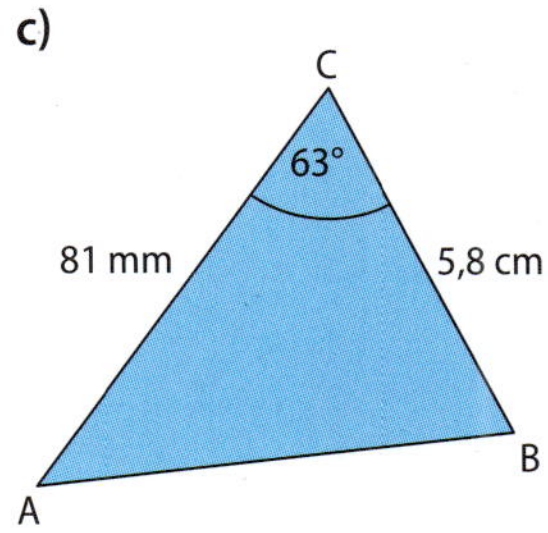

2 Berechne die fehlenden Winkel des Dreiecks ABC.

a)

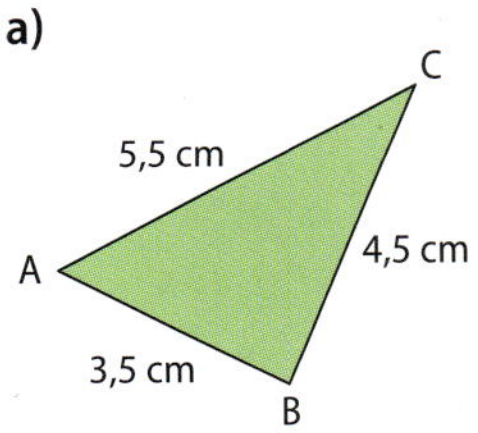

b)

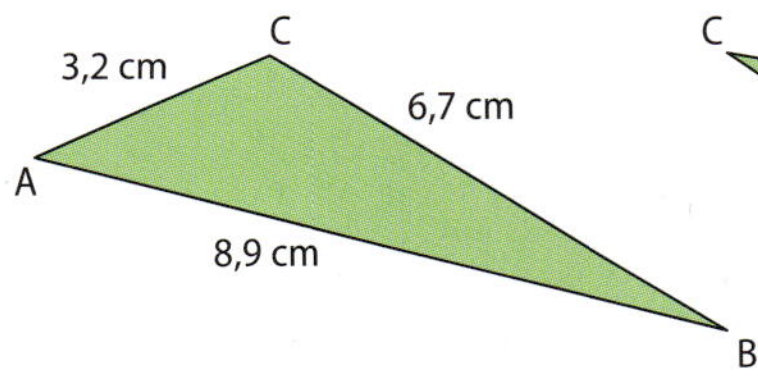

c)

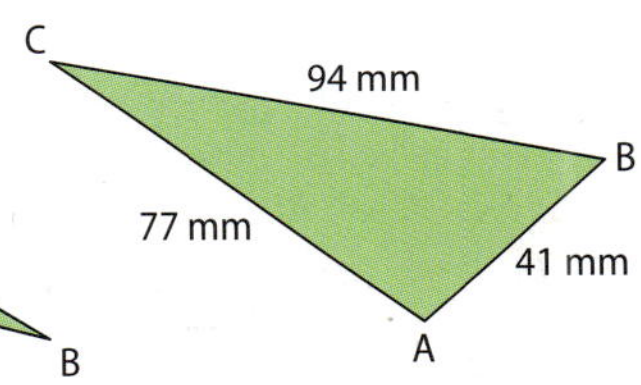

3 Konstruiere das Dreieck ABC und berechne fehlende Seitenlängen und Winkel.

a) $a = 6{,}2$ cm; $b = 5{,}5$ cm; $c = 4{,}8$ cm
b) $b = 3{,}5$ cm; $\alpha = 44{,}6°$; $c = 4{,}5$ cm
c) $b = 8$ cm; $c = 7$ cm; $\alpha = 36{,}4°$
d) $a = 4{,}2$ cm; $c = 5{,}8$ cm; $b = 2a$

4 Berechne die fehlenden Werte für ein Dreieck ABC. Runde auf eine Dezimale.

	a)	b)	c)	d)	e)	f)
a		18,1 cm	87,3 km	812 m		3,3 cm
b	7,4 cm		123,5 km	706 m	2,3 dm	
c	5,6 cm	34,5 cm		582 m		
α	30,1°					36,9°
β		31,2°			19,1°	53,1°
γ			17,1°		151,0°	

5 **a)** Berechne die Längen der Diagonalen im Parallelogramm ABCD.
1 $a = 7{,}0$ cm; $b = 4{,}4$ cm; $\alpha = 25°$ **2** $a = 12{,}3$ cm; $d = 4{,}8$ cm; $\delta = 71°$
b) Berechne die Längen der Diagonalen des Vierecks ABCD.
$a = 5{,}5$ cm; $b = 5{,}1$ cm; $d = 3{,}9$ cm; $\alpha = 78{,}5°$; $\beta = 55{,}8°$

6 Gegeben ist ein Dreieck ABC mit $a = 8$ cm, $b = 5{,}5$ cm und $c = 6{,}2$ cm.
Entscheide und begründe, ob das gegebene Dreieck den Winkel $\beta = 89{,}1°$ hat.

Aufgaben

1 Berechne die fehlenden Seitenlängen und Winkel des beliebigen Dreiecks ABC.

a)

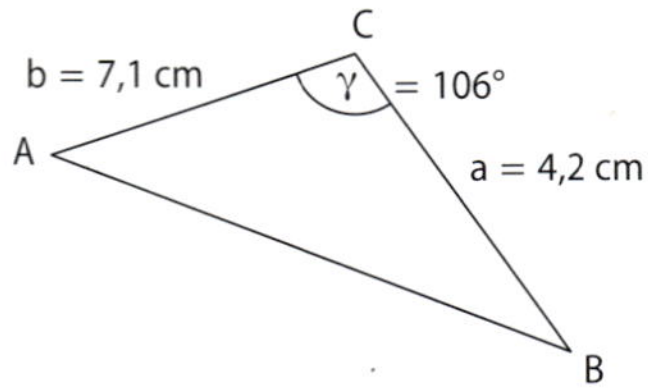

b)

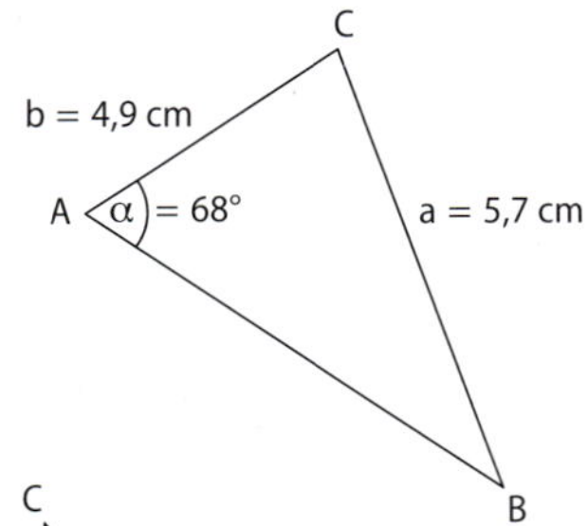

c)

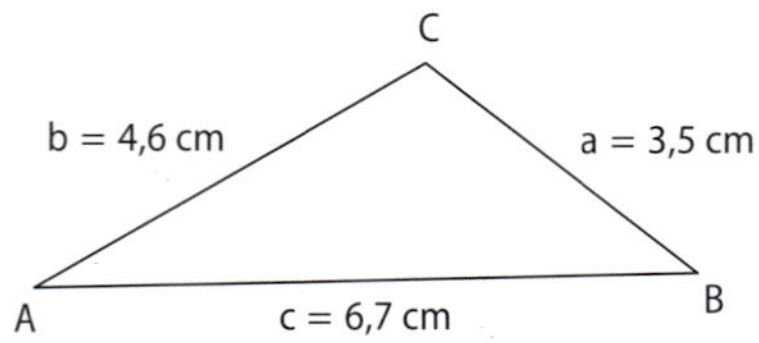

d)

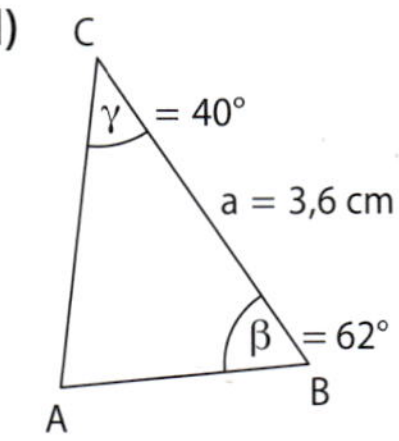

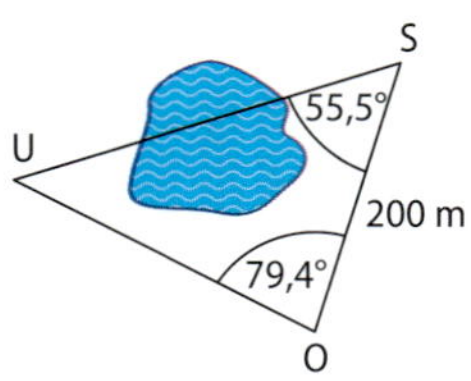

2 Um die Entfernung eines unzugänglichen Punktes U vom Standort S zu bestimmen, werden die angegebenen Größen bestimmt. Berechne die gesuchte Entfernung.

3 Berechne in der abgebildeten Figur die Länge der Strecke x für $c = 6{,}0$ cm, $\alpha = 72°$ und $\beta = 42°$.

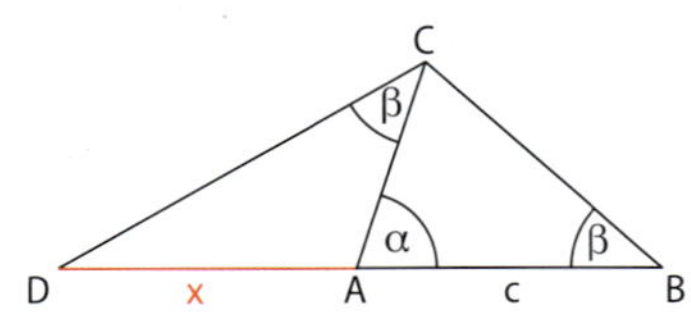

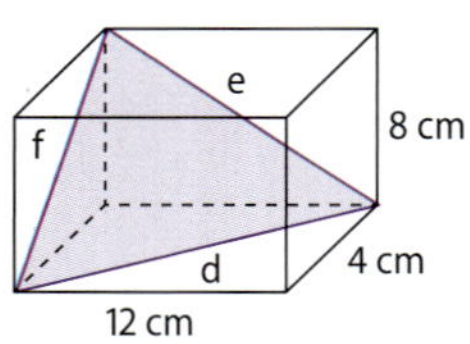

4 Gegeben ist ein Quader mit den Abmessungen $a = 12$ cm, $b = 4$ cm und $c = 8$ cm. Berechne die Winkel zwischen den Flächendiagonalen d, e und f.

5 Die direkte Verbindungsstraße von einer Autobahnabfahrt (A) zu einem Gewerbegebiet (G) soll das Stadtzentrum (S) vom Lkw-Verkehr entlasten.

a) Berechne die Länge der Verbindungsstraße $\overline{AG}$.

b) Konstruiere das Dreieck SAG in einem geeigneten Maßstab und gib diesen an.

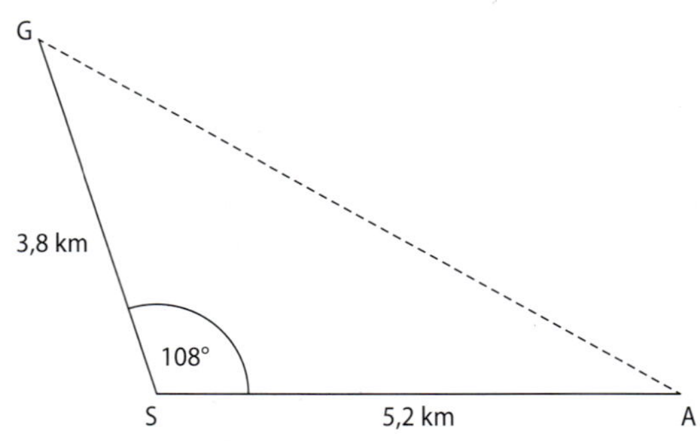

6 Um die Breite eines Flusses zu bestimmen, steckt man am Ufer eine Strecke $\overline{AB}$ ab und misst die Länge dieser Strecke sowie die Winkel α und β.
Berechne die Breite des Flusses.

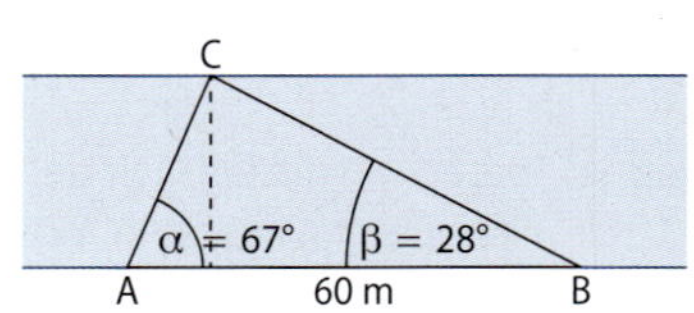

7 In einem Dreieck ist eine Seite 4,6 cm und eine andere 4,1 cm lang. Der von ihnen eingeschlossene Winkel beträgt 75°.
Berechne die Länge der dritten Seite und die Größe der beiden anderen Innenwinkel.

8 Um die Länge einer unzugänglichen Strecke $\overline{CD}$ zu bestimmen, peilt man von A und B jeweils die Punkte C und D an und misst die Länge der Strecke $\overline{AB}$ sowie die Winkel α_1, α_2, β_1 und β_2.
Berechne die Länge der Strecke $\overline{CD}$.

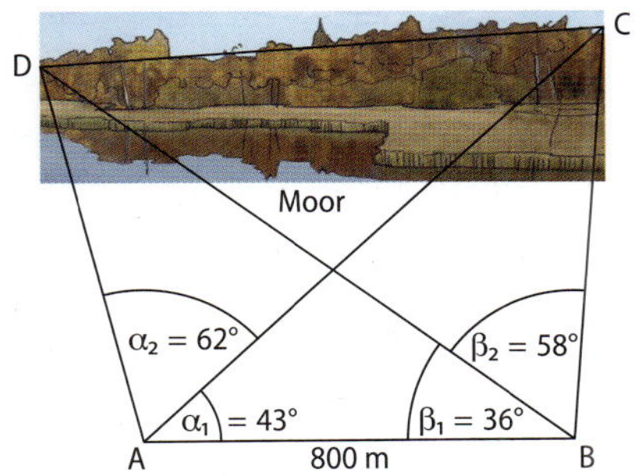

9 Ein Schiff peilt auf seinem Kurs zweimal einen Leuchtturm an.

a) Berechne, wie weit das Schiff jeweils vom Leuchtturm entfernt ist.

b) Bestimme die kürzeste Entfernung des Schiffes zum Leuchtturm auf seiner Fahrt.

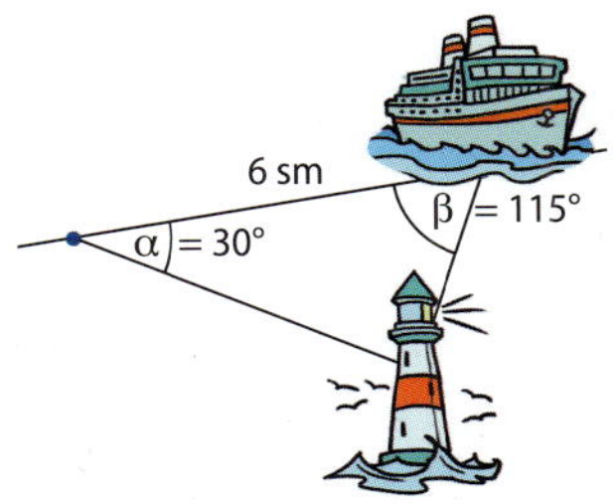

sm: Seemeile
(1 sm = 1,852 km)

10 Ein Deichquerschnitt hat die Form eines Trapezes. Die Breite der Deichsohle $a = 48{,}4$ m, die Böschungswinkel $\alpha = 18°$ und $\beta = 22°$ und die Länge der einen Böschung $d = 25{,}9$ m sind gegeben. Berechne die Breite der Deichkrone.

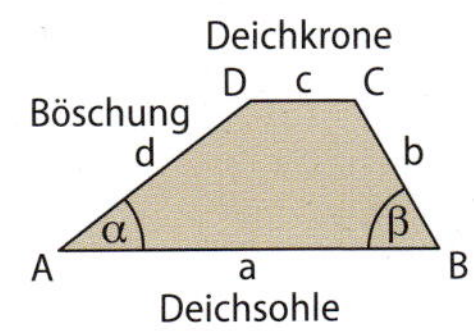

11 Ein Schiff wird mit der Geschwindigkeit $6\,\frac{m}{s}$ nach Norden gesteuert. Eine Strömung mit der Geschwindigkeit $1\,\frac{m}{s}$ in Richtung NO drängt das Schiff vom Steuerkurs ab. Bestimme die resultierende Geschwindigkeit V_R des Schiffes.

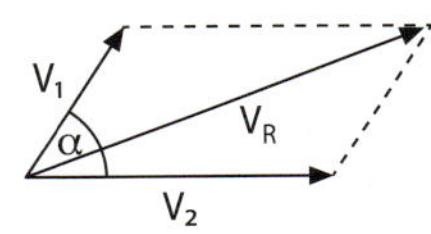

12 Die Höhe h einer Arbeitsbühne kann durch zwei Gelenke A und B variiert werden. Dabei gilt $\overline{AB} = \overline{BC} = 4{,}00$ m, $\alpha \leq 87{,}5°$ sowie $\beta \leq 135°$. A ist dabei 2,60 m über dem Boden.
Bestimme für $\alpha = 85°$ und $\beta = 115°$ die Höhe h des Punktes C.

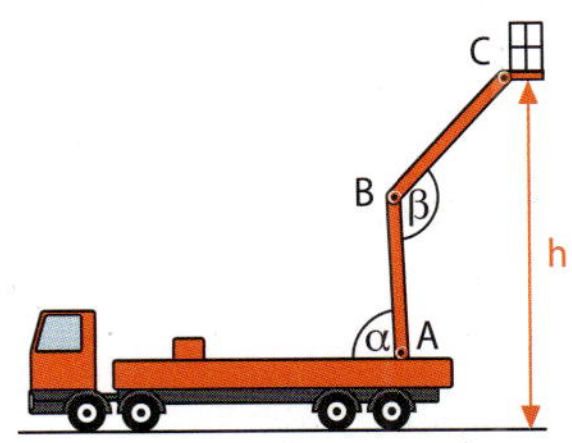

Wissen

Umkreis eines Dreiecks

Mithilfe des Sinussatzes lässt sich eine Beziehung zwischen einer Seite eines beliebigen Dreiecks, ihrem Gegenwinkel und dem Umkreisradius r_u finden.

- Überprüfe mit einem dynamischen Geometrieprogramm, dass γ halb so groß ist wie der eingezeichnete Mittelpunktswinkel bei M.
- Zeige folgende Zusammenhänge:

  1 $\sin\gamma = \frac{c}{2 \cdot r_u}$ **2** $\frac{a}{\sin\alpha} = \frac{b}{\sin\beta} = \frac{c}{\sin\gamma} = 2 \cdot r_u$

- Berechne die Maße der nicht gegebenen Stücke des Dreiecks ABC.

  a) $b = 5{,}7$ m; $c = 8{,}2$ m; $r_u = 4{,}5$ m **b)** $a = 4{,}2$ m; $c = 3{,}8$ m; $r_u = 2{,}9$ m
  c) $\alpha = 78°$; $\gamma = 54°$; $r_u = 5{,}2$ m

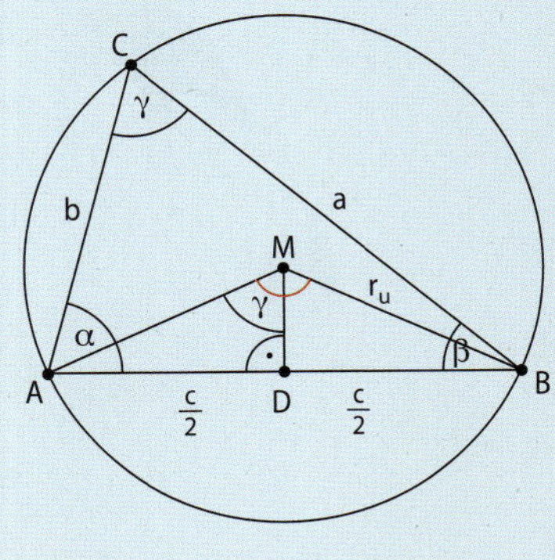

Entdecken

Im Internet kann man Sonnensegel bestellen, die man im Garten als Schattenspender aufspannen kann. Ein Händler bietet dabei ein Segel in Form eines gleichseitigen Dreiecks mit einer Seitenlänge von 4,5 m an.

- Skizziere das Dreieck und zerlege es in zwei rechtwinklige Dreiecke.
- Berechne den Flächeninhalt des Dreiecks auf zwei verschiedene Arten, indem du …

1 den Sinussatz verwendest. **2** den Satz des Pythagoras nutzt.

Verstehen

Der Flächeninhalt eines beliebigen Dreiecks lässt sich auch unter Nutzung trigonometrischer Beziehungen mit den folgenden Formeln berechnen.

Jedes Dreieck kann man entlang einer Höhe in **zwei rechtwinklige Teildreiecke** zerlegen.
Im nebenstehenden Dreieck gilt insbesondere:

$A_{Dreieck} = \frac{1}{2} \cdot c \cdot h_c$

Im Dreieck ADC gilt: $\sin\alpha = \frac{h_c}{b} \quad \Rightarrow \quad h_c = b \cdot \sin\alpha$

Eingesetzt ergibt sich: $A_{Dreieck} = \frac{1}{2} \cdot c \cdot b \cdot \sin\alpha$

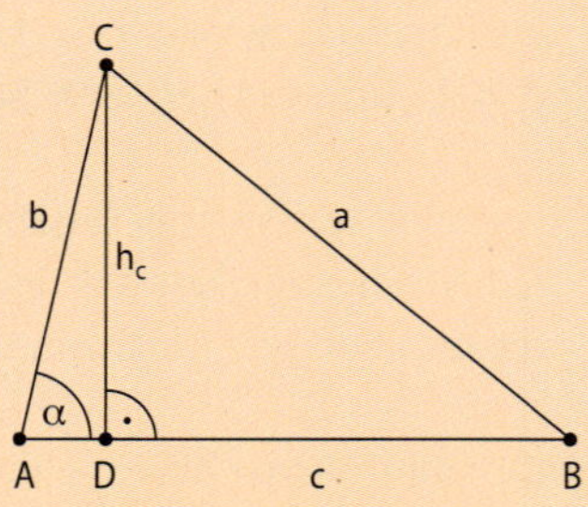

Allgemein gilt für den **Flächeninhalt eines Dreiecks ABC**:

$A = \frac{1}{2} \cdot b \cdot c \cdot \sin\alpha = \frac{1}{2} \cdot a \cdot c \cdot \sin\beta = \frac{1}{2} \cdot a \cdot b \cdot \sin\gamma$

Beispiele

1. Berechne den Flächeninhalt des Dreiecks ABC.

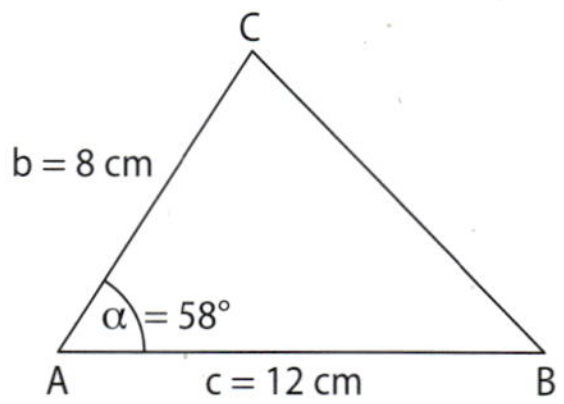

Lösung:

$A = \frac{1}{2} \cdot b \cdot c \cdot \sin\alpha$

$A = \frac{1}{2} \cdot 8\,cm \cdot 12\,cm \cdot \sin 58° \approx 40{,}7\,cm^2$

2. Berechne den Flächeninhalt des Dreiecks ABC mit $a = 8{,}4$ cm, $b = 12{,}3$ cm und $c = 6{,}5$ cm.

Lösung:

$$a^2 = b^2 + c^2 - 2 \cdot b \cdot c \cdot \cos\alpha$$

$$(8{,}4\,cm)^2 = (12{,}3\,cm)^2 + (6{,}5\,cm)^2 - 2 \cdot 12{,}3\,cm \cdot 6{,}5\,cm \cdot \cos\alpha$$

$$\cos\alpha = \frac{(8{,}4\,cm)^2 - (12{,}3\,cm)^2 - (6{,}5\,cm)^2}{-2 \cdot 12{,}3\,cm \cdot 6{,}5\,cm} \approx 0{,}77$$

$$\Rightarrow \alpha = 39{,}6°$$

$$A = \frac{1}{2} \cdot 12{,}3\,cm \cdot 6{,}5\,cm \cdot \sin 39{,}6° \approx 25{,}5\,cm^2$$

- Beschreibe die Flächeninhaltsformeln für Dreiecke mit eigenen Worten.
- Erkläre, wie man aus der Flächeninhaltsformel für beliebige Dreiecke den Spezialfall für rechtwinklige Dreiecke erhält: $A = \frac{1}{2} \cdot g \cdot h$.

Nachgefragt

Aufgaben

Lösungen zu 1:
4,6; 5,0; 9,0; 9,9; 13,1; 15,5; 16,0; 18,7; 27,3; 27,8; 37,5; 75,1; 112,2; 112,7; 132,5; 662,7
Die Einheiten sind nicht angegeben.

oHiMi
4–5

1 Berechne den Flächeninhalt des Dreiecks ABC. Bestimme fehlende Größen.

a) $a = 2{,}5\ cm$; $b = 6{,}9\ cm$; $\gamma = 32°$

b) $a = 55\ mm$; $c = 29\ mm$; $\beta = 123{,}8°$

c) $a = 6{,}3\ cm$; $c = 4{,}5\ cm$; $\alpha = 40°$

d) $a = 5\ cm$; $b = 6{,}9\ cm$; $\beta = 40°$

2 In einem allgemeinen Dreieck sind die Seite $c = 6{,}0\ cm$, der Winkel $\beta = 48{,}6°$ und der Flächeninhalt $A = 12\ cm^2$ gegeben. Berechne die Seiten a und b.

3 Berechne den Flächeninhalt des gleichschenkligen Dreiecks ABC.
a) $b = c$; $a = 5{,}2\ cm$; $\alpha = 62°$ **b)** $a = b = 3{,}4\ cm$; $\alpha = 44°$

4

Den Flächeninhalt eines gleichschenkligen Dreiecks mit gegebener Basis- und Schenkellänge kann ich auch mithilfe von Pythagoras berechnen.

Was meinst du zu Linas Behauptung? Begründe.

5 Leite die folgenden Flächeninhaltsformeln her.
a) $A = \frac{1}{2} \cdot a \cdot c \cdot \sin\beta$ **b)** $A = \frac{1}{2} \cdot a \cdot b \cdot \sin\gamma$

Hinweis:

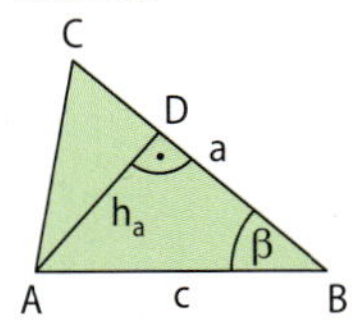

6 Berechne den Flächeninhalt der Figuren. Finde bei b) und c) mehrere Möglichkeiten.

a)

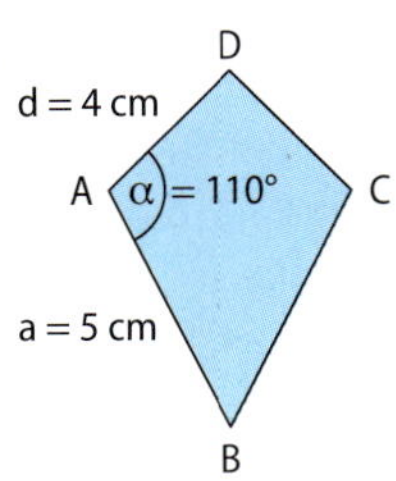

b)

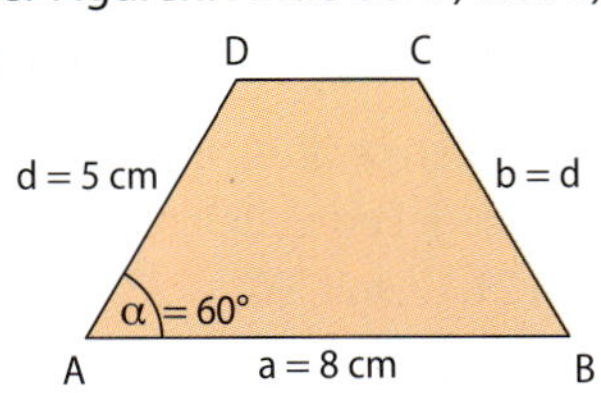

c)

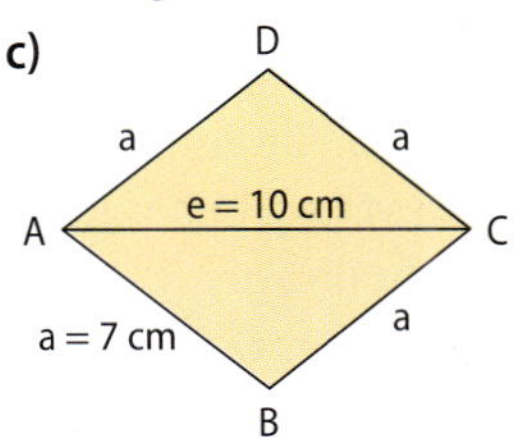

7 Die Abbildung zeigt die Skizze einer Waldfläche ABCD. Diese soll neu aufgeforstet werden.
Berechne die neu aufzuforstende Waldfläche in Hektar.

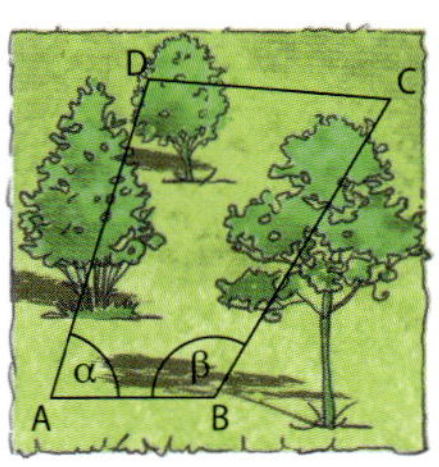

$\overline{AB} = 350\ m$
$\overline{AC} = 980\ m$
$\overline{AD} = 710\ m$
$\overline{CD} = 520\ m$
$\alpha = 73°$
$\beta = 120°$

8 Berechne den Flächeninhalt eines regelmäßigen n-Ecks mit dem Umkreisradius $r_u = 8\ cm$ für $n = 4$ ($n = 8$; $n = 10$).

5 Aufgaben zur Differenzierung

zu 5.1

1 Stelle zwischen dem gegebenen Winkel und den betreffenden Seitenlängen trigonometrische Beziehungen auf.

a)

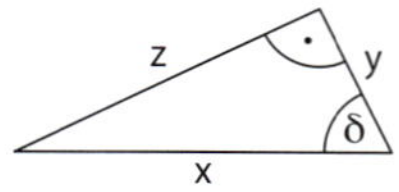

b)

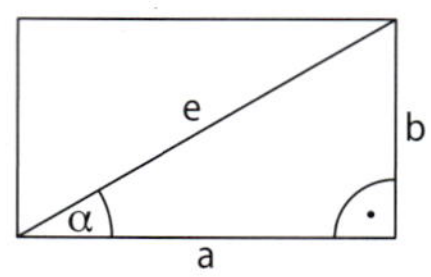

a)

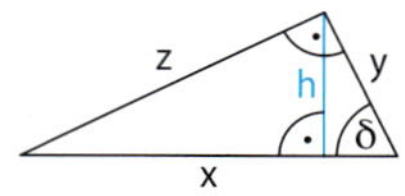

b)

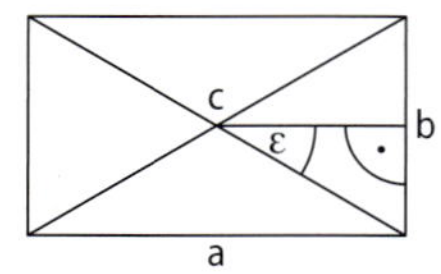

2 Berechne die fehlenden Seitenlängen und Winkel im rechtwinkligen Dreieck.

a)

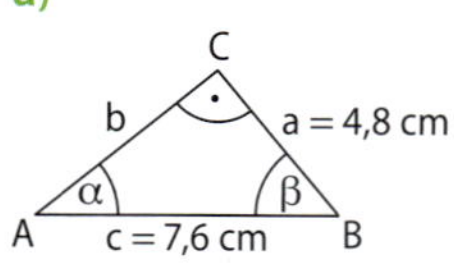

b)

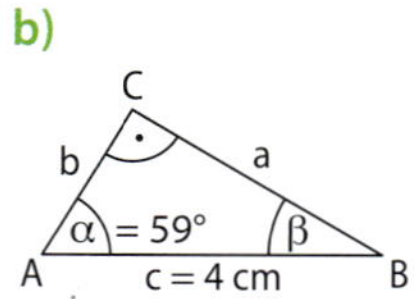

c)

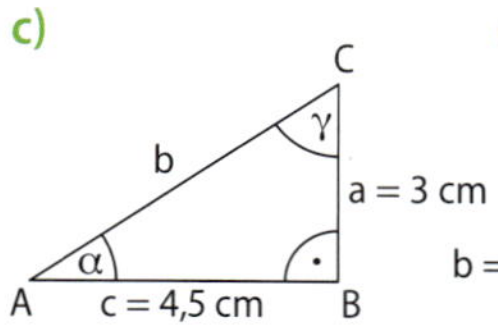

d)

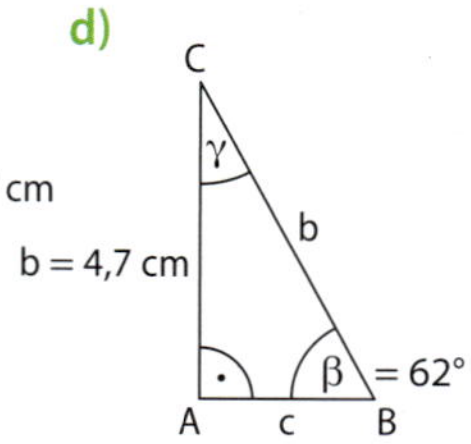

a)

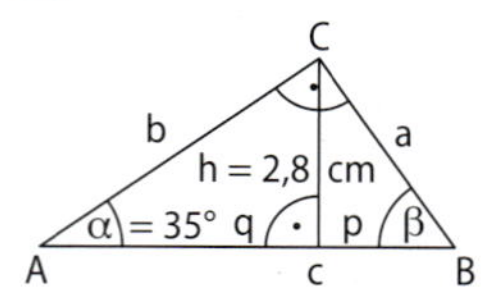

b)

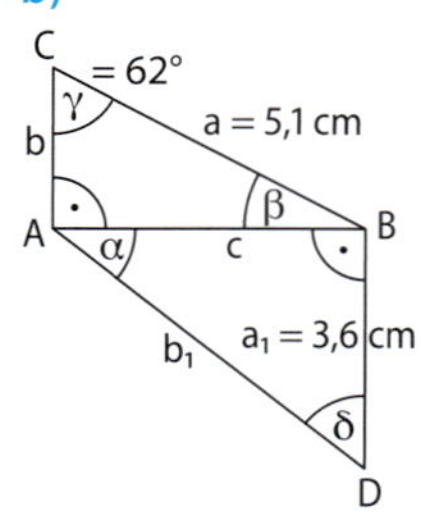

c)

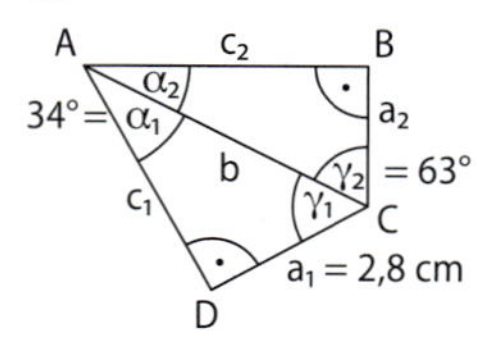

3 Gegeben ist ein gleichschenkliges Dreieck mit den Schenkeln a und b und der Basis c.

Berechne die fehlenden Größen des gleichschenkligen Dreiecks mit $c = 7{,}8\text{ cm}$ und $\alpha = 35°$. Fertige zunächst eine Skizze an. Zeichne dort auch die Höhe h_c ein.

Das gleichschenklige Dreieck hat den Winkel $\gamma = 116°$ und einen Flächeninhalt von 40 cm^2.
Berechne die Länge der Basis c.

zu 5.2

4 Unter der *Mittagshöhe der Sonne* versteht man den größten Einstrahlwinkel der Sonnenstrahlen an einem Tag. Die Mittagshöhe auf der Nordhalbkugel erreicht ihren größten Wert am 21.6. mit $90° + 23{,}5° - \varphi$ und den kleinsten Wert am 21.12. mit $90° - 23{,}5° - \varphi$. Der Winkel φ ist die geographische Breite des Ortes.

Berechne die größte und die kleinste Schattenlänge, die ein 1,80 m großer Mann mittags in Berlin ($\varphi = 52{,}5°$ N) wirft.

Ermittle, ob ein 1,80 m großer Mann in Berlin ($\varphi = 52{,}5°$ N) einen Schatten werfen kann, der halb so lang (doppelt so lang) ist wie er.

5 Beim Aufschütten von Getreide entsteht ein Schüttkegel. Der Böschungswinkel für Getreide ist 30°.

Der Durchmesser des Schüttkegels aus Getreide beträgt 10 m. Berechne die Höhe des Schüttkegels.

Berechne die Fläche, die eine Plane mindestens haben muss, um einen 3 m hohen Schüttkegel aus Getreide abzudecken.

6 Bestimme die Höhe des Gebäudes. Beschreibe dein Vorgehen. zu 5.2

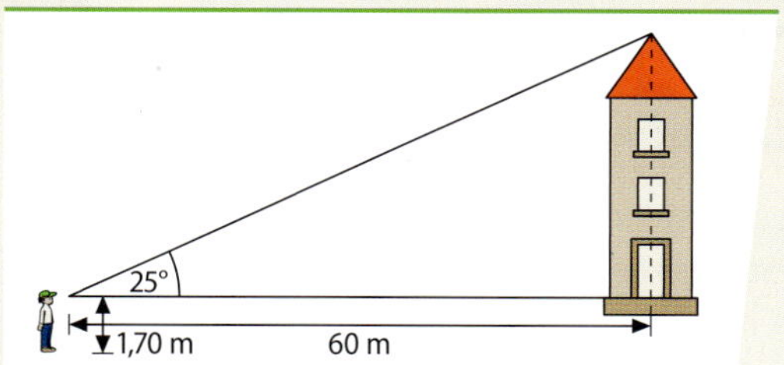

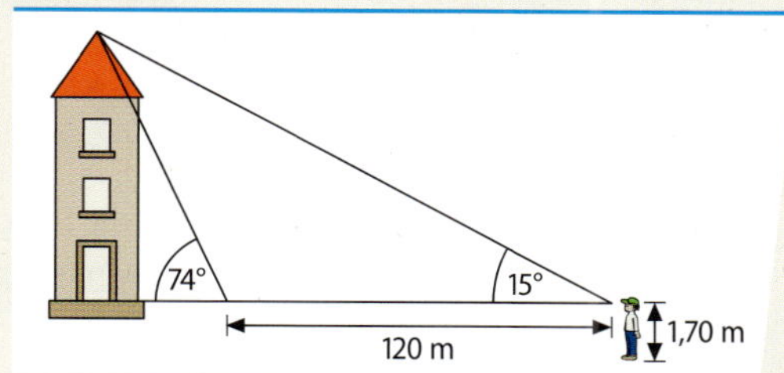

7 Von einer oder zwei zugänglichen Strecken bekannter Länge aus kann man die Entfernungen eines unzugänglichen Punktes oder die Länge einer unzugänglichen Strecke bestimmen. Berechne die gesuchten Längen. zu 5.3 und 5.4

a)

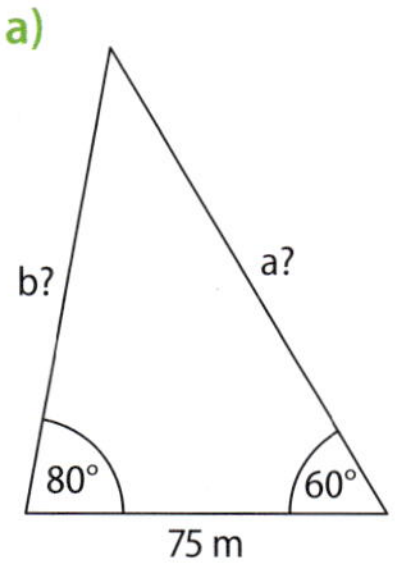

b)

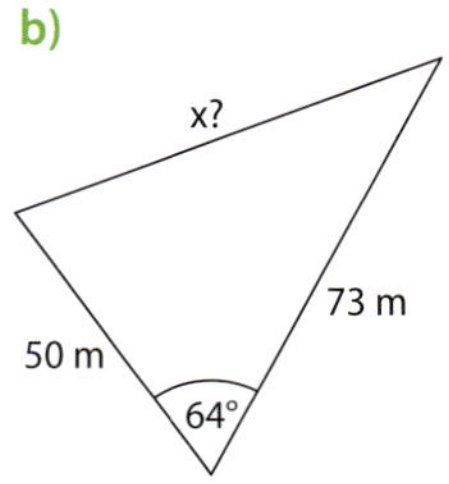

a)

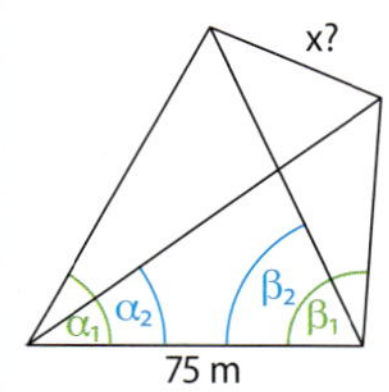

$\alpha_1 = 61°$ $\beta_1 = 94°$
$\alpha_2 = 36°$ $\beta_2 = 65°$

b)

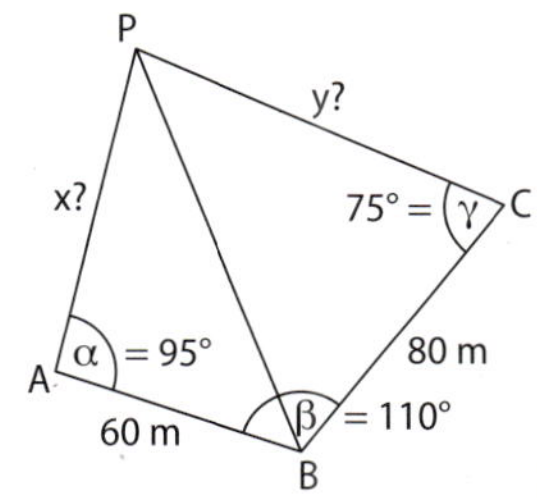

8 Berechne die fehlenden Größen des Parallelogramms.

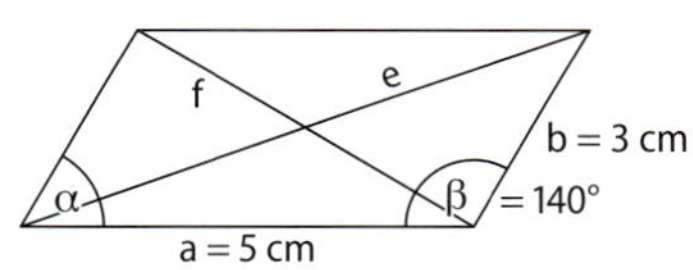

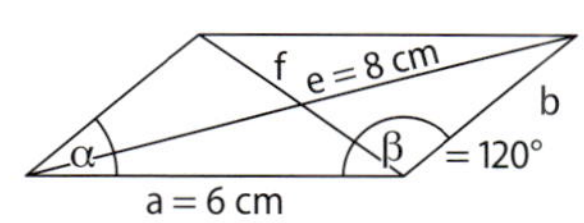

9 Berechne den Flächeninhalt des Dreiecks ABC. zu 5.6

a) $a = 4$ cm; $b = 5$ cm; $\gamma = 69°$
b) $c = 7{,}2$ cm; $\alpha = 54°$; $\beta = 46°$

$A(2|-1)$; $B(5|3)$; $C(-2|4)$
Finde verschiedene Lösungswege.

10 Berechne den Flächeninhalt des Vierecks.

a)

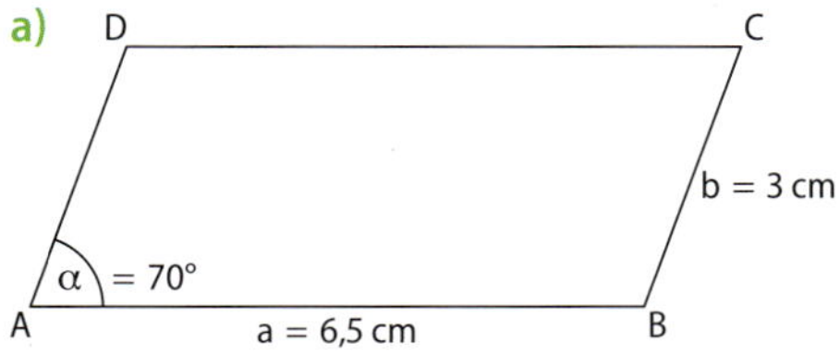

b)

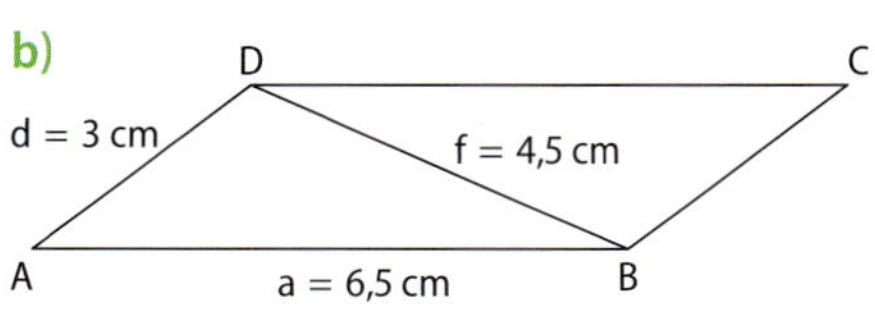

a)

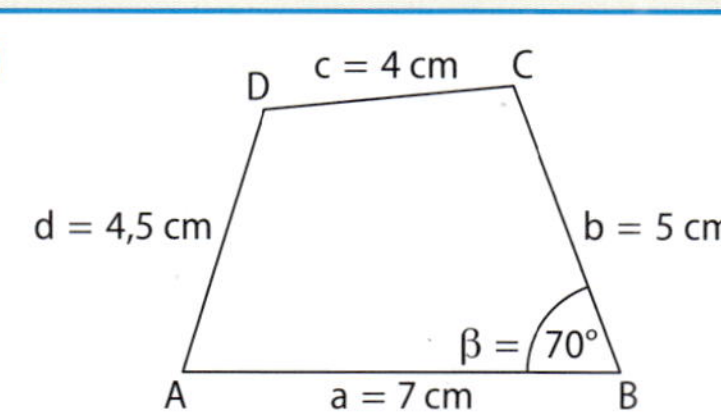

b)

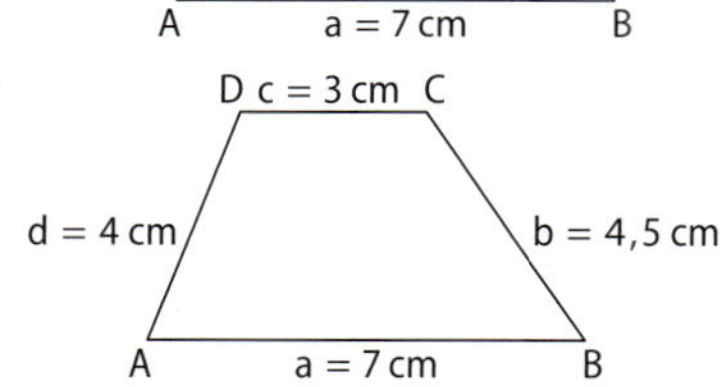

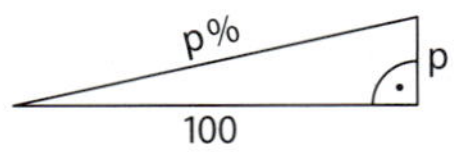

1

Die Verkehrsschilder geben die Steigungen einer Straße in Prozent an.

a) Berechne die Steigungswinkel für die Straßensteigungen 25 % und 50 %. Beschreibe, was dir auffällt.

b) Berechne die Straßensteigung in Prozent für den Steigungswinkel 50° (45°), um die Angabe im rechten Verkehrsschild zu ergänzen.

2 Berechne die fehlenden Winkel im Dreieck.

a)

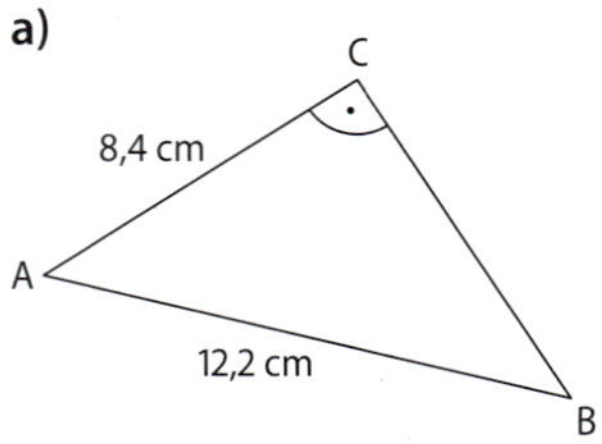

b)

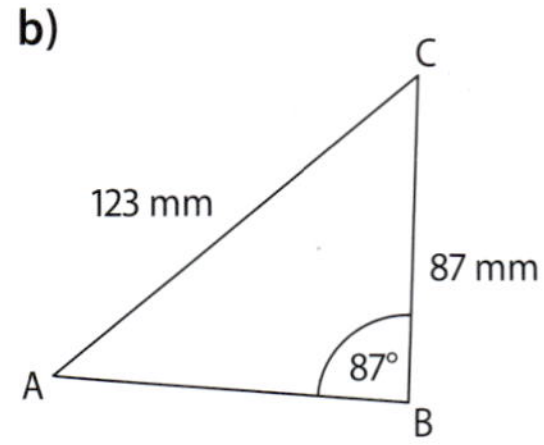

c)

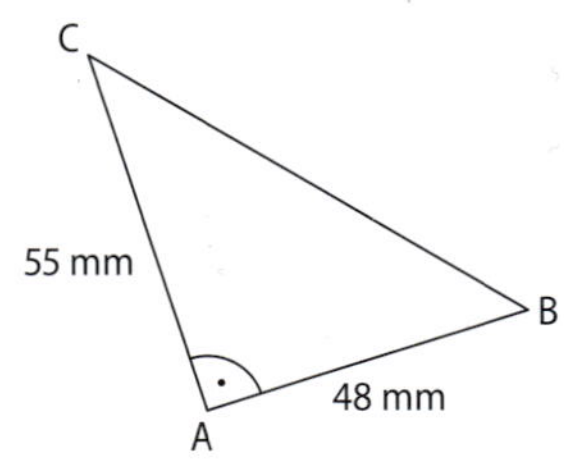

d)

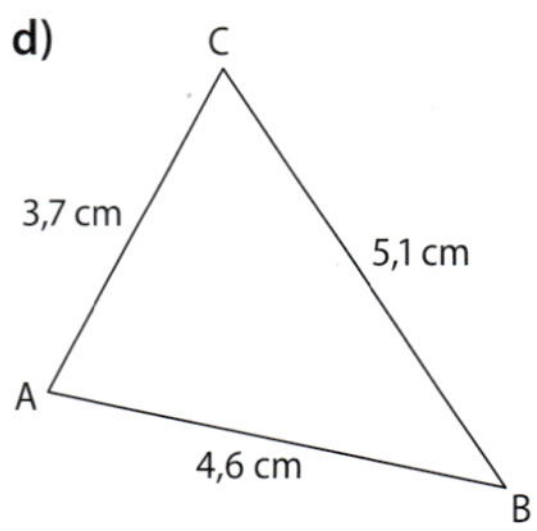

e)

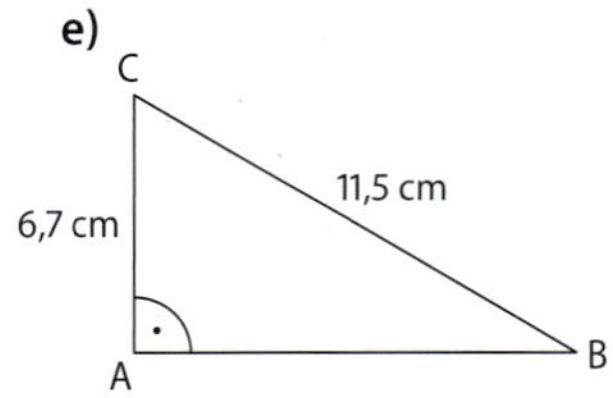

f)

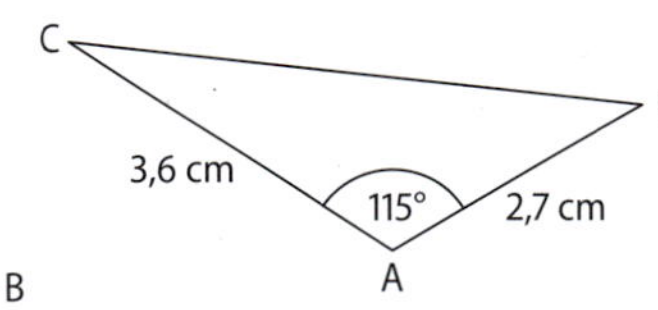

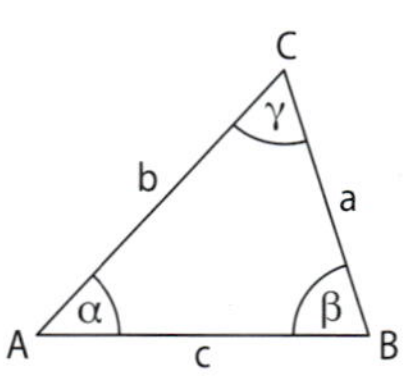

3 Konstruiere das Dreieck ABC. Miss die fehlenden Seiten und Winkel. Überprüfe anschließend dein Ergebnis, indem du die fehlenden Seiten und Winkel auch berechnest und mit den gemessenen Werten vergleichst.

a) $c = 8$ cm; $\alpha = 28°$; $\beta = 62°$

b) $a = 5$ cm; $b = 6$ cm; $c = 7$ cm

c) $a = 6{,}5$ cm; $b = 3{,}4$ cm; $\gamma = 90°$

d) $a = 9{,}8$ cm; $c = 4{,}9$ cm; $\alpha = 90°$

e) $b = 4{,}2$ cm; $c = 7{,}3$ cm; $\alpha = 56°$

f) $a = 5{,}7$ cm; $\alpha = 80°$; $\beta = 36°$

4 Berechne die fehlenden Seiten und Winkel sowie den Flächeninhalt des Dreiecks ABC.

	a	b	c	α	β	γ	A
a)	9,2 cm		8,4 cm	90°			
b)		8,3 cm		30°	112°		
c)	6,4 km	5,2 km				58,2°	
d)	3 cm		5 cm		90°		
e)	10,7 cm	14,6 cm	9,8 cm				
f)	69 mm		3,4 cm	52°			

5 Im gleichschenkligen Dreieck ABC gilt $a = b$, $c = 6{,}4\,\text{cm}$ und $\alpha = 64°$.
a) Konstruiere das Dreieck ABC.
b) Berechne die Schenkellängen und die Höhe h_c des Dreiecks.
c) Bestimme auf zwei verschiedene Arten den Flächeninhalt des Dreiecks ABC.

6 Der Schatten eines Einfamilienhauses (mit Flachdach) ist 4,90 m lang, während die Sonne unter einem Winkel von 53° über das Haus zur Erde strahlt.
a) Berechne die Höhe des Hauses.
b) Bestimme den Winkel, unter dem die Sonnenstrahlen auf die Erde treffen, wenn der Schatten des Hauses 3,75 m lang ist.
c) Berechne die Länge des Schattens des Hauses im Winter, wenn die Sonnenstrahlen unter einem Winkel von 14° auf die Erde treffen.

7 Durch einen Berg wird ein geradliniger Tunnel gebaut. Von einem Ort O aus sieht man den Eingang und den Ausgang des Tunnels. Von O bis zum Eingang des Tunnels sind es 2,7 km, bis zum Ausgang 3,5 km. Der Winkel zwischen den beiden gemessenen Strecken hat das Maß 28°. Wie lang ist der Tunnel?

8 Ein gleichschenkliges Dreieck hat eine Basis von 7,5 cm Länge und einen Flächeninhalt von $22{,}5\,\text{cm}^2$. Bestimme die Länge der Schenkel und die Größe der Innenwinkel.

9 Gegeben ist jeweils das gleichschenklige Dreieck ABC mit den angegebenen Koordinaten. Berechne die Winkel α, β und γ. Runde auf eine Dezimale.
a) $A(-3|-1)$; $B(3|-1)$; $C(0|5)$ b) $A(1|-3)$; $B(9|1)$; $C(3|3)$

10 Berechne die Höhen des Dreiecks ABC mit $a = 8{,}3\,\text{cm}$, $b = 6{,}6\,\text{cm}$ und $\alpha = 43°$.

11 Berechne die Steigungswinkel der zugehörigen Geraden im Koordinatensystem. Zeichne die Gerade und überprüfe durch Messung.
a) $y = 2{,}5x + 3{,}6$ b) $5y = x + 5$ c) $y = \frac{3}{4}x - 1{,}2$

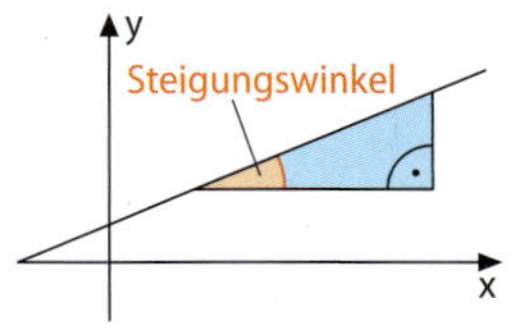

12 a) Eine Gerade hat einen Steigungswinkel von 56,3° und schneidet die y-Achse im Punkt $S(0|-1)$. Ermittle die Gleichung der Geraden.
b) Eine Gerade hat einen Steigungswinkel von 45° und verläuft durch den Punkt $P(3|7)$. Bestimme die Gleichung der Geraden.

13 Von einer Raute sind die angegebenen Teilstücke bekannt. Berechne jeweils den Flächeninhalt und den Umfang der Raute.
a) $e = 5{,}5\,\text{cm}$; $\beta = 80°$
b) $a = 12{,}3\,\text{m}$; $\beta = 56°$
c) $f = 2{,}5\,\text{dm}$; $\beta = 72°$
d) $a = 8{,}1\,\text{dm}$; $\alpha = 112°$

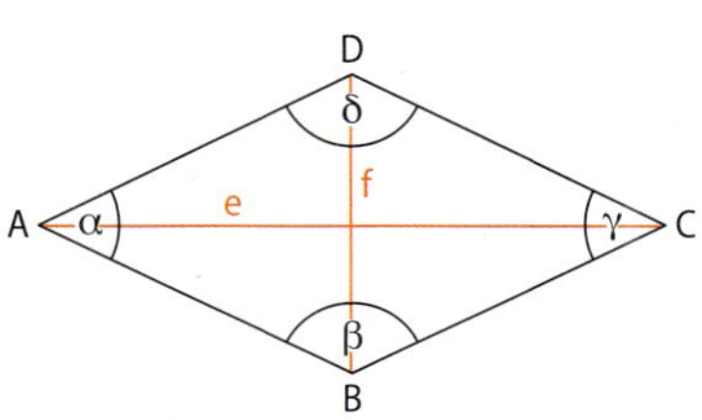

14 Ein Parallelogramm mit den Seitenlängen $a = 7{,}8\,\text{cm}$ und $b = 3{,}6\,\text{cm}$ hat den Flächeninhalt $A = 18\,\text{cm}^2$. Konstruiere das Parallelogramm. Beschreibe deinen Lösungsweg.

15 Im Drachenviereck ABCD mit der Symmetrieachse AC gilt: $\overline{BD} = f = 4{,}6$ cm, $\alpha = 68°$ und $\gamma = 44°$. Berechne die fehlenden Seitenlängen und die Länge der Diagonalen $\overline{AC} = e$.

16 Berechne jeweils die Längen der fehlenden Seiten sowie den Flächeninhalt des Trapezes.

a)

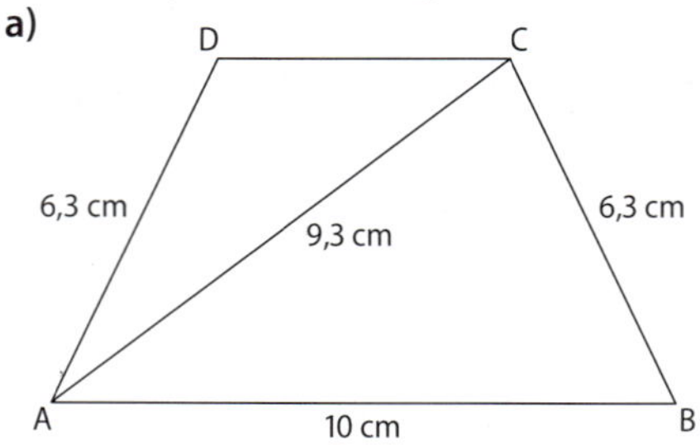

b)

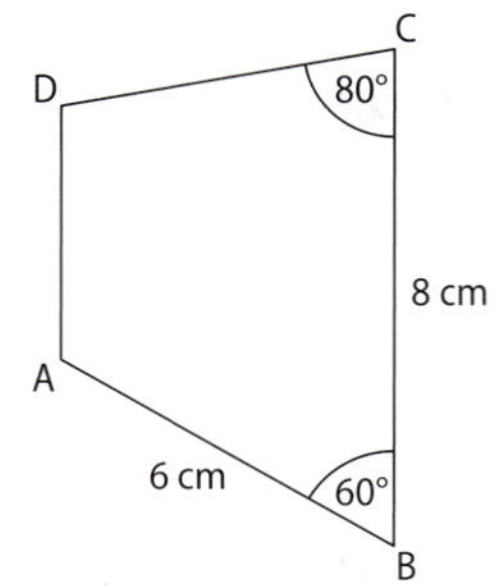

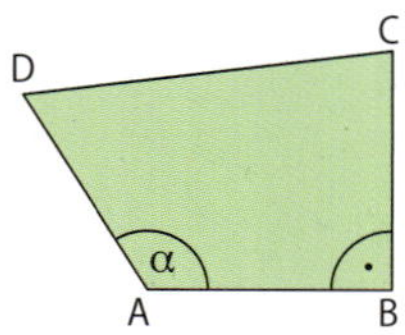

17 Gegeben ist ein Viereck ABCD mit den folgenden Stücken: $\overline{CD} = 8{,}0$ cm; $\overline{AB} = \overline{BC} = 5{,}3$ cm; $\alpha = 122°$; $\beta = 90°$. Berechne den Flächeninhalt des Vierecks.

18 Um den Flächeninhalt eines Fischweihers zu bestimmen, wurde seine Uferlinie mithilfe eines Vierecks angenähert.

a) Konstruiere den Fischweiher in einem geeigneten Maßstab. Zerlege dazu das Viereck geschickt in zwei konstruierbare Dreiecke.

b) Bestimme den Flächeninhalt des Fischweihers möglichst genau.

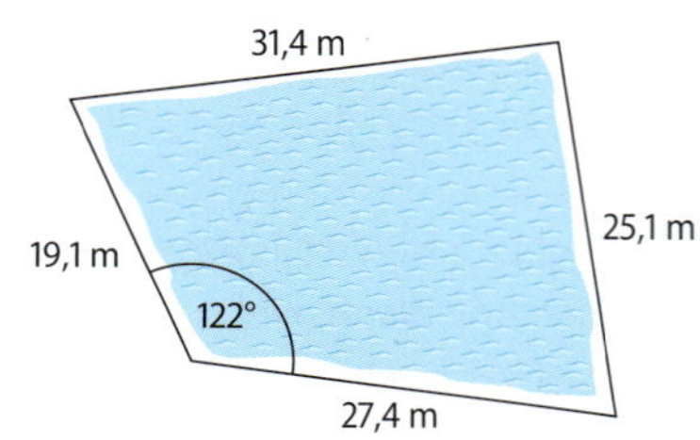

19 Berechne die Größen der gekennzeichneten Winkel und Seiten.

a)

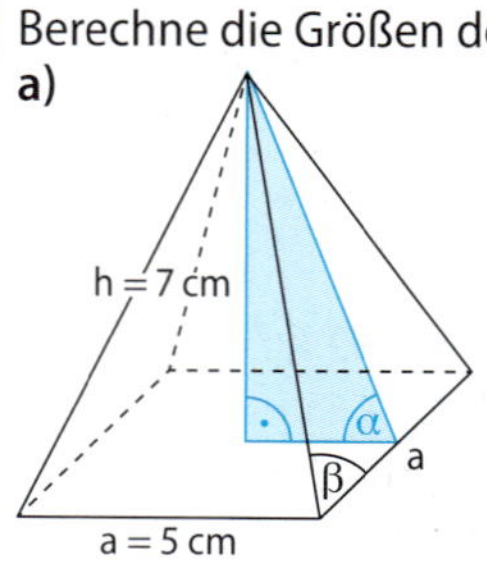

b)

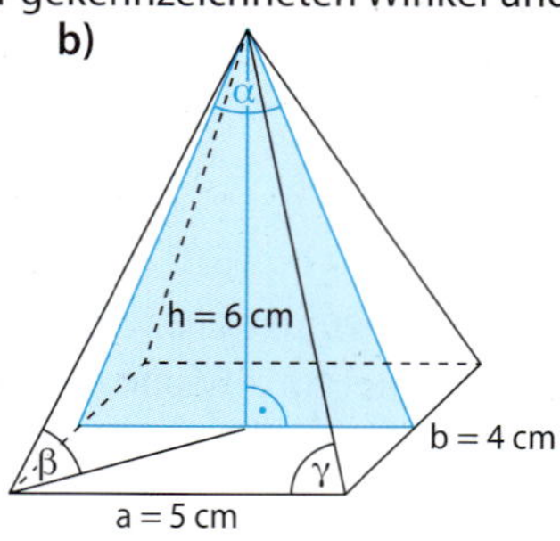

c)

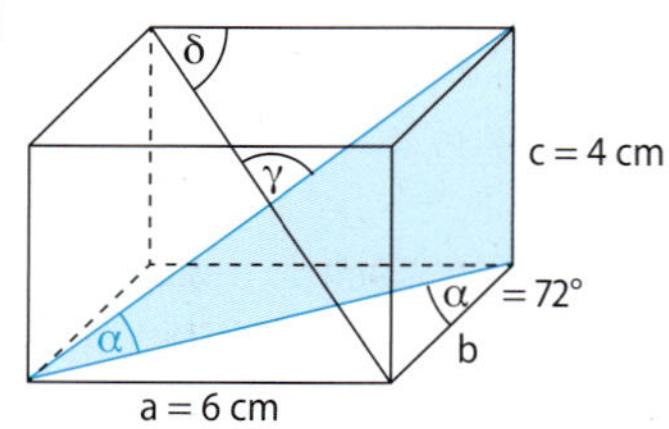

20 Um die Höhe eines Berggipfels zu bestimmen, wird eine 500 m lange Standlinie $\overline{AB}$ abgesteckt. Man misst am Eckpunkt A den Berggipfel mit dem Erhebungswinkel $\alpha_2 = 65°$. In der Ebene bestimmt man von A und B aus den Fußpunkt F mit den Winkeln $\alpha_1 = 49°$ und $\beta_1 = 78°$. Berechne die Höhe h des Berggipfels.

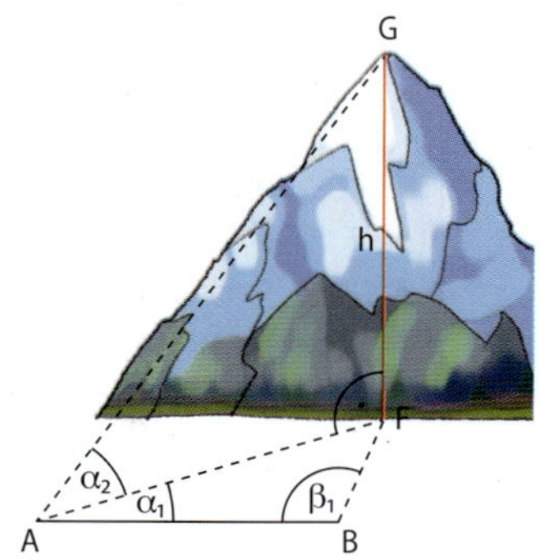

21 Unter welchem Winkel α steht die Sonne über dem Horizont, wenn der Schatten des Balkons (Überstand 1,90 m) …
a) genau auf den Fuß der Wand trifft?
b) bis in halbe Höhe der Wand reicht?
c) auf dem Boden halb so lang ist, wie der Balkon übersteht?
Entnimm notwendige Maße der Abbildung.

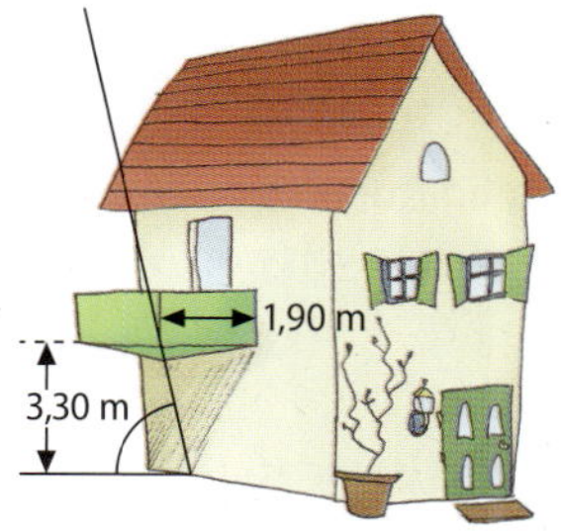

22 Für das ungleichseitige Satteldach eines Einfamilienhauses gilt: Dachbreite: 7 m, Dachneigungen: $\alpha = 30°$ und $\beta = 50°$.
a) Berechne die Höhe des Daches.
b) Berechne die Kosten für das Dach, wenn das Haus 10 m lang ist und 1 m^2 des Daches 90 € kosten.

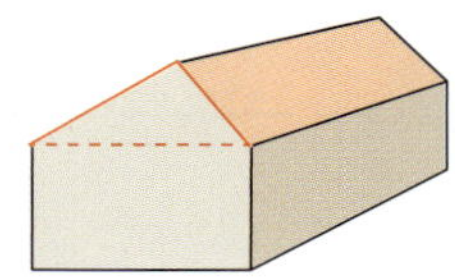

23 An einer Kletterwand soll eine Kletterroute von der Basis B zur Spitze S vermessen werden. Dazu wurde S von den Punkten A und B unter den Winkeln $\gamma = 53{,}1°$ und $\beta = 69{,}7°$ gegenüber der Waagrechten angepeilt. Die Entfernung von A nach B wurde mit 240 m bestimmt. Für den Winkel α gilt: $\alpha = 27{,}9°$. Die Ebene ABS steht senkrecht zur Erdoberfläche.
a) Zeichne die Situation im Maßstab 1 : 5000 in dein Heft.
b) Welche Entfernung hat der Gipfelpunkt S von den beiden Peilstellen A und B? Wie hoch ist die Wand, wenn der Punkt B auf 856 m Meereshöhe liegt?
c) Wie viele Löcher muss man in der Kletterroute bohren, wenn man aus Sicherheitsgründen etwa alle fünf Höhenmeter einen Haken setzen möchte?

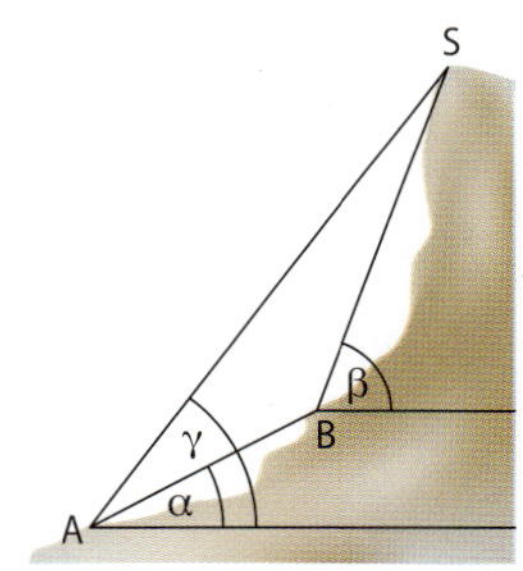

24 Die Skizze zeigt die Maße eines symmetrischen Flugdrachens.
Es gilt: $t = 1{,}12$ m, $s = 10{,}50$ m und $\alpha = 120°$.
a) Berechne die Länge r der vorderen Kante der Tragfläche.
b) Der vordere Teil des Flugdrachens wird mit rotem Stoff bespannt. Bestimme, wie viel Quadratmeter Stoff dafür notwendig sind.
c) Die Restfläche des Flugdrachens soll mit gelbem Stoff bespannt werden. Ihr Inhalt ergibt sich aus der roten Fläche mit einem 16 %-igen Materialzuschlag. Berechne die Gesamtfläche des Gleiters.

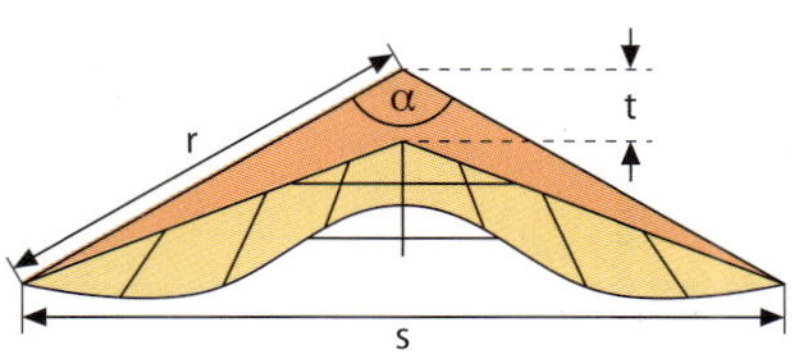

25 Zwei Schlepper ziehen ein großes Frachtschiff mit einer Zugkraft von jeweils 500 kN und unter einem Winkel von 30° in den Hafen.
Mit welcher Kraft wird das Frachtschiff „nach vorne" gezogen? Fertige zunächst eine Skizze an.

Additionstheoreme von Sinus und Kosinus

Die Formeln, die es ermöglichen, aus den Sinus-, Kosinus- oder Tangenswerten zweier Winkel α und β die Sinus-, Kosinus- oder Tangenswerte der Winkel $\alpha + \beta$ bzw. $\alpha - \beta$ zu berechnen, nennt man **Additionstheoreme.**

Additionstheoreme:

1 $\sin(\alpha + \beta) = \sin\alpha\cos\beta + \cos\alpha\sin\beta$

2 $\sin(\alpha - \beta) = \sin\alpha\cos\beta - \cos\alpha\sin\beta$

3 $\cos(\alpha + \beta) = \cos\alpha\cos\beta - \sin\alpha\sin\beta$

4 $\cos(\alpha - \beta) = \cos\alpha\cos\beta + \sin\alpha\sin\beta$

Beweis ohne Worte:

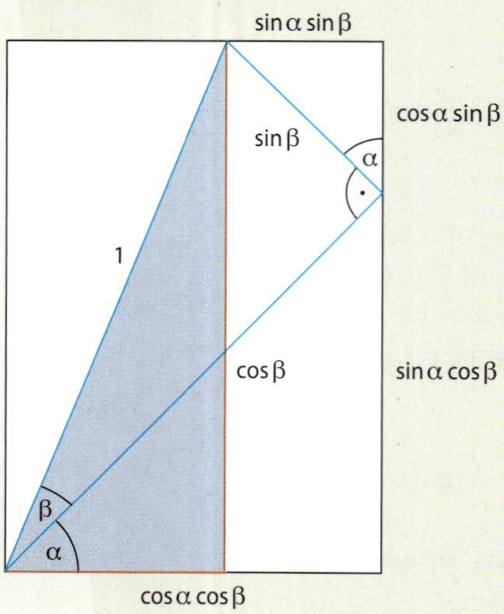

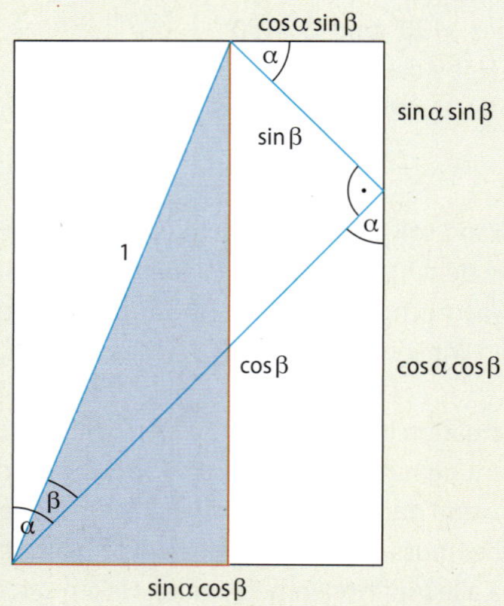

a) Erkläre mithilfe der Abbildungen den Beweis von einem der vier Additionstherme mit eigenen Worten.

b) Berechne unter Verwendung der Additionstheoreme und den Werten der Tabelle die exakten Werte für sin 75° (cos 75°; cos 105°; sin 15°).
Hinweise: 75° = 30° + 45°; 15° = 45° − 30°

α	0°	30°	45°	60°	90°	120°	135°	150°	180°	270°	360°
$\sin\alpha$		$\frac{1}{2}$	$\frac{1}{2}\sqrt{2}$	$\frac{1}{2}\sqrt{3}$							
$\cos\alpha$		$\frac{1}{2}\sqrt{3}$	$\frac{1}{2}\sqrt{2}$	$\frac{1}{2}$							

c) Vervollständige die Wertetabelle unter Verwendung der Additionstheoreme und bereits berechneter Werte.

d) Berechne folgende Ausdrücke möglichst einfach.

1 $\sin 10° \cdot \cos 20° + \cos 10° \cdot \sin 20° =$

2 $\sin 75° \cdot \cos 15° - \cos 75° \cdot \sin 15° =$

3 $\cos 25° \cdot \cos 20° - \sin 25° \cdot \sin 20° =$

e) Leite mithilfe der Additionstheoreme die Gültigkeit der folgenden Formeln her. Nutze auch die Beziehung $\sin^2\alpha + \cos^2\alpha = 1$.

1 $\sin 2\alpha = 2\sin\alpha \cdot \cos\alpha$

2 $\cos 2\alpha = 2\cos^2\alpha - 1$

Additionstheoreme von Tangens

Additionstheoreme:

1 $\tan(\alpha + \beta) = \dfrac{\tan\alpha + \tan\beta}{1 - \tan\alpha\tan\beta}$

2 $\tan(\alpha - \beta) = \dfrac{\tan\alpha - \tan\beta}{1 + \tan\alpha\tan\beta}$

Beweis ohne Worte:

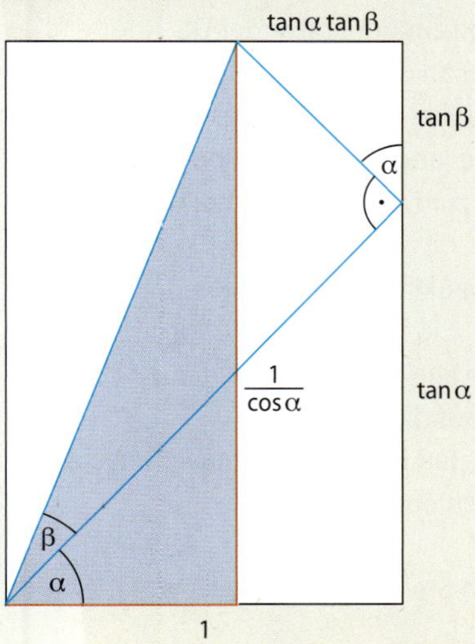

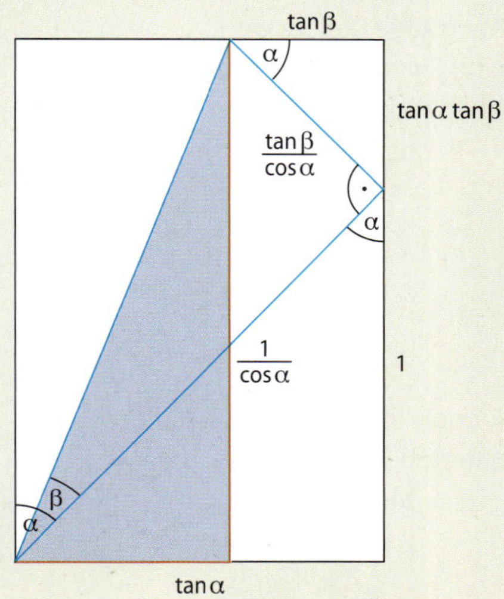

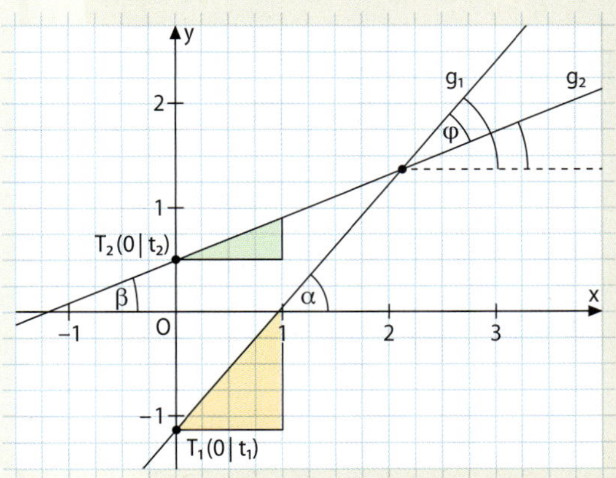

a) Erkläre den Beweis zu einem der beiden Additionstheoreme mit eigenen Worten.

b) Zeige auch mithilfe der Additionstheoreme für Sinus und Kosinus, dass für $0° < \beta \leq \alpha < 90°$ gilt:

$$\tan(\alpha - \beta) = \frac{\tan\alpha - \tan\beta}{1 + \tan\alpha \cdot \tan\beta}.$$

Beachte: $\tan\alpha = \dfrac{\sin\alpha}{\cos\alpha}$

c) Erläutere anhand der Zeichnung, dass für den spitzen Winkel φ, unter dem die Geraden g_1: $y = m_1x + t_1$ und g_2: $y = m_2x + t_2$ einander schneiden, für $m_1 > m_2 \geq 0$ stets gilt:

$$\tan\varphi = \frac{m_1 - m_2}{1 + m_1 \cdot m_2}$$

d) Ermittle jeweils die Größe des spitzen Winkels zwischen den Geraden g_1 und g_2.

1	g_1: $y = 3x + 1$	g_2: $y = x + 5$
2	g_1: $4x - y = 8$	g_2: $y = 0{,}6x + 8$
3	g_1: $10x - y = 25$	g_2: $9x - 11y = 0$

5 Das kann ich!

Überprüfe deine Fähigkeiten und Kompetenzen. Bearbeite dazu die folgenden Aufgaben und bewerte anschließend deine Lösungen mit einem Smiley. Hinweise zum Nacharbeiten findest du auf der folgenden Seite. Die Lösungen stehen im Anhang.

☺	😐	☹
Das kann ich **wirklich gut!**	Das kann ich **fast!**	Das muss ich **noch üben!**

1 Stelle für das rechtwinklige Dreieck die Zusammenhänge für Sinus, Kosinus und Tangens bezüglich der Winkel α und β auf.

a)

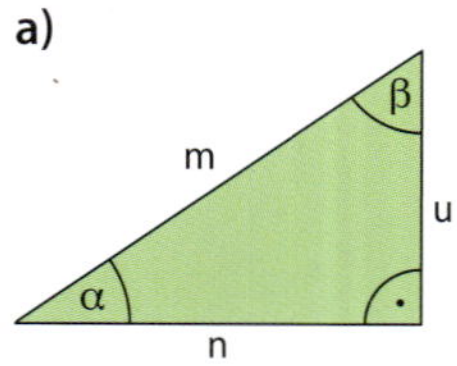

b)

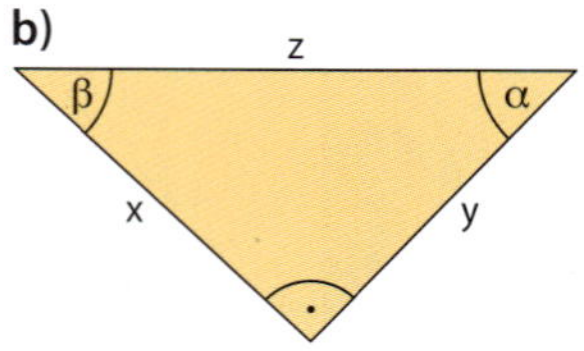

2 Berechne im Dreieck die Innenwinkel sowie die Länge der rot markierten Strecke.

a)

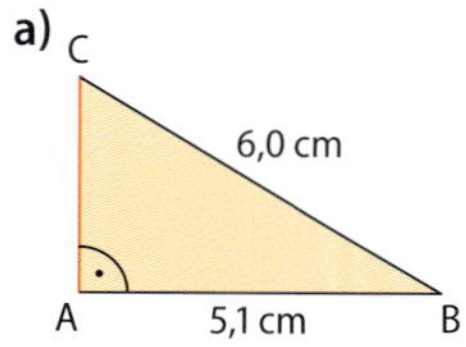

b)

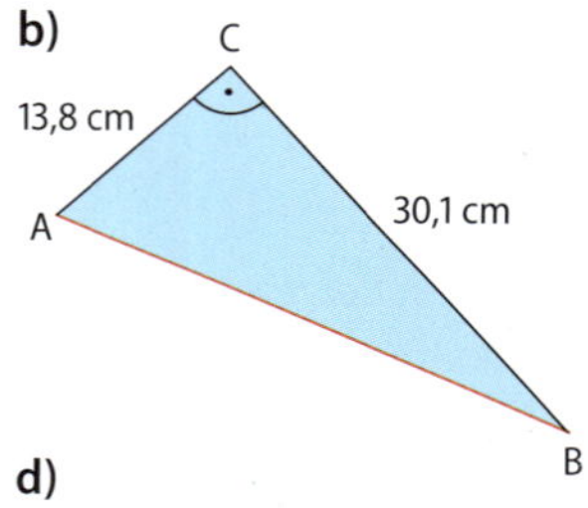

c)

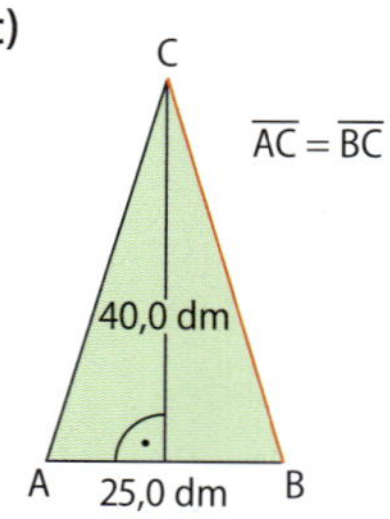

d)

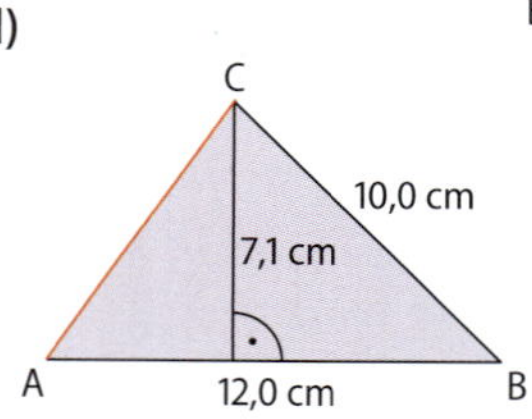

3 Berechne die fehlenden Seitenlängen für folgende rechtwinklige Dreiecke ABC. Runde auf eine Stelle nach dem Komma.

a) $\beta = 90°$; $\gamma = 48°$; $b = 8{,}8$ cm
b) $\alpha = 17°$; $\beta = 73°$; $a = 124{,}8$ m
c) $\alpha = 57°$; $\gamma = 90°$; $a = 1{,}3$ km

4 Konstruiere das rechtwinklige Dreieck ABC. Überprüfe die Konstruktion durch eine Rechnung.

a) $a = 3{,}4$ cm; $b = 4{,}8$ cm; $\beta = 55°$
b) $a = 6{,}9$ cm; $\beta = 42°$; $\gamma = 48°$
c) $c = 5{,}5$ cm; $a = 8{,}8$ cm; $\beta = 90°$

5 Eine Leiter soll zur Reparatur der Dachrinne (6,50 m hoch) an die Hauswand angestellt werden. Der Anstellwinkel darf höchstens 70° betragen. Berechne, wie lang die Leiter mindestens sein muss, damit sie bis zur Dachrinne reicht.

6 Ein gleichschenkliges Dreieck ABC hat folgende Maße: $a = c = 6{,}5$ cm und $b = 7{,}8$ cm.

a) Bestimme alle drei Winkel und die Höhe des Dreiecks auf die Basis.
b) Berechne den Flächeninhalt des Dreiecks auf zwei verschiedene Arten.

7 Berechne den Steigungswinkel der zugehörigen Geraden.

a) $y = 0{,}5x + 1$ **b)** $2y + 4x = 8$

8 Berechne die fehlenden Werte der Größen a, b, c, α, β und γ des Dreiecks ABC.

a)

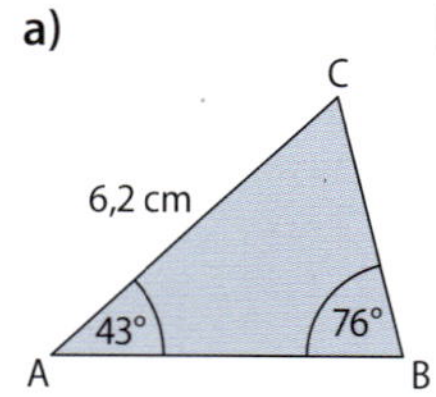

b)

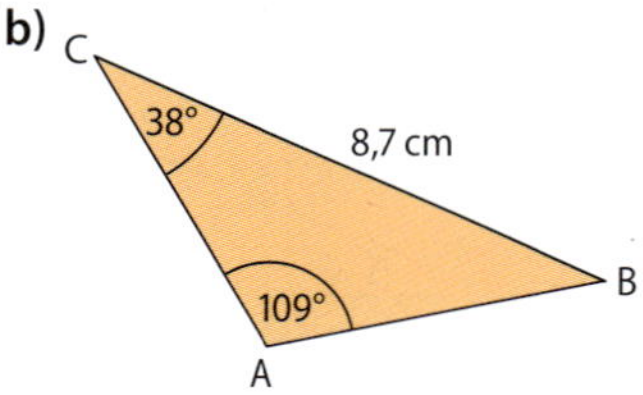

c)

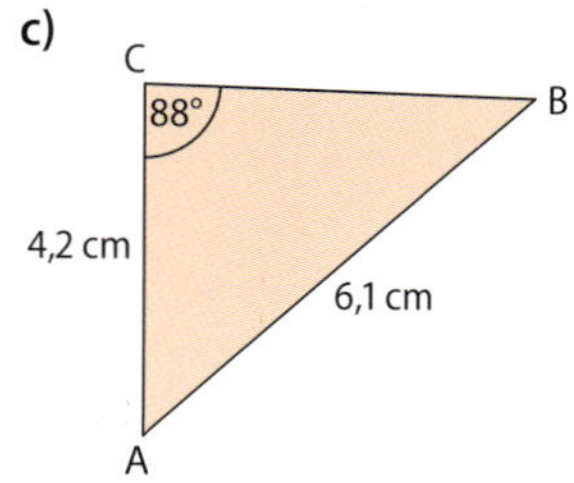

d)

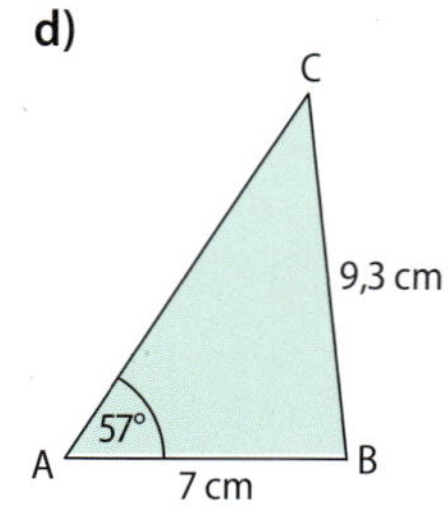

9 Berechne die fehlenden Seitenlängen und Winkel für das Dreieck ABC.

a) $c = 8{,}5$ dm; $\beta = 32°$; $\gamma = 87°$
b) $a = 5{,}2$ cm; $\beta = 63{,}1°$; $\gamma = 95{,}6°$
c) $a = 7{,}3$ cm; $b = 4{,}7$ cm; $\alpha = 65°$

10 a) Konstruiere das Dreieck ABC mit $b = 6{,}2$ cm, $\alpha = 35°$ und $c = 8{,}4$ cm.
b) Berechne die Länge der Seite a und überprüfe zeichnerisch.

11 Bestimme jeweils die fehlenden Werte in der Tabelle für ein Dreieck ABC.
Runde auf eine Dezimale.

	a)	b)	c)
a		6,4 m	4,6 cm
b	6,7 cm	5,8 m	7,0 cm
c	5,9 cm	10,5 m	
α	63,5°		
β			
γ			123,0°

12 Berechne die Innenwinkel des markierten Dreiecks.

a)

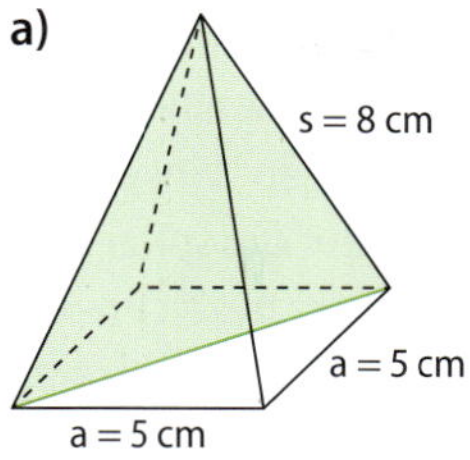

b)

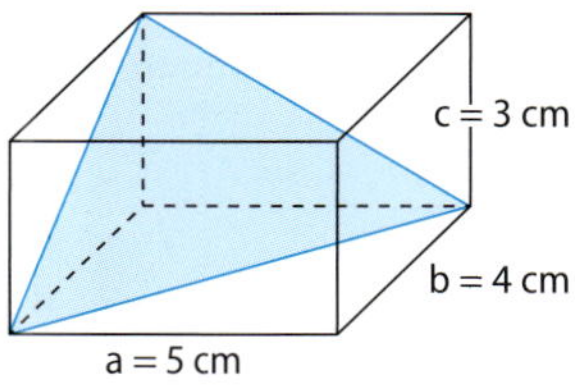

13 Berechne den Flächeninhalt des Dreiecks ABC.
a) $a = 2{,}5$ cm $b = 6{,}9$ cm $\gamma = 32°$
b) $a = 55$ mm $c = 29$ mm $\beta = 123{,}8°$

14 Berechne den Flächeninhalt des Parallelogramms.

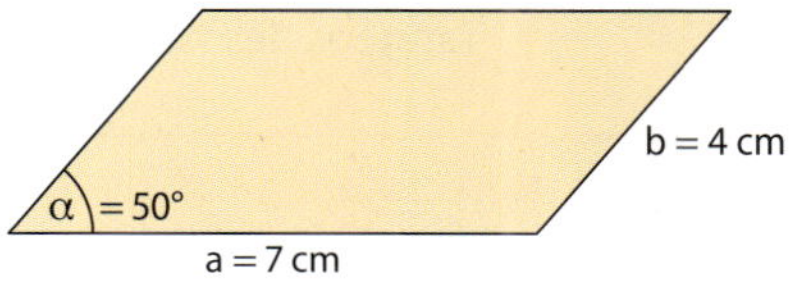

Aufgaben für Lernpartner

Sind folgende Behauptungen richtig oder falsch? Begründe schriftlich.

A Der Sinus eines Winkels bezeichnet das Verhältnis von Gegenkathete zu Hypotenuse.

B Der Wert des Sinus eines Winkels geteilt durch den Wert des Kosinus dieses Winkels ergibt den zugehörigen Wert des Tangens dieses Winkels.

C Sinus, Kosinus und Tangens eines Winkels sind immer kleiner als 1.

D Zur Berechnung des Flächeninhalts eines Dreiecks ABC benötigt man nur drei der Werte für a, b, c, α, β oder γ.

E Der Sinussatz gilt nicht für rechtwinklige Dreiecke.

F Der Kosinussatz ist ein Sonderfall des Satzes von Pythagoras.

Ich kann …	Aufgaben	Hilfe
Winkel und Seitenlängen im rechtwinkligen Dreieck mithilfe von Sinus, Kosinus und Tangens berechnen.	1, 2, 3, 4, A, B, C	S. 158
Problemstellungen zu rechtwinkligen Dreiecken mit Sinus, Kosinus und Tangens lösen.	5	S. 158
Berechnungen an besonderen Dreiecken durchführen.	6	S. 161
den Steigungswinkel einer Geraden bestimmen.	7	S. 158
den Sinussatz für beliebige Dreiecke anwenden.	8, 9, E	S. 164
den Kosinussatz für beliebige Dreiecke anwenden.	10, 11, 12, F	S. 166
Flächeninhalte von beliebigen Dreiecken und Vierecken berechnen.	13, 14, D	S. 170

Auf einen Blick

Seite 158

Sinus, Kosinus, Tangens

In einem rechtwinkligen Dreieck sind die Seitenverhältnisse eindeutig durch die Größe der beiden spitzen Winkel des Dreiecks festgelegt. Bezogen auf die spitzen Winkel des rechtwinkligen Dreiecks bezeichnet man diejenige **Kathete**, die dem **betrachteten Winkel gegenüber** liegt, als **Gegenkathete**, und diejenige, die an dem Winkel **anliegt**, als **Ankathete**.

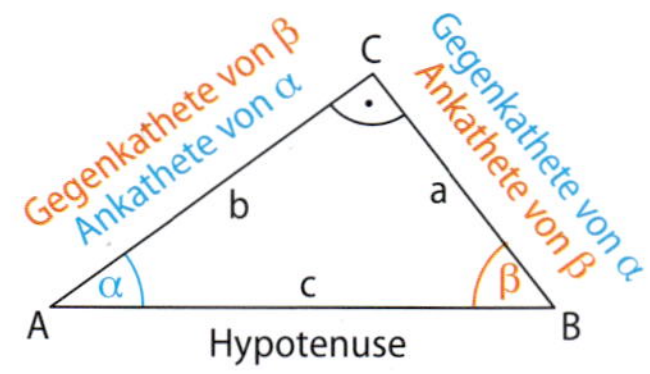

In einem rechtwinkligen Dreieck gilt:

- **Sinus** des Winkels $= \frac{\text{Gegenkathete des Winkels}}{\text{Hypotenuse}}$
- **Kosinus** des Winkels $= \frac{\text{Ankathete des Winkels}}{\text{Hypotenuse}}$
- **Tangens** des Winkels $= \frac{\text{Gegenkathete des Winkels}}{\text{Ankathete des Winkels}}$

Im oben abgebildeten Dreieck gilt:

- $\sin\alpha = \frac{a}{c}$; $\sin\beta = \frac{b}{c}$
- $\cos\alpha = \frac{b}{c}$; $\cos\beta = \frac{a}{c}$
- $\tan\alpha = \frac{a}{b}$; $\tan\beta = \frac{b}{a}$

Seite 161

Berechnungen im gleichschenkligen Dreieck

Die **Berechnung** von Streckenlängen und Winkelgrößen in **gleichschenkligen Dreiecken** kann man auf die Berechnung in rechtwinkligen Dreiecken zurückführen. Dazu zerlegt man das gleichschenklige Dreieck durch eine geeignete Symmetrieachse in zwei rechtwinklige Dreiecke.

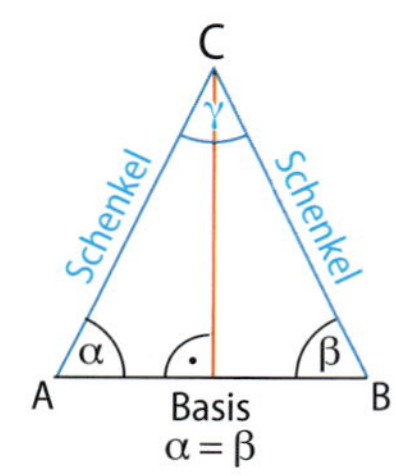

Seite 164

Sinussatz

In einem beliebigen Dreieck ABC gilt:

$$\frac{a}{\sin\alpha} = \frac{b}{\sin\beta} = \frac{c}{\sin\gamma}$$

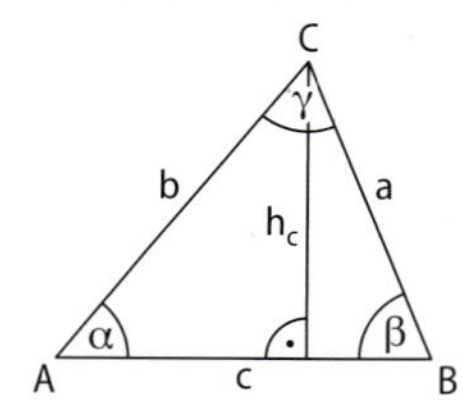

Seite 166

Kosinussatz

In einem beliebigen Dreieck ABC gilt:

$a^2 = b^2 + c^2 - 2bc \cdot \cos\alpha$

$b^2 = a^2 + c^2 - 2ac \cdot \cos\beta$

$c^2 = a^2 + b^2 - 2ab \cdot \cos\gamma$

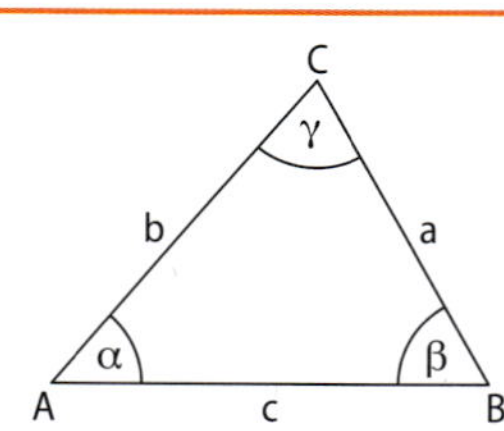

Seite 170

Flächeninhalt eines Dreiecks ABC

$$A = \frac{1}{2} \cdot b \cdot c \cdot \sin\alpha$$
$$= \frac{1}{2} \cdot a \cdot c \cdot \sin\beta$$
$$= \frac{1}{2} \cdot a \cdot b \cdot \sin\gamma$$

Beispiel:

ΔABC mit $a = 42$ mm, $b = 26$ mm, $\gamma = 66°$

$A_{\text{Dreieck}} = \frac{1}{2} \cdot a \cdot b \cdot \sin\gamma$

$A_{\text{Dreieck}} = \frac{1}{2} \cdot 42\text{ mm} \cdot 26\text{ mm} \cdot \sin 66°$

$A_{\text{Dreieck}} \approx 499\text{ mm}^2$

6 Potenzfunktionen und Potenzgleichungen

Einstieg

- Funktionen bzw. deren Graphen begegnen dir in vielen Bereichen des Lebens: in der Natur, in technischen Bereichen und sogar bei vielen Freizeitaktivitäten. Besonders häufig sieht man Geraden und Parabeln, also die Graphen linearer und quadratischer Funktionen. Finde Beispiele.
- Findest du in den Bildern weitere bekannte Funktionen wieder?

Ausblick

Am Ende dieses Kapitels hast du gelernt, …

- die Potenzgesetze auf verschiedene Zahlbereiche für Basis und Exponenten einer Potenz zu übertragen und anzuwenden.
- Potenzfunktionen zu ordnen und ihre Eigenschaften zu untersuchen.
- die Umkehrfunktionen von Potenzfunktionen zu bestimmen.
- die Graphen von Potenzfunktionen durch Parallelverschiebung und Spiegelung abzubilden.
- Potenzgleichungen aufzustellen und zu lösen.

Potenzgesetze

Potenzen	mit gleicher Basis	mit gleichem Exponenten
multiplizieren	$a^c \cdot a^d = a^{c+d}$	$a^c \cdot b^c = (a \cdot b)^c$
dividieren	$\frac{a^c}{a^d} = a^{c-d}$	$\frac{a^c}{b^c} = \left(\frac{a}{b}\right)^c$
potenzieren	$(a^c)^d = a^{c \cdot d}$	

Potenzen	mit gleicher Basis	mit gleichem Exponenten
multiplizieren	$2^2 \cdot 2^3$ $= 2 \cdot 2 \cdot 2 \cdot 2 \cdot 2$ $= 2^{2+3} = 2^5$	$2^3 \cdot 4^3$ $= 2 \cdot 2 \cdot 2 \cdot 4 \cdot 4 \cdot 4$ $= 2 \cdot 4 \cdot 2 \cdot 4 \cdot 2 \cdot 4$ $= (2 \cdot 4)^3$
dividieren	$\frac{2^2}{2^3} = \frac{2 \cdot 2}{2 \cdot 2 \cdot 2}$ $= 2^{2-3}$ $= 2^{-1} = \frac{1}{2}$	$\frac{2^3}{4^3}$ $= \frac{2 \cdot 2 \cdot 2}{4 \cdot 4 \cdot 4}$ $= \frac{2}{4} \cdot \frac{2}{4} \cdot \frac{2}{4} = \left(\frac{2}{4}\right)^3$
potenzieren	$(2^2)^3 = 2^2 \cdot 2^2 \cdot 2^2$ $= 2 \cdot 2 \cdot 2 \cdot 2 \cdot 2 \cdot 2 = 2^{2 \cdot 3} = 2^6$	

Bei Potenzen können die **Exponenten** auch **negativ** sein:
$a^{-n} = \frac{1}{a^n}$ $(a \neq 0)$.

Die **Umkehrung des Potenzierens** bezeichnet man als **Wurzelziehen** (**Radizieren**):
$a^b = c \Leftrightarrow a = \sqrt[b]{c}$

$3^4 = 81 \Leftrightarrow 3 = \sqrt[4]{81}$

Rechenregeln anwenden

1 Was in **Klammern** steht, wird immer **zuerst** ausgerechnet. Bei mehreren Klammern beginnt man mit der innersten.

2 **Potenzen** werden **vor** den vier **Grundrechenarten** berechnet.

3 **Punktrechnung** (Multiplikation, Division) geht **vor Strichrechnung** (Addition, Subtraktion).

1 $2 + 3 \cdot 4^2$
↓ Potenz vor Punkt
$= 2 + 3 \cdot 16$
↓ Punkt vor Strich
$= 2 + 48$
$= 50$

2 $(2 + 3) \cdot 4^2$
↓ Klammer zuerst
$= 5 \cdot 4^2$
↓ Potenz vor Punkt
$= 5 \cdot 16$
$= 80$

Funktionen untersuchen

Eine eindeutige Zuordnung nennt man **Funktion**.

- Der **Definitionsbereich** $\mathbb{D}$ gibt an, welche x-Werte (Argumente) in die Funktionsgleichung eingesetzt werden dürfen.
- Der **Wertebereich** $\mathbb{W}$ gibt an, welche y-Werte (Funktionswerte) vorkommen können.
- Die **Monotonie** gibt an, wie der Graph gegenüber der x-Achse verläuft.

  Die Zahl x_0 ist **Nullstelle** der Funktion f, wenn gilt: $f(x_0) = 0$

Lineare Funktion:
$f(x) = m \cdot x + n$

Quadratische Funktion:
Normalform: $f(x) = x^2 + px + q$
Scheitelpunktform: $f(x) = a \cdot (x + d)^2 + e$
Allgemeine Form: $f(x) = ax^2 + bx + c$

Zwei Geraden liegen **parallel** zueinander, wenn gilt:
$\mathbf{m_1 = m_2}$.
Zwei Geraden liegen **senkrecht** zueinander, wenn gilt:
$\mathbf{m_1 \cdot m_2 = -1}$.

$f(x) = x^2 - 4x + 3$
Die Gleichung liegt in Normalform vor.
Der Scheitelpunkt der Parabel hat die Koordinaten:
$S\left(-\frac{p}{2} \middle| q - \frac{p^2}{4}\right) = S(2|-1)$

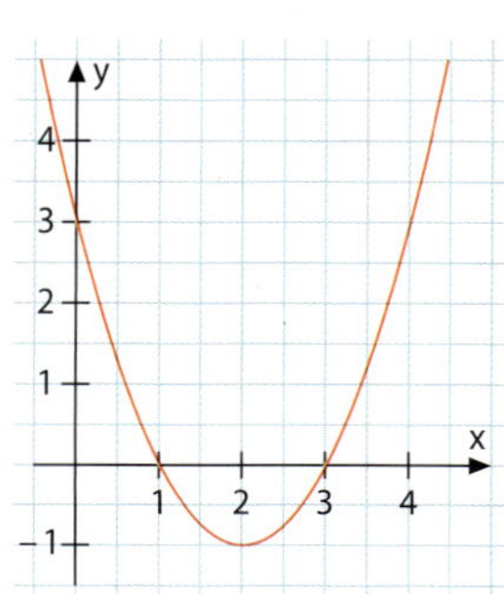

Potenzgesetze

1 Vereinfache so weit wie möglich.

a) $ab^{-3} \cdot a^{-5}b^{6}$ b) $\left(\frac{2a^2}{3b^4}\right)^6$ c) $\frac{(6a^3)^2}{2a^2}$ d) $\frac{a^{-4} \cdot b}{c^{-1} \cdot u^3} \cdot \frac{c \cdot u^{-4}}{a^{-5} \cdot b^{-2}}$

2 Gib als Potenz an.

a) Die Hälfte von $\left(\frac{1}{2}\right)^4$ b) Das Doppelte von $\left(\frac{1}{2}\right)^4$ c) Die Hälfte von 2^4

3 Nach einer Aufgabe aus dem Rechenbuch des Ahmes (1700 v. Chr.):

> 7 Personen besitzen 7 Katzen, jede Katze vertilgt 7 Mäuse, jede Maus frisst 7 Ähren Gerste, aus jeder Gerstenähre können 7 Maß Getreidekörner entstehen. Wie viel Maß Getreide sind der Nützlichkeit der Katzen zu danken?

Ein Maß ist eine alte Einheit für das Volumen.

4 Welchen Wert hat der Term …

a) a^3, wenn $a^2 = 56{,}25$ $(a > 0)$ ist? b) a^2, wenn $a^3 = \frac{1}{8}$ ist?

Rechenregeln anwenden

5 Berechne. Gib bei jedem Schritt an, welche Rechenregel du verwendest.

1 $4 \cdot 3 + 4 \cdot 5^2$ **2** $4 \cdot (3 + 4) \cdot 5^2$ **3** $4 \cdot (3 + 4 \cdot 5)^2$
4 $(4 \cdot 3 + 4) \cdot 5^2$ **5** $(4 \cdot 3 + 4 \cdot 5)^2$ **6** $4 \cdot [(3 + 4) \cdot 5]^2$

6 Beantworte die folgenden Fragen. Begründe deine Antwort.

a) Wie lautet die größte natürliche Zahl, die man mit drei Ziffern schreiben kann?
b) Für welche natürlichen Zahlen a stimmt die Anzahl der Ziffern von a^2 und a^3 überein?
c) Wann ist n^n eine Quadratzahl?
d) Wie viele Stellen hat die Zahl $(2^3)^4 \cdot (5^4)^3$? Löse ohne Taschenrechner.
e) Welche Kantenlänge hat ein Würfel mit dem Oberflächeninhalt $A_O = 73{,}5\ \text{cm}^2$?

Funktionen untersuchen

7 Zeichne den Graphen der Funktion in ein Koordinatensystem. Bestimme den Definitions- und Wertebereich. Berechne die Schnittpunkte mit den Koordinatenachsen.

a) $f(x) = -\frac{1}{2}x + \frac{3}{4}$ b) $f(x) = 3x^2 + 6x - 6$ c) $f(x) = -\frac{1}{2}x^2 - x + 4$

8 Ordne den Graphen jeweils die passende Funktionsgleichung zu.

1 $f(x) = -0{,}5\,(x - 1)^2$
2 $f(x) = 2x + 1$
3 $f(x) = (x + 2)^2$
4 $f(x) = 2x^2 - 4x + 3$

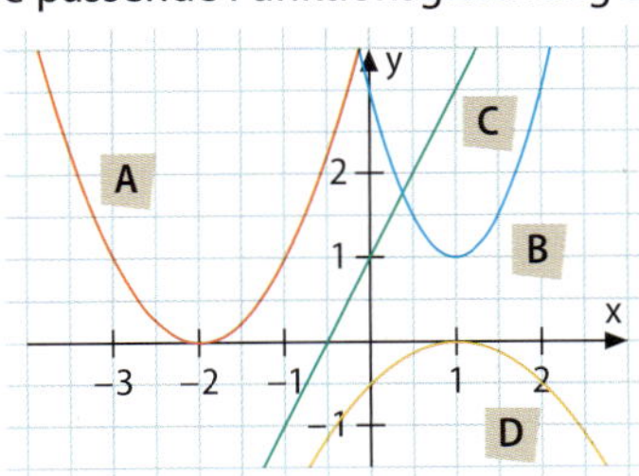

Kap. 6.1

Planetensystem – Naturgesetze

Der Astronom Johannes Kepler beschrieb mit drei Gesetzen den Umlauf der Planeten um die Sonne. Das dritte Keplersche Gesetz lautet:

«Die dritten Potenzen der mittleren Entfernung der Planetenbahnen verhalten sich wie die Quadrate der Umlaufzeiten.»

AE: Astronomische Einheit
1 AE = Abstand Sonne–Erde

- Stelle eine Gleichung für das dritte Keplersche Gesetz auf. Überprüfe die Richtigkeit der Gleichung mithilfe der Tabelle.

Planet	Masse in kg	mittlere Entfernung zur Sonne in AE	Umlaufzeit T in a
Merkur	$3{,}30 \cdot 10^{23}$	0,3871	0,2408
Venus	$4{,}87 \cdot 10^{24}$	0,7233	0,6152
Erde	$5{,}97 \cdot 10^{24}$	1,000	1,000
Mars	$6{,}42 \cdot 10^{23}$	1,524	1,881
Jupiter	$1{,}90 \cdot 10^{27}$	5,203	11,86
Saturn	$5{,}69 \cdot 10^{26}$	9,583	29,46
Uranus	$8{,}68 \cdot 10^{25}$	19,20	84,01
Neptun	$1{,}02 \cdot 10^{26}$	30,07	164,8

Schon gewusst? Die Reihenfolge der Planeten lässt sich mit einem einfachen Hilfssatz merken.

Mein Vater erklärt mir jeden Sonntag unseren Nachthimmel.

Kap. 6.3

Entwicklung der Zeitmessung

Als Medizinstudent erfand Galileo Galilei ein sogenanntes Pulsilogium. Dieses besteht aus einem Pendel, dessen Länge der Arzt so einstellen konnte, dass es im selben Takt wie der Puls der Patienten schwang.

Länge l in m	0,00	0,10	0,20	0,30	0,40	0,50	0,60	0,70	0,80	0,90	1,00
Periodendauer T in s	0,00	0,63	0,90	1,10	1,27	1,42	1,55	1,68	1,79	1,90	2,01

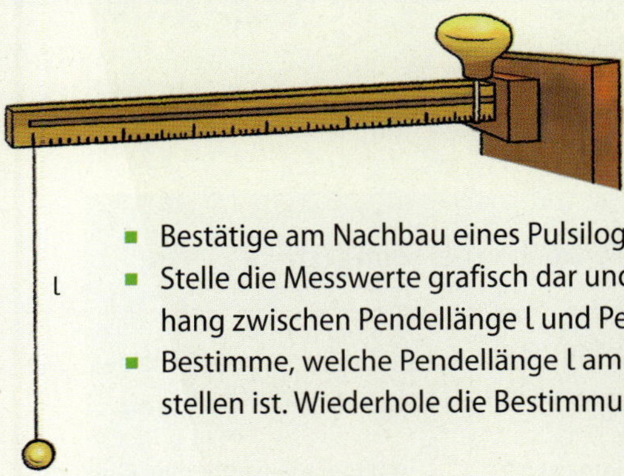

- Bestätige am Nachbau eines Pulsilogiums die Messwerte aus der Tabelle.
- Stelle die Messwerte grafisch dar und untersuche den mathematischen Zusammenhang zwischen Pendellänge l und Periodendauer T.
- Bestimme, welche Pendellänge l am Pulsilogium für deinen momentanen Puls einzustellen ist. Wiederhole die Bestimmung nach 25 Kniebeugen.

Kap. 6.4

Ein klassisches Problem der Antike

Das klassische Problem der Würfelverdoppelung hat nach Eutokios, einem griechischen Mathematiker, seinen Ursprung vor etwa 2500 Jahren in Griechenland.

Auf der Insel Delos gab es eine verheerende Pest. Zur Überwindung dieser Pest wandten sich die Delier an das Orakel der Insel. Sie erhielten von dem Orakel den Auftrag, einen der würfelförmigen Altäre im Tempel des Apollon zu verdoppeln, also einen gleichförmigen Altar mit doppeltem Rauminhalt zu erbauen. Dieses Problem ist seitdem unter dem Namen „Delisches Problem" bekannt.

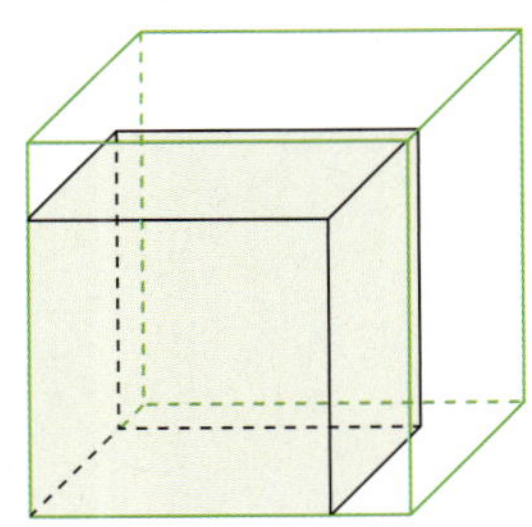

Würfelverdoppelung nach Hippokrates von Chios:
$a : x = x : y = y : 2a$

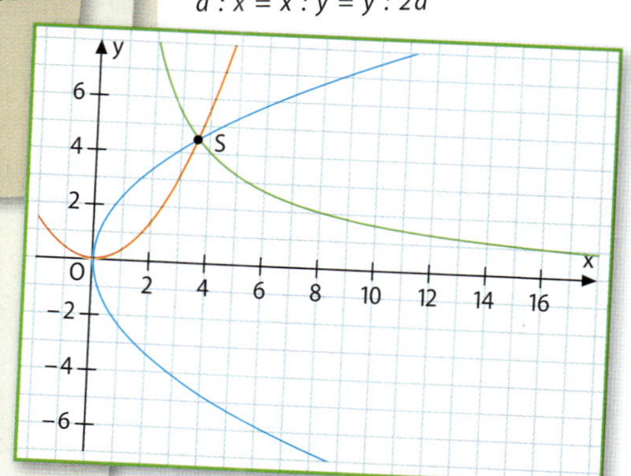

- Löse das Delische Problem rechnerisch.
- Informiere dich im Internet über die Lösbarkeit des Delischen Problems und seinen Umgang in der Antike.
- Erkläre die Würfelverdoppelung nach Hippokrates von Chios anhand der Abbildung.

Entdecken

Im Folgenden untersuchen wir Zusammenhänge am „Zauberwürfel".

- Ordne den Graphen die entsprechenden Zuordnungen zu. Begründe deine Auswahl.

1

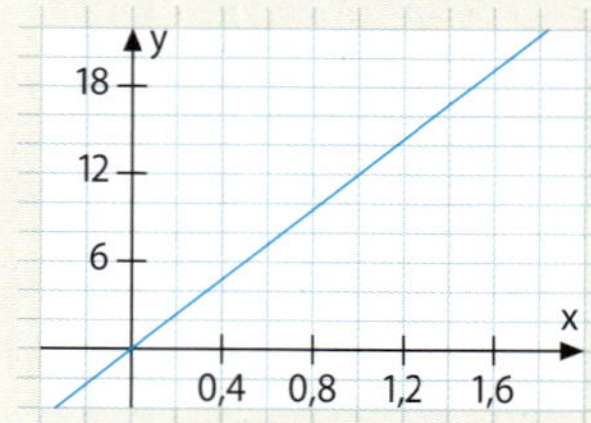

2

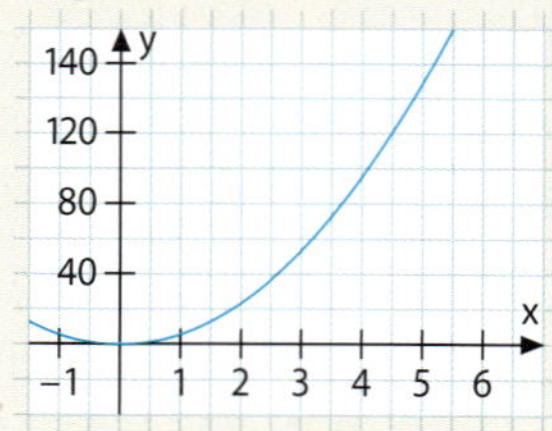

3

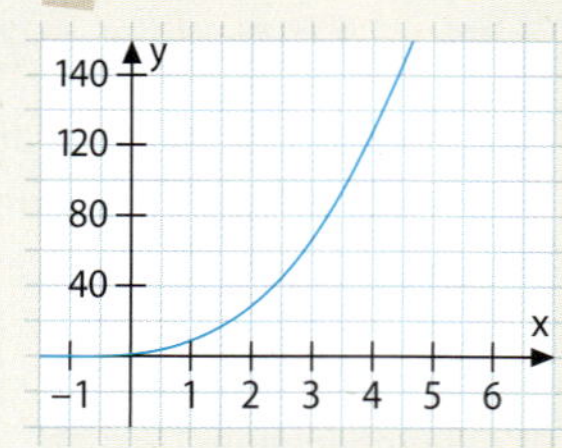

A *Kantenlänge des Würfels ↦ Volumen des Würfels*

B *Kantenlänge des Würfels ↦ Oberflächeninhalt des Würfels*

C *Seitenfläche des Würfels ↦ Oberflächeninhalt des Würfels*

- Beschreibe die Zusammenhänge zwischen den Größen mithilfe von Potenzen.

Verstehen

ℕ \ {0}: alle natürlichen Zahlen ohne die „0".

In diesem Kapitel untersuchen wir weitere Funktionen der Form $f(x) = x^n$.

Eine Funktion der Form $f(x) = x^n$ $(n \in \mathbb{N} \setminus \{0\})$ heißt Potenzfunktion (n-ten Grades). Die Graphen der Funktionen $f(x) = x^n$ $(n \in \mathbb{N} \setminus \{0\})$ bilden **Parabeln n-ter Ordnung**.

Beachte:
$\mathbb{R} =]-\infty; +\infty[$
$\mathbb{R}_0^+ = [0; +\infty[$
Das Zeichen ∞ steht für „unendlich".

	n gerade („gerade Funktion")	**n ungerade („ungerade Funktion")**
$\mathbb{D}$	$x \in \mathbb{R}$	$x \in \mathbb{R}$
$\mathbb{W}$	$f(x) \in \mathbb{R}_0^+$	$f(x) \in \mathbb{R}$
Symmetrie	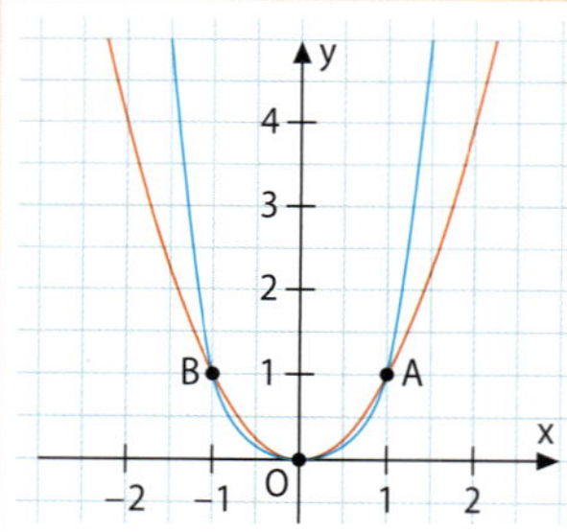 Bei Achsensymmetrie zur y-Achse gilt: $f(-x) = f(x)$	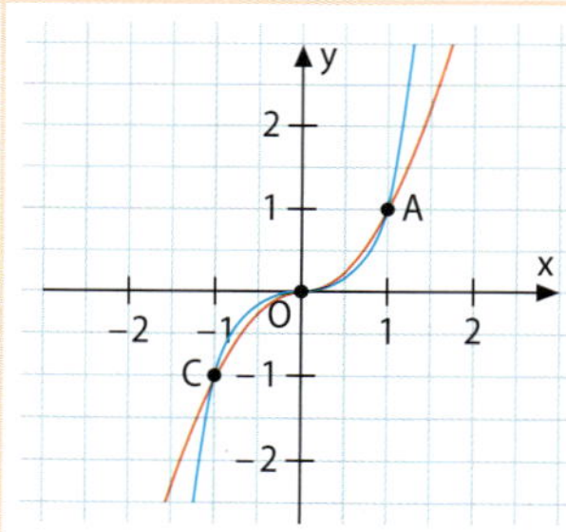 Bei Punktsymmetrie zum Ursprung O gilt: $f(-x) = -f(x)$
gemeinsame Punkte	$A(1 \mid 1)$; $B(-1 \mid 1)$; $O(0 \mid 0)$	$A(1 \mid 1)$; $C(-1 \mid -1)$; $O(0 \mid 0)$
Monotonie	fallend für $x \in]-\infty; 0]$ steigend für $x \in [0; +\infty[$	steigend für $x \in \mathbb{R}$

Beispiel

Die Punkte $Q_1(-2 \mid y_1)$, $Q_2(0 \mid y_2)$, $Q_3(x_3 \mid 27)$, $Q_4(x_4 \mid 125)$ und $Q_5(x_5 \mid 2^9)$ liegen auf dem Graphen der Funktion $f(x) = x^3$. Berechne jeweils die fehlende Koordinate.

Lösung:

$Q_1(-2 \mid y_1)$: $y_1 = (-2^3)$ Somit: $y_1 = -8$ und $Q_1(-2 \mid -8)$ Ebenso: $Q_2(0 \mid 0)$

$Q_3(x_3 \mid 27)$: $27 = x_3^3$ Somit: $x_3 = 3$ und $Q_3(3 \mid 27)$ Ebenso: $Q_4(5 \mid 125)$, $Q_5(2^3 \mid 2^9)$

Nachgefragt

- Beschreibe die Eigenschaft der geraden Funktion (ungeraden Funktion) anhand des Graphen aus dem Merkkasten mit eigenen Worten.
- Begründe mithilfe der Potenzgesetze, dass die Graphen aller Potenzfunktionen $f(x) = x^n$ mit …
  1 natürlicher Zahl n und $n \neq 0$ durch den Punkt $A(1|1)$ verlaufen.
  2 geradem n und $n \neq 0$ durch den Punkt $B(-1|1)$ verlaufen.
  3 ungeradem n durch den Punkt $C(-1|-1)$ verlaufen.

Aufgaben

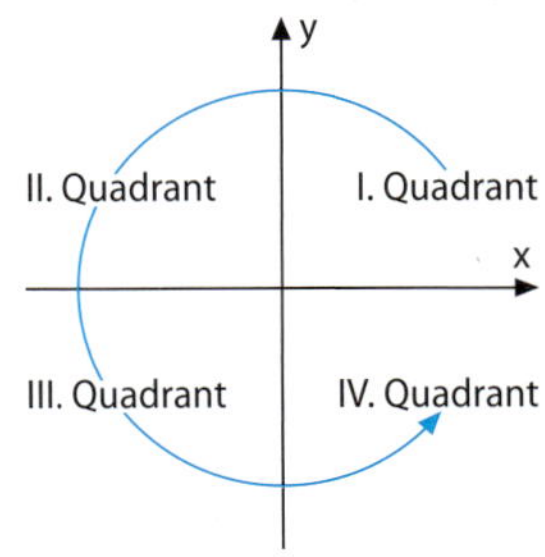

1 Untersuche Funktionen der Form $f(x) = x^n$ $(n \in \mathbb{N}\setminus\{0\})$.

a) Zeichne in ein Koordinatensystem. Du kannst auch ein Computerprogramm verwenden.

1	$f(x) = x^2$	2	$g(x) = x^3$
3	$h(x) = x^4$	4	$i(x) = x^5$
5	$j(x) = x^6$	6	$h(x) = x^7$

b) Stelle Gemeinsamkeiten und Unterschiede der Funktionen aus a) in Abhängigkeit vom Exponenten heraus.

c) Kennzeichne jeweils die Monotonieintervalle.

d) Gib gemeinsame Punkte der Funktionsgraphen an.

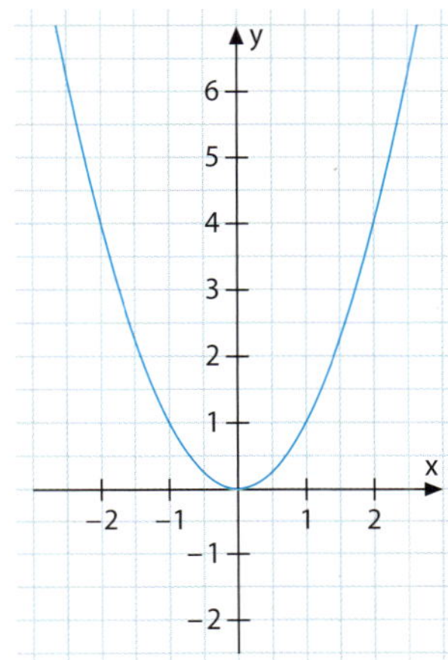

2 Ordne dem Graphen die zugehörige Funktionsgleichung zu.

oHiMi 2

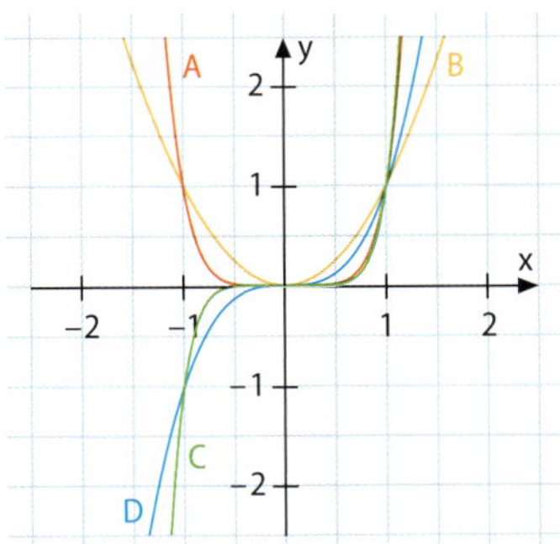

1 $f(x) = x^2$

2 $f(x) = x^3$

3 $f(x) = x^6$

4 $f(x) = x^7$

3 Die angegebenen Punkte liegen auf dem Graphen der Funktion. Berechne jeweils die fehlende Koordinate. Findest du mehrere Möglichkeiten?

a)	$f(x) = x^2$	$A(3\|a)$	$B(-2{,}5\|b)$	$C(c\|20{,}25)$	$D\left(d\middle\|\frac{6}{19}\right)$
b)	$f(x) = x^3$	$A(-2\|a)$	$B(1{,}4\|b)$	$C(c\|0{,}125)$	$D(d\|-3^9)$
c)	$f(x) = x^5$	$A\left(-\frac{1}{2}\middle\|a\right)$	$B(5\|b)$	$C(c\|-2^{15})$	$D\left(d\middle\|\frac{1}{243}\right)$
d)	$f(x) = x^6$	$A\left(\frac{1}{5}\middle\|a\right)$	$B(3^2\|b)$	$C(c\|1 \cdot 10^{-6})$	$D(d\|-1)$

4 Ermittle alle Schnittpunkte der Graphen der Funktionen.

a) $f(x) = x^3$ und $g(x) = x^7$ **b)** $f(x) = x^4$ und $g(x) = x^{10}$

c) $f(x) = x^2$ und $g(x) = x^5$ **d)** $f(x) = x^3$ und $g(x) = x^8$

Weiterdenken

Ein Koeffizient a vor dem Term x^3 bewirkt wie bei quadratischen Funktionen eine Stauchung oder Streckung der ursprünglichen Parabel. Das gilt für jede Potenzfunktion.

Auswirkung des Koeffizienten a der Funktion $f(x) = a \cdot x^n$ auf den Graphen der Funktion $f(x) = x^n$ ($n \in \mathbb{N}\setminus\{0\}$):
Für $0 < |a| < 1$ **Stauchung**,
für $1 < |a|$ **Streckung** des Graphen mit dem Faktor a in y-Richtung.
Für $a < 0$ zusätzlich **Spiegelung** an der x-Achse.

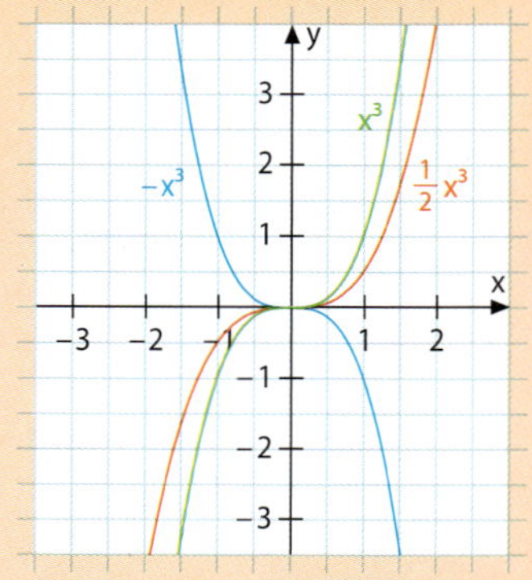

Du kannst auch ein Computerprogramm verwenden.

5 Überprüfe die Auswirkungen des Koeffizienten a auf den Graphen der Funktion, indem du die Graphen in ein Koordinatensystem zeichnest. Beschreibe deine Beobachtungen.
a) $g(x) = ax^3$ mit $a \in \{-2; -1; 1; 2\}$ **b)** $h(x) = ax^4$ mit $a \in \{-2; -1; 1; 2\}$

6 Zeichne zunächst den Graphen der Funktion f in dein Heft. Erstelle dazu eine geeignete Wertetabelle. Kontrolliere anschließend die Zeichnung mithilfe eines Computerprogramms.
a) $f(x) = 0{,}1x^3$ **b)** $f(x) = -\frac{1}{4}x^4$ **c)** $f(x) = -0{,}01x^5$ **d)** $f(x) = \frac{1}{5}x^4$

oHiMi 7, 8, 10–14

7 **a)** Welche der folgenden Differenzen sind positiv, welche negativ, welche haben den Wert null? Begründe ohne Rechnung.
1 $17^2 - 13^2$ 2 $0{,}4^3 - 0{,}7^3$ 3 $9^2 - 9^3$ 4 $0{,}7^2 - 0{,}7^3$
b) Welche der folgenden Quotienten sind größer als 1, welche gleich 1 und welche kleiner als 1? Begründe ohne Rechnung.
1 $2{,}1^3 : 3{,}7^3$ 2 $0{,}84^2 : 0{,}61^2$ 3 $1{,}9^2 : 1{,}9^3$ 4 $8{,}5^2 : (-8{,}5)^2$
c) Erstelle selbst eigene Aufgaben mit Ergebnissen, die
1 negativ 2 kleiner 1 3 gleich 1 4 größer 1 sind.

8 **a)** Zeichne den Graphen der Funktion $f(x) = |x|^3$ aus dem Graphen der Funktion $f(x) = x^3$ mithilfe geometrischer Überlegungen und Fallunterscheidungen ohne Wertetabelle.
b) Verfahre ebenso mit dem Graphen der Funktion $f(x) = |x|^5$ aus dem Graphen der Funktion $f(x) = x^5$.

9 Gegeben ist die Funktion $f_1(x) = -\frac{1}{4}x^3$ mit $x \in \mathbb{R}$.
a) Erstelle für diese Funktion eine Wertetabelle und zeichne den zugehörigen Graphen in ein Koordinatensystem.
b) Stelle die Funktion $f_2(x) = x^2 - 3x$ mit $x \in \mathbb{R}$ in demselben Koordinatensystem dar und berechne die Nullstellen dieser Funktion.
c) Die Graphen der Funktionen schneiden sich in den Punkten P und Q. Gib die Gleichung der linearen Funktion $f_3(x)$ an, die durch P und Q verläuft.

Weiterdenken

Wie quadratische Funktionen lassen sich auch alle Potenzfunktionen entlang der Koordinatenachsen verschieben.

Die Addition einer Konstanten c zur Potenzfunktion $f(x) = a \cdot x^n$ ($n \in \mathbb{N}\setminus\{0\}$) bewirkt eine Verschiebung um c Einheiten entlang der y-Achse:
$f(x) = a \cdot x^n + c$.

Die Addition einer Konstanten d zur Basis der Potenzfunktion $f(x) = a \cdot x^n$ ($n \in \mathbb{N}\setminus\{0\}$) bewirkt eine Verschiebung um −d Einheiten entlang der x-Achse:
$f(x) = a \cdot (x + d)^n$.

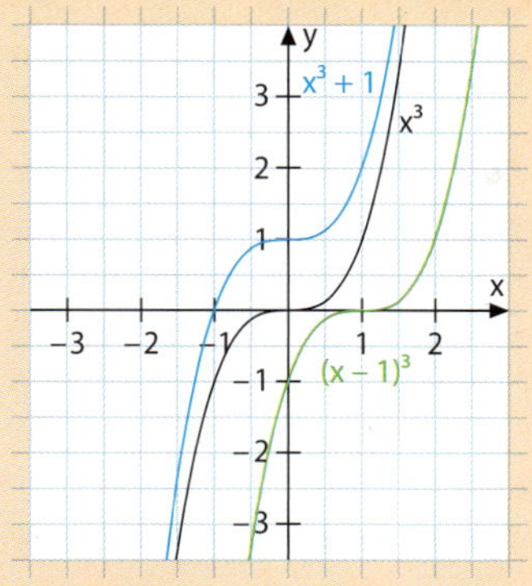

10 Beschreibe die Veränderung gegenüber der Potenzfunktion $f(x) = x^3$. Skizziere den Graphen.

a) $f(x) = x^3 + 5$ **b)** $f(x) = x^3 - 4$ **c)** $f(x) = \frac{1}{2}x^3 - 0{,}5$

d) $f(x) = -x^3 - 2$ **e)** $f(x) = \frac{1}{4}x^3 - 0{,}25$ **f)** $f(x) = -3x^3 + 4$

11 Beschreibe den Unterschied in der Verschiebung bei den Funktionen $f(x) = x^3 + 1$ und $g(x) = (x + 1)^3$.

12 Untersuche die Verschiebung entlang der x-Achse. Beschreibe Zusammenhänge.

a) $f(x) = (x - 2)^3$ **b)** $f(x) = (x + 1)^3$ **c)** $f(x) = (x - 1)^4$ **d)** $f(x) = (x + 0{,}5)^4$

13 **a)** Ordne den Graphen die passende Gleichung zu:

1 $f(x) = x^2$
2 $f(x) = x^4 + 3$
3 $f(x) = x^3$
4 $f(x) = (x - 2)^3 - 1$

b) Bestimme die fehlende Funktionsgleichung.

c) Beschreibe den Verlauf des Graphen der Funktion mit der Gleichung $f(x) = (x - 2)^4 + 3$.

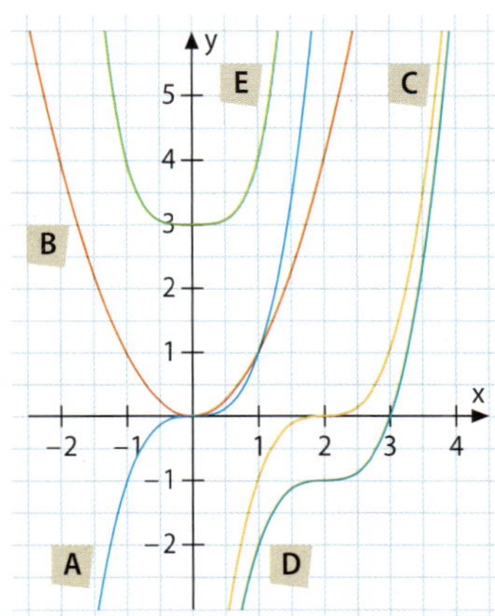

14 Zeichne und ordne die Funktionsgleichungen den Eigenschaften zu.
Die Funktion/der Funktionsgraph …

1 ist für $x < 4$ monoton fallend und für $x > 4$ monoton steigend.
2 ist achsensymmetrisch zum Graph von $x = -2$.
3 hat die Nullstellen $x_1 = -1$ und $x_2 = 1$.
4 hat als einzige Funktion keine Nullstelle.
5 verläuft durch die Punkte A(−1 | 1) und B(1 | 1).
6 wird durch eine gestauchte Normalparabel dargestellt.

$f(x) = x^4$

$f(x) = x^2 + 4$

$f(x) = x^2 + 4x$

$f(x) = x^4 + 1$

$f(x) = 0{,}2x^4$

$f(x) = (x - 4)^2 - 1$

Entdecken

Untersuche Potenzfunktionen der Form $f(x) = x^{-n}$ $(n \in \mathbb{N}\setminus\{0\})$.

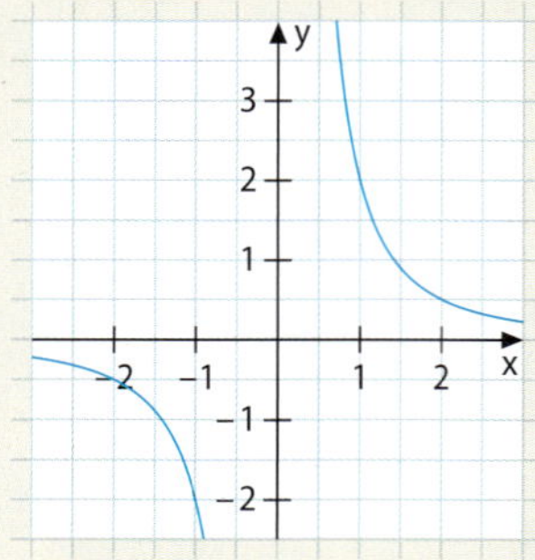

- Zeichne in ein Koordinatensystem. Du kannst auch ein Computerprogramm verwenden.
  1 $f(x) = x^{-1}$ **2** $g(x) = x^{-2}$ **3** $h(x) = x^{-3}$
  4 $i(x) = x^{-4}$ **5** $j(x) = x^{-5}$ **6** $k(x) = x^{-6}$
- Stelle Gemeinsamkeiten und Unterschiede der Funktionen in Abhängigkeit vom Exponenten heraus.
- Kennzeichne jeweils die Monotonieintervalle.
- Gib gemeinsame Punkte der Funktionsgraphen an.

Verstehen

Auch Potenzfunktionen mit negativem Exponenten lassen sich danach unterscheiden, ob der Exponent gerade oder ungerade ist.

Beachte: $a^{-n} = \frac{1}{a^n}$

Potenzfunktionen der Form $f(x) = x^{-n}$ $(n \in \mathbb{N}\setminus\{0\})$ sind an der Stelle $x = 0$ nicht definiert. Die Graphen bezeichnet man als **Hyperbeln**. Sie haben folgende **Eigenschaften**:

Bei $x = 0$ haben die Funktionen eine Definitionslücke.

	n gerade („gerade Funktion“)	n ungerade („ungerade Funktion“)
$\mathbb{D}$	$x \in \mathbb{R}\setminus\{0\}$	$x \in \mathbb{R}\setminus\{0\}$
$\mathbb{W}$	$f(x) \in \mathbb{R}^+$	$x \in \mathbb{R}\setminus\{0\}$
Symmetrie	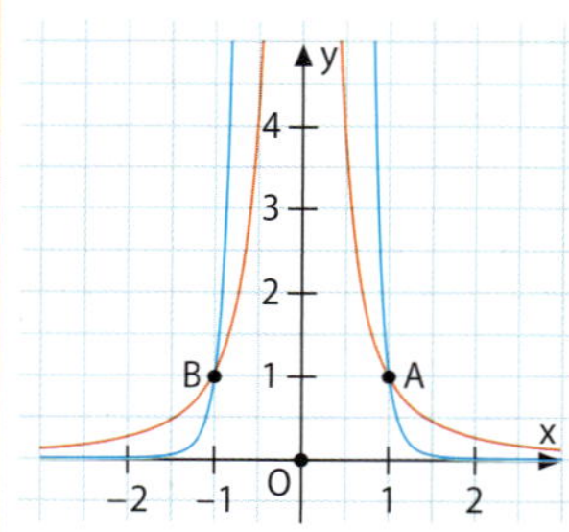 Bei Achsensymmetrie zur y-Achse gilt: $f(-x) = f(x)$	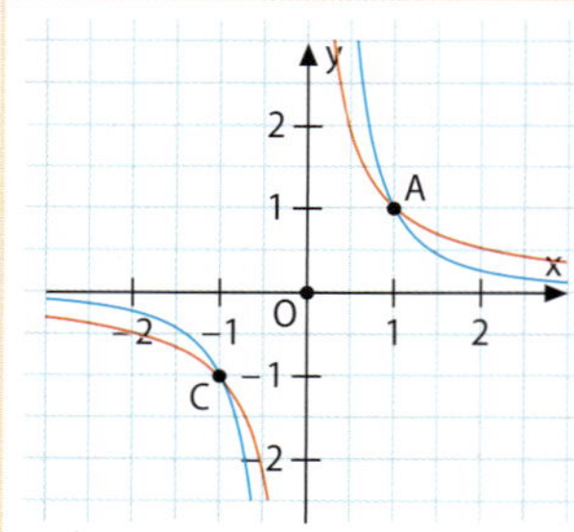 Bei Punktsymmetrie zum Ursprung O gilt: $f(-x) = -f(x)$
gemeinsame Punkte	$A(1\|1)$; $B(-1\|1)$	$A(1\|1)$; $C(-1\|-1)$
Monotonie	fallend für $x \in\ ]0; +\infty[$ steigend für $x \in\ ]-\infty; 0[$	fallend für $x \in \mathbb{R}\setminus\{0\}$
Asymptote	x-Achse (waagerechte Asymptote) und y-Achse (senkrechte Asymptote)	

Asymptote: Gerade, an die sich der Graph anschmiegt

Beispiele

1. Stelle die Funktion $f(x) = x^{-1} + 3$ grafisch dar. Beschreibe dein Vorgehen.
Lösung:
Vorgehen:
1 Zeichne $f(x) = x^{-1}$ in ein Koordinatensystem.
2 $+ 3$ bewirkt eine Verschiebung um $+ 3$ Einheiten entlang der y-Achse.
Du erhältst $f(x) = x^{-1} + 3$.

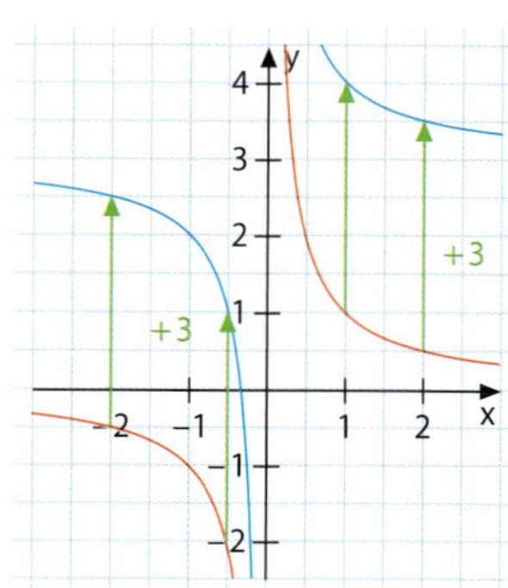

- Begründe, dass Potenzfunktionen der Form $f(x) = x^{-n}$ an der Stelle $x = 0$ nicht definiert sind.
- Begründe, dass die Funktion $f(x) = x^0$ äquivalent zur Funktion $f(x) = 1$ ist.
- Der Graph einer indirekt proportionalen Zuordnung heißt ebenfalls Hyperbel. Erkläre den Zusammenhang zur Potenzfunktion $f(x) = x^{-1}$.

Nachgefragt

Aufgaben

1 Zeichne die Funktionen und ergänze ihre Eigenschaften im Heft.

Eigenschaften	a) $f(x) = x^{-2}$	b) $f(x) = x^{-3}$	c) $f(x) = x^{-4}$
Definitionsbereich		$x \in \mathbb{R}\setminus\{0\}$	
Wertebereich			
...			

Weitere Eigenschaften:
- *Symmetrie*
- *gemeinsame Punkte*
- *Monotonie*
- *Asymptoten*
- *Achsenschnittpunkte*

oHiMi
1–3, 6

2

1

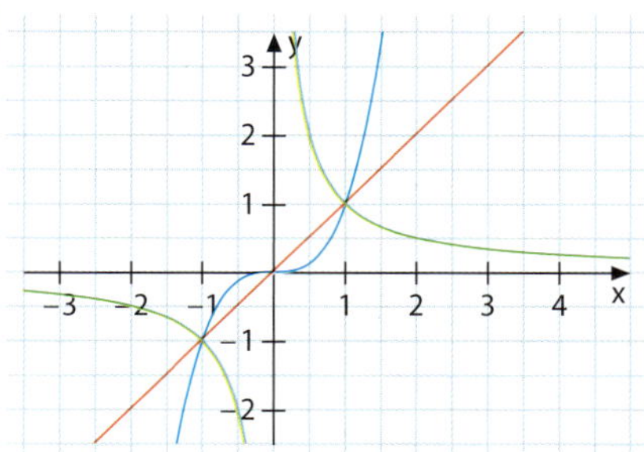

2

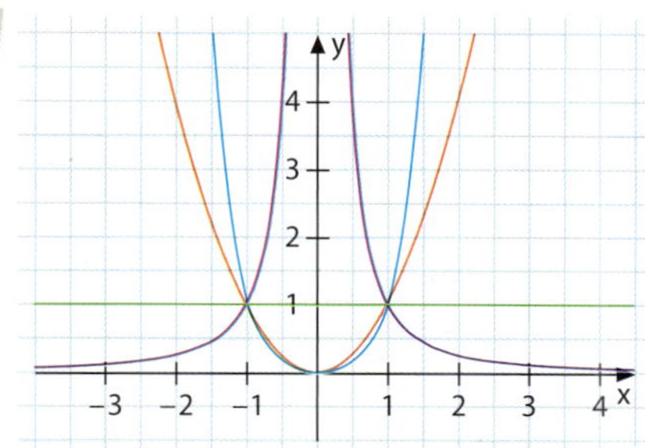

a) Unterscheide in den Darstellungen Potenzfunktionen mit geraden und ungeraden Exponenten. Begründe deine Entscheidung.
b) Gib die Gleichungen der Funktionen an.

3 Auf jeder Funktion liegen mehrere der angegebenen Punkte. Bei richtiger Zuordnung ergeben sich verschiedene Namen. Finde sie heraus.

$f_1(x) = x^2$	$f_2(x) = x^3$	A(1|1)	K(−1|1)	R(−2|4)	X(−1|−1)
$f_3(x) = x^{-1}$	$f_4(x) = x^4$	E(−0,5|−2)	I(2|16)	L(2|0,5)	M(0|0)

4

Bei diesen Potenzfunktionen gelten dieselben Überlegungen zu einem Koeffizienten a sowie für Verschiebungen entlang der x- Achse und y-Achse, wie bei Potenzfunktionen mit natürlichem Exponenten.

a) Erkläre die Aussage von Juliana.
b) Überprüfe die Auswirkungen der Parameter auf den Graphen der Funktion. Du kannst auch ein Computerprogramm nutzen.

1 $f(x) = a \cdot x^{-n}$ mit $a \in \{-2; -1; 1; 2\}$	**2** $f(x) = x^{-n} + c$ mit $c \in \{-2; -1; 1; 2\}$	**3** $f(x) = (x + d)^{-n}$ mit $d \in \{-2; -1; 1; 2\}$

Die Punkte, die nicht auf den Funktionen liegen, ergeben in der Reihenfolge einen deutschen Fußballtrainer.

5 Überprüfe rechnerisch, welche Punkte auf der angegebenen Funktion liegen.

a)	$f(x) = x^{-2}$	R(5 | 0,04)	K(−4 | −0,625)	F(0,05 | 400)
b)	$f(x) = x^3$	L(−0,2 | −0,08)	U(3 | 27)	I(−1,5 | −3,375)
c)	$f(x) = x^2 + 5x - 3$	E(12 | 201)	R(−4 | −7)	O(−6 | 6)
d)	$f(x) = x^{-1}$	T(10 | 0,1)	B(−0,1 | −10)	P(5 | 0,02)
e)	$f(x) = x^4 - 10$	P(1 | −10)	N(10 | 9990)	S(−2 | 6)

6 Funktionen WANTED! Skizziere anhand der Eigenschaften einen Graph der Potenzfunktion in ein Koordinatensystem und gib mindestens drei mögliche Funktionsgleichungen an.

a) Die Funktion ist im gesamten Definitionsbereich monoton steigend und hat eine Nullstelle an der Stelle $x = 2$.

b) Die Funktion hat keine Nullstelle, ist über ihren gesamten Definitionsbereich monoton fallend und an der Stelle $x = 0$ nicht definiert.

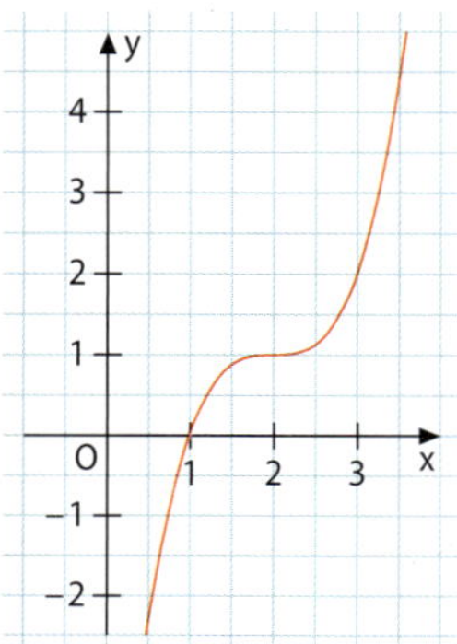

7 Weise rechnerisch nach, dass im Koordinatensystem in der Randspalte nicht der Graph der Funktion $f(x) = (x + 2)^3 + 1$ dargestellt ist. Gib die richtige Funktionsgleichung an.

8 Die Graphen der Funktionen $f_1(x)$ und $f_2(x)$ schneiden sich in mehreren Punkten. Ermittle diese Punkte mithilfe einer grafischen Darstellung.

a) $f_1(x) = 0{,}1x^3$
$f_2(x) = 0{,}4x$

b) $f_1(x) = x^{-2}$
$f_2(x) = -0{,}5x^2 + 2{,}25$

c) $f_1(x) = x^4$
$f_2(x) = x^3 + 2$

d) $f_1(x) = x^{-2} - 2$
$f_2(x) = x^4 - 2$

9

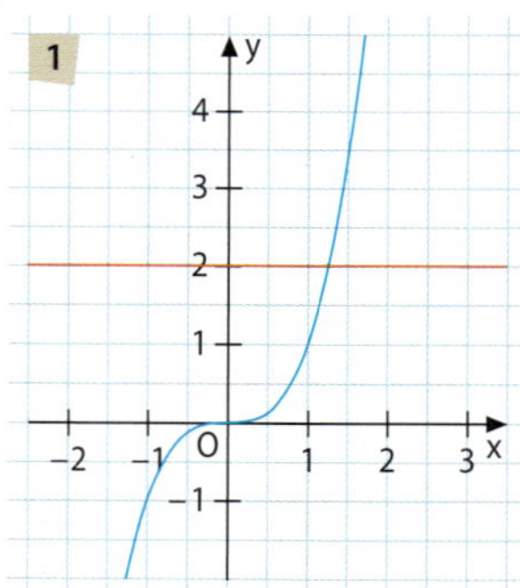

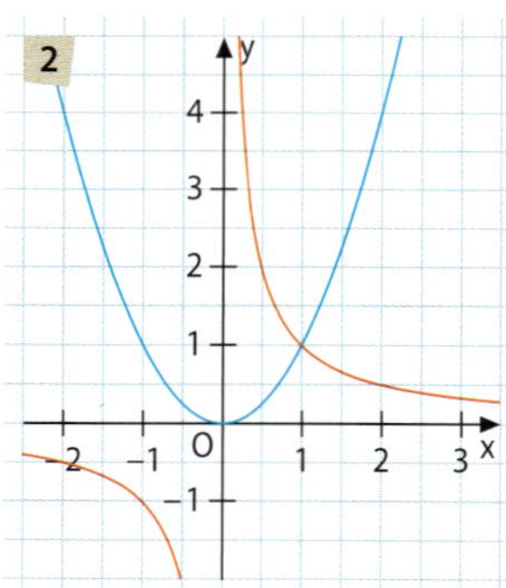

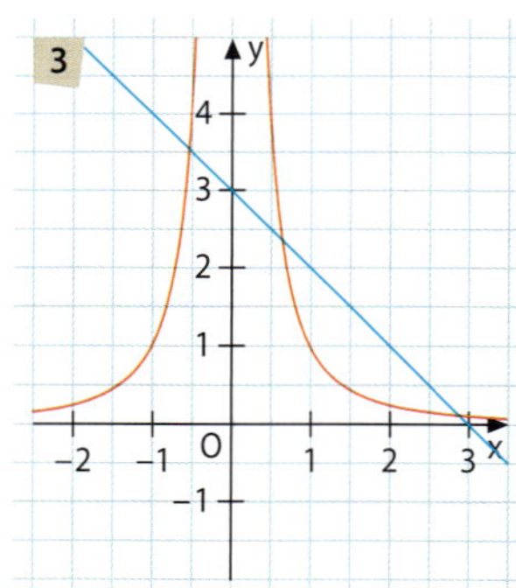

„Zwei Potenzfunktionen schneiden sich immer in 0, 1, 2 oder 3 Punkten."

a) Gib jeweils die Gleichungen zu den dargestellten Graphen $f_1(x)$ und $f_2(x)$ an.
b) Lies die Schnittpunkte der Funktionen so genau wie möglich ab.
c) Bestätige oder widerlege nebenstehende Aussage.

10 Eine Funktion hat die Gleichung $f_1(x) = x^3 + 3x^2 - 2$.

a) Berechne die fehlenden Werte der Wertetabelle.

x	−3,5	−3	−2,5	−2	−1,5	−1	0	0,5	1	1,5
$f_1(x)$		−2								

b) Skizziere den Graphen von $f_1(x)$ in ein Koordinatensystem.
c) Zeichne den Graphen der Funktion $f_2(x) = x^3$ in dasselbe Koordinatensystem. Beschreibe Ähnlichkeiten.

Als Exponent können auch **rationale Zahlen** auftreten.
Eine Funktion der Form $f(x) = x^k$ mit $k \in \mathbb{Q}^+$ und $x \geq 0$ heißt **Potenzfunktion mit rationalem Exponenten** oder auch **Wurzelfunktion**.

$0 < k < 1$

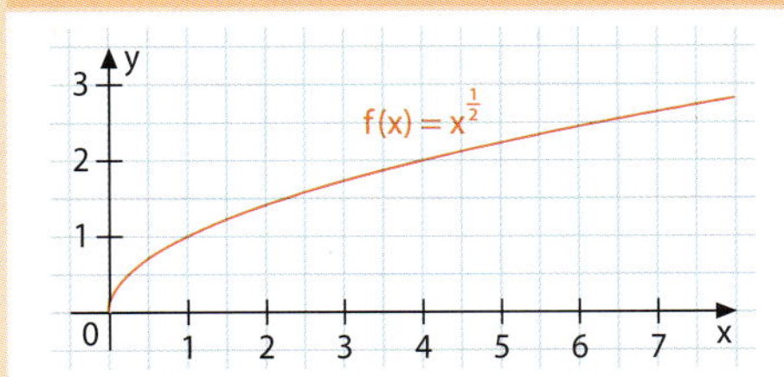

$k > 1$

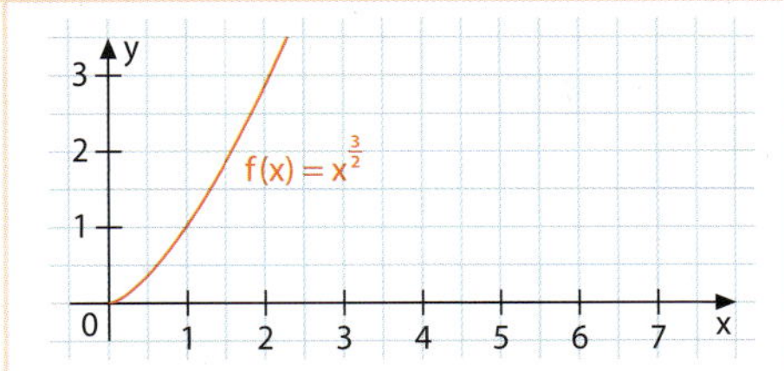

Weiterdenken

$k \in \mathbb{Q}^+$ bedeutet: $k \in \mathbb{Q}$ und $k > 0$.

Beachte ($n \neq 0$):
$\sqrt[n]{x} = x^{\frac{1}{n}}$
$\sqrt[n]{x^m} = x^{\frac{m}{n}}$
$\sqrt[n]{0} = 0$
$\sqrt[n]{1} = 1$

11 Gegeben sind die Funktionen $f_1(x) = x^{\frac{1}{2}}$ und $f_2(x) = \frac{1}{2}x$.

a) Zeichne die Graphen der Funktionen in ein Koordinatensystem.
b) Spiegle die Graphen von $f_1(x)$ und $f_2(x)$ an der x-Achse.
c) Gib die Koordinaten aller Schnittpunkte der Graphen im Koordinatensystem an.
d) Die Schnittpunkte sind Eckpunkte einer Figur. Berechne ihren Flächeninhalt.

12 Stelle mit einem Computerprogramm jeweils in einem gemeinsamen Koordinatensystem die Funktionen grafisch dar. Vergleiche die Graphen. Nenne Gemeinsamkeiten und Unterschiede. Finde Eigenschaften der Graphen in Abhängigkeit des Exponenten.

a) $f(x) = x^{\frac{1}{3}}$; $g(x) = x^{\frac{1}{4}}$; $h(x) = x^{\frac{3}{4}}$
b) $f(x) = x^{\frac{5}{2}}$; $g(x) = x^{\frac{4}{3}}$; $h(x) = x^{\frac{11}{4}}$

13 Von den vier Größen Grundkantenlänge, Grundfläche, Höhe und Volumen einer quadratischen Säule sei jeweils eine Größe mit der Maßzahl 12 bekannt. Fasst man zwei der drei restlichen Größen als Variable x und Funktion f(x) auf, so erhält man die angegebenen Funktionsgleichungen. Welche Größen stellen x und f(x) jeweils dar?

a) $f(x) = 12 \cdot x$
b) $f(x) = 12 \cdot x^{-1}$
c) $f(x) = 12 \cdot x^2$
d) $f(x) = \frac{1}{\sqrt{12}} \cdot x^{\frac{1}{2}}$
e) $f(x) = 12 \cdot x^{-2}$

14 **a)** Zeichne die Graphen der angegebenen Potenzfunktionen und vergleiche sie in Bezug auf die Gerade mit $g(x) = 1$ hinsichtlich: Definitionsbereich, Wertebereich, Symmetrie, gemeinsamen Punkten, Monotonie, Lage.

1 $f_1(x) = x$; $f_2(x) = \frac{1}{x}$
2 $f_1(x) = x^2$; $f_2(x) = \frac{1}{x^2}$
3 $f_1(x) = x^3$; $f_2(x) = \frac{1}{x^3}$

b) Formuliere eine Vermutung, wie aus dem Graphen einer Potenzfunktion $f(x) = x^n$ der Graph der Funktion $g(x) = x^{\frac{1}{n}}$ entsteht.

15 Beschreibe den Graphen der Funktion $f(x) = x^k$, $k \in \mathbb{Q}$, wenn der Exponent …

a) immer größer wird, d. h. $k \mapsto +\infty$.
b) immer kleiner wird, d. h. $k \mapsto -\infty$.
c) sich von rechts null nähert, d. h. $k \mapsto +0$.
d) sich von links null nähert, d. h. $k \mapsto -0$.

Entdecken

Die Abbildung zeigt die Graphen der Funktionen $f_1(x) = x^2$ und $f_2(x) = x^{\frac{1}{2}}$.

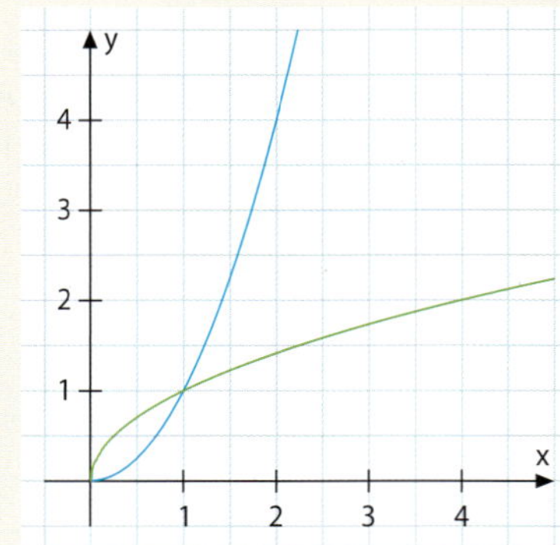

- Zeichne die Funktionsgraphen für $0 \leq x \leq 5$ in dein Heft.
  1. Beschreibe Gemeinsamkeiten und Unterschiede der beiden Graphen.
  2. Beschreibe die Symmetrien zwischen den Graphen. Nutze die Symmetrie zum Beschreiben von Zusammenhängen zwischen den Funktionstermen $y = x^2$ und $y = x^{\frac{1}{2}}$.
  3. Beschreibe, wie man den Graphen von $f_2(x)$ aus dem Graphen von $f_1(x)$ erhalten kann.
- Verfahre ebenso mit den Funktionen $g_1(x) = x^4$ und $g_2(x) = x^{\frac{1}{4}}$.

Verstehen

Das Vertauschen des Funktionswertes y mit dem Argument x eines Funktionsterms entspricht am Graphen der Funktion einer Spiegelung an der Winkelhalbierenden des I. und III. Quadranten.

Beachte: $f^{-1}(x)$ ist nur eine Bezeichnung, keine Rechenvorschrift.

Erhält man durch die Vertauschung von dem Funktionswert y und dem Argument x einer Funktion f wieder eine Funktion, so nennt man die Funktion f **umkehrbar**, die zugehörige Funktion **Umkehrfunktion f^{-1}**. Die Funktion f wird auch „eineindeutig" genannt: Jedem y-Wert ist genau ein x-Wert zugeordnet.

Die Potenzfunktionen der Form $f(x) = x^n$ (bzw. $f(x) = x^{-n}$) haben als **Umkehrfunktionen die Wurzelfunktion** $f^{-1}(x) = x^{\frac{1}{n}}$ (bzw. $f^{-1}(x) = x^{-\frac{1}{n}}$) für $n \in \mathbb{N}\setminus\{0\}$ und $x \in \mathbb{R}^+$.

Für $n \in \mathbb{N}\setminus\{0\}$ haben sie folgende Eigenschaften:

	$f(x) = x^{\frac{1}{n}}$	$f(x) = x^{-\frac{1}{n}}$
Definitionsbereich	$\mathbb{D} = \mathbb{R}_0^+$	$\mathbb{D} = \mathbb{R}^+$
Wertebereich	$\mathbb{W} = \mathbb{R}_0^+$	$\mathbb{W} = \mathbb{R}^+$
Graph	Parabelast	Hyperbelast
gemeinsame Punkte	A (1 | 1); O (0 | 0)	A (1 | 1)
Asymptoten	keine	Koordinatenachsen
	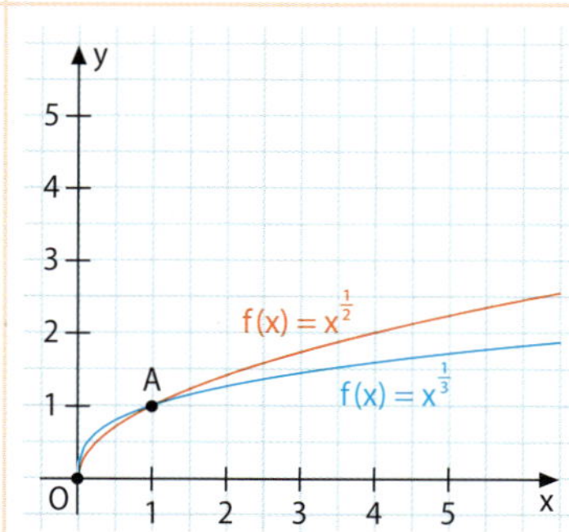	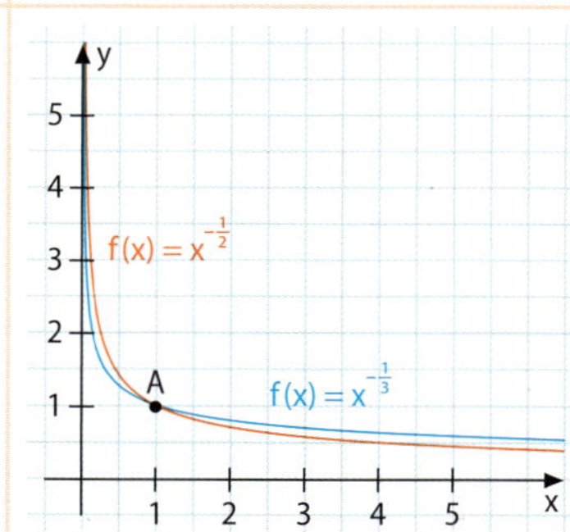

Beispiele

1. Bestimme rechnerisch die Umkehrfunktion zu $f(x) = x^3$.
Lösung:

Vorgehen	Beispiel	allgemein
1 $\mathbb{D}$ und $\mathbb{W}$ von f bestimmen	$\mathbb{D} = \mathbb{R};\ \mathbb{W} = \mathbb{R}$	$\mathbb{D} = \mathbb{R};\ \mathbb{W} = \mathbb{R}$
2 Funktionsterme mit x und y schreiben	$y = x^3$	$y = x^n$
3 Variablen x und y vertauschen	$x = y^3$	$x = y^n$
4 nach y auflösen	$y = \sqrt[3]{x} = x^{\frac{1}{3}}$	$y = \sqrt[n]{x} = x^{\frac{1}{n}}$
5 Umkehrfunktion	$f^{-1}(x) = x^{\frac{1}{3}}$	$f^{-1}(x) = x^{\frac{1}{n}}$
6 $\mathbb{D}$ und $\mathbb{W}$ von f^{-1} bestimmen	$\mathbb{D} = \mathbb{R}^+;\ \mathbb{W} = \mathbb{R}^+$	$\mathbb{D} = \mathbb{R}^+;\ \mathbb{W} = \mathbb{R}^+$

2. Bestimme grafisch die Umkehrfunktion zu $f(x) = x^3$.
Lösungsmöglichkeiten:

A Spiegelung

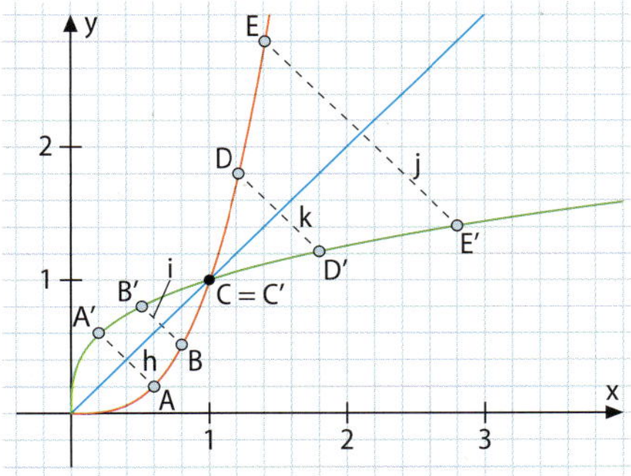

1 $\mathbb{D}$ und $\mathbb{W}$ von f bestimmen
2 Graph der Funktion f(x) zeichnen
3 Winkelhalbierende des I. und III. Quadranten zeichnen
4 ausgewählte Punkte an der Winkelhalbierenden spiegeln
5 Graph der Umkehrfunktion vervollständigen und Funktionsgleichung aufstellen: $f^{-1}(x) = x^{\frac{1}{3}}$
6 $\mathbb{D}$ und $\mathbb{W}$ von f^{-1} bestimmen

B Koordinatentausch

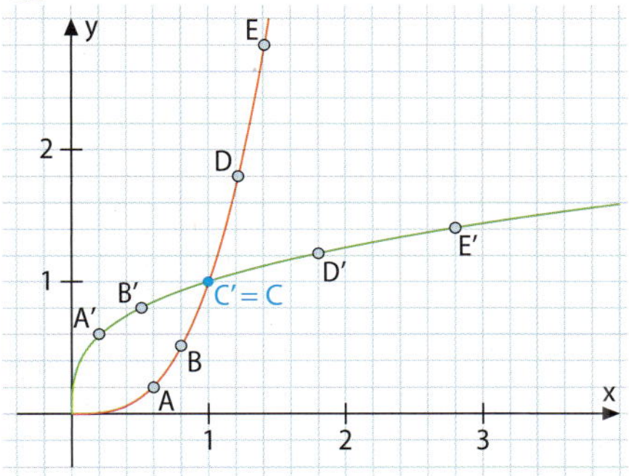

1 $\mathbb{D}$ und $\mathbb{W}$ von f bestimmen
2 Graph der Funktion f(x) zeichnen
3 gemeinsamen Punkt C(1|1) eintragen
4 von mindestens drei weiteren Punkten die Koordinaten vertauschen und eintragen, z. B. D(1,2|1,8) $\Rightarrow$ D′(1,8|1,2)
5 Graph der Umkehrfunktion vervollständigen und Funktionsgleichung aufstellen: $f^{-1}(x) = x^{\frac{1}{3}}$
6 $\mathbb{D}$ und $\mathbb{W}$ von f^{-1} bestimmen

Nachgefragt

- Alex behauptet, dass die Funktion $f(x) = x^{\frac{1}{5}}$ achsensymmetrisch zum Graphen der Funktion $f(x) = x^5$ ist, wobei die y-Achse die Symmetrieachse bildet. Überprüfe die Behauptung.
- Erkläre den Zusammenhang zwischen der Spiegelung an der Winkelhalbierenden $f(x) = x$ und dem Vertauschen der Koordinaten bzw. Variablen.
- Begründe: Ein Punkt P(a|b) mit $a \geq 0$ und $b \geq 0$ gehört genau dann zum Graphen von $f(x) = x^{\frac{1}{3}}$, wenn der Punkt Q(b|a) zum Graphen von $g(x) = x^3$ gehört.

Aufgaben

oHiMi 4–6, 8–9

1

1

x	0,1	0,2	0,3	1	1,2	2,1	3	4,5
$f(x) = x^{-\frac{1}{3}}$								

2

x	0,1	0,5	1	1,5	2	3	3,5	5
$g(x) = x^{-\frac{1}{5}}$								

3

x	0	0,5	1,5	2	3	3,5	4	5
$k(x) = x^{\frac{1}{12}}$								

Runde die Werte auf zwei Nachkommastellen.

a) Übertrage die Wertetabelle in dein Heft und vervollständige sie.
b) Begründe, welche Werte du in den Wertetabellen nicht mit dem Taschenrechner berechnen musst.

2 Zeichne die Graphen der Funktionen und ergänze ihre Eigenschaften im Heft.

	a) $f(x) = x^{\frac{1}{5}}$	b) $f(x) = x^{-\frac{1}{4}}$	c) $f(x) = x^4$	d) $f(x) = x^{\frac{1}{4}}$
Definitionsbereich				
Wertebereich				
Monotonie				
Nullstellen				
Asymptoten				
Gleichung der Umkehrfunktion				

Beachte:
$\sqrt[n]{x} = x^{\frac{1}{n}}$
$\sqrt[3]{x} = x^{\frac{1}{3}}$

3 Zeichne die Graphen der Funktionen $f_1(x) = \sqrt{x}$ und $f_2(x) = \sqrt[3]{x}$ für $0 \leq x \leq 10$ und spiegele sie an der x-Achse. Gib die Gleichungen sowie den Definitionsbereich und den Wertebereich der durch die Spiegelung entstandenen Funktionen an.

4 Begründe, warum zu folgenden Funktionen im angegebenen Definitionsbereich keine Umkehrfunktion gebildet werden kann.
a) $f(x) = 2x^2 \quad x \in [-2; +2]$
b) $f(x) = 4x^4 \quad x \in \mathbb{R}$

5 Ermittle aus den gegebenen Punkten der allgemeinen Potenzfunktion f(x) jeweils die Umkehrfunktion $f^{-1}(x)$.
a) $f_1(x)$: {(0 | −0,5); (1 | 0); (2 | 7,5); (3 | 40)}
b) $f_2(x)$: {(0 | 2); (1 | 3); (3 | 11); (4 | 18)}
c) $f_3(x)$: {(−2 | 3,2); (−1 | 0,2); $\left(-\frac{1}{2} \middle| \frac{1}{80}\right)$; (0 | 0)}
d) $f_4(x)$: {(0 | −1); (1 | 0); (8 | 1); (27 | 2)}

6 In der Grafik ist der Zusammenhang zwischen Abbildungen, Funktionen und eineindeutigen Funktionen dargestellt.
a) Erläutere die Darstellung anhand geeigneter Beispiele. Gehe dabei auf den Definitionsbereich und den Wertebereich ein.
b) Vergleiche das Monotonieverhalten von Funktion und Umkehrfunktion.

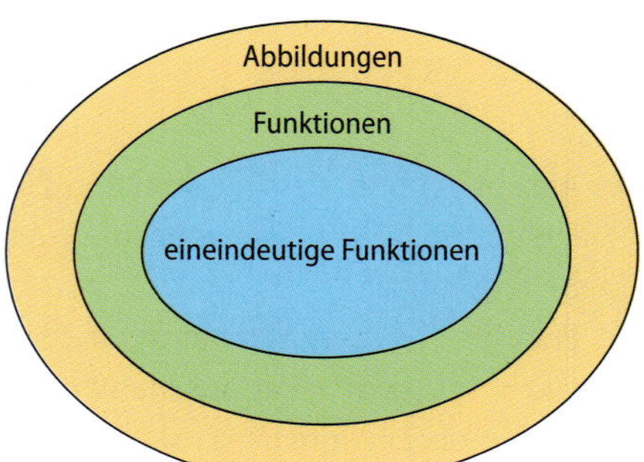

7

1

x	0	0,5	1	1,5	2	2,5	3	3,5
$f(x) = x^{\frac{2}{3}}$								

2

x	0,1	0,2	0,3	1	1,2	2,1	3	4,5
$f(x) = x^{-\frac{2}{3}}$								

3

x	0,1	0,2	0,3	1	1,2	2,1	3	4,5
$f(x) = x^{-\frac{3}{2}}$								

4

x	0	0,1	0,3	1	1,2	2,1	3	4,5
$f(x) = x^{\frac{4}{5}}$								

a) Übertrage die Wertetabelle in dein Heft und vervollständige sie.
b) Zeichne die Graphen der Funktionen in ein Koordinatensystem.
c) Analysiere, wie sich die Veränderung des Exponenten von Potenzfunktionen auf den Graphen der Funktionen auswirkt.
d) Vergleiche die Funktionen **2** und **3** untereinander.

Auch für Potenzfunktionen mit rationalem Exponenten kann eine Umkehrfunktion angegeben werden.
Die Funktion $f(x) = x^{\frac{m}{n}}$ mit $m, n \in \mathbb{Z}\setminus\{0\}$ und $x \in \mathbb{R}^+$ hat die Umkehrfunktion $f^{-1}(x) = x^{\frac{n}{m}}$.

Weiterdenken

Strategie
- *Funktionsterme mit x und y schreiben*
- *Variablen tauschen*
- *nach y auflösen*
- *Umkehrfunktion angeben*

8 Zeige, dass die Funktion f mit $f(x) = x^{\frac{m}{n}}$ die Umkehrfunktion f^{-1} mit $f^{-1}(x) = x^{\frac{n}{m}}$ hat.

9 Gib zu den gegebenen Umkehrfunktionen die ursprünglichen Funktionen an.

a) $f^{-1}(x) = \sqrt{x}$ **b)** $g^{-1}(x) = x$ **c)** $h^{-1}(x) = x^{\frac{3}{2}}$ **d)** $i^{-1}(x) = x^2$
e) $k^{-1}(x) = x^{-2}$ **f)** $l^{-1}(x) = (x-1)^3$ **g)** $m^{-1}(x) = \sqrt{x-1}$ **h)** $n^{-1}(x) = (x-1)^2$
i) $o^{-1}(x) = x^{\frac{1}{4}}$ **j)** $p^{-1}(x) = \sqrt{x+2}$ **k)** $q^{-1}(x) = \sqrt{2x-3} + 2$ **l)** $r^{-1}(x) = \sqrt[3]{-2x+3} - 2$

10 **a)** Berechne zu den Funktionen f_1 mit $f_1(x) = x^{\frac{2}{7}}$, f_2 mit $f_2(x) = x^{-\frac{5}{3}}$ und f_3 mit $f_3(x) = x^{0,3}$ jeweils die Gleichung der Umkehrfunktion f_1^{-1}, f_2^{-1} und f_3^{-1}. Multipliziere anschließend die jeweiligen Exponenten von Funktion und Umkehrfunktion. Formuliere ein allgemeingültiges Ergebnis.
b) Überprüfe das Ergebnis aus a) an weiteren Beispielen.

11 Mia hat gelesen, dass im englischen Sprachraum die Fahrenheit-Temperatur weit verbreitet ist. Sie wird in Grad Fahrenheit (1° F) angegeben, benannt nach dem Physiker Daniel Gabriel Fahrenheit (1686–1736). Die Umrechnung von Grad Celsius in Grad Fahrenheit lautet: $\vartheta_F = \frac{9}{5}\vartheta_C + 32$.
a) Rechne die Temperaturen 0° C, 37° C und 100° C in Grad Fahrenheit um.
b) Zeichne ein Umrechnungsdiagramm von Grad Celsius in Grad Fahrenheit.
c) Alex hat in seinem USA Urlaub die Faustformel „32 subtrahieren und dann halbieren" angewendet. Ist die Regel sinnvoll? Begründe.
d) Wie ist die alte Größe „Réaumur-Temperatur" nach René-Antoine de Réaumur definiert? Wie lauten die Umrechnungen?

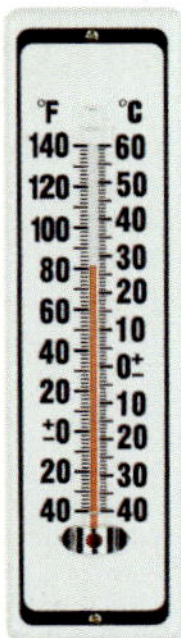

Entdecken

Ein Pflanzkübel soll die Form eines Würfels haben. In ihn sollen mindestens 10 ℓ Erde passen.

- Schätze zunächst die Kantenlänge, die ein solcher Kübel mindestens haben muss. Überprüfe deine Schätzung anschließend rechnerisch.

Verstehen

Potenzen können auch in Gleichungen vorkommen.
Wir betrachten im Folgenden einfache Fälle solcher Gleichungen.

Potenzgleichungen sind Gleichungen der Form $x^n = b$ für alle natürlichen Zahlen $n > 1$.
Beispiele für Potenzgleichungen: $x^3 = 27$; $x^7 = 1234$; $x^4 = \frac{81}{256}$

Potenzgleichungen kann man auf verschiedene Arten lösen:

1 **grafisch**: Die Lösungen sind Schnittpunkte der Graphen von $f(x) = x^n$ und $g(x) = b$.

n gerade

Beispiel: $x^4 = 2$

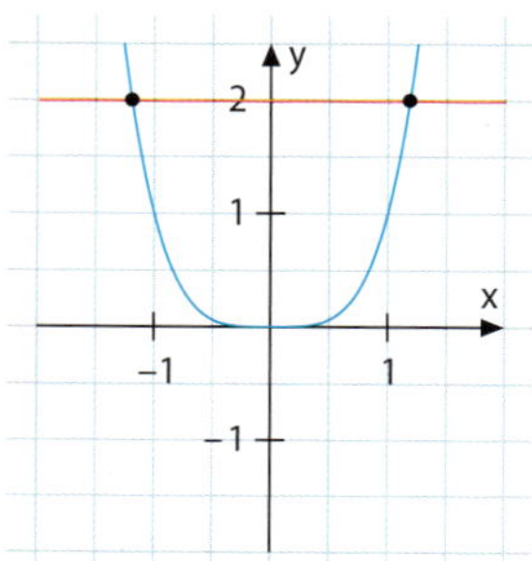

Lösungen:
$x_1 \approx 1{,}2$
$x_2 \approx -1{,}2$

n ungerade

Beispiel: $x^5 = 2$

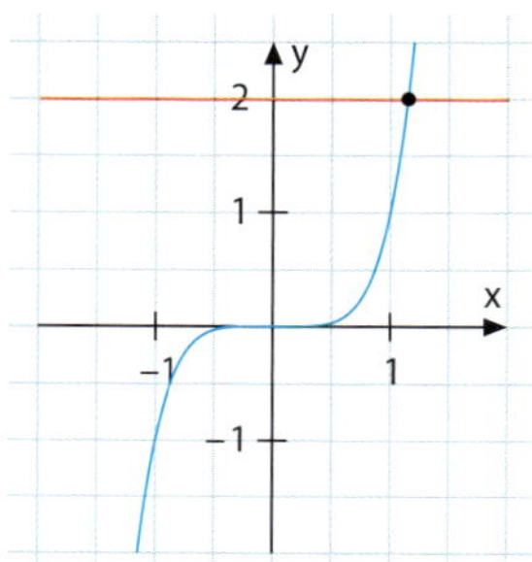

Lösung:
$x \approx 1{,}1$

2 **rechnerisch**: Auflösen der Gleichung durch Ziehen der n-ten Wurzel.

3 **systematisches Probieren**: systematisches Einsetzen für x, bis Lösung gefunden ist.

Eine Potenzgleichung der Form $x^n = b$ für alle natürlichen Zahlen $n > 1$ kann zwei Lösungen, genau eine Lösung oder keine Lösung besitzen.

Beispiele

1. Löse die Potenzgleichungen für den geraden Exponenten $n = 4$ ($x \in \mathbb{R}$).

a) $x^4 = 3$ b) $x^4 = -7$

Lösung:

a) 1 grafisch:
Der Graph der Funktion $f(x) = x^4$ hat mit dem Graphen von $g(x) = 3$ zwei Schnittpunkte, deren x-Werte die Lösung der Gleichung sind.

2 rechnerisch:
$x^4 = 3$ hat zwei Lösungen:
$x_1 = \sqrt[4]{3}$ und $x_2 = -\sqrt[4]{3}$.
Probe: $(\sqrt[4]{3})^4 = (-\sqrt[4]{3})^4 = 3$ w. A.
Damit ist $\mathbb{L} = \{-\sqrt[4]{3}; +\sqrt[4]{3}\}$.

b) 1 grafisch:
Der Graph der Funktion $f(x) = x^4$ hat mit dem Graphen von $g(x) = -7$ keinen Schnittpunkt.

2 rechnerisch:
$x^4 = -7$ hat keine Lösung, da x^4 nicht negativ werden kann.
Damit ist $\mathbb{L} = \{\}$.

2. Löse die Potenzgleichungen für den ungeraden Exponenten $n = 5$ $(x \in \mathbb{R})$.

a) $x^5 = 3$ **b)** $x^5 = -7$

Lösung:

a) **1** grafisch:
Der Graph der Funktion $f(x) = x^5$ hat mit dem Graphen von $g(x) = 3$ *einen* Schnittpunkt.

2 rechnerisch:
$x^5 = 3$ hat eine Lösung,
$x_1 = \sqrt[5]{3}$.
Probe: $\left(\sqrt[5]{3}\right)^5 = 3$ w. A.
Damit ist $\mathbb{L} = \left\{\sqrt[5]{3}\right\}$.

b) **1** grafisch:
Der Graph der Funktion $f(x) = x^5$ hat mit dem Graphen von $g(x) = -7$ *einen* Schnittpunkt.

2 rechnerisch:
$x^5 = -7$ hat eine Lösung,
$x_1 = -\sqrt[5]{7}$
Probe: $\left(-\sqrt[5]{7}\right)^5 = -7$ w. A.
Damit ist $\mathbb{L} = \left\{-\sqrt[5]{7}\right\}$.

Beachte:
Der Radikand unter der Wurzel darf nicht negativ sein.

Nachgefragt

- Beschreibe, wie man eine Gleichung der Form $ax^n = c$ in eine Gleichung der Form $x^n = b$ umwandeln kann.
- Begründe die drei möglichen Fälle für die Anzahl der Lösungen von Potenzgleichungen anhand der grafischen Lösungsmethode.

Aufgaben

oHiMi
1–4, 7–9

1 Bestimme die Lösungsmengen der Potenzgleichungen $(x \in \mathbb{R})$.

a) $x^8 = 20$ **b)** $x^5 = 32$ **c)** $x^7 = \frac{1}{128}$ **d)** $x^6 = 40$

$x^8 = -20$ $x^5 = -32$ $x^7 = -\frac{1}{128}$ $x^6 = -40$

2 Untersuche die Fälle, unter denen eine Potenzgleichung $(x \in \mathbb{R})$ der Form $x^n = b$ mit $n \in \mathbb{N}$ und $b \in \mathbb{R}$ zwei Lösungen, genau eine Lösung oder keine Lösung besitzt. Vervollständige dazu die Tabelle mit der rechnerischen Lösung in deinem Heft.

Beachte:
$\mathbb{N} = \{0, 1, 2, \ldots\}$

Nutze zur Lösung die Beispiele 1 und 2.

	n gerade	**n ungerade**
b > 0	$x^n = b$ $\Rightarrow \ldots$ Es gibt … Lösungen.	$x^n = b$ $\Rightarrow \ldots$ Es gibt … Lösungen.
b = 0		
b < 0		

3 **a)** Gib zwei verschiedene Potenzgleichungen $(x \in \mathbb{R})$ an, die die Lösung -1 haben können.
b) Gibt eine Potenzgleichung $x^n = b$ mit den Lösungen -3 und 2 an.

4 Berechne die x-Koordinaten der Schnittpunkte der Graphen von f und g $(x \in \mathbb{R})$.

a) $f(x) = x^3$; $g(x) = 6x$ **b)** $f(x) = x^5$; $g(x) = 6x^3 + 7x$
c) $f(x) = x^4 + 2x^2$; $g(x) = x^3 + 2x^2$ **d)** $f(x) = x^4 + x^2 - 2$; $g(x) = -3x^2 + 3$

Setze die Funktionsterme gleich: $f(x) = g(x)$

5 Ermittele alle Paare (x; y) positiver ganzer Zahlen x und y, für die $\sqrt{x} + \sqrt{y} = \sqrt{50}$ ist.

6 Übertrage die Tabelle in dein Heft. Untersuche mithilfe der Tabelle, wie sich die Veränderung des Arguments x ($x \in \mathbb{R}$) auf die Veränderung des Funktionswertes $f(x) = y$ auswirkt. Beschreibe anschließend die Veränderung allgemein und vergleiche x^n mit x^{-n}.

a) $y = 36x^2$ **b)** $y = 36 \cdot x^{-2}$ **c)** $y = 36x^3$ **d)** $y = 36 \cdot x^{-3}$

x wird	x	$f(x) = 36x^2$	Veränderung von $f(x) = y$
verdoppelt	$2 \mapsto 4$	$144 \mapsto 576 = 144 \cdot 4$	y wird …
verdreifacht	$2 \mapsto 6$		
halbiert	$2 \mapsto 1$		
geviertelt	$2 \mapsto 0{,}5$		

Weiterdenken

$k \in \mathbb{Q}^+$ bedeutet: $k \in \mathbb{Q}$ und $k > 0$.

Wir untersuchen nun die Potenzgleichungen für rationale Exponenten.
Gleichungen der Form $x^k = b$ mit $k \in \mathbb{Q}^+$ nennt man ebenfalls Potenzgleichungen.
Sie sind nur für $x \geq 0$ definiert.

	$x^k = b$	$x^{-k} = b$
Beispiele	$x^{\frac{4}{7}} = b$ da $x^{\frac{4}{7}} = \left(x^{\frac{1}{7}}\right)^4$ ist, gilt $x^{\frac{1}{7}} = \sqrt[4]{b}$, also $x = \left(\sqrt[4]{b}\right)^7 = \sqrt[4]{b^7}$	$x^{-\frac{5}{7}} = b$ da $x^{\frac{5}{7}} = b^{-1}$ ist, gilt $x = \sqrt[5]{b^{-7}}$

7 Bestimme die Lösungsmenge der Potenzgleichungen in $\mathbb{R}$.

a) $x^{\frac{3}{2}} = 12$ **b)** $x^{\frac{3}{5}} = -5$ **c)** $\sqrt[3]{2x} = 4$ **d)** $\sqrt[3]{x^2 - 15} = 4$

e) $x^{-\frac{2}{3}} = 64$ **f)** $\sqrt[4]{x} - 16 = 0$ **g)** $1 - \sqrt[3]{2x^2} = 0$ **h)** $\sqrt[3]{9 - x} = 2$

8 Gib alle reellen Zahlen x an, die die Gleichung $\sqrt{a + x} + \sqrt{a - x} = x$ erfüllen, wobei a eine beliebige positive Zahl ist.

9 Bestimme das Verhältnis der Rauminhalte zweier Kugeln, wenn das Verhältnis der Längen der Radien 1 : 3 beträgt. Wie verhalten sich die Oberflächeninhalte?

Beachte:
$F_G = G \cdot \frac{m_1 \cdot m_2}{r^2}$

10 Wie verhält sich die Gravitationskraft zwischen zwei Planeten, wenn der Abstand der Massen …

a) verdoppelt, **b)** auf ein Drittel verringert wird?

11 Den Durchmesser großer Moleküle, die z. B. bei Ölen auftreten, kann man folgendermaßen abschätzen: Lässt man ein Öltröpfchen auf eine Wasseroberfläche fallen, wo es sich zu einer monomolekularen Schicht ausbreitet, d. h. eine Schicht die nur ein Molekül dick ist, entsteht ein Kreiszylinder.

a) Das Volumen des Öltröpfchens sei 10^{-3} mm³. Stelle die Höhe y der Ölschicht als Funktion des Inhalts x der von Öl bedeckten Fläche dar.

b) Bei verschiedenen Ölsorten wurden für x die Werte 5,5 cm², 7,2 cm² und 15,7 cm² gemessen. Berechne jeweils den Moleküldurchmesser.

12 Bestimme den Definitionsbereich und die Lösungsmenge der Gleichung für $x \in \mathbb{R}$.

$$b \cdot \sqrt{\frac{x}{a} - b} = a \cdot \sqrt{a - \frac{x}{b}}$$

13 Die Wurzel ist für negative Radikanden nicht definiert. Doch wieso eigentlich nicht?
Auf dem Taschenrechner erhält man doch ein Ergebnis für $\sqrt[3]{-27}$.
Nebenan findest du den Anfang einer Begründung, weshalb dieses eine sinnvolle Einschränkung ist.
Beschreibe: Wie wird die Begründung begonnen?
Setze die Begründung dann fort und erkläre, weshalb es sinnvoll ist, die Wurzel für negative Radikanden nicht zu definieren.

Angenommen: $\sqrt[3]{-27} = -3$
Dann ist auch: $\sqrt[6]{(-27)^2} = -3$
Es folgt: $\sqrt[6]{729} = -3$
...

14 In einer zylinderförmigen Eau de Toilette Flasche (Innendurchmesser: $d_1 = 4{,}2$ cm, Höhe: $h = 7$ cm) befinden sich noch etwa $V_1 = 32$ mℓ Parfüm.

a) Welchen Oberflächeninhalt A_{O_1} hat die noch vorhandene Flüssigkeit in der senkrecht gehaltenen Parfümflasche?
b) Wie viele kugelförmige Tröpfchen (mit einem Radius $r_1 = 2{,}5$ µm) entstehen, wenn man ein Viertel des noch vorhandenen Parfüms versprüht?
c) Welchen Oberflächeninhalt A_{O_2} hat jedes Tröpfchen aus Teilaufgabe b)?
d) Welchen gesamten Oberflächeninhalt A_{O_3} haben alle versprühten Tröpfchen zusammen?
e) Vergleiche die Größen der Oberflächeninhalte A_{O_1} und A_{O_3} miteinander.
Welchen Zweck hat diese Vergrößerung der Oberfläche, also das feine Zerstäuben des Parfüms?

Hinweis:
$1\,\mu m = 1 \cdot 10^{-6}\,m$

15 **a)** Löse die Ungleichung $6x^{-\frac{5}{2}} < 1$ mithilfe des Graphen der Funktion $f(x) = 6x^{-\frac{5}{2}}$.
b) Löse die Ungleichungen für $6x^{-\frac{5}{2}} < b$ für $b \in \{0{,}5;\ 0{,}1;\ 10^{-4};\ 10^{-10}\}$.
c) Welche Bedeutung hat die x-Achse für die Funktion?

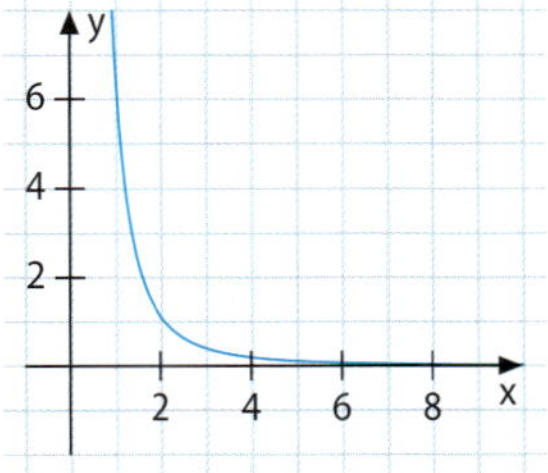

16 Lampen an Arbeitsplätzen müssen ganz bestimmten Anforderungen genügen. Eine von diesen Anforderungen ist die Helligkeit. Die Helligkeit wird in Lux gemessen.

Abstand in m	0,5	1,0	2,0	4,0
Helligkeit in Lux	520	130	32,5	8,125

a) Wie verändert sich die Helligkeit bei doppelter (bei vierfacher) Entfernung?
b) Welchen Abstand benötigt man, wenn man die Helligkeit vervierfachen möchte?
c) Informiere dich über die neuen LED-Lampen (Helligkeit, Farbtemperatur, ...) und deren Einsatz. Vergleiche die Eigenschaften mit denen der Glühlampen.
d) Stelle die Funktionsgleichung *Helligkeit in Abhängigkeit vom Abstand* auf.
e) Wie viele Lampen benötigt man bei einem Abstand von 2,5 m und einer vorgeschriebenen Arbeitsplatzhelligkeit von 800 Lux?

6 Aufgaben zur Differenzierung

zu 6.1 **1** Untersuche die Potenzfunktionen mit natürlichem Exponenten.

Wir betrachten die Funktionen $f_2(x) = x^2$, $f_3(x) = x^3$, $f_4(x) = x^4$ und $f_5(x) = x^5$ mit $x \in \mathbb{R}$.

a) Vervollständige die Wertetabelle für die gegebenen Funktionen im Heft.

x	−3	−2	−1	0	1	2	3
f(x)							

b) Beschreibe, welche Besonderheiten die Tabelle für $x = 0$, $x = 1$ und $x = -1$ zeigt.

c) Zeichne die Graphen der Funktionen.

d) Beschreibe die Symmetrieeigenschaften der einzelnen Graphen.

Wir betrachten die Funktionen $f_n(x) = a \cdot x^n$, mit $n \in \mathbb{N}\setminus\{0\}$ und $a, x \in \mathbb{R}$.

a) Erstelle mit einer geeigneten Fallunterscheidung Wertetabellen, um die Vielfalt dieser Potenzfunktionen zu erklären. Zeichne die zugehörigen Graphen.

b) Welche Eigenschaften ergeben sich für die einzelnen Exponenten und für unterschiedliche Parameter?

c) Die Potenzfunktion ist entweder eine gerade oder eine ungerade Funktion. Was folgt daraus für den jeweiligen Graphen?

zu 6.2 **2** Untersuche die Potenzfunktionen mit ganzzahligem Exponenten.

Wir betrachten die Funktionen $f_2(x) = x^{-2}$, $f_3(x) = x^{-3}$, $f_4(x) = x^{-4}$ und $f_5(x) = x^{-5}$ mit $x \in \mathbb{R}$.

a) Vervollständige die Wertetabelle im Heft.

x	−3	−2	−1	0	1	2	3
f(x)							

b) Beschreibe, welche Besonderheiten die Tabelle für $x = 0$, $x = 1$, $x = -1$ zeigt.

c) Zeichne die Graphen der Funktionen.

d) Beschreibe die Symmetrieeigenschaften der Graphen.

Wir betrachten die Funktionen $f_n(x) = a \cdot x^{-n}$, $n \in \mathbb{N}\setminus\{0\}$ und $a, x \in \mathbb{R}$.

a) Erstelle mit einer geeigneten Fallunterscheidung für vier Funktionen Wertetabellen, um die Vielfalt dieser Potenzfunktionen zu erklären. Zeichne die zugehörigen Graphen.

b) Welche Eigenschaften ergeben sich für die einzelnen Exponenten und für unterschiedliche Parameter?

c) Die Potenzfunktion ist entweder eine gerade oder eine ungerade Funktion. Was folgt daraus für den jeweiligen Graphen?

3

Wir betrachten die Funktion $f_1(x) = 1 \cdot x^2$ und bilden neue Funktionen:
$g_2(x) = 2 \cdot x^2$, $h_{\frac{1}{2}}(x) = \frac{1}{2} \cdot x^2$ und $k_{-1}(x) = -1 \cdot x^2$

a) Zeichne die Graphen der Funktionen im Intervall $[-2; +2]$.

b) Vervollständige folgende Sätze:

Die Funktionswerte sind bei gleichen Argumenten bei $a > 1$ ($0 < a < 1$; $a < 0$) …

Der Funktionsgraph … geht durch … in Richtung der y-Achse aus dem Graphen von … hervor.

Wir betrachten die Funktionenschar $f_a(x) = a \cdot x^n$; $n \in \mathbb{N}$; $a, x \in \mathbb{R}$.

a) Welchen Einfluss hat der Scharparameter a auf den Graphen? Belege deine Aussagen anhand von Beispielgraphen.

b) Spiegele den Graphen der Funktion $f(x) = x^3 + 1$ an…
1 der x-Achse **2** der y-Achse
3 der x- und y-Achse **4** dem Graphen der 1. Winkelhalbierenden.
Gib die jeweiligen Funktionsgleichungen an.

4 Der Graph der Potenzfunktion $f(x) = a \cdot x^{-4}$ verläuft durch den Punkt P. zu 6.2

a) Bestimme den Wert von a für $P\,(2|-1)$.
b) Gib zwei weitere Punkte des Graphen der Funktion an.

a) Bestimme den Wert von a für $P\left(2\middle|-\frac{1}{64}\right)$.
b) Gib zwei weitere Punkte des Graphen der Funktion an.

5 Der Graph der Potenzfunktion $f(x) = a \cdot x^n$ verläuft durch die Punkte A, B und C. Bestimme $a \in \mathbb{R}\setminus\{0\}$ und $n \in \mathbb{N}$.

a) $A\,(0|0)$, $B\,(1|3)$, $C\,(2|24)$
b) $A\,(2|4)$, $B\,(-1|0{,}25)$, $C\,(-2|4)$

a) $A\,(0|0)$, $B\,(1|-4)$, $C\,(-2|-64)$
b) $A\,(-10|-5000)$, $B\,(5|625)$, $C\,(-2|-40)$

6 zu 6.3

a) Stelle die Funktionen $f_1(x) = x^2$, $f_2(x) = x^{\frac{1}{2}}$ und $f_3(x) = x$ für $x \geq 0$ in einem Koordinatensystem dar.
b) Vergleiche die Graphen hinsichtlich Definitionsbereich, Wertebereich, Monotonie und Symmetrie.
c) Der Punkt $P\,(2|4)$ liegt auf einem der Graphen. Wo liegt der entsprechende Punkt auf der Umkehrfunktion?

a) Stelle die Funktionen $f_1(x) = x^n$ und $f_2(x) = x^{\frac{1}{n}}$ für $x \geq 0$ in einem Koordinatensystem für $n \in \{3;\,4;\,5\}$ dar.
b) Vergleiche die Graphen hinsichtlich Definitionsbereich, Wertebereich, Monotonie und Symmetrie.
c) Der Punkt $P_1\,(x_1|y_1)$ liegt auf einem der Graphen. Wo liegt der entsprechende Punkt auf der Umkehrfunktion? Begründe rechnerisch.

7 Zeichne die Graphen der Funktionen in ein Koordinatensystem und ergänze ihre Eigenschaften im Heft ($\mathbb{D}$, $\mathbb{W}$, Monotonie, Nullstellen, Asymptoten, Gleichung der Umkehrfunktion). Wie wirkt sich die Veränderung des Exponenten auf den Graphen aus?

$f_1(x) = x^{\frac{1}{3}}$; $f_2(x) = x^{-\frac{1}{3}}$; $f_3(x) = x^{\frac{1}{4}}$;
$f_4(x) = x^{-\frac{1}{4}}$; $f_5(x) = x^{\frac{1}{5}}$; $f_6(x) = x^{-\frac{1}{5}}$

$f_1(x) = x^{\frac{2}{3}}$; $f_2(x) = x^{-\frac{2}{3}}$; $f_3(x) = x^{\frac{4}{5}}$;
$f_4(x) = x^{-\frac{4}{5}}$; $f_5(x) = x^{\frac{3}{5}}$; $f_6(x) = x^{-\frac{3}{5}}$

8 Bestimme die Lösungsmenge der folgenden Potenzgleichungen. zu 6.4

a) $x^6 = 64$
b) $x^7 = 2187$
c) $x^4 = 2401$
d) $x^5 = 0{,}03125$

a) $x^3 = 3{,}375$
b) $x^7 = \frac{1}{128}$
c) $x^{-5} = -32$
d) $x^{-4} = 256$

9 Schreibe die Wurzel als Potenz und löse die Potenzgleichung.

a) $\sqrt{x} = 289$
b) $\sqrt[3]{x} = 1331$
c) $\sqrt[2]{x^3} = 729$
b) $\sqrt[3]{x+2} = 3$

a) $\sqrt{x^2+3} - 1 = 0$
b) $\sqrt[3]{x^3 - \sqrt{3}} = -9$
c) $\sqrt[3]{x^4 - 3x^3 - 4x^2} = 0$
d) $\sqrt{x + \sqrt{2x+7}} = 2$

10 Bestimme die Schnittpunkte der Funktionen.

a) $f_1(x) = x^{-2} - 2$; $f_2(x) = x^2 + 1$
b) $f_3(x) = 2x^3$; $f_4(x) = 8x^5$

a) $f_1(x) = x^2 + 1x + 4$; $f_2(x) = \frac{6}{x^2} + 1x + 3$
b) $f_3(x) = 18x^6 - 2$; $f_4(x) = 2x^4 - 2$

6 Vermischte Aufgaben

1 Der Punkt $P(-2|7)$ liegt auf einer Hyperbel mit der Funktionsgleichung $f(x) = \frac{k}{x}$.
Bestimme k und gib die Gleichungen der Asymptoten von f(x) an.

2 Zeichne die Graphen der folgenden Funktionen. Gib zu jeder Funktion den Wertebereich an. Für a gelte jeweils $a \in \{-2; -1; 0{,}5; 3\}$.

a) $f(x) = a \cdot x^{-1}; x \in \mathbb{R}; x \neq 0$ **b)** $f(x) = a \cdot x^{-2}; x \in \mathbb{R}; x \neq 0$

c) $f(x) = \frac{1}{x} + a; x \in \mathbb{R}; x \neq 0$

3 Bestimme die Funktionsgleichungen der abgebildeten Funktionen. Beschreibe die Funktionen bezüglich Definitions- und Wertebereich, Nullstellen, Symmetrie und Monotonie.

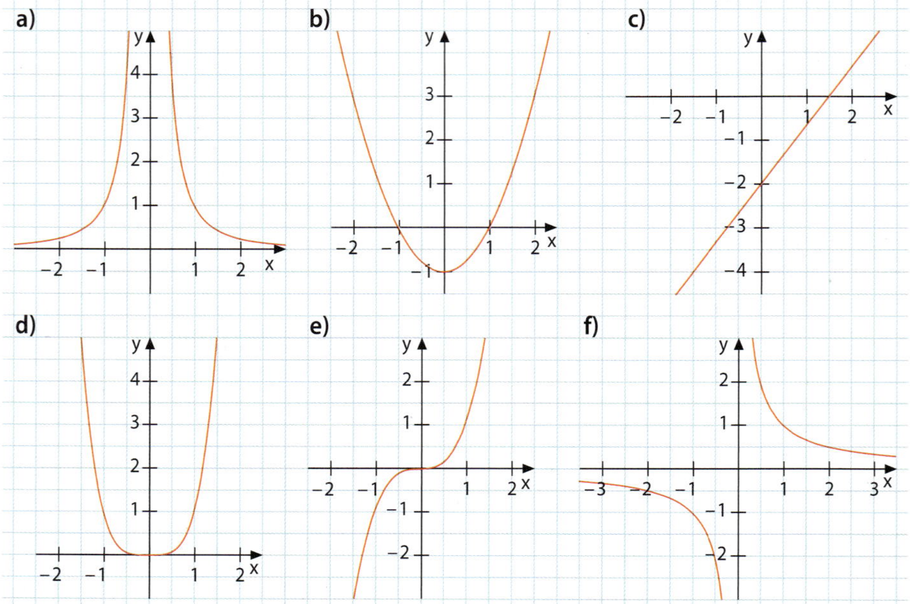

4 Sind folgende Aussagen wahr? Begründe.

a) Eine direkt proportionale Funktion besitzt eine direkt proportionale Umkehrfunktion.

b) Eine indirekt proportionale Funktion stimmt mit ihrer Umkehrfunktion überein.

c) Die Funktion $f(x) = x$ stimmt mit ihrer Umkehrfunktion überein.

d) Bildet man die Umkehrfunktion einer Umkehrfunktion, erhält man wieder die Funktion selbst.

5 Welche Aussagen treffen auf die Funktion f mit $f(x) = \frac{1}{2x}$ zu?

1 Der Graph zu f ist eine Hyperbel.

2 Der Punkt $O(0|0)$ liegt auf dem Graphen der Funktion f.

3 Der Graph zu f verläuft nur im I. und III. Quadranten.

4 Der Graph zu f hat keine Nullstelle.

5 Der Graph zu f ist punktsymmetrisch zum Ursprung.

6 Die Gerade mit der Gleichung $g(x) = x$ ist Asymptote zum Graphen zu f.

7 Die Funktion lässt sich auch schreiben als $\frac{1}{2}x^{-1}$.

6 Wie könnte Pia zu ihrer Aussage kommen? Erläutere.

Die Punkte P (10 | 1) und Q (1 | 20) können nicht auf derselben Hyperbel mit einer Funktionsgleichung der Form $f(x) = \frac{k}{x}$ liegen.

7 Für Willi Wolle, ein Schaf, soll eine rechteckige Weide mit einem Flächeninhalt von 1000 m^2 abgesteckt werden.

a) Gib fünf mögliche Maße für die Länge und Breite der Koppel an.
b) Stelle eine Gleichung auf, welche den funktionalen Zusammenhang zwischen der Länge x m und der Breite y m beschreibt.
c) Gib einen geeigneten Definitionsbereich an und zeichne den zugehörigen Graphen.
d) Welche Länge und Breite würdest du für die Koppel wählen? Begründe.

8 Durch jeden Punkt einer Hyperbel ist ein achsenparalleles Rechteck festgelegt.
a) Berechne den Flächeninhalt für vier verschiedene Punkte.
b) Formuliere eine Vermutung zur allgemeinen Berechnung des Flächeninhalts und beweise sie.

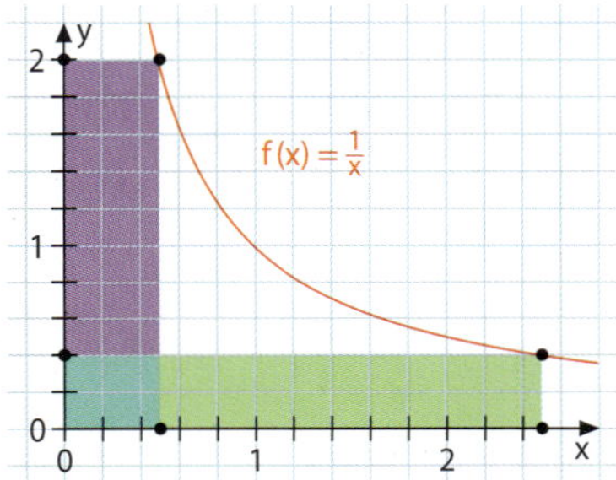

9 Begründe am Graphen der Funktion $f(x) = \sqrt{x}$:
Wenn $0 \leq a < b$, dann gilt $\sqrt{a} < \sqrt{b}$.

10 Die Funktion $f(x) = \frac{x^3 + x}{x}$ ist für alle x mit $x \neq 0$ definiert.
Gib eine quadratische Funktion an, die mit der Funktion f für alle x übereinstimmt. Zeichne den Graphen der Funktion f.

11 Zeichne die Graphen der Funktionen im Intervall $[-2; +2]$. Gib den Wertebereich an.
a) $f(x) = x^3 - 4$ **b)** $f(x) = |x^3 - 4|$ **c)** $f(x) = -|x^3 - 4|$

12 In welchem Quadranten verläuft kein Graph einer Potenzfunktion $f(x) = x^n$ mit $n \in \mathbb{N}\setminus\{0\}$? Begründe.

13 Von welchen Potenzfunktionen liegen keine Punkte im zweiten Quadranten? Begründe.

14 **a)** Zeige, dass die Funktion $f(x) = x^4 - 2x^2 + 1$ eine gerade Funktion ist.
b) Erstelle eine Wertetabelle und zeichne den Graphen der Funktion.
c) Beschreibe das Monotonieverhalten.

15 Der Astronom Johannes Kepler (1571–1630) beschrieb 1619 mit drei Gesetzen den Umlauf der Planeten um die Sonne. Das dritte Keplersche Gesetz stellt den Zusammenhang zwischen den Umlaufzeiten T_1 und T_2 zweier Planeten und ihren mittleren Entfernungen a_1 und a_2 von der Sonne her: $\frac{T_1^2}{T_2^2} = \frac{a_1^3}{a_2^3}$.
a) Löse die Gleichung nach a_1 auf.
b) Berechne die Umlaufzeit vom Planeten Jupiter mithilfe der Daten der Erde.

$a_J = 778{,}3 \cdot 10^6$ km
$a_E = 149{,}6 \cdot 10^6$ km

16 Zeichne die Graphen aller Funktionen in ein Koordinatensystem.

1 $f(x) = x^2 - 3$ **2** $f(x) = (x - 3)^2$ **3** $f(x) = (3 - x)^2$ **4** $f(x) = (x - 3)^3$
5 $f(x) = (3 - x)^3$ **6** $f(x) = (x - 3)^4$ **7** $f(x) = (3 - x)^4$ **8** $f(x) = (3 + x)^4$

17 Um welchen Funktionstyp handelt sich jeweils? Gib eine mögliche Funktionsgleichung an.

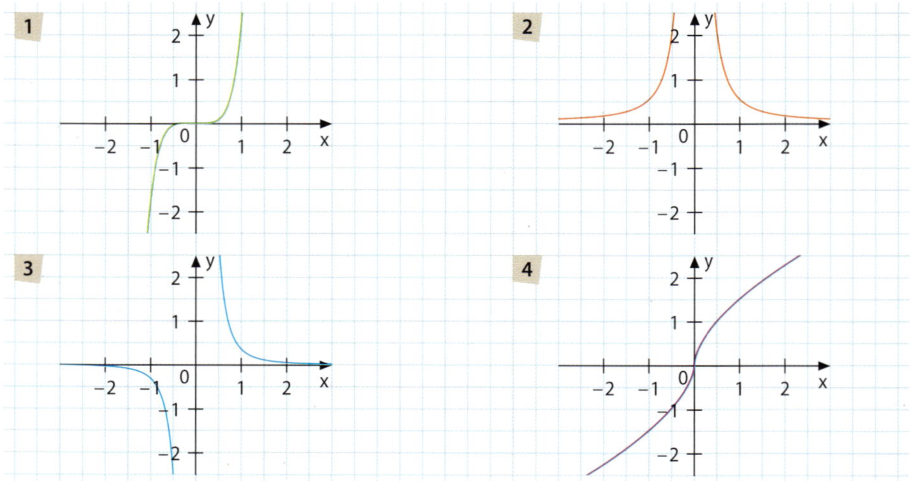

18 Was lässt sich jeweils über Monotonie und Asymptoten der Funktionsgraphen $f(x) = -2x^3$ und $g(x) = -x^{-6}$ aussagen?

19 Nenne eine Funktion, deren Graph durch Spiegelung an der y-Achse aus dem Graphen von $k(x) = x^{\frac{1}{3}} - 3$ hervorgeht.

20 Wie verändert sich der Funktionswert von $f(x) = 2x^3$, wenn man das Argument um das 3-fache vergrößert? Weise nach, dass dies für jede reelle Zahl gilt.

21 Untersuche folgende Funktionen hinsichtlich Definitionsbereich, Wertebereich, Symmetrie und Monotonieverhalten. Berechne zu den gegebenen Funktionswerten das dazugehörige Argument. Prüfe, ob die gegebenen Punkte A und B auf dem Graphen liegen. Zeichne die Funktionsgraphen in ein gemeinsames Koordinatensystem.

a) $f(x) = 3 \cdot x^3$; $y = 81$; $A(6|29)$; $B(1|3)$

b) $f(x) = 5 \cdot x^{-1}$; $y = \frac{1}{4}$; $A(1|1)$; $B(2{,}5|2)$

c) $f(x) = 2 \cdot x^4$; $y = 512$; $A(2{,}9|3{,}4)$; $B(2|1)$

d) $f(x) = x^{-2}$; $y = \frac{1}{64}$; $A\left(\frac{1}{12}\middle|24\right)$; $B\left(5\middle|\frac{1}{25}\right)$

22 Berechne die Schnittpunkte zwischen den Graphen der Funktionen.

a) $f(x) = x^{-2} - 2$ und $g(x) = x^2 + 1$ **b)** $f(x) = x^{-\frac{2}{3}} - 2$ und $g(x) = x^4 - 2$.

23 Bestimme eine Funktionsgleichung der Form $f(x) = ax^n$ aus den gegebenen Punkten A und B.

a) $A(2|-224)$; $B(1|-7)$ **b)** $C(5|12{,}5)$; $D(9|40{,}5)$ **c)** $P_1(4|160)$; $P_2(1{,}2|4{,}32)$

24 Es seien $P_1(x_1|y_1)$ und $P_2(x_2|y_2)$ zwei beliebige Punkte der Parabel $f(x) = x^2$. Es ist zu zeigen, dass der Bogen der Parabel zwischen den Punkten P_1 und P_2 unterhalb der Sehne $\overline{P_1P_2}$ verläuft.
Zeige unter Verwendung des Strahlensatzes, dass für jedes x mit $x_1 < x < x_2$ gilt: $\eta > x^2$ bzw. $\eta - x^2 > 0$. Weshalb genügt es, diese Behauptung für nichtnegative Zahlen x_1, x_2 zu zeigen?

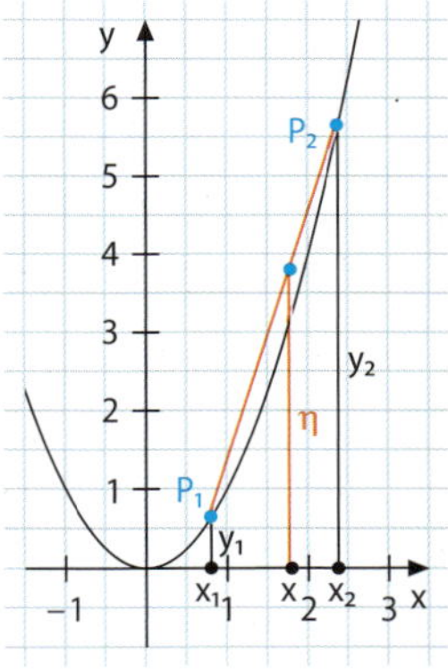

25 Ein Quader mit den Kantenlängen a, 2a und 3a hat ein Volumen von $1\ dm^3\ 296\ cm^3$.
a) Berechne den Oberflächeninhalt dieses Quaders, die Länge der drei Flächendiagonalen und die Länge d seiner Raumdiagonalen.
b) Berechne das Volumen V eines Würfels mit den Kantenlängen d.
c) Wie viel Prozent des Würfelvolumens beträgt das Quadervolumen?

26 Wo liegen die Parallelen zur Abszisse, die die Graphen von $f_1(x) = x^{-3}$ und $f_2(x) = x^{-4}$
a) genau einmal, **b)** genau zweimal, **c)** gar nicht schneiden?

27 Gib jeweils mindestens zwei nichtnegative rationale Zahlen x an, für die gilt:
a) $\sqrt{x} = \sqrt[3]{x}$ **b)** $\sqrt{x} > \sqrt[3]{x}$ **c)** $\sqrt{x} < \sqrt[3]{x}$ **d)** $x^2 > \sqrt{x}$ **e)** $x^2 \leq \sqrt{x}$

28 In der ältesten indischen Mathematik wird einmal nach der Zahl der ersten Elementarteilchen gefragt, die aneinandergelegt die Länge eines Nojana erfüllen, und es wird dabei gesagt: 7 Elementarteilchen geben ein sehr feines Stäubchen, 7 von den sehr feinen Stäubchen ein feines Stäubchen, 7 feine ein vom Winde aufgewirbeltes Stäubchen, 7 davon ein Stäubchen von der Fußspur des Hasen, 7 davon ein Stäubchen von der Fußspur des Widders, 7 davon ein Stäubchen von der Fußspur des Stieres, deren 7 auf einen Mohnsamen gehen. 7 Mohnsamen geben einen Senfsamen, 7 Senfsamen ein Gerstenkorn, 7 Gerstenkörner ein Fingergelenk; 12 von diesen bilden eine Spanne, 2 Spannen eine Elle. 4 Ellen einen Bogen, 1000 Bogen einen Kroca, deren endlich 4 auf einen Nojana gehen.
a) Gib die Anzahl der Elementarteilchen eines Nojana in Potenzform an.
b) Rechne die Zahl möglichst einfach aus.

29 Für viele Naturgesetze existiert ein quadratisches Abstandsgesetz. Sir Isaac Newton konnte 1666 in seiner Mondrechnung zeigen, dass die Anziehungskraft der Erde mit dem Quadrat des Abstandes (vom Erdmittelpunkt gemessen) abnimmt.
Stelle die Gravitationskräfte zwischen der Sonne und den Planeten grafisch dar. Auf welchen Planeten übt die Sonne die größte Gravitationskraft aus?

Gravitationsgesetz:
$F(r) = G \cdot \frac{m_1 \cdot m_2}{r^2}$

30 Der Mathematiker Gerolamo Cardano (1501–1576) hat für die Gleichung $x^3 + 3x = 14$ als reelle Lösung $x = 2$ gefunden. Auf einem anderen Lösungsweg kam er zu der reellen Lösung $x = \sqrt[3]{\sqrt{50} + 7} - \sqrt[3]{\sqrt{50} - 7}$.
a) Zeige, dass die Faktorisierung $x^3 + 3x - 14 = (x - 2) \cdot (x^2 + 2x + 7)$ richtig ist.
b) Begründe, dass die Gleichung die angegebene Lösung besitzt und dass sie keine weiteren reellen Lösungen hat.
c) Zeige, dass $(\sqrt{2} + 1)^3 = \sqrt{50} + 7$ und $(\sqrt{2} - 1)^3 = \sqrt{50} - 7$ ist.
d) Was ergibt sich damit für den Term $\sqrt[3]{\sqrt{50} + 7} - \sqrt[3]{\sqrt{50} - 7}$?

Gerolamo Cardano (1501–1576)

Schwingung und Frequenz

„Die Musik ist eine verborgene arithmetische Übung der Seele, die dabei nicht weiß, dass sie mit Zahlen umgeht."
Wilhelm Leibniz (1646–1716)

Schwingung 1: $f_1 = 100\text{ Hz}$
Schwingung 2: $f_2 = 200\text{ Hz}$

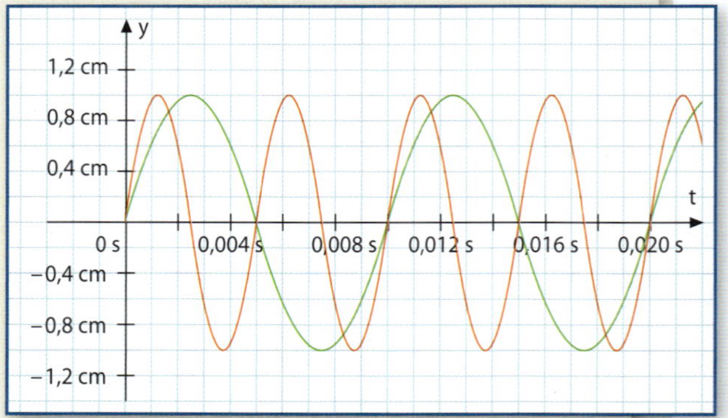

Töne sind die Grundelemente der Musik. Physikalisch betrachtet entstehen sie durch Schwingungen von Saiten (Gitarre, Klavier), von Luftsäulen (Saxophon, Orgel) und von Platten (Schlagzeug). Die charakteristischen Kenngrößen einer Schwingung sind Frequenz f (Tonhöhe) und Amplitude y (Lautstärke). Die Frequenz wird in der Einheit Hz (Hertz) angegeben. 1 Hz bedeutet eine Schwingung pro Sekunde: $1\text{ Hz} = \frac{1}{s}$.

Das **Frequenzverhältnis** dieser beiden Töne ist $f_2 : f_1 = 2 : 1$. Das Frequenzverhältnis von 2 : 1 bedeutet, dass der höhere Ton in einem Intervall von einer **Oktave** zum tiefen Ton steht.

Das wohltemperierte Klavier

In der Musik wird eine Oktave in zwölf **Halbtonschritten** aufgeteilt. Je nach Art der Stimmung eines Instruments sind die Frequenzverhältnisse der einzelnen Töne zueinander und zum Grundton unterschiedlich. Bei der **wohltemperierten Stimmung** haben alle Halbtonschritte das gleiche Frequenzverhältnis
$f_2 : f_1 = \sqrt[12]{2} : 1 = 2^{\frac{1}{12}} : 1 \approx 1{,}06 : 1$.

Ton	C	Cis	D	Dis	E	F	Fis	G	Gis	A	Ais	H
$f_n : f_1$	$2^{\frac{0}{12}}:1$	$2^{\frac{1}{12}}:1$	$2^{\frac{2}{12}}:1$	$2^{\frac{3}{12}}:1$	$2^{\frac{4}{12}}:1$	$2^{\frac{5}{12}}:1$	$2^{\frac{6}{12}}:1$	$2^{\frac{7}{12}}:1$	$2^{\frac{8}{12}}:1$	$2^{\frac{9}{12}}:1$	$2^{\frac{10}{12}}:1$	$2^{\frac{11}{12}}:1$
$f_n : f_1$	1 : 1	1,06 : 1										

a) Die Töne D und G bilden eine reine **Quarte**. Welches Frequenzverhältnis liegt vor? Welche Töne bilden die **kleine Terz** bzw. die reine **Quinte**?

b) Der Kammerton a' hat die Frequenz von 440 Hz. Berechne die Frequenzen der Töne, die zwei, vier, fünf und sechs Halbtöne tiefer liegen, und gib die Namen dieser Töne an.

c) In der **reinen Stimmung** gibt es das Frequenzverhältnis 3 : 2; es entspricht dem Intervall einer reinen Quinte. Untersuche, welches Frequenzverhältnis der wohltemperierten Stimmung dem Wert 3 : 2 am nächsten kommt. Wie groß ist die prozentuale Abweichung?

d) Das Intervall zwischen C und G wird als reine Quinte bezeichnet. Zeige, dass in der wohltemperierten Stimmung 12 Quinten genau 7 Oktaven ergeben, während dies in der reinen Stimmung nicht (genau) der Fall ist. Gibt es Instrumente mit diesem Tonumfang?

Die mathematische Gitarre – ein wohlgehütetes Geheimnis

a) Welche Töne erzeugt eine Gitarre, wenn man die Saite anschlägt, ohne sie zu verkürzen? Stelle eine Tabelle der möglichen Längen der gedrückten Saiten auf.

b) Berechne für einen Gitarrenbauer die Bundlängen bzw. die Saitenlängen L_n der Gitarre bei der wohltemperierten Stimmung und zur Kontrolle zum Stimmen die Frequenzen f_n der Gitarre, die zu den Bundnummern gehören.

Bund n	Ton	Länge L_n in cm	Frequenz f_n in Hz
0	e	63	330
1	f		
2	fis		
3	g		
4	gis		
5	a		
6	b		
7	h		
8	c		
9	cis		
10	d		
11	dis		
12	e		
13	f		
14	fis		
15	g		
16	gis		
17	a		

c) Adriane und Mia möchten in ihrem neuen Stück als Höhepunkt in einem Solo bis zum Ton der Frequenz $f^* = 1048$ Hz spielen. Welche Bundnummer müsste von Adriane für diese Frequenz gedrückt werden?

d) Bei der gleichschwebend temperierten Tonleiter müssen aus $\lambda = \sqrt[12]{2}$ dessen Potenzen ermittelt werden. Erläutere die Richtigkeit der Konstruktion der Saitenlängen in der Abbildung. Die Konstruktion erfolgt mithilfe der Strahlensätze.

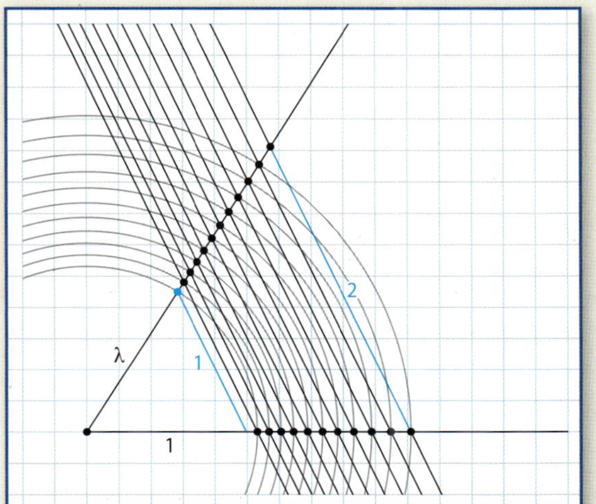

6 Das kann ich!

Überprüfe deine Fähigkeiten und Kompetenzen. Bearbeite dazu die folgenden Aufgaben und bewerte anschließend deine Lösungen mit einem Smiley. Hinweise zum Nacharbeiten findest du auf der folgenden Seite. Die Lösungen stehen im Anhang.

☺	😐	☹
Das kann ich **wirklich gut!**	Das kann ich **fast!**	Das muss ich **noch üben!**

1 Die folgenden Punkte liegen auf dem Graphen der Funktion $f(x) = 2x^4 - 3$.
Berechne die fehlenden Koordinaten.
a) $P_1(-1\,|\,f(-1))$
b) $P_2(2\,|\,f(2))$
c) $P_3\left(\frac{1}{2}\,\middle|\,f\left(\frac{1}{2}\right)\right)$

2 Ermittle die Schnittpunkte der Graphen der Funktionen $f_1(x) = \frac{1}{15}x^5 + 2$ und $f_2(x) = \frac{1}{2}x^4$.

3 Zeichne die Graphen der Funktionen in ein gemeinsames Koordinatensystem.
Gib drei Punkte mit ganzzahligen Koordinaten an.
Beschreibe die Veränderung bzgl. der Funktion $f(x) = x^4$.
1 $f_1(x) = x^4 + 3$ **2** $f_2(x) = x^4 - 2$
3 $f_3(x) = \frac{1}{2}x^4 - 0{,}5$ **4** $f_4(x) = -x^4 + 2$
5 $f_5(x) = (x - 1)^4$ **6** $f_6(x) = 2 \cdot (x + 2)^4$
7 $f_7(x) = -(x - 2)^4 + 3$

4 Stelle die Funktion $f(x) = x^{-2} + 1$ grafisch dar und untersuche folgende Eigenschaften: Definitionsbereich, Wertebereich, Monotonie, Symmetrie und Achsenschnittpunkte.

5 Ermittle die beiden Punkte, in denen sich die Graphen der Funktionen $f_1(x) = x^{-2} + 1$ und $f_2(x) = -x^{-4} + 3$ schneiden.

6 Zeichne die Funktion $f(x) = x^{-\frac{3}{5}}$ in ein Koordinatensystem. Gib die veränderte Funktionsgleichung an, wenn $f(x)$ …
1 um 2 Einheiten nach rechts verschoben,
2 um 3 Einheiten nach links verschoben,
3 um 1,5 Einheiten nach rechts und 1 Einheit nach oben verschoben,
4 an der x-Achse gespiegelt,
5 an der y-Achse gespiegelt,
6 an der x- und an der y-Achse gespiegelt wird.

7 **a)** Bestimme die Funktionsgleichungen.
b) Gib jeweils den Definitionsbereich, den Wertebereich und die Nullstellen an.

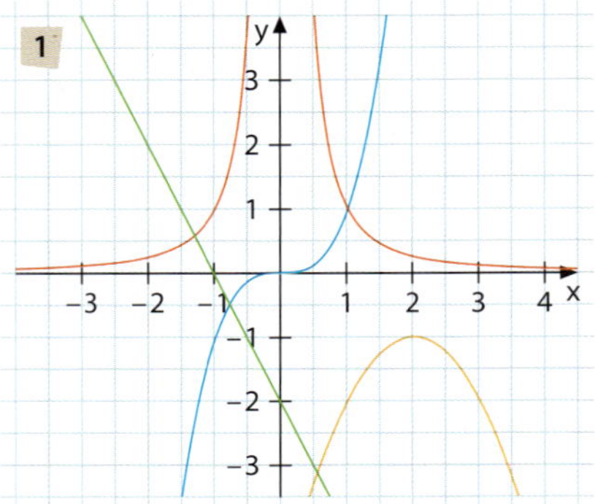

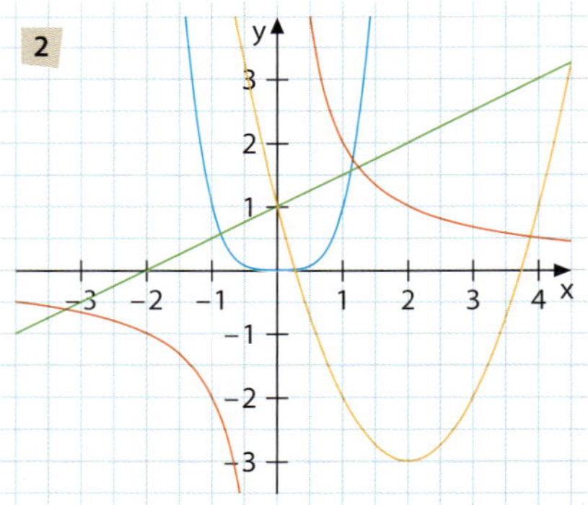

8 Bestimme rechnerisch die Umkehrfunktion der Funktion $f(x) = (x - 3)^{\frac{1}{3}} + 2$.
Zeichne beide Funktionen in ein Koordinatensystem. Gib Gemeinsamkeiten und Unterschiede an.

9 Zeichne folgende Funktionen und ihre Umkehrfunktionen in ein gemeinsames Koordinatensystem.

1 $f_1(x) = x^{\frac{5}{3}}$
$f_2(x) = x^{\frac{5}{3}} + 2$

2 $f_1(x) = x^{-\frac{5}{3}}$
$f_2(x) = -x^{-\frac{5}{3}}$

3 $f_1(x) = 2 \cdot x^{\frac{5}{3}}$
$f_2(x) = x^{\frac{5}{3} + 2}$

4 $f_1(x) = (x - 2)^{\frac{5}{3}}$
$f_2(x) = -x^{-\frac{5}{3} + 2}$

10 Entscheide ohne Zeichnung, ob eine Gerade, Parabel oder Hyperbel entsteht.

a) $y = 2x - 4$ **b)** $y = x^2$
c) $y = -3 - 3x$ **d)** $y = (x + 5)^3 - 8$
e) $y = x^{-2} + 1$ **f)** $y = 2 + x^2$
g) $y = x^4 - 4$ **h)** $y = 15$
i) $y = x^{-3} + 1$

11 Gib die Kurvenform an, wenn man das Ohmsche Gesetz $U = R \cdot I$ in folgender Form grafisch darstellt.

a) U als Funktion von I bei konstantem R.
b) U als Funktion von R bei konstantem I.
c) I als Funktion von R bei konstantem U.
d) I als Funktion von U bei konstantem R.
e) R als Funktion von I bei konstantem U.
f) R als Funktion von U bei konstantem I.

12 Berechne die fehlenden Koordinaten. Erkläre, dass einige Werte nicht eindeutig sind. Runde das Ergebnis auf zwei Dezimalstellen.

a) $f(x) = x^{-2}$
$A(-2|\square)$ $B(3{,}4|\square)$ $C(\square|0{,}49)$ $D(\square|0{,}64)$

b) $f(x) = 2x^{-3}$
$A(-2|\square)$ $B\left(\frac{3}{2}\middle|\square\right)$ $C\left(\square\middle|\frac{1}{8}\right)$ $D\left(\square\middle|\frac{1}{64}\right)$

c) $f(x) = \frac{3}{2}x^{\frac{1}{3}}$
$A(-8|\square)$ $B(1{,}5|\square)$ $C\left(\square\middle|\frac{1}{2}\right)$ $D\left(\square\middle|\frac{3}{8}\right)$

d) $f(x) = -\frac{2}{5} \cdot (x + 1)^{\frac{3}{4}} + 1$
$A(-1|\square)$ $B(0|\square)$ $C\left(\square\middle|\frac{1}{3}\right)$ $D(\square|-1)$

13 Rekonstruiere die Potenzfunktion $f(x) = a \cdot x^n$ aus den beiden Punkten A und B.

a) $A(1|3)$, $B\left(-2\middle|\frac{3}{16}\right)$ **b)** $A(1|4)$, $B\left(-2\middle|-\frac{1}{2}\right)$

14 Der Punkt $A(-2|-0{,}5)$ ist Schnittpunkt einer Potenzfunktion der Form $y = a \cdot x^n$ und einer linearen Funktion. Ermittle mögliche Funktionsgleichungen, für die dies zutrifft.

15 Löse folgende Potenzgleichungen.

a) $a^5 = 3$ **b)** $b^6 = 21$ **c)** $c^7 = 0$
d) $d^8 = -4$ **e)** $e^9 = -6$ **f)** $(64 - 7f^3)^{\frac{1}{3}} = 2$

16 Der Radius r soll in Abhängigkeit folgender Größen dargestellt werden:

a) Umfang eines Kreises
b) Fläche eines Kreises
c) Oberflächeninhalt einer Kugel
d) Volumen einer Kugel

Welche Kurven ergeben sich?

Aufgaben für Lernpartner

Sind folgende Behauptungen richtig oder falsch? Begründe schriftlich.

A Die Funktion $f(x) = x^4 - 12$ hat an der Stelle 2 den Funktionswert 4.

B Jede Potenzfunktion hat eine Nullstelle.

C Die Gleichung $x^5 = 4$ hat zwei Lösungen.

D Wenn die Funktion f monoton wachsend ist, ist die Umkehrfunktion f^{-1} monoton fallend.

E Die Terme $\left(\frac{1}{2}\right)^{-4}$ und 2^4 stellen dieselbe Zahl dar.

Ich kann …	Aufgaben	Hilfe
mit Potenzen rechnen.	1, 5, 12, 13, A, E	S. 22, 24
Potenzfunktionen darstellen.	2, 3, 4, 6, 9, 11, 13	S. 188, 192
Potenzfunktionen erkennen.	7, 10, 11, 13, 14, B	S. 190, 191
Umkehrfunktionen bestimmen.	8, 9, D	S. 196, 199
Potenzgleichungen lösen.	14, 15, 16, C	S. 200, 202

6 Auf einen Blick

Seite 188

Potenzfunktion mit natürlichem Exponenten

Lässt sich eine Funktion in der Form $f(x) = x^n$ $(n \in \mathbb{N}\setminus\{0\})$ schreiben, spricht man von **Potenzfunktionen.**
Die Graphen heißen **Parabeln.**
Für gerade Exponenten n sind die Graphen achsensymmetrisch zur y-Achse.
Für ungerade Exponenten n sind die Graphen punktsymmetrisch zu $(0|0)$.

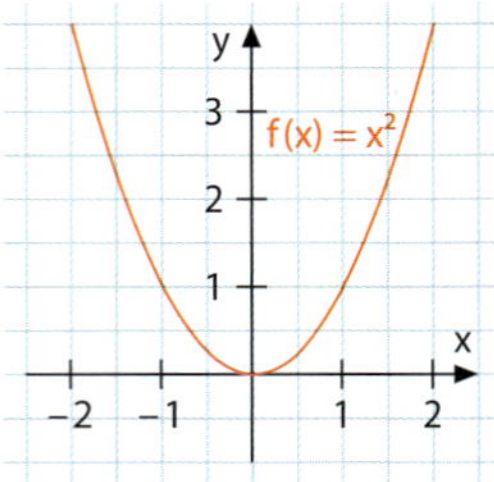

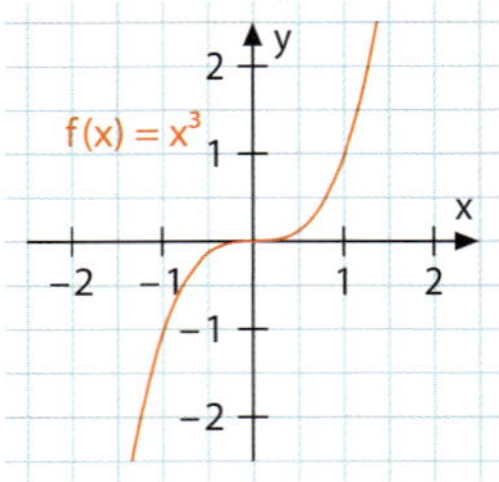

Seite 192

Potenzfunktion mit ganzzahligem Exponenten

Potenzfunktionen der Form
$f(x) = x^{-n}$ $(n \in \mathbb{N}\setminus\{0\})$
sind an der Stelle $x = 0$ nicht definiert.
Die Graphen bezeichnet man als **Hyperbeln.**

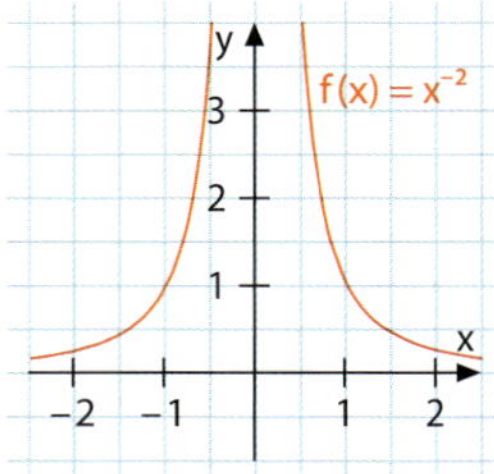

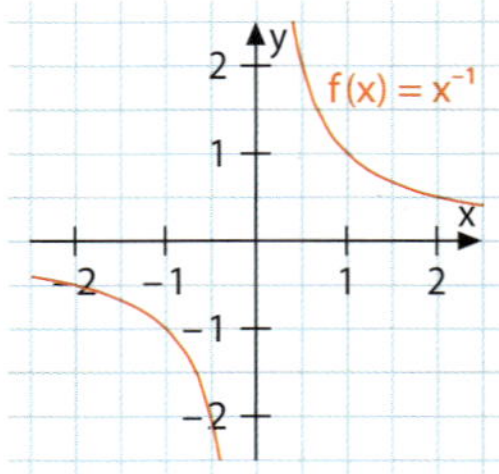

Seite 196

Umkehrfunktionen von Potenzfunktionen

Funktion f und Umkehrfunktion f^{-1} tauschen die Definitions- und Wertebereiche.

1 rechnerische Ermittlung der Umkehrzuordung
Variablen x und y tauschen, dann nach y umstellen.

2 grafische Ermittlung der Umkehrzuordnung
Ausgewählte Punkte an der 1. Winkelhalbierenden spiegeln.

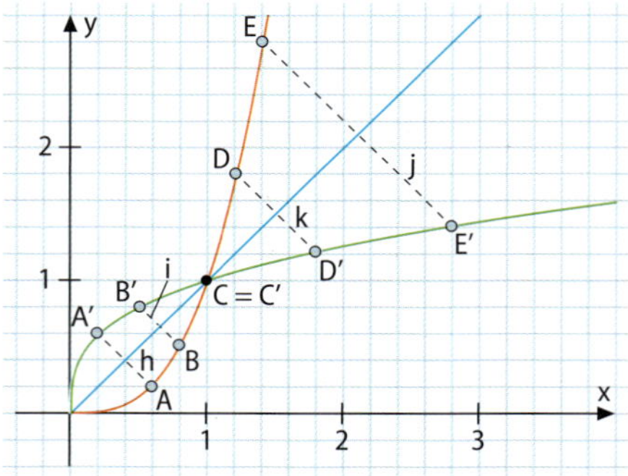

Seite 200

Potenzgleichungen

Eine Potenzgleichung der Form $x^n = b$ mit $n \in \mathbb{N}\setminus\{0\}$ und $b \in \mathbb{R}$ kann zwei Lösungen, genau eine Lösung oder keine Lösung besitzen.

	n gerade	n ungerade
$b > 0$	$x_1 = -\sqrt[n]{b}$; $x_2 = +\sqrt[n]{b}$	$x = \sqrt[n]{b}$
$b = 0$	$x = 0$	$x = 0$
$b < 0$	keine Lösung	$x = -\sqrt[n]{-b}$

Das kann ich schon … – Seite 15

1 a) A: −8,9 B: −7,4 C: −5,7
b) D: −1,9 E: −0,6 F: 0,5

2 a) $-9 < -6{,}5 < -6 < -4 < 0 < 4 < 4{,}5 < 7$
b) $-1 < -0{,}8 < -\frac{3}{4} < -0{,}3 < \frac{1}{4} < 0{,}3 < \frac{2}{3}$
c) $-4{,}4 < -4{,}35 < -4\frac{1}{3} < -4{,}3 < -4\frac{1}{4} < -4\frac{1}{9} < 0$
d $2{,}03 < 2{,}033 < 2{,}3 < 2{,}303 < 2{,}33 = 2{,}330$

3 a)
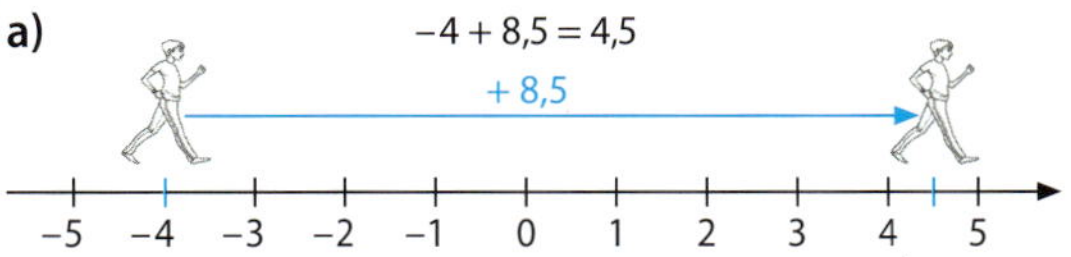

b)
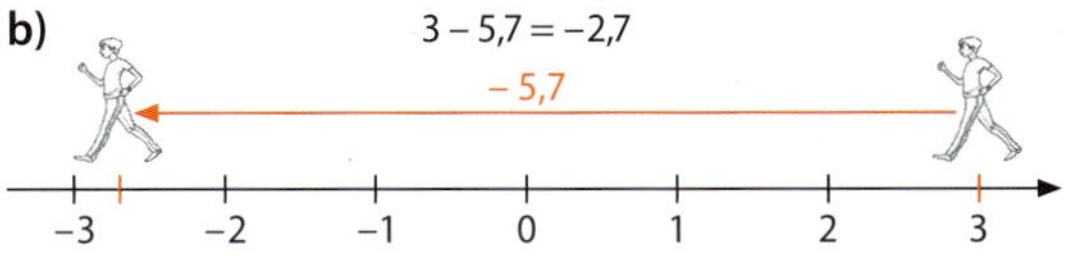

c)
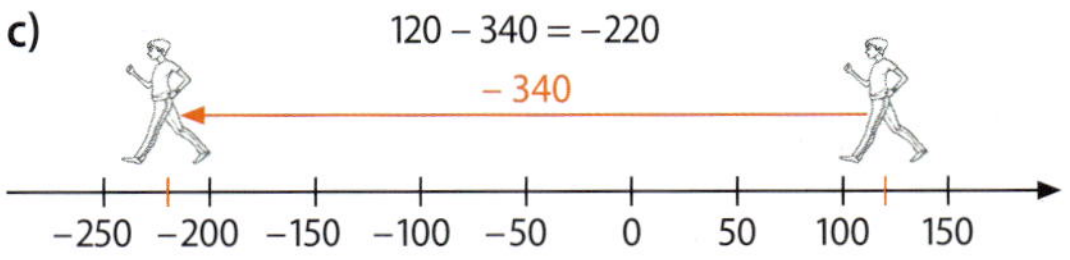

d)
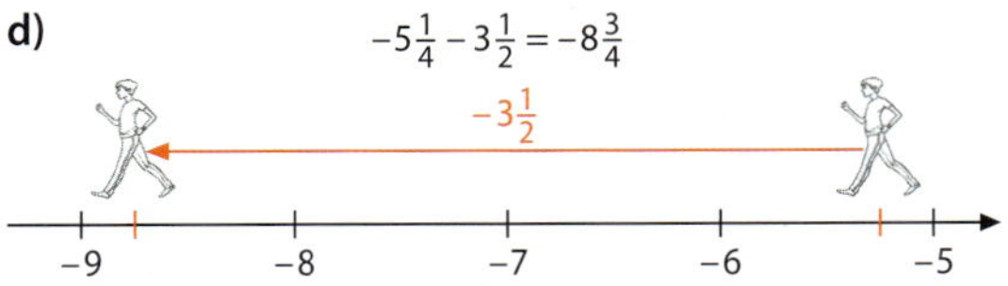

4 a) −1,85; $-\frac{5}{3}$; 0; −1242,75
b) −11; 4,5; 30,5; −11,1
c) −21; 22; 16; $-\frac{4}{3}$
d) 2,52; −4; −31,4; −64

5 a) $28 - (17 + 6) = 28 - 17 - 6$
b) $4{,}2 - (1{,}8 + 2{,}9) < 4{,}2 - 1{,}8 + 2{,}9$
c) $1{,}9 - (0{,}8 + 1{,}2) < 1{,}9 + 0{,}8 + 1{,}2$
d) $2\frac{1}{2} + \left(\frac{3}{4} - 2\right) < 2\frac{1}{2} + \frac{3}{4} + 2$
e) $-3 - (-1{,}4 - 0{,}9) > -3 + 1{,}4 - 0{,}9$
f) $-3{,}5 - (1{,}2 + 8{,}7) = -3{,}5 - 8{,}7 - 1{,}2$
g) $-3 \cdot (2{,}5 + 4) < -7{,}5 + 12$
h) $(12{,}3 - 9{,}6) : 3 > 12{,}3 - 9{,}6 : 3$

6

Zahl	1	2	3	4	5
Quadratzahl	1	4	9	16	25
Kubikzahl	1	8	27	64	125
Zahl	6	7	8	9	10
Quadratzahl	36	49	64	81	100
Kubikzahl	216	343	512	729	1000
Zahl	11	12	13	14	15
Quadratzahl	121	144	169	196	225
Kubikzahl	1331	1728	2197	2744	3375
Zahl	16	17	18	19	20
Quadratzahl	256	289	324	361	400
Kubikzahl	4096	4913	5832	6859	8000

7

Ungerade Zahl	3	5	7	9	11
Differenz Quadrat-zahlen	4 − 1	9 − 4	16 − 9	25 − 16	36 − 25
Ungerade Zahl	13	15	17	19	
Differenz Quadrat-zahlen	49 − 36	64 − 49	81 − 64	100 − 81	

Jede ungerade Zahl lässt sich als Differenz der Quadrate zweier benachbarter Zahlen darstellen. Die Summe der benachbarten Zahlen ergibt wieder die ungerade Zahl.

Das kann ich! – Seiten 46 und 47

1 a) $5^4 = 625$ b) $(-3)^3 = -27$
c) $\left(\frac{1}{4}\right)^5 = \frac{1}{1024}$ d) $(-1{,}2)^2 = 1{,}44$

2 a) $3^4 > 4^3$ b) $3^4 = (-3)^4$ c) $-4^3 = (-4)^3$
b) $-3^4 < (-3)^4$ e) $-4^3 < 4^3$ f) $4^4 > -4^4$

3 a) $\frac{1}{3^2} = \frac{1}{9}$; $\frac{1}{4^1} = \frac{1}{4}$; $\frac{1}{5^3} = \frac{1}{125}$; $\frac{1}{9^1} = \frac{1}{9}$
b) $\frac{1}{-3^1} = -\frac{1}{3}$; $\frac{1}{(-2)^6} = \frac{1}{64}$; $\frac{1}{(-5)^3} = -\frac{1}{125}$; $-\frac{1}{2^5} = -\frac{1}{32}$
c) $\frac{1}{0{,}2^2} = 25$; $\frac{1}{0{,}5^4} = 16$; $\frac{1}{0{,}1} = 10$
d) $\frac{1}{3^2} = \frac{1}{9}$; $-\frac{5}{2} = -2{,}5$; $\frac{1}{\left(\frac{3}{4}\right)^3} = \frac{64}{27}$

4 a) $\frac{1}{a^3}$ b) $\frac{1}{b^5}$ c) $\frac{1}{c^6}$
b) $\frac{3}{d^4}$ e) $\frac{1}{(xy)^4}$ f) $\frac{x}{y^3}$
g) $\frac{1}{z^a}$ h) $\frac{1}{(-x^2)^3} = -\frac{1}{x^6}$

5 a) x^7 b) y^3 c) $(-z)^8 = z^8$
d) $a^{-1} = \frac{1}{a}$ e) $10b^8$ f) 1

6 a) $(-6)^4 = 6^4 = 1296$ b) 9
c) 1 d) $10^3 = 1000$
e) $\left(\frac{1}{4}\right)^{-3} = 4^3 = 64$ f) $3^5 = 243$

7 a) $16a^4$ b) $3{,}375b^6$ c) $0{,}0016c^{12}$
d) $36d^{10}$ e) $\frac{e^{12}}{216}$ f) $-0{,}2f^5$

8 a) 10^3; 10^{-3}; 10^7; 10^{-7} b) 10^{-1}; 10^5; 10^0; 10^{-4}; 10^{-9}

9 a) $\frac{1}{3^3} = \frac{1}{27}$ b) $4^3 = 64$
c) $\frac{1}{5^2} = \frac{1}{25}$ d) $2^9 = 512$
e) $20^2 = 400$ f) $(-2)^{-3} = -\frac{1}{8}$
g) $40^3 = 64\,000$ h) $\left(\frac{25}{8}\right)^{-2} = \frac{64}{625}$
i) $(-6)^4 = 1296$ j) $4^{-6} = \frac{1}{4096}$
k) $0{,}8^3 = 0{,}512$ l) 1

10 a) $3 \cdot 10^4 = 30 \cdot 10^3$ b) $2{,}4 \cdot 10^7 = 0{,}24 \cdot 10^8$
c) $1{,}5 \cdot 10^3 < 15\,000$ d) $7{,}3 \cdot 10^5 < 7300 \cdot 10^3$

11

A in cm²	a in cm	b in cm	c in cm
144	4,5	32	12
625	12,5	50	25
133	7	19	11,53
7	1,4	5	$\sqrt{7}$
150	13	11,54	12,25
462,25	10,75	43	21,5

12 a)  Seite $a = \sqrt{6}$ cm $\approx$ 2,45 cm
b)  Seite $a = \sqrt{20}$ cm $\approx$ 4,47 cm
c)  Seite $a = \sqrt{30}$ cm $\approx$ 5,48 cm

Bei den Rechtecken gibt es verschiedene Möglichkeiten, z. B.:
a)  $6\text{ cm}^2 = 3\text{ cm} \cdot 2\text{ cm}$
b) 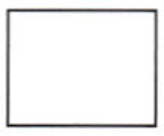 $20\text{ cm}^2 = 5\text{ cm} \cdot 4\text{ cm}$
c)  $30\text{ cm}^2 = 6\text{ cm} \cdot 5\text{ cm}$

13 a) 2 b) 6 c) 9 d) 12 e) 15
f) 20 g) $\frac{2}{3}$ h) $\frac{6}{5}$ i) $\frac{2}{3}$ j) $\frac{8}{7}$

14 a) $\sqrt{3 \cdot 8} = \sqrt{24}$; $\sqrt{3} + \sqrt{8}$; $\sqrt{\frac{3}{8}}$
b) $\sqrt{\frac{27}{18}} = \sqrt{\frac{3}{2}}$; $\sqrt{27} - \sqrt{18}$; $\sqrt{27 \cdot 18} = \sqrt{486}$
c) $\sqrt{99} - \sqrt{11}$; $\sqrt{99} + \sqrt{11}$; $\sqrt{\frac{99}{11}} = \sqrt{9} = 3$
d) $\sqrt{2{,}5 \cdot 4} = \sqrt{10}$; $\sqrt{2{,}5} + \sqrt{4}$; $\sqrt{2{,}5} - \sqrt{4}$

15 a) $\sqrt{2} \cdot \sqrt{25} = \sqrt{50}$ b) $\sqrt{49} \cdot \sqrt{4} = \sqrt{196}$
c) $\sqrt{20} \cdot \sqrt{5} = \sqrt{100}$ oder $\sqrt{30} \cdot \sqrt{5} = \sqrt{150}$
d) $\sqrt{432} : \sqrt{12} = 6$ e) $\frac{\sqrt{1083}}{\sqrt{3}} = 19$
f) $\sqrt{5} \cdot \sqrt{57{,}8} = 17$

16 a) rational: $\sqrt{4}$; $\sqrt{100}$; $\sqrt{4000}$
irrational: $\sqrt{6}$; $\sqrt{8}$; $\sqrt{104}$; $\sqrt{1000}$
b) rational: 0; 1; $\sqrt{0}$; $\sqrt{1}$; $\frac{1}{3}$; $\frac{1}{9}$; $\sqrt{\frac{1}{9}}$
irrational: $\sqrt{\frac{1}{3}}$; $\sqrt{\frac{12}{7}}$

17 a) $x^{\frac{12}{3}} = x^4$ b) $(xyz)^{\frac{2}{3}}$
c) $x^{\frac{1}{4}} \cdot x^{\frac{3}{4}} = x^{\frac{4}{4}} = x$ d) x^5
e) $y^{-\frac{1}{m}} = \frac{1}{\sqrt[m]{y}}$ f) $(32ab)^{-\frac{1}{4}} = \frac{1}{\sqrt[4]{32ab}}$
g) 1 h) $\left(a^{\frac{7}{3}}\right)^{\frac{4}{3}} = a^{\frac{28}{9}}$
i) $\sqrt[3]{8m^3n^3} = 2mn$ j) $a^{-\frac{31}{4}}$

Aufgaben für Lernpartner

A Das ist richtig.

B Das ist falsch. Zwei Potenzen mit gleicher Basis werden multipliziert, indem man ihre Exponenten addiert und die Basis beibehält.

C Das ist richtig.

D Die Gleichung ist richtig, die eigentliche Aussage lässt sich aber nicht verallgemeinern. Der aufgezeigte Fall ist eine Ausnahme, da $4 = 2^2$ ist und damit $4^2 = (2^2)^2 = 2^4$.

E Das ist falsch. Bei geradem Exponenten ist der Potenzwert positiv.

F Das ist richtig.

G Das ist falsch. Der Exponent -1 bewirkt, dass ein Bruch entsteht mit 1 im Zähler und dem ursprünglichen Potenzwert im Nenner:
$(a^m)^{-1} = a^{m \cdot (-1)} = a^{-m} = \frac{1}{a^m}$

H Das ist richtig.

I Das ist richtig. Der Flächeninhalt beträgt jeweils $12\ cm^2$.

J Das ist falsch.
$\sqrt{100} + \sqrt{49} = 10 + 7 = 17$
$\sqrt{100 + 49} = \sqrt{149} \approx 12{,}21$

K Das ist richtig.

L Das ist richtig.

M Das ist falsch. Eine irrationale Zahl lässt sich eben nicht als Bruch darstellen.

N Das ist richtig.

O Das ist falsch. Die Quadratwurzeln von Quadratzahlen beispielsweise sind rational.
Beispiel: $\sqrt{4} = 2$.

P Das ist nur richtig, wenn man die Quadratwurzeln von Quadratzahlen ausnimmt. Hierfür ist sie falsch, weil diese selbst eine natürliche Zahl ergeben.

Das kann ich schon … – Seite 51

1

Gleichung

$f(x) = 3x + 1$

Wertetabelle

x	y
−1	−2
0	1
1	4
2	7
3	10

Verbale Beschreibung

Zum Dreifachen einer Zahl addiert man 1.

Graph

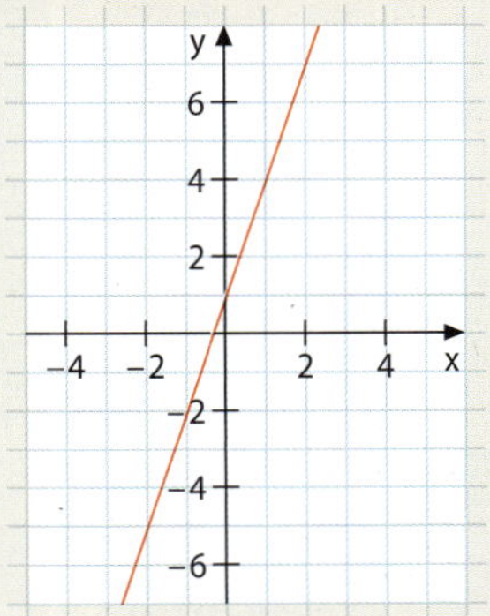

Gleichung

$g(x) = 0{,}5x - 5$

Wertetabelle

x	y
−1	−5,5
0	−5
1	−4,5
2	−4
3	−3,5

Verbale Beschreibung

Von der Hälfte einer Zahl wird 5 subtrahiert.

Graph

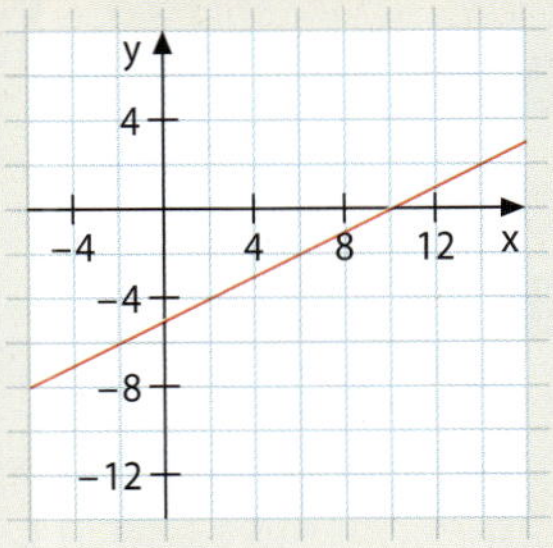

Gleichung	Wertetabelle
h (x) = 2x − 2	x: −1, 0, 1, 2, 3 y: −4, −2, 0, 2, 4
Verbale Beschreibung	**Graph**
Vom Doppelten einer Zahl wird 2 subtrahiert.	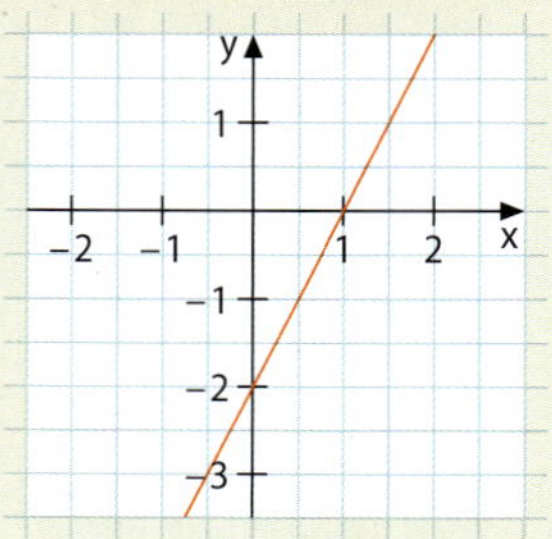

2 a) A (−3 | −7); B (2,5 | 4)
b) A (1 | −3); B (4 | −15)
c) A (2 | 2); B (4 | 3)

3 a) $f(x) = \frac{1}{2}x$; Der Graph der linearen Funktion verläuft monoton steigend.
b) f (x) = −3x + 10; Der Graph der linearen Funktion verläuft monoton fallend.
c) f (x) = 2x − 6; Der Graph der linearen Funktion verläuft monoton steigend.
a) f (x) = −1; Der Graph der linearen Funktion verläuft parallel zur x-Achse.

4 a) f (x) = x
b) f (x) = 4x + 1
c) f (x) = 3
d) $f(x) = -\frac{1}{4}x + 4$

5 a) x = 7,5
b) x = 7
c) x = −2,5
d) x = 2
e) x = 0
f) x = −22,5
g) x = 1,25
h) $x = \frac{10}{3}$
i) x = 1,25

6 a) x + 8 = 5
b) 3 · x + 2 = −7
c) −19,5 − x = 2,5x − 9
d) $\frac{1}{3} \cdot (x - 4) = \frac{x}{7}$

Das kann ich! – Seiten 84 und 85

1 A (−1,2 | 1,44) B (3,1 | 9,61)
C (±1,8 | 3,24) D (±2,4 | 5,76)

2 a)

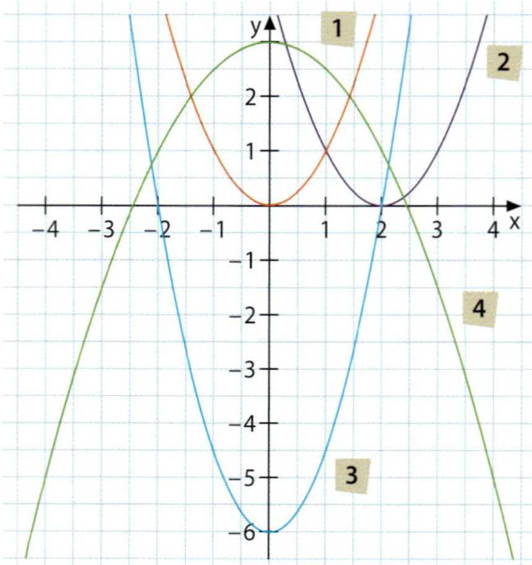

b) Die Normalparabel **1** wurde …
2 um 2 LE nach rechts verschoben.
3 gestreckt und um 6 LE nach unten verschoben.
4 an der x-Achse gespiegelt, gestaucht und um 3 LE nach oben verschoben.

3 Lösungsmöglichkeit:
a) $y = x^2$; $y = \frac{1}{3}x^2$

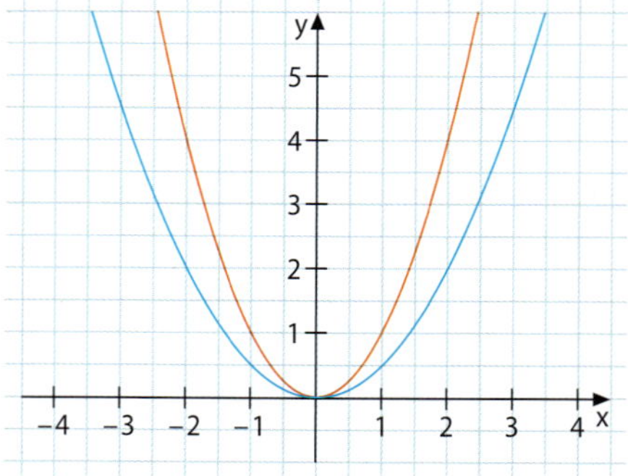

b) $y = x^2$; $y = -x^2$

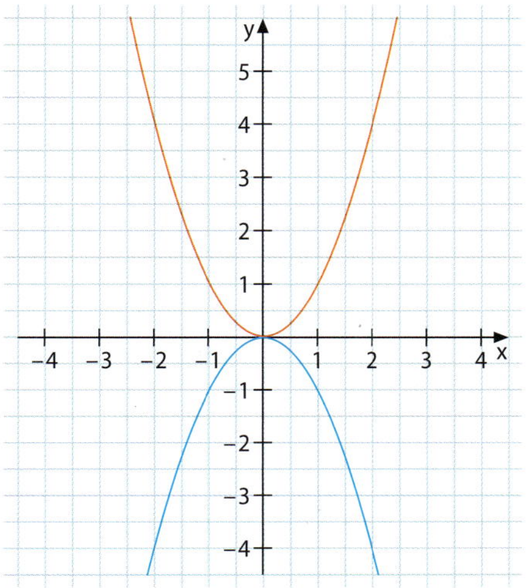

4

	a)	b)
Scheitelpunkt	S(−1,5 | −2,25)	S(0 | −4)
Symmetrieachse	$x = -1{,}5$	$x = 0$
Monotonie	fallend für $x \le -1{,}5$ steigend für $x \ge -1{,}5$	fallend für $x \le 0$ steigend für $x \ge 0$
Nullstellen	$x_1 = -3$; $x_2 = 0$	$x_1 = -2$; $x_2 = 2$
Schnittpunkt mit der y-Achse	P(0 | 0)	P(0 | −4)
$\mathbb{D}$	$\mathbb{R}$	$\mathbb{R}$
$\mathbb{W}$	$\mathbb{R}$ mit $y \ge -2{,}25$	$\mathbb{R}$ mit $y \ge -4$

	c)	d)
Scheitelpunkt	S(0 | 1)	S(2 | 2)
Symmetrieachse	$x = 0$	$x = 2$
Monotonie	steigend für $x \le 0$ fallend für $x \ge 0$	fallend für $x \le 2$ steigend für $x \ge 2$
Nullstellen	$x_1 = -1$; $x_2 = 1$	keine Nullstellen
Schnittpunkt mit der y-Achse	P(0 | 1)	P(0 | 6)
$\mathbb{D}$	$\mathbb{R}$	$\mathbb{R}$
$\mathbb{W}$	$\mathbb{R}$ mit $y \le 1$	$\mathbb{R}$ mit $y \ge 2$

5 **a)** S(0 | 0,5), nach unten geöffnet, gestaucht, Nullstellen $\pm\sqrt{\frac{5}{8}} \approx \pm 0{,}8$

b) S(2 | −1), nach oben geöffnet, Nullstellen 1 und 3

c) S(0 | −1), nach oben geöffnet, Nullstellen −1 und 1

d) S(1,5 | −1,5625), nach oben geöffnet, Nullstellen 0 und 2,5

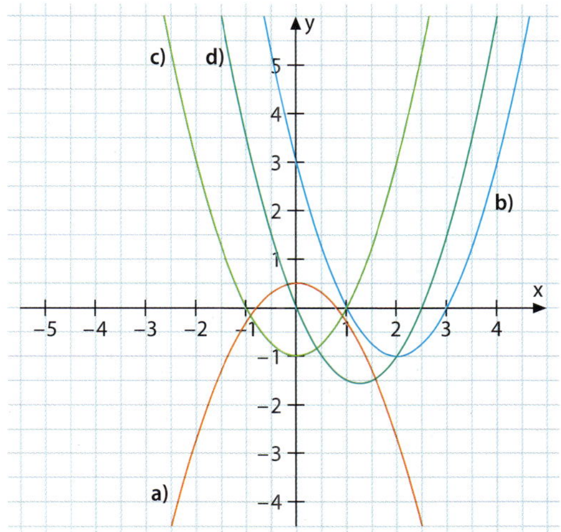

6 **a)** Nein, es liegt eine lineare Funktion vor.

b) Ja, es liegt eine Funktion der Form $f(x) = x^2 + e$ mit $e = -3$ vor.

c) Nein, denn der Exponent ist negativ.

d) Ja, es liegt eine Funktion der Form $f(x) = ax^2 + bx + c$ mit $a = \frac{1}{2}$, $b = 5$ und $c = 0$ vor.

e) Nein, denn der größte Exponent ist 3.

7 **a)** Die Symmetrieachse der Parabel liegt …

1 rechts der y-Achse. **2** links der y-Achse.

b) **1** P(2 | −3) **2** P(2 | 40,5)

8 **a)** $f_1(x) = (x + 1{,}2)^2 - 1{,}5$ oder $f_1(x) = x^2 + 2{,}4x - 0{,}06$

b) $f_2(x) = (x - 2{,}2)^2 - 4{,}5$ oder $f_2(x) = x^2 - 4{,}4x + 0{,}34$

c) $f_3(x) = (x + 3) \cdot (x - 5) = x^2 - 2x - 15$ oder $f_3(x) = -(x + 3) \cdot (x - 5) = -x^2 + 2x + 15$

d) $f_4(x) = (x - 1{,}2)^2 - 1{,}5$ oder $f_4(x) = x^2 - 2{,}4x - 0{,}06$

e) $f_5(x) = -(x + 1{,}2)^2 + 1{,}5$ oder $f_5(x) = -x^2 - 2{,}4x + 0{,}06$

f) $f_6(x) = -(x + 3)^2 - 1{,}5$ oder
$f_6(x) = -x^2 - 6x - 10{,}5$

g) $f_7(x) = -x^2$

9

	a)	b)
1	a negativ, da $f(5) < 0$	$a = -1{,}5$
2	a positiv, da $f(-2) > 0$	$a = \frac{1}{4}$
3	a negativ, da $f(-3) < 0$	$a = -\frac{1}{2}$
4	a positiv, da $f(-6) > 0$	$a = \frac{5}{2}$
5	a positiv, da $f(-1{,}5) > 0$	$a = 0{,}4$
6	a positiv, da $f\left(-\frac{1}{4}\right) > 0$	$a = 4$
7	a negativ, da $f(2{,}8) < 0$	$a = -\frac{5}{8}$
8	a negativ, da $f(-0{,}9) < 0$	$a = -10$

10 **a)** 1 $a = 2$ 2 $c = 4$ 3 $a = -4$
b) 1 $S(0|6)$ 2 $S(0|4)$ 3 $S(0|2)$

11 Lösungsmöglichkeiten:
a) $f(x) = 0{,}5x \cdot (x - 1)$
b) $f(x) = 0{,}5x^2 - 1$
c) $f(x) = -1{,}5 \cdot (x + 3) \cdot (x + 1)$
d) $f(x) = -(x - 2)^2$

12 Es sind individuelle Lösungen möglich. Die Funktionsgleichungen haben aber jeweils die Form $f(x) = ax^2$.

Aufgaben für Lernpartner

A Das ist falsch. Eine solche Parabel hat den Scheitelpunkt $S(-3|1)$.

B Das ist richtig.

C Das ist im Allgemeinen falsch. Eine Gerade kann die Normalparabel auch ohne Schnittpunkt passieren oder nur einen gemeinsamen Punkt mit ihr haben. Beispiel: Der Graph zu $y = \frac{1}{2}x - 5$ schneidet die Normalparabel nicht.

D Das ist richtig.

E Das ist richtig. Wichtig ist jedoch, dass die Gleichung in der Normalform vorliegt, sodass die Koeffizienten richtig abgelesen werden können.

F **a)** Nein, es liegt eine lineare Funktion vor.
b) Ja, es liegt eine Funktion der Form $f(x) = ax^2 + bx + c$ mit $a = 1$, $b = 0$ und $c = 1$ vor.
c) Ja, es liegt eine Funktion der Form $f(x) = ax^2$ mit $a = 0{,}5$ vor.

Das kann ich schon … – Seite 89

1 In beiden Fällen wird die Funktionsgleichung $f(x) = mx + n$ gezeichnet. Nun kann man entweder den Schnittpunkt dieser Funktion mit der Geraden $g(x) = c$ bestimmen, oder man liest an der Stelle, wo die Funktion f den Wert c annimmt, den zugehörigen x-Wert ab. In beiden Fällen betrachtet man den x-Wert der Funktion f an der Stelle $y = c$.

2 Die angegebenen Funktionen lassen sich umwandeln in Funktionen der Form $f(x) = mx + n$; die Graphen sind Geraden mit Steigung m und y-Achsenabschnitt n.

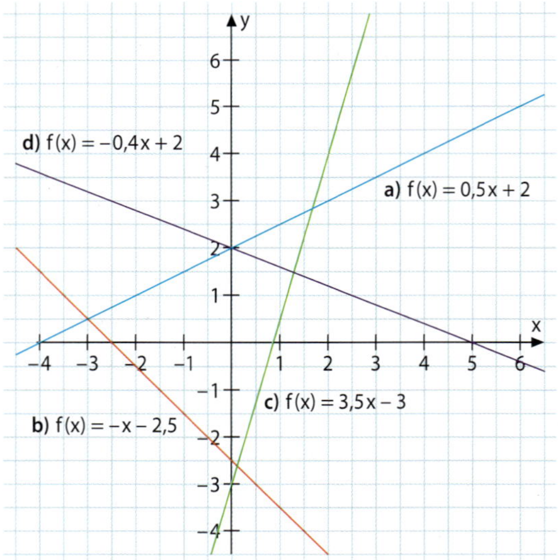

a) $f(x) = 0{,}5x + 2$;
$P(6|5)$, also ist $x = 6$ Lösung der Gleichung.
b) $f(x) = -x - 2{,}5$;
$P(-1|-1{,}5)$, also ist $x = -1$ Lösung der Gleichung.

c) $f(x) = 3{,}5x - 3$;
$P(3\,|\,7{,}5)$, also ist $x = 3$ Lösung der Gleichung.

d) $f(x) = -0{,}4x + 2$;
$P(2{,}5\,|\,1)$, also ist $x = 2{,}5$ Lösung der Gleichung.

3 **a)** $\mathbb{L} = \{2\}$ **b)** $\mathbb{L} = \left\{\frac{4}{3}\right\}$ **c)** $\mathbb{L} = \{-1\}$

4 **a)** $\mathbb{L} = \{8\}$ **b)** $\mathbb{L} = \left\{-\frac{7}{5}\right\}$ **c)** $\mathbb{L} = \left\{\frac{12}{5}\right\}$
d) $\mathbb{L} = \{-1\}$ **e)** $\mathbb{L} = \left\{-\frac{8}{9}\right\}$ **f)** $\mathbb{L} = \{\,\}$

5 **a)** $x - 3 = 4$ **b)** $2x + (-1) = 13$
c) $x + 4 = 2x - 3$ **d)** $3x + 30 = 50 - (x - 8)$

6 **a)** $\mathbb{D} = \mathbb{R}\setminus\left\{-1; \frac{4}{3}\right\}$, $\mathbb{L} = \{-15\}$ **b)** $\mathbb{D} = \mathbb{R}\setminus\{0{,}25\}$, $\mathbb{L} = \{-6\}$
c) $\mathbb{D} = \mathbb{R}\setminus\{3; 5\}$, $\mathbb{L} = \{8\}$ **d)** $\mathbb{D} = \mathbb{R}\setminus\{-1; 1\}$, $\mathbb{L} = \{2\}$

7 **a)** $x^2 - 14xy^2 + 49y^4 = (x - 7y^2)^2$
b) $c^2 - 1\frac{5}{7}c + \frac{36}{49} = \left(c - \frac{6}{7}\right)^2$
c) $(3m - 2n) \cdot (3m + 2n) = 9m^2 - 4n^2$
d) $p^2 + 10pq + 25q^2 = (p + 5q)^2$

8 **a)** $(2 + h)^2 = 4 + 4h + h^2$
b) $(3o - 4p)^2 = 9o^2 - 24op + 16p^2$
c) $(r - s) \cdot (r + s) = r^2 - s^2$
d) $(1{,}5v + w)^2 = 2{,}25v^2 + 3vw + w^2$

Das kann ich! – Seiten 120 und 121

1 **a)** $\mathbb{L} = \{-13; 13\}$ **b)** $\mathbb{L} = \{\,\}$
c) $\mathbb{L} = \{-2; 0\}$ **d)** $\mathbb{L} = \left\{0; \frac{1}{3}\right\}$
e) $\mathbb{L} = \{-3; 2\}$ **f)** $\mathbb{L} = \left\{\frac{1}{2}; \frac{2}{3}\right\}$

2 **a)** $\mathbb{L} = \{12\}$ **b)** $\mathbb{L} = \{1; 7\}$
c) $\mathbb{L} = \{-3; 1\}$ **d)** $\mathbb{L} = \{-2; 4\}$

3 **a)** $A(0\,|\,-1)$; $B(3\,|\,2)$

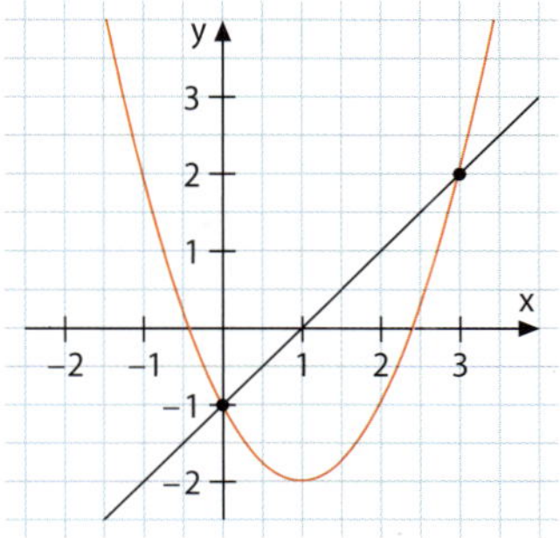

b) $A(1\,|\,3)$

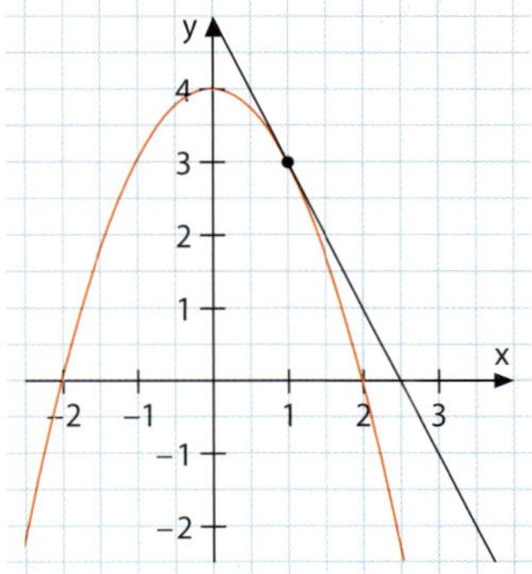

c) kein gemeinsamer Punkt

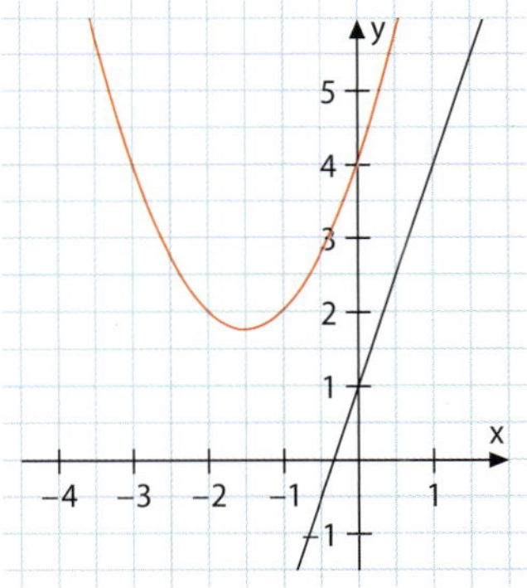

4 **a)** $x^2 = 3x - 2$

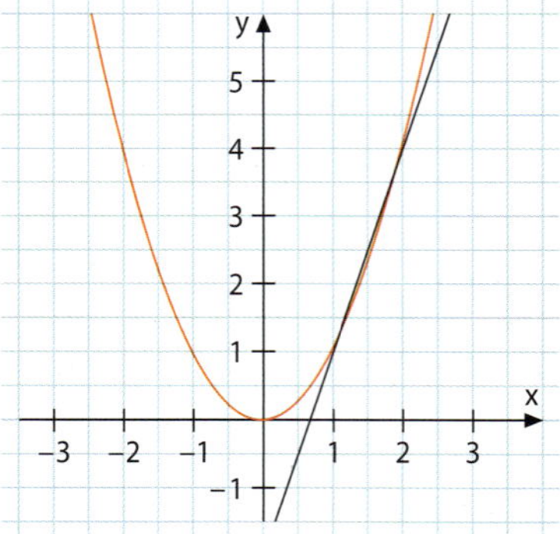

$\mathbb{L} = \{1;\ 2\}$

b) Umformung zu: $x^2 = 5x - 4$

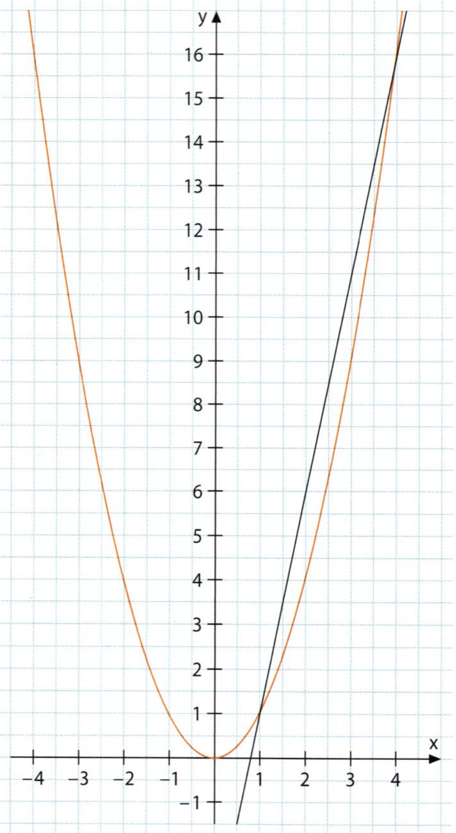

$\mathbb{L} = \{1;\ 4\}$

c) Umformung zu: $x^2 = -0{,}5x + 1{,}5$

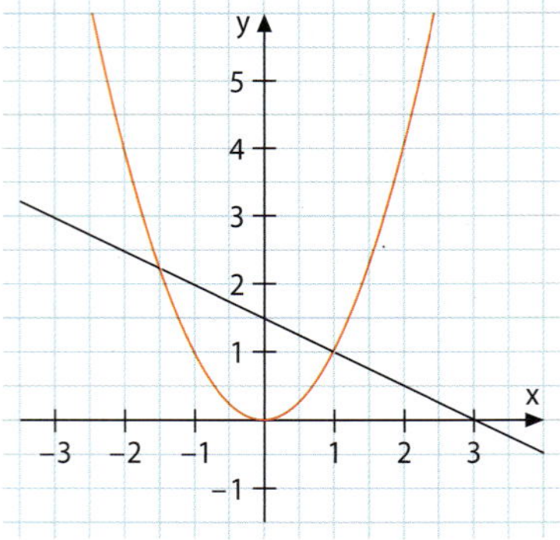

$\mathbb{L} = \{-1{,}5;\ 1\}$

d) Umformung zu: $x^2 = -2x + 3$

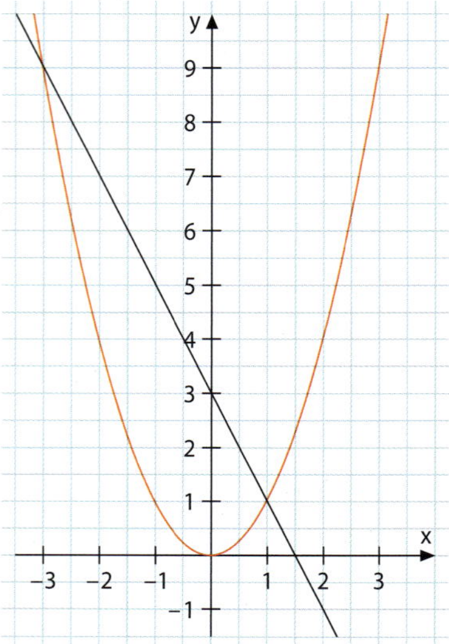

$\mathbb{L} = \{-3;\ 1\}$

5 $x^2 - 70x + 1056 = 0$
Das Grundstück hat die Seitenlängen 22 m und 48 m.

6 **a)** $\{-15;\ 0\}$ **b)** $\{1;\ 9\}$
c) $\{3{,}5 - \sqrt{9{,}25};\ 3{,}5 + \sqrt{9{,}25}\}$ **d)** keine Nullstelle

7 **a)** $x^2 = -x + 2$
$\mathbb{L} = \{-2;\ 1\}$
b) $-x^2 + 3{,}5 = -2x + 3{,}5$
$\mathbb{L} = \{0;\ 2\}$

8 **a)** $\mathbb{L} = \{-11;\ 11\}$ **b)** $\mathbb{L} = \{-12;\ 23\}$
c) $\mathbb{L} = \{-3;\ 3\}$ **d)** $\mathbb{L} = \{-11;\ 15\}$
e) $\mathbb{L} = \{2;\ 8\}$ **f)** $\mathbb{L} = \{-0{,}6;\ 1{,}2\}$

9 $\mathbb{D} = \mathbb{N}$

a) $x^2 + 2x = 323$

$x_1 = -19;\ x_2 = 17 \quad -19 \notin \mathbb{D}$

Die gesuchte natürliche Zahl ist 17.

b) $x^2 + \frac{1}{2}x = 742{,}5$

$x_1 = -27{,}5;\ x_2 = 27 \quad -27{,}5 \notin \mathbb{D}$

Die gesuchte natürliche Zahl ist 27.

c) $x^2 - x = x$

$x_1 = 0;\ x_2 = 2 \quad 0;\ 2 \in \mathbb{D}$

Die gesuchten natürlichen Zahlen können 0 oder 2 sein.

10 Lösungsmöglichkeit:

alle Angaben in cm bzw. cm^2; $\mathbb{D} = \mathbb{Q}$ mit $x > 0$

Flächeninhalt der Platte: $A = a^2$

$A = 60^2 = 3600$

Verschnitt: $0{,}125 \cdot 3600 = 450$

Die Flächen sind $4 \cdot \frac{1}{2}x^2 = 2x^2$

Bestimmung von x: $2x^2 = 450$

$x^2 = 225$

$x_1 = -15;\ x_2 = 15 \quad -15 \notin \mathbb{D}$

Es müssen gleichschenklig-rechtwinklige Dreiecke mit der Schenkellänge 15 cm abgeschnitten werden.

11 genau eine Lösung für $q = 16$

zwei Lösungen für $q < 16$

keine Lösung für $q > 16$

12 $136{,}5 = 2a^2 + 32a$

Die Seitenlänge beträgt 3,5 cm (die negative Lösung $a = -19{,}5$ (cm) entfällt).

13 a) $\mathbb{D} = \{x \mid x \geq 1\}$

$\sqrt{x-1} = -2x + 5$

$x - 1 = 4x^2 - 20x + 25$

$0 = 4x^2 - 21x + 26$

$x_{1/2} = \frac{21 \pm \sqrt{441 - 416}}{8} = \frac{21 \pm 5}{8}$

$\Rightarrow x_1 = 2;\ x_2 = 3{,}25$

Probe:

$\sqrt{2-1} = -4 + 5 \Leftrightarrow 1 = 1$ w

$\sqrt{3{,}25 - 1} = -6{,}5 + 5 \Leftrightarrow 1{,}5 = -1{,}5$ f

$\mathbb{L} = \{2\}$

b) $\mathbb{D} = \{x \mid x \geq 2\}$

$\sqrt{x-2} = 4 - x$

$x - 2 = (4 - x)^2$

$x - 2 = 16 - 8x + x^2$

$0 = x^2 - 9x + 18$

$x_{1/2} = 9 \pm \frac{\sqrt{81 - 72}}{2} = 9 \pm \frac{3}{2}$

$x_1 = 3;\ x_2 = 6$

Probe:

$\sqrt{3-2} = 4 - 3 \Leftrightarrow \sqrt{1} = 1$ w

$\sqrt{6-2} = 4 - 6 \Leftrightarrow 2 = -2$ f

$\mathbb{L} = \{3\}$

c) $\mathbb{D} = \{x \mid x \geq -0{,}25\}$

$7 - 2x = \sqrt{4x + 1}$

$49 - 28x + 4x^2 = 4x + 1$

$x^2 - 8x + 12 = 0$

$x_{1/2} = \frac{8 \pm \sqrt{64 - 48}}{2}$

$x_1 = 2;\ x_2 = 6$

Probe:

$7 - 4 = \sqrt{8 + 1} \Leftrightarrow 3 = 3$ w

$7 - 12 = \sqrt{48 + 1} \Leftrightarrow -5 = 7$ f

$\mathbb{L} = \{2\}$

d) $\mathbb{D} = \{x \mid x \leq 3{,}25\}$

$x - 4 = \sqrt{13 - 4x}$

$x^2 - 8x + 16 = 13 - 4x$

$x^2 - 4x + 3 = 0$

$x_{1/2} = \frac{4 \pm \sqrt{16 - 12}}{2}$

$x_1 = 1;\ x_2 = 3$

Probe:

$1 - 4 = \sqrt{13 - 4} \Leftrightarrow -3 = 3$ f

$3 - 4 = \sqrt{13 - 12} \Leftrightarrow -1 = 1$ f

$\mathbb{L} = \{\,\}$

e) $\mathbb{D} = \{x \mid x \leq -1{,}12 \text{ oder } x \geq 2{,}24\}$
$\sqrt{8x^2 - 9x} - 20 = 4 - 3x$
$8x^2 - 9x - 20 = (4 - 3x)^2$
$x^2 - 15x + 36 = 0$
$x_{1/2} = \frac{15 \pm \sqrt{225 - 144}}{2}$; $x_1 = 3$; $x_2 = 12$
Probe:
$9 + \sqrt{72 - 27 - 20} = 4 \Leftrightarrow 14 = 4$ f
$36 + \sqrt{1152 - 108 - 20} = 4 \Leftrightarrow 68 = 4$ f
$\mathbb{L} = \{\}$

f) $\mathbb{D} = \mathbb{R}_0^+$
$(\sqrt{x} + 2)^2 = 2x + 8$
$x + 4\sqrt{x} + 4 = 2x + 8$
$4\sqrt{x} = x + 4$
$16x = x^2 + 8x + 16$
$(x - 4)^2 = 0$; $x = 4$
Probe:
$(\sqrt{4} + 2)^2 = 8 + 8 \Leftrightarrow 16 = 16$ w
$\mathbb{L} = \{4\}$

14 a) $2x^2 - 2{,}5x - 2 = 0$
$D = 6{,}25 + 16 = 22{,}25 > 0$
$x_{1/2} = \frac{2{,}5 \pm \sqrt{22{,}25}}{4}$
$x_1 \approx -0{,}55$; $x_2 \approx 1{,}8$
$S_1(-0{,}55 \mid 1{,}72)$; $S_2(1{,}8 \mid 2{,}9)$

b) $0{,}25x^2 + 0{,}375x + 0{,}25 = 0$
$D = 0{,}140625 - 0{,}25 < 0$
Kein Schnittpunkt

c) $0{,}375x^2 + 1{,}75x + 2{,}5 = 0$
$D = 3{,}0625 - 3{,}75 < 0$
Kein Schnittpunkt

d) $2x^2 - 2x - 2 = 0$
$D = 4 + 16 = 20 > 0$
$x_{1/2} = \frac{2 \pm 2\sqrt{5}}{4} = \frac{1 \pm \sqrt{5}}{2}$
$x_1 \approx -0{,}6$; $x_2 \approx 1{,}6$
$S_1(-0{,}6 \mid 0)$; $S_2(1{,}6 \mid 0)$

15 Bei der Höhe $y = 0$ trifft das Wasser auf den Boden:
$-0{,}1x^2 + 0{,}9x + 1{,}7 = 0$
$x^2 - 9x - 17 = 0$
$x_{1/2} = -9/2 \pm \sqrt{\left(-\frac{9}{2}\right)^2 + 17}$
$x_1 \approx 10{,}6$; $x_2 \approx -1{,}6$
Da der Strahl nach vorne gerichtet ist, entfällt die Lösung x_2. Probe für x_1:
$-0{,}1 \cdot (10{,}6)^2 + 0{,}9 \cdot 10{,}6 + 1{,}7 \approx 0$ w
Das Wasser trifft nach ca. 10,6 m auf den Boden auf.

Aufgaben für Lernpartner

A Das ist richtig, da $(-13)^2 + 12 \cdot (-13) - 13 = 0$ und $12 + 12 \cdot 1 - 13 = 0$.

B Das ist richtig, da beide Lösungsmengen übereinstimmen bzw. beide Gleichungen in Normalform $x^2 + \frac{3}{2}x + \frac{1}{2} = 0$ ergeben.

C Das ist richtig, allerdings müssen die Gleichungen zunächst in Normalform umgewandelt werden, sodass die Koeffizienten p und q richtig abgelesen werden können.

D Das ist richtig. Ist die Determinante positiv, gibt es zwei Lösungen, ist sie negativ keine Lösung und nimmt sie den Wert 0 an, hat die Gleichung eine Lösung.

E Das ist richtig, da bei genau einer Lösung $q = \left(\frac{p}{2}\right)^2$ ist; man kann damit die Gleichung in der Form $x^2 + px + \left(\frac{p}{2}\right)^2 = 0$ bzw. $\left(x + \frac{p}{2}\right)^2 = 0$ schreiben.

F Das ist falsch, denn $x = 0$ ist immer eine Lösung der Gleichung.

G Das ist richtig: Wenn eine quadratische Gleichung zwei Lösungen hat, dann muss für die Diskriminante D gelten: $D = \left(\frac{p}{2}\right)^2 - q > 0$, also $\left(\frac{p}{2}\right)^2 > q$ bzw. $p^2 > 4q$. Damit gilt aber auch: $p^2 > q$.

H Das ist falsch, nicht jede Lösung der quadrierten Gleichung ist auch eine Lösung der Wurzelgleichung. Beim Quadrieren der Links- und der Rechtsterme der Wurzelgleichung können Lösungen hinzukommen, die nicht Lösung der Ausgangsgleichung sind. Daher ist bei Wurzelgleichungen die Probe zur Überprüfung der Lösungen wichtig.

I Das ist falsch. Eine Wurzelgleichung ist eine Gleichung, bei der die Variable im Radikanden einer Wurzel auftritt, d. h., die Gleichung enthält mindestens eine Wurzel, die eine Variable enthält. Dies ist bei der angegebenen Gleichung nicht der Fall.

J Das ist richtig.

Das kann ich schon … – Seite 125

1 a) 8; 16; 0,36; $\frac{27}{125}$; $-\frac{16}{81}$

b) 4; 10; 13; 25; 50; 100

c) 0,3; 0,6; $\frac{1}{5}$; 0,7; $\frac{7}{8}$; 1,3

d) 3; 5; 10; 0,2; 0,4

2

	a)	b)	c)	d)	e)
g	5 cm	2,5 cm	8 cm	1,5 m	20,95 m
h_g	8 cm	60 mm	5,5 cm	12 m	4,2 km
A	20 cm²	7,5 cm²	22,0 cm²	900 dm²	4,4 ha

3

	a)	b)	c)
r	4 cm	30 m	1,70 cm
d	8 cm	60 m	3,40 cm
A	50,27 cm²	2827,43 m²	9,12 cm²
u	25,13 cm	188,50 m	10,68 cm

	d)	e)
r	3,50 cm	15,17 dm
d	7,00 cm	30,34 dm
A	38,48 cm²	723 dm²
u	22,0 cm	95,32 dm

4 a) $h_a^2 = \left(\frac{a}{2}\right)^2 + h^2$

$h_a = \sqrt{(3\text{ cm})^2 + (10\text{ cm})^2} \approx 10{,}44\text{ cm}$

b) $s^2 = \left(\frac{a}{2}\right)^2 + h_a^2$

$s = \sqrt{(3\text{ cm})^2 + (10{,}44\text{ cm})^2} \approx 10{,}86\text{ cm}$

c)

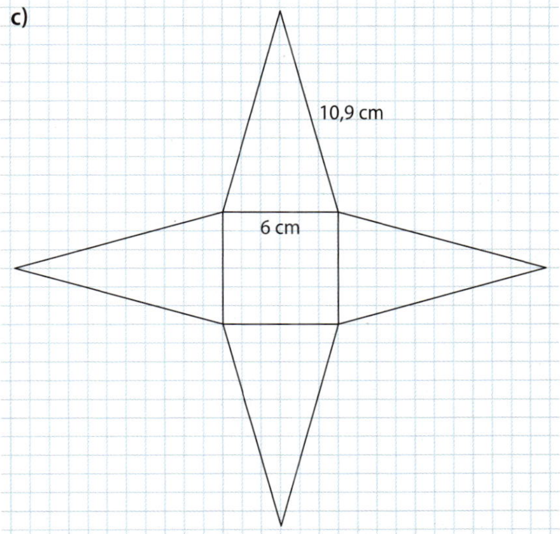

d) $A_O = a^2 + 4 \cdot \frac{1}{2} \cdot a \cdot h_a \approx 161{,}28\text{ cm}^2$

$V = \frac{1}{3} \cdot a^2 \cdot h = 120\text{ cm}^3$

5 a)

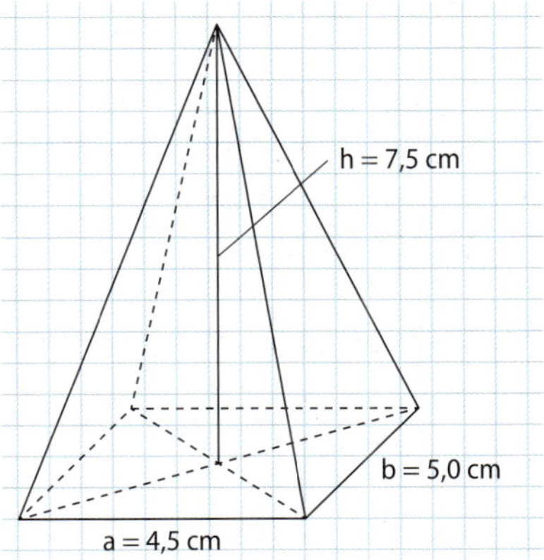

$h_a = \sqrt{\left(\frac{b}{2}\right)^2 + h^2} \approx 7{,}9\ \text{cm}$

$h_b = \sqrt{\left(\frac{a}{2}\right)^2 + h^2} \approx 7{,}8\ \text{cm}$

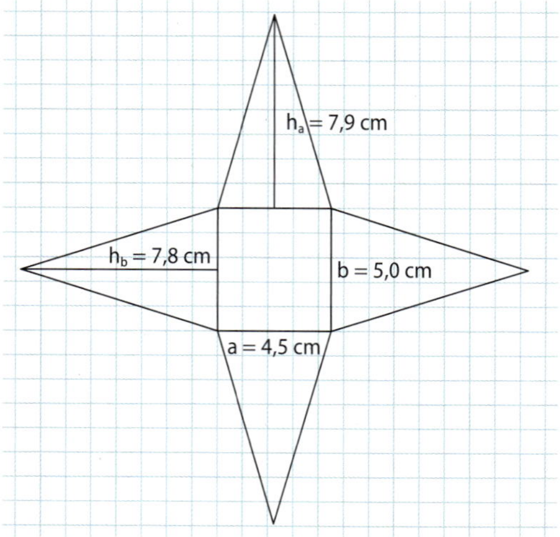

b) $A_O = a \cdot b + 2 \cdot \frac{1}{2} \cdot (a \cdot h_a + b \cdot h_b)$
$\approx 97{,}1\ \text{cm}^2$

$V = \frac{1}{3} \cdot a \cdot b \cdot h \approx 56{,}3\ \text{cm}^3$

6 **a)** $s = \sqrt{h^2 + r^2} \approx 7{,}21\ \text{cm}$

b) $A_O = \pi r \cdot (r + s) \approx 140{,}87\ \text{cm}^2$

$V = \frac{1}{3} \cdot \pi \cdot r^2 \cdot h \approx 100{,}53\ \text{cm}^3$

c) $\varphi = \frac{r}{s} \cdot 360° = 200°$

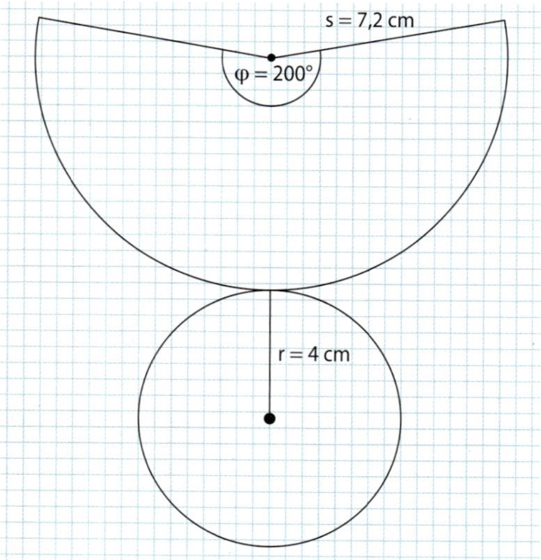

Das kann ich! – Seiten 150 und 151

1 **a)** $u = 47{,}12\ \text{cm};\ A = 176{,}71\ \text{cm}^2$
b) $u = 32{,}67\ \text{cm};\ A = 84{,}95\ \text{cm}^2$
c) $u = 175{,}93\ \text{mm};\ A = 2463{,}01\ \text{mm}^2$
d) $u = 1{,}571\ \text{km};\ A = 0{,}196\ \text{km}^2$
e) $u = 26{,}39\ \text{cm};\ A = 55{,}42\ \text{cm}^2$
f) $u = 8{,}922\ \text{km};\ A = 6{,}335\ \text{km}^2$

2 $d \approx 29{,}9\ \text{cm};\ A \approx 702\ \text{cm}^2$
$(d \approx 6{,}5\ \text{dm};\ A \approx 33{,}2\ \text{dm}^2)$
$(d \approx 1{,}20\ \text{m};\ A \approx 1{,}14\ \text{m}^2)$

3 **a)** $A_S = \frac{\alpha}{360°} \cdot \pi r^2$

$A_S = \frac{70°}{360°} \cdot \pi \cdot (5\ \text{cm})^2$

$A_S \approx 15{,}3\ \text{cm}^2$

b) $b = \frac{\alpha}{180°} \cdot \pi r$

$b = \frac{70°}{180°} \cdot \pi \cdot 5\ \text{cm}$

$b \approx 6{,}1\ \text{cm}$

4 Radius r_s des Kreissegments:

$r_s = \sqrt{h^2 + r^2} = 13\ \text{cm}$

$\alpha = \frac{A_S}{\pi r^2} \cdot 360° = \frac{204{,}2\ \text{cm}^2}{\pi \cdot (5\ \text{cm})^2} \cdot 360° = 138{,}5°$

5 $A_{\text{Kreisring}} = A_{\text{großer Kreis}} - A_{\text{kleiner Kreis}}$

$A_{\text{Kreisring}} = \pi \cdot 7{,}5^2 - \pi \cdot 5{,}8^2 \approx 176{,}6 - 105{,}6$
$= 71{,}0$

Der Kreisring hat einen Flächeninhalt von ungefähr 71 cm².

6 **a)** Der Rasenstreifen kann durch einen Kreisring dargestellt werden.

b) Flächeninhalt des Rasenstreifens
= Flächeninhalt des Kreisrings

$R = 4{,}2\ \text{m} \qquad r = 3{,}6\ \text{m}$

$A_{\text{Ring}} = \pi \cdot (R^2 - r^2)$
$= \pi \cdot [(4{,}2\ \text{m})^2 - (3{,}6\ \text{m})^2]$
$\approx 14{,}70\ \text{m}^2$

c) $u_{\text{Ring}} = u_{\text{Außenkreis}} + u_{\text{Innenkreis}}$
$= 2\pi \cdot (R + r)$
$= 2\pi \cdot (4{,}2\ \text{m} + 3{,}6\ \text{m})$
$\approx 49\ \text{m}$

7 $h_a \approx 90$ mm

$A_{Dreieck\,a} = \frac{a}{2} \cdot h_a = 2025\ mm^2$

$h_b \approx 88$ mm

$A_{Dreieck\,b} = \frac{b}{2} \cdot h_b = 2640\ mm^2$

$A_O = 2 \cdot (A_{Dreieck\,a} + A_{Dreieck\,b}) + ab = 12\,030\ mm^2$
$= 120{,}3\ cm^2$

$V_{Pyramide} = \frac{1}{3} a \cdot b \cdot h = 76\,500\ mm^3$

8 **a)** $r \approx 6{,}9$ cm; $s \approx 13{,}8$ cm; $A_O \approx 448{,}5\ cm^2$
b) $r \approx 7{,}3$ cm; $h \approx 15{,}4$ cm; $A_O \approx 557{,}0\ cm^2$;
$V \approx 859{,}0\ cm^3$
c) $r \approx 1{,}3$ m; $s \approx 23{,}2$ m; $h \approx 23{,}2$ m;
$V \approx 41{,}0\ m^3$

9 $V = \pi \cdot 0{,}7^2 \cdot 8 \approx 12{,}32$
Der Brunnen kann maximal etwa 12 m^3 fassen.

10

	a)	b)	c)	d)	e)
r	6 cm	2,88 m	0,35 m	1,25 mm	2,00 m
A_O	452,39 cm^2	104,23 m^2	1,5 m^2	19,63 mm^2	50,27 m^2
V	904,78 cm^3	100,06 m^3	0,17 m^3	8,18 mm^3	33,51 m^3

11

	a)	b)	c)
r	85 mm	3,7 cm	5,17 cm
A_O	90 792 mm^2	172 cm^2	335,9 cm^2
V	2 572 441 mm^3	212,2 cm^3	580 cm^3

	a)	b)	c)
r	1,29 m	2,48 cm	5,57 dm
A_O	20,92 m^2	77 cm^2	390 dm^2
V	9 m^3	63,89 cm^3	723,86 dm^3

12 $u = 2\pi r \quad r = \frac{u}{2\pi} \quad r \approx 9{,}2$ cm
$A_O = 4\pi r^2 \quad A_O \approx 1071\ cm^2$
Oberfläche mit Verschnitt:
$A_{O\,gesamt} = 1{,}15 \cdot A_O = 1{,}15 \cdot 1071 \approx 1232$
Man benötigt etwa 1232 cm^2 Leder.

13 $r = 6\ cm = 0{,}6\ dm \quad V = \frac{4}{3}\pi r^3$
$V = \frac{4}{3} \cdot \pi \cdot 0{,}6^3 \approx 0{,}9$
Masse der Kugel:
$m = 2{,}4 \cdot 0{,}9 = 2{,}17$
Die Kugel wiegt etwa 2,2 kg.

14 **a)** $A_{Dach} = \pi \cdot 20 \cdot 33\ m^2$
$A_{Dach} \approx 2073\ m^2$
$V = \frac{1}{3} \cdot \pi \cdot 20^2 \cdot h\ m^3$
$h = \sqrt{33^2 - 20^2}\ m$
$h \approx 26{,}2$ m
$V = \frac{1}{3} \cdot \pi \cdot 20^2 \cdot 26{,}2\ m^3$
$V \approx 10\,974\ m^3$

b) $A_{Dach} = \frac{1}{2} \cdot 4 \cdot \pi \cdot 6^2\ m^2$
$A_{Dach} \approx 226{,}2\ m^2$
$V = \frac{1}{2} \cdot \frac{4}{3} \cdot \pi \cdot 6^3\ m^3$
$V \approx 452{,}4\ m^3$

15 $V_{Schüssel} = \frac{1}{2} \cdot V_{Kugel}$

$V_{Kugel} = 2 \cdot V_{Schüssel}$

$\left(\frac{d}{2}\right)^3 = \frac{V_{Kugel}}{\frac{4}{3} \cdot \pi}$

$\frac{d^3}{8} = \frac{V_{Kugel}}{\frac{4}{3} \cdot \pi}$

$d^3 = \frac{8 \cdot 3\ dm^3}{\frac{4}{3} \cdot \pi}$

$d^3 \approx 5{,}73\ dm^3$
$d \approx 1{,}79\ dm = 17{,}9$ cm

Der Innendurchmesser der Schüssel beträgt knapp 18 cm.

16 a) $A_O = A_{M\,Kegel\,1} + A_{M\,Kegel\,2}$

$A_O = \pi \cdot 4 \cdot s_1 + \pi \cdot 4 \cdot s_2$

$s_1 = \sqrt{5^2 + 4^2}\ cm$

$s_1 \approx 6{,}4\ cm$

$s_2 = \sqrt{2^2 + 4^2}\ cm$

$s_2 \approx 4{,}5\ cm$

$A_O = \pi \cdot 4 \cdot 6{,}4\ cm^2 + \pi \cdot 4 \cdot 4{,}5\ cm^2$

$A_O = \pi \cdot 4 \cdot (6{,}4 + 4{,}5)\ cm^2$

$A_O \approx 137{,}0\ cm^2$

$V = \frac{1}{3} \cdot \pi \cdot 4^2 \cdot 5\ cm^3 + \frac{1}{3} \cdot \pi \cdot 4^2 \cdot 2\ cm^3$

$V = \frac{1}{3} \cdot \pi \cdot 4^2 \cdot (5 + 2)\ cm^3$

$V \approx 117{,}3\ cm^3$

b) $A_O = A_{O\,großer\,Quader} + A_{M\,kleiner\,Quader} - 2 \cdot A_{Rechteck}$

$A_O = 2 \cdot (40 \cdot 30 + 40 \cdot 30 + 30 \cdot 30)\ cm^2$
$+ 2 \cdot (25 + 20) \cdot 30\ cm^2 - 2 \cdot 25 \cdot 20\ cm^2$

$A_O = 2 \cdot 3300\ cm^2 + 2700\ cm^2 - 1000\ cm^2$

$A_O = 8300\ cm^2$

$V = V_{großer\,Quader} - V_{kleiner\,Quader}$

$V = 40 \cdot 30 \cdot 30\ cm^3 - 25 \cdot 20 \cdot 30\ cm^3$

$V = 21\,000\ cm^3 = 21\ \ell$

c) $A_O = A_{M\,Zylinder} + 2 \cdot A_{M\,Kegel}$

$s_{Kegel} = \sqrt{4^2 + 6^2}\ cm = \sqrt{52}\ cm \approx 7{,}2\ cm$

$A_O = 8 \cdot 30 \cdot \pi\ cm^2 + 2 \cdot 4 \cdot 7{,}2 \cdot \pi\ cm^2$

$A_O \approx 934{,}9\ cm^2$

$V = V_{Zylinder} + 2 \cdot V_{Kegel}$

$V = 4^2 \cdot 30 \cdot \pi\ cm^3 + 2 \cdot \frac{1}{3} \cdot 4^2 \cdot 6 \cdot \pi\ cm^3$

$V \approx 1709{,}0\ cm^3$

d) $V_{Gesamt} = V_{Quader} - 3 \cdot V_{Zylinder}$

$\approx 456\ mm^3 - 118\ mm^3$

$= 338\ mm^3$

$A_{O_{Gesamt}} \approx 556\ mm^2$

17 a)

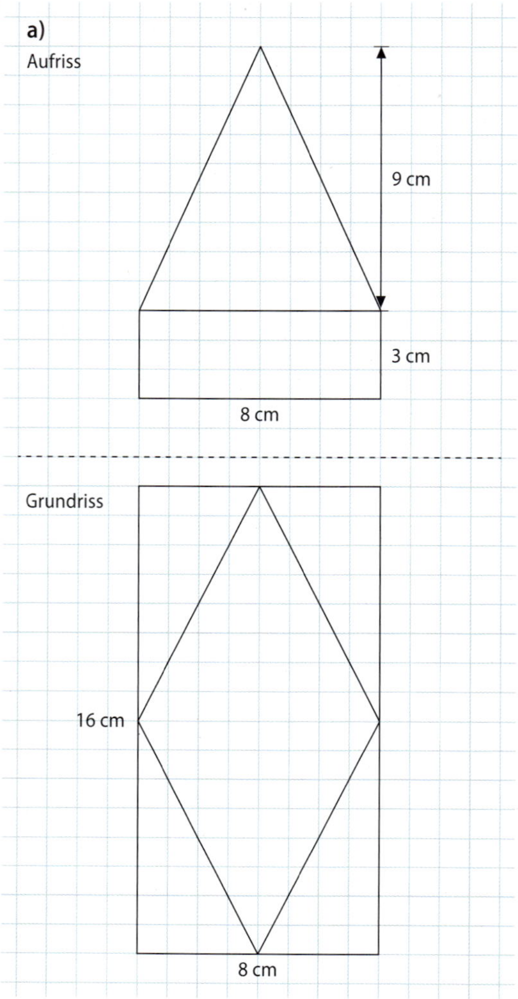

b) $V_{Quader} = 8\ cm \cdot 16\ cm \cdot 3\ cm = 384\ cm^3$

$V_{Pyramide} = \frac{1}{3} \cdot 64\ cm^2 \cdot 9\ cm = 192\ cm^3$

$V_{gesamt} = V_{Quader} + V_{Pyramide} = 576\ cm^3$

c) $m = 576\ cm^3 \cdot 0{,}7\ \frac{g}{cm^3} = 403{,}2\ g$

d) Weil die Eckpunkte der Pyramide auf den Seitenmittelpunkten des Quaders liegen, kann die Grundfläche der Pyramide nur dann quadratisch sein, wenn die Seiten der Deckfläche des Sockels jeweils gleich lang sind. Der Sockel muss also eine quadratische Grundfläche besitzen.

Aufgaben für Lernpartner

A Das ist richtig, der ausgerollte Mantel ergibt immer einen Kreiskegel. Je spitzer der Kegel, desto kleiner ist der Zentriwinkel des Kreissektors.

B Das ist richtig. Wenn man den Flächeninhalt des kleinen Kreises von dem des großen Kreises abzieht, erhält man die Fläche des Kreisringes.

C Das ist falsch. Um den Flächeninhalt oder die Länge des Kreisbogens zu berechnen, genügt die Angabe des Zentriwinkels nicht. Es wird mindestens eine weitere Größe, wie der Radius, benötigt.

D Das ist falsch, das Volumen verachtfacht sich.

E Das ist falsch. Die Kreisringfläche vervierfacht sich.

F Das ist richtig.

G Das ist richtig.

$$A_{O_{neu}} = 4 \cdot A_{O_{alt}} = 4 \cdot \left(4\pi \cdot r_{alt}^2\right)$$
$$= 4\pi \cdot \left(2r_{alt}\right)^2 \Rightarrow r_{neu} = 2r_{alt}$$
$$V_{neu} = \tfrac{4}{3}\pi \cdot r_{neu}^3 = \tfrac{4}{3}\pi \cdot \left(2r_{alt}\right)^3 = 8 \cdot \left(\tfrac{4}{3}\pi \cdot r_{alt}^3\right)$$
$$= 8 \cdot V_{alt}$$

H Das ist richtig.

I Das ist falsch. Häufig ist der Oberflächeninhalt des zusammengesetzten Körpers kleiner als der Gesamtoberflächeninhalt der Teilkörper.

J Das ist richtig.

K Das ist falsch. Eine solche Pyramide hat die gleiche Grundfläche wie der Würfel. Das Volumen beträgt dann $\frac{1}{3}$ des Würfelvolumens: $V = \frac{1}{3}a^3$.

Das kann ich schon … – Seite 155

1 **a)** $\gamma = 80°$ **b)** $\alpha = 28°$
c) $\beta = 70°$; $\gamma = 40°$ **d)** $\delta = 70°$; $\varepsilon = 42°$

2 **a)** Die Dreiecksungleichung ist nicht erfüllt:
$a + c = 3{,}8\text{ cm} + 2{,}9\text{ cm} = 6{,}7\text{ cm} < b = 7{,}2\text{ cm}$
b) Die Dreiecksungleichung ist nicht erfüllt:
$a + b = 4{,}2\text{ cm} + 5{,}3\text{ cm} = 9{,}5\text{ cm} = c$

3 Das Dreieck wurde nach dem Kongruenzsatz sws konstruiert.

4 **a)** Das Dreieck ist nicht konstruierbar, da α und β zusammen bereits 180° ergeben und der Winkel γ somit 0° groß wäre.
b) Das Dreieck ist eindeutig konstruierbar nach sss:

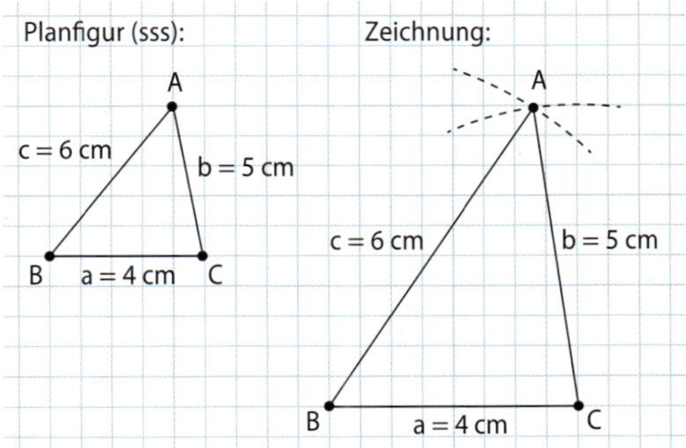

Beschreibung:
1. Zeichne die Strecke a mit den Eckpunkten B und C.
2. Zeichne einen Kreisbogen um B mit Radius c.
3. Zeichne einen Kreisbogen um C mit Radius b.
4. Die Kreise schneiden sich in A.

c) Das Dreieck ist eindeutig konstruierbar nach sws:

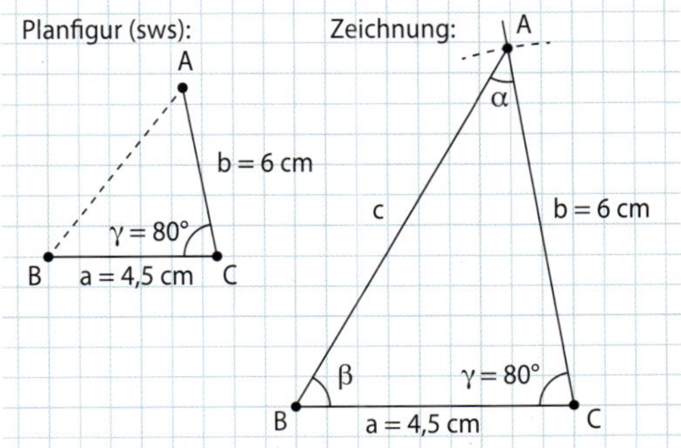

Beschreibung:
1. Zeichne die Strecke a mit den Eckpunkten B und C.
2. Trage an C den Winkel γ an.
3. Die Länge des Schenkels b beträgt 6 cm. Man erhält A.

d) Das Dreieck ist eindeutig konstruierbar nach wsw. Dafür muss allerdings der Winkel γ berechnet werden:
$\gamma = 180° - 57° - 73° = 50°$

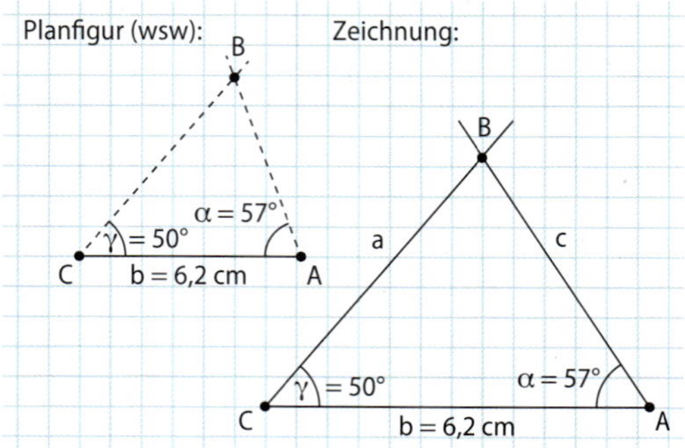

Beschreibung:
1. Zeichne die Strecke b mit den Eckpunkten A und C.
2. Trage in A den Winkel α an.
3. Trage in C den Winkel γ an.
4. Der Schnittpunkt der freien Schenkel von α und γ ergibt B.

e) Das Dreieck ist eindeutig konstruierbar nach SsW:

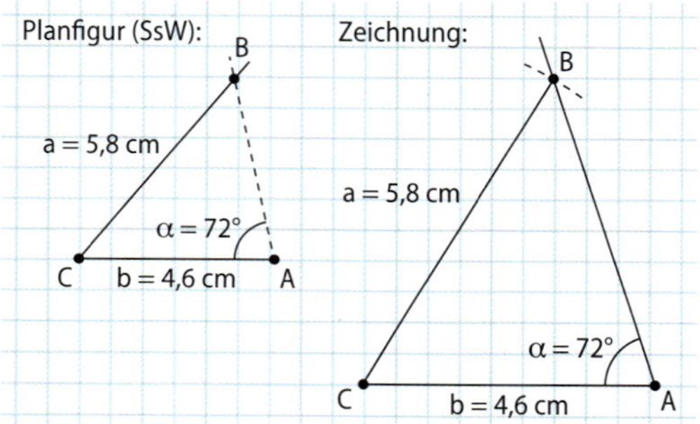

Beschreibung:
1. Zeichne die Strecke b mit den Eckpunkten A und C.
2. Trage in A den Winkel α an.
3. Zeichne einen Kreisbogen um C mit Radius a.
4. Der Schnittpunkt des freien Schenkels von α und des Kreisbogens ergibt B.

f) Das Dreieck ist nicht konstruierbar, da keiner der Kongruenzsätze erfüllt ist.

5 a) Die Dreiecke sind nicht ähnlich zueinander. Das Verhältnis der entsprechenden Seitenlängen unterscheidet sich voneinander und auch die entsprechenden Winkel sind nicht gleich.

b) Die Dreiecke sind ähnlich zueinander. Die entsprechenden Seitenlängen stehen alle im selben Verhältnis von 2 : 1 zueinander und auch die entsprechenden Winkel sind gleich.

6 a) $x = \sqrt{(3{,}5\text{ cm})^2 + (7{,}2\text{ cm})^2} \approx 8{,}0\text{ cm}$

b) $x = \sqrt{(13\text{ cm})^2 - (5\text{ cm})^2} = 12\text{ cm}$

c) $x = \sqrt{(6\text{ cm})^2 - (4\text{ cm})^2} \approx 4{,}5\text{ cm}$

Das kann ich! – Seiten 180 und 181

1 a) $\sin\alpha = \frac{u}{m}$ $\cos\alpha = \frac{n}{m}$ $\tan\alpha = \frac{u}{n}$

$\sin\beta = \frac{n}{m}$ $\cos\beta = \frac{u}{m}$ $\tan\beta = \frac{n}{u}$

b) $\sin\alpha = \frac{x}{z}$ $\cos\alpha = \frac{y}{z}$ $\tan\alpha = \frac{x}{y}$

$\sin\beta = \frac{y}{z}$ $\cos\beta = \frac{x}{z}$ $\tan\beta = \frac{y}{x}$

2 a) $\cos\beta = \frac{5{,}1\text{ cm}}{6{,}0\text{ cm}} \Rightarrow \beta \approx 31{,}8°$

$\gamma \approx 180° - 90° - 31{,}8° = 58{,}2°$

$\sin 31{,}8° = \frac{b}{6{,}0\text{ cm}} \Leftrightarrow b = 6{,}0\text{ cm} \cdot \sin 31{,}8°$
$\approx 3{,}2\text{ cm}$

b) $\tan\alpha = \frac{30{,}1\text{ cm}}{13{,}8\text{ cm}} \Rightarrow \alpha \approx 65{,}4°$

$\beta \approx 180° - 90° - 65{,}4° = 24{,}6°$

$\sin\alpha = \frac{30{,}1\text{ cm}}{c} \Rightarrow c \approx 33{,}1\text{ cm}$

c) $\tan\beta = \frac{40{,}0\text{ dm}}{12{,}5\text{ dm}} \Rightarrow \beta \approx 72{,}6° = \alpha$

$\gamma \approx 180° - 2 \cdot 72{,}6° = 34{,}8°$

$\sin 72{,}6° = \frac{40{,}0\text{ dm}}{a} \Leftrightarrow a = \frac{40{,}0\text{ dm}}{\sin 72{,}6°} \approx 41{,}9\text{ dm}$

d) $\sin\beta = \frac{7{,}1\text{ cm}}{10{,}0\text{ cm}} \Rightarrow \beta \approx 45{,}2°$

Mit Lotfußpunkt L auf $\overline{AB}$ durch C gilt:
$p = \overline{LB} = 10{,}0\text{ cm} \cdot \cos 45{,}2° \approx 7{,}0\text{ cm}$
$q = \overline{AL} \approx 12{,}0\text{ cm} - 7{,}0\text{ cm} = 5{,}0\text{ cm}$

$\tan\alpha = \frac{7{,}1\text{ cm}}{5{,}0\text{ cm}} \Rightarrow \alpha \approx 54{,}8°$

$\gamma \approx 180° - 54{,}8° - 45{,}2° = 80°$

$\sin 54{,}8° = \frac{7{,}1\text{ cm}}{b} \Leftrightarrow b = \frac{7{,}1\text{ cm}}{\sin 54{,}8°} \approx 8{,}7\text{ cm}$

3 a) $a \approx 5{,}9$ cm; $c \approx 6{,}5$ cm
b) $c \approx 426{,}9$ m; $b \approx 408{,}2$ m
c) $b \approx 0{,}8$ km; $c \approx 1{,}6$ km

4 Die Dreiecke sind im Rahmen der Messgenauigkeit rechtwinklig.

a)

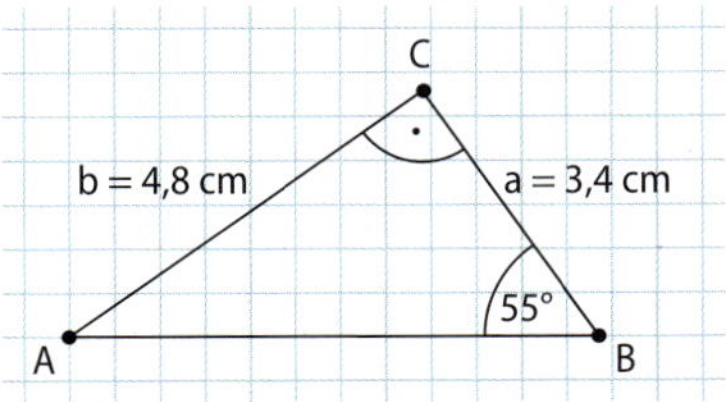

$c \approx 5{,}9$ cm; $\alpha \approx 35{,}5°$; $\gamma \approx 89{,}5°$

b)

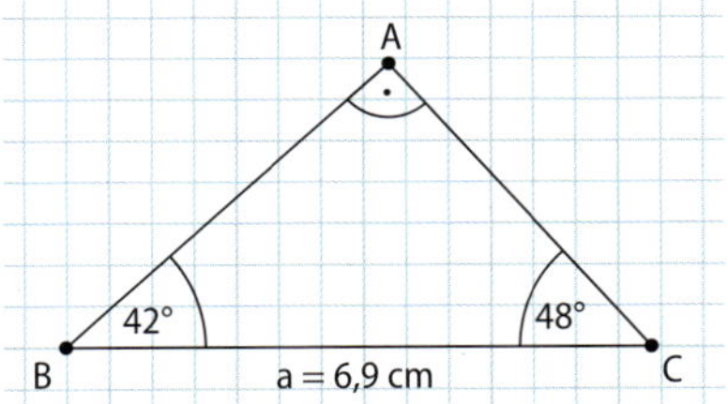

$b \approx 4{,}6$ cm; $c \approx 5{,}1$ cm; $\alpha = 90°$

c)

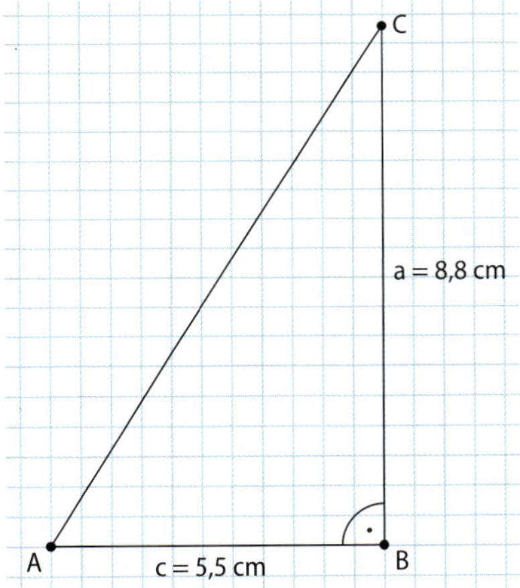

$b \approx 10{,}4$ cm; $\alpha \approx 58°$; $\gamma \approx 32{,}0°$

5 $\sin(70°) = \frac{6{,}5 \text{ m}}{l} \Rightarrow l = \frac{6{,}5 \text{ m}}{\sin(70°)} \approx 6{,}9$ m

Die Leiter muss mindestens 6,9 m lang sein.

6 **a)** $\alpha = \gamma \approx 53{,}1°$; $\beta \approx 73{,}8°$; $h_b = 5{,}2$ cm

b) $A = \frac{1}{2} \cdot 7{,}8 \text{ cm} \cdot 5{,}2 \text{ cm} \approx 20{,}3 \text{ cm}^2$

$A = \frac{1}{2} \cdot (6{,}5 \text{ cm})^2 \cdot \sin 73{,}8° \approx 20{,}3 \text{ cm}^2$

7 **a)** $y = 0{,}5x + 1 \quad m = 0{,}5 \quad S(-2|0)$

$\tan(\alpha) = \frac{1}{2} \Rightarrow \alpha = 26{,}6°$

b) $y = -2x + 4 \quad m = -2 \quad S(2|0)$

$\tan(\alpha) = -2 \Rightarrow \alpha = -63{,}4°$

8 **a)** $a \approx 4{,}4$ cm; $c \approx 5{,}6$ cm; $\gamma = 61°$

b) $b \approx 5{,}0$ cm; $c \approx 5{,}7$ cm; $\beta = 33°$

c) $a \approx 4{,}6$ cm; $\alpha \approx 48{,}5°$; $\beta \approx 43{,}5°$

d) $b \approx 11{,}0$ cm; $\beta \approx 83{,}9°$; $\gamma \approx 39{,}1°$

9 **a)** $a \approx 7{,}4$ dm; $b \approx 4{,}5$ dm; $\alpha = 61°$

b) $b \approx 12{,}8$ cm; $c \approx 14{,}2$ cm; $\alpha = 21{,}3°$

c) $c \approx 7{,}9$ cm; $\beta \approx 35{,}7°$; $\gamma \approx 79{,}3°$

10 **a)**

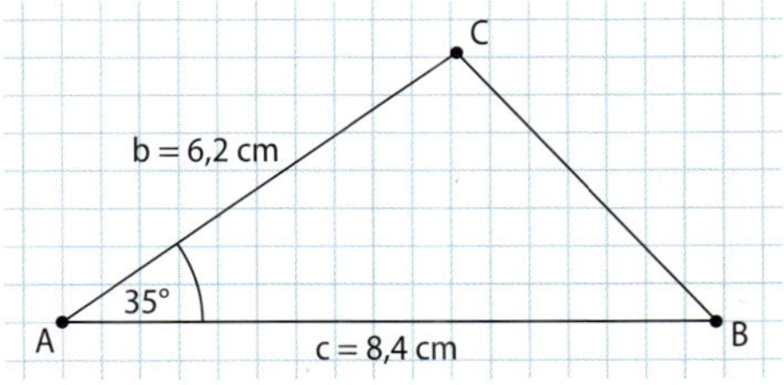

b) $a \approx 4{,}9$ cm

11

	a)	b)	c)
a	6,7 cm	6,4 m	4,6 cm
b	6,7 cm	5,8 m	7,0 cm
c	5,9 cm	10,5 m	10,3 cm
α	63,5°	32,3°	22,1°
β	64,1°	29,0°	34,9°
γ	52,4°	118,7°	123,0°

Hinweis: Je nach Rechnung bzw. Rundung können die Ergebnisse variieren.

12 **a)**

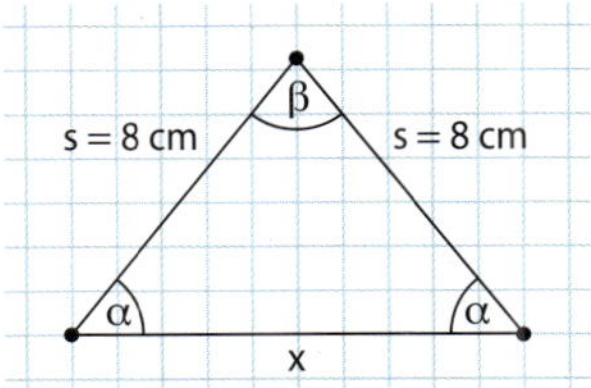

x erhält man über den Satz des Pythagoras:

$x = \sqrt{50}$ cm

α erhält man über den Kosinussatz:

$50 = 8^2 + 8^2 - 2 \cdot 8 \cdot 8 \cdot \cos(\alpha)$

$\Rightarrow \alpha \approx 52{,}7°$

$\beta = 180° - 2\alpha = 74{,}6°$

b)

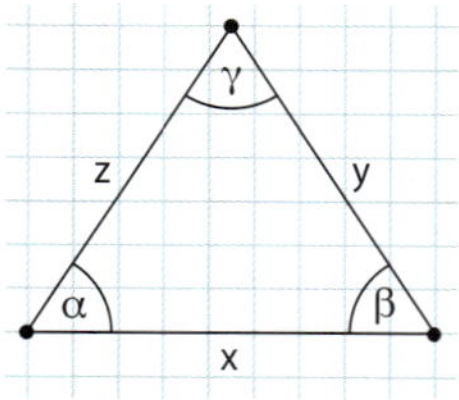

x, y und z erhält man über den Satz des Pythagoras:

$x = \sqrt{41}$ cm; $y = \sqrt{34}$ cm; $z = 5$ cm

Kosinussatz:

$34 = 5^2 + 41 - 2 \cdot 5 \cdot \sqrt{41} \cdot \cos(\alpha)$

$\Rightarrow \alpha \approx 60°$

β kann man z. B. über den Sinussatz berechnen:

$\frac{a}{\sin(\alpha)} = \frac{b}{(\sin(\beta)} \Rightarrow \beta \approx 48°$

$\gamma = 180° - \alpha - \beta = 72°$

13 a) $A \approx 4{,}6\ \text{cm}^2$ b) $A \approx 662{,}7\ \text{mm}^2$

14 $\sin(\alpha) = \frac{h_a}{b} \Rightarrow h_a = b \cdot \sin(\alpha) \approx 3{,}1$ cm

$A = a \cdot h_a = 21{,}7\ \text{cm}^2$

Aufgaben für Lernpartner

A Das ist richtig.

B Das ist richtig.

C Das ist falsch, denn: $\sin 90° = \cos 0° = 1$. Der Tangenswert eines Winkels kann auch größer als 1 sein.

D Das ist falsch: Sind nur die Winkel gegeben, kann man keinen Flächeninhalt berechnen. Für die Flächenberechnung mithilfe des Sinussatzes benötigt man beispielsweise zwei Seitenlängen und die Größe des eingeschlossenen Winkels.

E Das ist falsch. Da der Sinussatz für beliebige Dreiecke gilt, gilt er auch für rechtwinklige Dreiecke.

F Das ist falsch: Der Satz des Pythagoras ist vielmehr ein Sonderfall des Kosinussatzes.

Das kann ich schon … – Seite 185

1 a) $a^{-4} \cdot b^3 = \frac{b^3}{a^4}$ b) $\left(\frac{2}{3}\right)^6 \cdot \frac{a^{12}}{b^{24}}$

c) $\frac{36a^6}{2a^2} = 18a^4$ d) $a \cdot b^3 \cdot c^2 \cdot u^{-7}$

2 a) $\frac{1}{2} \cdot \left(\frac{1}{2}\right)^4 = \left(\frac{1}{2}\right)^5$

b) $2 \cdot \left(\frac{1}{2}\right)^4 = \left(\frac{1}{2}\right)^{-1} \cdot \left(\frac{1}{2}\right)^4 = \left(\frac{1}{2}\right)^3$

c) $\frac{1}{2} \cdot 2^4 = 2^{-1} \cdot 2^4 = 2^3$

3 $7 \cdot 7 \cdot 7 \cdot 7 \cdot 7 = 7^5 = 16\,807$

4 a) $a = \sqrt{56{,}25} = 7{,}5$

$a^3 = 7{,}5^3 \approx 421{,}88$

b) $a = \sqrt[3]{8} = 2$

$a^2 = 2^2 = 4$

5 **1** $4 \cdot 3 + 4 \cdot 5^2$

↓ Potenz vor Punkt

$= 4 \cdot 3 + 4 \cdot 25$

↓ Punkt vor Strich

$= 12 + 100$

$= 112$

2 $4 \cdot (3 + 4) \cdot 5^2$

↓ Klammer zuerst

$= 4 \cdot 7 \cdot 5^2$

↓ Potenz vor Punkt

$= 4 \cdot 7 \cdot 25$

$= 700$

3 $4 \cdot (3 + 4 \cdot 5)^2$

↓ Klammer zuerst, Punkt vor Strich

$= 4 \cdot (3 + 20)^2$

↓ Klammer zuerst

$= 4 \cdot 23^2$

↓ Potenz vor Punkt

$= 4 \cdot 529$

$= 2116$

4 $(4 \cdot 3 + 4) \cdot 5^2$

↓ Klammer zuerst, Punkt vor Strich

$= (12 + 4) \cdot 5^2$

↓ Klammer zuerst

$= 16 \cdot 5^2$

↓ Potenz vor Punkt

$= 16 \cdot 25$

$= 400$

5 $(4 \cdot 3 + 4 \cdot 5)^2$

↓ Klammer zuerst, Punkt vor Strich

$= (12 + 20)^2$

↓ Klammer zuerst

$= 32^2$

$= 1024$

6 $4 \cdot [(3 + 4) \cdot 5]^2$

↓ Klammer zuerst

$= 4 \cdot [7 \cdot 5]^2$

↓ Klammer zuerst

$= 4 \cdot 35^2$

↓ Potenz vor Punkt

$= 4 \cdot 1225$

$= 4900$

6 **a)** 9^{9^9}. Die Potenz zweier Zahlen ist immer größer oder gleich dem Produkt zweier Zahlen. Auf diese Weise erhält man das Produkt $9 \cdot 9 \cdot 9 \cdot \ldots$, welches aus insgesamt $9^9 = 387\,420\,489$ Faktoren besteht. Weil 9 die größte einstellige natürliche Zahl ist, ergibt sich so die größtmögliche natürliche Zahl.

b) 0, da $0^2 = 0^3 = 0$
1, da $1^2 = 1^3 = 1$
2, da $2^2 = 4$ und $2^3 = 8$
4, da $4^2 = 16$ und $4^3 = 64$

c) Für $n = 2$ ergibt sich die Quadratzahl $2^2 = 4$. Für jedes andere n erhält man keine Quadratzahl, da der Exponent in diesen Fällen immer von 2 verschieden ist.

d) $(2^3)^4 \cdot (5^4)^3 = 2^{12} \cdot 5^{12} = (2 \cdot 5)^{12} = 10^{12}$
Man erhält also eine Zahl mit 12 Nullen, also insgesamt 13 Stellen.

e) $A_O = 6a^2 = 73{,}5\ \text{cm}^2$
$\Rightarrow a = \sqrt{\frac{73{,}5}{6}\ \text{cm}^2} = 3{,}5\ \text{cm}$

7 **a)**

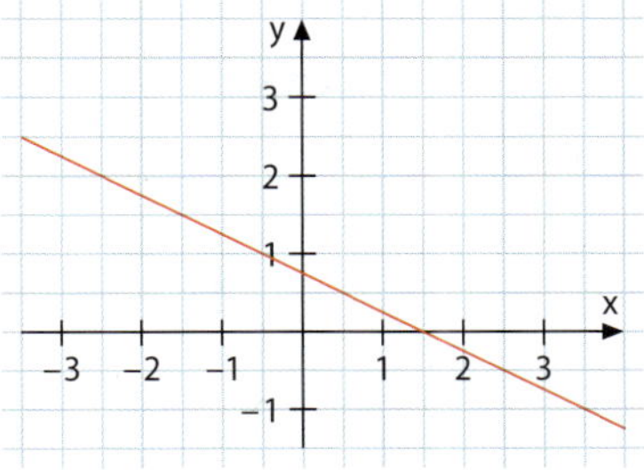

$\mathbb{D} = \mathbb{R}$
$\mathbb{W} = \mathbb{R}$
Schnittpunkt mit x-Achse: $S(1{,}5\,|\,0)$
Schnittpunkt mit y-Achse: $S\left(0\,\middle|\,\frac{3}{4}\right)$

b)

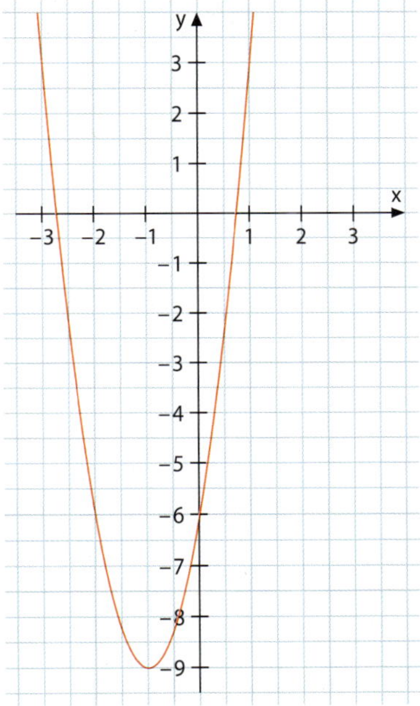

$\mathbb{D} = \mathbb{R}$
$\mathbb{W}$: $f(x) \in \mathbb{R}$; $f(x) \geq -9$
Schnittpunkt mit x-Achse: $S_1(-2{,}73\,|\,0)$; $S_2(0{,}73\,|\,0)$
Schnittpunkt mit y-Achse: $S(0\,|\,-6)$

c)

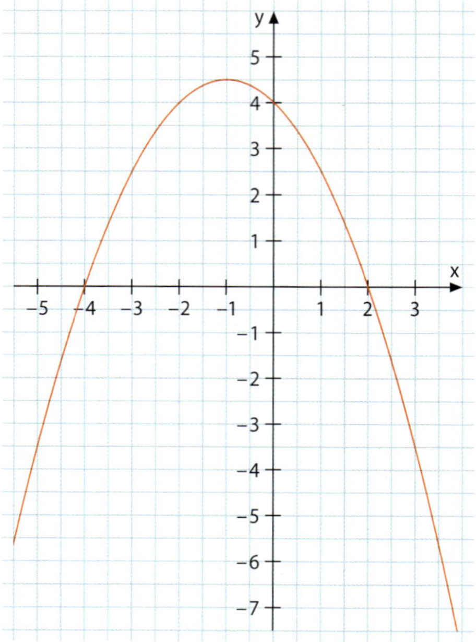

$\mathbb{D} = \mathbb{R}$

$\mathbb{W}$: $f(x) \in \mathbb{R}$; $f(x) \leq 4{,}5$

Schnittpunkt mit x-Achse: $S_1(-4|0)$; $S_2(2|0)$

Schnittpunkt mit y-Achse: $S(0|4)$

8

1	→	D
2	→	C
3	→	A
4	→	B

3

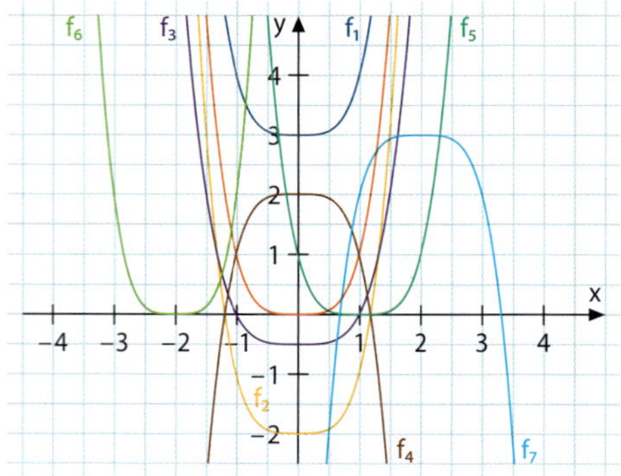

1 A(0|3); B(−1|4); C(1|4)
Verschiebung um 3 Einheiten nach oben.

2 A(0|−2); B(−1|−1); C(1|−1)
Verschiebung um 2 Einheiten nach unten.

3 A(−3|40); B(−1|0); C(1|0)
Stauchung um den Faktor $\frac{1}{2}$, Verschiebung um 0,5 Einheiten nach unten.

4 A(0|2); B(−1|1); C(1|1)
Spiegelung an x-Achse, Verschiebung um 2 Einheiten nach oben.

5 A(1|0); B(0|1); C(2|1)
Verschiebung um 1 Einheit nach rechts.

6 A(−2|0); B(−3|2); C(−1|2)
Streckung um Faktor 2, Verschiebung um 2 Einheiten nach links.

7 A(2|3); B(1|2); C(3|2)
Spiegelung an x-Achse, Verschiebung um 2 Einheiten nach rechts und 3 Einheiten nach oben.

Das kann ich! – Seiten 212 und 213

1 a) $P_1(-1|-1)$ b) $P_2(2|29)$ c) $P_3\left(\frac{1}{2}\middle|-\frac{23}{8}\right)$

2 $S_1(-1{,}36|1{,}69)$; $S_2(1{,}5|2{,}5)$

4

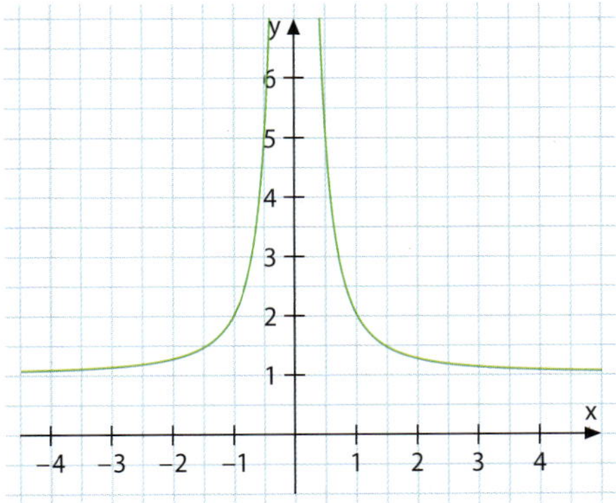

$\mathbb{D} = \mathbb{R} \setminus 0$

$\mathbb{W}$: $f(x) \in \mathbb{R}$; $f(x) > 1$

monoton steigend für $x \in]-\infty; 0[$

monoton fallend für $x \in]0; +\infty[$

achsensymmetrisch zur y-Achse

keine Schnittpunkte mit x- oder y-Achse

5 $S_1(-1|2)$; $S_2(1|2)$

6

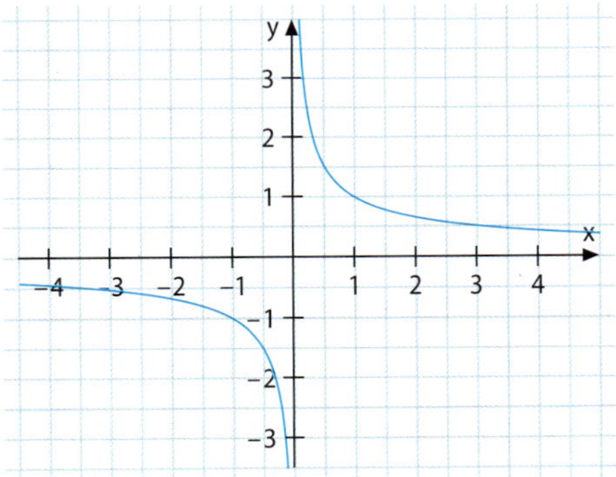

1 $f(x) = (x-2)^{-\frac{3}{5}}$

2 $f(x) = (x+3)^{-\frac{3}{5}}$

3 $f(x) = (x-1{,}5)^{-\frac{3}{5}} + 1$

4 $f(x) = -x^{-\frac{3}{5}}$

5 $f(x) = (-x)^{-\frac{3}{5}} = -x^{-\frac{3}{5}}$

6 $f(x) = x^{-\frac{3}{5}}$

7 a) **1**

	Funktionsgleichung
rot	$y = x^{-2}$
blau	$y = x^3$
grün	$y = -2x - 2$
orange	$y = -(x-2)^2 - 1$

2

	Funktionsgleichung
rot	$y = 2x^{-1}$
blau	$y = x^4$
grün	$y = \frac{1}{2}x + 1$
orange	$y = (x-2)^2 - 3$

b) **1**

	$\mathbb{D}$	$\mathbb{W}$	Nullstellen
rot	$x \in \mathbb{R}$; $x \neq 0$	$y \in \mathbb{R}$; $y > 0$	keine
blau	$x \in \mathbb{R}$	$y \in \mathbb{R}$	$x_0 = 0$
grün	$x \in \mathbb{R}$	$y \in \mathbb{R}$	$x_0 = -1$
orange	$x \in \mathbb{R}$	$y \in \mathbb{R}$; $y \leq -1$	keine

2

	$\mathbb{D}$	$\mathbb{W}$	Nullstellen
rot	$x \in \mathbb{R}$; $x \neq 0$	$y \in \mathbb{R}$; $y \neq 0$	keine
blau	$x \in \mathbb{R}$	$y \in \mathbb{R}$; $y \geq 0$	$x_0 = 0$
grün	$x \in \mathbb{R}$	$y \in \mathbb{R}$	$x_0 = -2$
orange	$x \in \mathbb{R}$	$y \in \mathbb{R}$; $y \geq -3$	$x_1 = 2 - \sqrt{3} \approx 0{,}27$; $x_2 = 2 + \sqrt{3} \approx 3{,}73$

8 $f^{-1}(x) = (x - 2)^3 + 3$

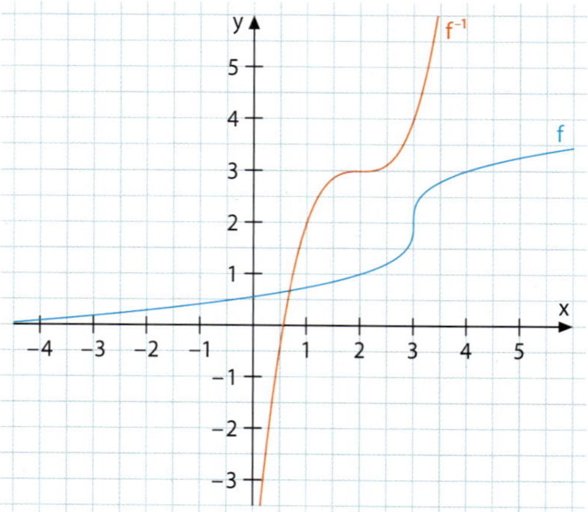

Gemeinsamkeiten: Definitionsbereich; Wertebereich; Monotonie

Unterschiede: Symmetrieachse ($x = 2$ bzw. $x = 3$); Verschiebung um 3 nach rechts und 2 nach oben gegenüber $x^{\frac{1}{3}}$ bzw. um 2 nach rechts und 3 nach oben gegenüber x^3.

9 **1**

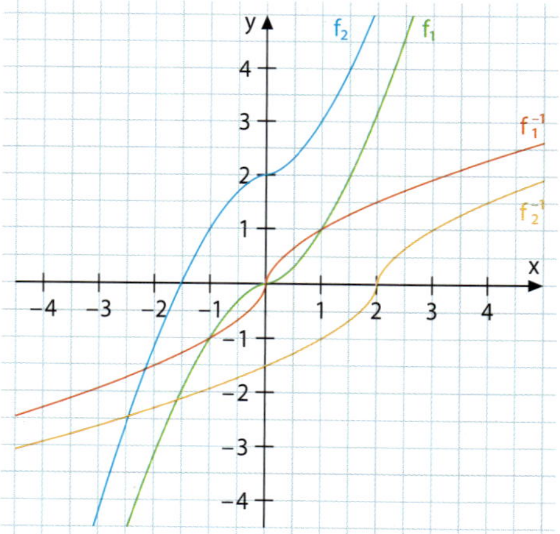

2

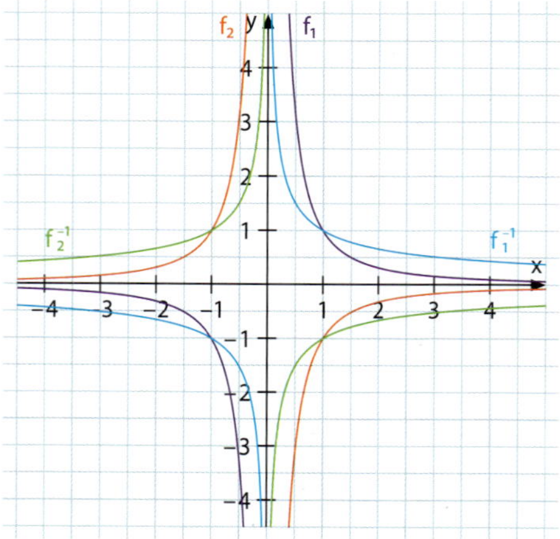

3

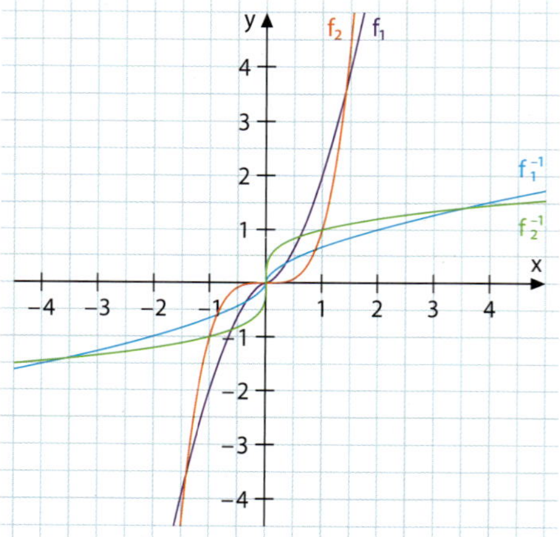

4

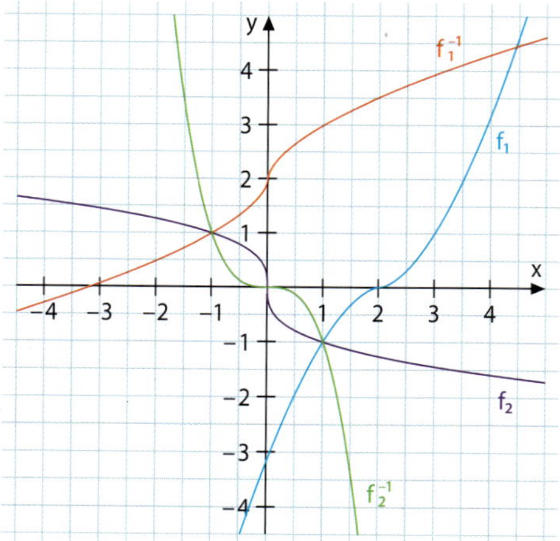

10 a) Gerade b) Parabel c) Gerade
d) Parabel e) Hyperbel f) Parabel
g) Parabel h) Gerade i) Hyperbel

11 a) $U(I) = R \cdot I \quad \rightarrow$ Gerade
b) $U(R) = I \cdot R \quad \rightarrow$ Gerade
c) $I(R) = U \cdot \frac{1}{R} \quad \rightarrow$ Hyperbel
d) $I(U) = \frac{1}{R} \cdot U \quad \rightarrow$ Gerade
e) $R(I) = U \cdot \frac{1}{I} \quad \rightarrow$ Hyperbel
f) $R(U) = \frac{1}{I} \cdot U \quad \rightarrow$ Gerade

12 a) $f(x) = x^{-2}$ $A(-2|0{,}25)$; $B(3{,}4|0{,}09)$; $C_1\left(-\frac{10}{7}\middle|0{,}49\right)$ oder $C_2\left(\frac{10}{7}\middle|0{,}49\right)$; $D_1(1{,}25|0{,}64)$ oder $D_2(-1{,}25|0{,}64)$
b) $f(x) = 2x^{-3}$ $A(-2|-0{,}25)$; $B\left(\frac{3}{2}\middle|\frac{16}{27}\right)$; $C\left(2{,}52\middle|\frac{1}{8}\right)$; $D\left(5{,}04\middle|\frac{1}{64}\right)$
c) $f(x) = \frac{3}{2}x^{\frac{1}{3}}$ $A(-8|-3)$; $B(1{,}5|1{,}72)$; $C\left(\frac{1}{27}\middle|\frac{1}{2}\right)$; $D\left(\frac{1}{64}\middle|\frac{3}{8}\right)$
d) $f(x) = -\frac{2}{5} \cdot (x + 1)^{\frac{3}{4}} + 1$ $A(-1|1)$; $B\left(0\middle|\frac{3}{5}\right)$; $C\left(0{,}98\middle|\frac{1}{3}\right)$; $D(7{,}55|-1)$

13 a) Punkt A einsetzen:
$3 = a \cdot 1^n \Rightarrow a = 3$
Punkt B einsetzen:
$\frac{3}{16} = 3 \cdot (-2)^n$
$\frac{1}{16} = (-2)^n \Rightarrow n = (-4)$
$f(x) = 3 \cdot x^{-4}$
b) Punkt A einsetzen:
$4 = a \cdot 1^n \Rightarrow a = 4$
Punkt B einsetzen:
$-\frac{1}{2} = 4 \cdot (-2)^n$
$-\frac{1}{8} = (-2)^n \Rightarrow n = (-3)$
$f(x) = 4 \cdot x^{-3}$

14 Lösungsmöglichkeiten:
$y = x^{-1}$ und $y = 0{,}25x$
$y = -2 \cdot x^{-2}$ und $y = x + 1{,}5$

15 a) $a = 3^{\frac{1}{5}} \approx 1{,}25$ b) $b = 21^{\frac{1}{6}} \approx 1{,}66$
c) $c = 0^{\frac{1}{7}} = 0$ d) nicht lösbar
e) $e = (-6)^{\frac{1}{9}} \approx -1{,}22$
f) $f = \left(\frac{1}{7} \cdot (64 - 2^3)\right)^{\frac{1}{3}} = 2$

16 a) $u = 2\pi \cdot r \Rightarrow r = \frac{u}{2\pi}$
$\rightarrow$ Gerade
b) $A = \pi \cdot r^2 \Rightarrow r = \left(\frac{A}{\pi}\right)^{\frac{1}{2}}$
$\rightarrow$ Wurzelfunktion
c) $A_O = 4\pi \cdot r^2 \Rightarrow r = \left(\frac{A_O}{4\pi}\right)^{\frac{1}{2}}$
$\rightarrow$ Wurzelfunktion
d) $V = \frac{4}{3}\pi \cdot r^3 \Rightarrow r = \left(\frac{3}{4\pi}V\right)^{\frac{1}{3}}$
$\rightarrow$ Wurzelfunktion

Aufgaben für Lernpartner

A Das ist richtig.

B Das ist falsch, denn beispielsweise hat $y = x^{-1}$ keine Nullstelle.

C Das ist falsch. Die Gleichung hat nur eine Lösung: $x = 4^{\frac{1}{5}} \approx 1{,}32$.

D Das ist im Allgemeinen falsch. Gegenbeispiel: $f(x) = x^2$ und $f^{-1}(x) = \sqrt{x}$. Für $x \geq 0$ sind sowohl f als auch f^{-1} monoton steigend.

E Das ist richtig.

Alamy Stock Photo, Ian Masterton – S. 53; - / MOB IMAGES – S. 157; AUDI AG, Ingolstadt – S. 156;

Bildagentur Hamburg / Maria René Mengs, Hamburg – S. 13;

dpa Picture-Alliance / beyond, Vladimir Godnik – S. 211; - / Rolf Kosecki – S. 132; - / MP Leemage – S. 33 (2);

Fotolia / alho007 – S. 17; - / Curioso Photography – S. 195; - / dieter76 – S. 77; - / dipego – S. 177; - / ebenart – S. 127; - / Michael Eichhorn – S. 145; - / euregiophoto – S. 119; - / hardyuno – Cover; - / icholakov – S. 136; - / Denys Kuvaiev – S. 87; - / Stefan Merkle – S. 115; - / Helmut Niklas – S. 137; - / Sergey Novikov – S. 90; - / Martin Pateman – S. 138; - / PhirakonJaisangat – S. 119; - / powell83 – S. 53; - / Schwoab – S. 52; - / Anna Subbotina – S. 209; - / Synto – S. 137; - / tmass – S. 186; - / travelpeter – S. 127; - / Turbowerner – S. 135; - / wion – S. 77;

Toralf Hieb, Kirschkau – S. 134; Michaela Silvia Hoffmann, Braunschweig – S. 54;

iStockphoto, &#169 Nick Schlax – S. 199;

Michael Kleine, Büren – S. 82, 83;

Karin Lemme, Rathenow – S. 127 (4), 128, 130, 138, 144;

Mauritius Images / imageBROKER, Norbert Eisele-Hein – S. 162; - / imageBROKER, Christian Handl – S. 126

NASA / JPL, University of Arizona – S. 207

Jane Salmen – S. 82, 83; Birgit Skorsetz, Dornburg-Camburg – S. 62; Stadt Selb, Große Kaffeekanne „Kontinente“, Selb – S. 146

Thinkstock / Hemera, Eugene Drobzhey – S. 118; - / iStockphoto, 3DSculptor – S. 43; - / iStockphoto, Yasin Emir Akbas – S. 203; - / iStockphoto, alblec – S. 54; - / iStockphoto, anyaivanova – S. 132; - / iStockphoto, ArtyBarit – S. 126; - / iStockphoto, Ann Baldwin – S. 91; - / iStockphoto, belchonock – S. 12; - / iStockphoto, Sergey Borislav – S. 63; - / iStockphoto, Chalabala – S. 117; - / iStockphoto, Alan Crawford – S. 54; - / iStockphoto, Richard Eyre – S. 74; - / iStockphoto, filmfoto – S. 162; - / iStockphoto, Antonio Gravante – S. 126; - / iStockphoto, henn – S. 11; - / iStockphoto, Eric Issel_ÃfÂ©l – S. 207; - / iStockphoto, johannes86 – S. 162; - / iStockphoto, kravcs – S. 21; - / iStockphoto, kurga – S. 21; - / iStockphoto, MissPassionPhotography – S. 41; / iStockphoto, pavich – S. 200; - / iStockphoto, PhilipPilosian – S. 210; - / iStockphoto, phongphan5922 – S. 202; - / iStockphoto, Photos.com – S. 95; - / iStockphoto, Fedor Selivanov – S. 75; - / iStockphoto, Richard Semik – S. 80; - / iStockphoto, Dmytro Skorobogatov – S. 21; - / iStockphoto, Somatuscani – S. 148; - / iStockphoto, Thierry Vialard – S. 117; - / Purestock – S. 49; - / Zoonar – S. 203; - / Zoonar, P. Jilek – S. 90, -/ Zoonar RF – S. 127; Katja Trost, Karsbach – S. 131

Ullstein-Bild / CHROMORANGE, AFGcreative – Cover

www.nasaimages.org – S. 135; www.wikimedia.org – S. 105, 135, 153, 183, 186; www.wikimedia.org – CC BY-SA 1.0 – S. 153; www.wikimedia.org / Anagoria, CC BY-SA 3.0 – S. 153; www.wikimedia.org / Florian Arnd – S. 183; www.wikimedia.org / Philipp Guttmann, CC BY-SA 3.0 – S. 123; www.wikimedia.org / Lars Karlsson, CC BY-SA 1.2 – S. 188; www.wikimedia.org / Lasfovarga, CC BY-SA 3.0 – S. 149; www.wikimedia.org / Axel Mauruszat – S. 183; www.wikimedia.org / pushkin02 – S. 131; www.wikimedia.org / Gregor Reisch – S. 156; www.wikimedia.org / Waldir – S. 153; www.wikimedia.org / Wellcome Images – S. 209; www.wikimedia.org / A. Wittmann – S. 153.